한반도 나비 도감

Guide Book of Butterflies
in Korean Peninsula

한국 생물 목록 11
Checklist Of Organisms In Korea 11

한반도 나비 도감

Guide Book of Butterflies in Korean Peninsula

펴낸날 | 2014년 6월 9일 초판 1쇄
2017년 5월 1일 초판 2쇄
글·사진 | 백문기·신유항

펴낸이 | 조영권
만든이 | 노인향, 강대현
꾸민이 | 정미영

펴낸곳 | 자연과생태
주소_서울 마포구 구수동 68~8 진영빌딩 2층
전화_02)701~7345~6 팩스_02)701~7347
홈페이지_www.econature.co.kr
등록_제313~2007~217호

ISBN 978-89-97429-40-0 93490

한반도 나비 도감

Guide Book of Butterflies in Korean Peninsula

글·사진 백문기·신유항

나비가 있어 더 아름다운 세상

아이들 미소처럼 아름다운 것을 보면 마음이 금세 너그럽고 평안해진다. 따스한 마음으로 모두를 대하고, 그로써 세상이 조금은 더 평안해지라고 우리 곁에 아름다운 나비가 있는지 모른다.

곤충을 싫어하는 사람들도 나비만큼은 싫어하지 않는다. 그만큼 나비는 오래전부터 친근한 곤충이다. 나비를 좋아해 곤충 연구를 시작한 전문 연구가들도 많으며, 나비관찰을 통해 자연생태계를 이해하고자 하는 사람들도 많아졌다. 또한 나비에 대한 상업적 이용뿐만 아니라 생물다양성 보전 및 기후변화 탐지, 예측 등 지구 생태계 보전 및 관리와 관련해 여전히 많은 연구가 진행되고 있다. 그러나 무엇보다도 아이들이 편견 없이 자연에 다가갈 수 있도록 나비가 징검다리 역할을 하는 것에 더 큰 의미를 두고 싶다.

예전에는 나비에 대한 자료가 부족해 배우기 어려웠지만, 지금은 오히려 나비 이름을 알지 못해 나비 도감 같은 전문자료뿐만 아니라 인터넷에서 관련 정보를 찾지 못하는 경우가 많은 것 같다. 여기에서는 각 종을 구별하는 특징을 그림으로 설명해 나비를 낯설어하거나 잘 모르는 사람들도 쉽게 이름을 찾을 수 있도록 했다. 또한 나비를 구별하는 특징이 한 부분에만 있지 않으며, 어떤 종은 날개 윗면에, 어떤 종은 아랫면에 있기도 해서 그 특징을 잘 살펴볼 수 있도록 건조표본의 윗면, 아랫면 사진을 함께 수록했다.

글쓴이들도 나비 연구자이기 전에 나비를 좋아하는 사람들이다. 특히, 작고 볼품없던 번데기에서 큰 날개가 돋아나는 과정은 자연생태계에서는 좀처럼 찾아보기 어려운 극적인 변화인데, 이 날개돋이 과정이 글쓴이들의 지난 청년기로 느껴지기도 한다. 그간 전국을 다니면서 나비를 통해 우리나라 자연환경이 변해가는 모습을 보아왔고, 자신을 비롯해 우리 사회가 변해가는 모습도 보아왔다. 지난 수십 년 동안 많은 종들의 분포 변화가 있었고, 몇몇 종들은 볼 수 없게 되었다. 자연스런 변화는 어쩔 수 없지만, 앞으로는 사람의 이기심 때문에 나비를 볼 수 없게 되지 않길 바란다.

많은 사람들이 나비를 좋아하며 이해하고 싶어 연구한다지만, 나비의 입장에서 보면 아무 상관없는 일이거나 귀찮은 일일지도 모른다. 가만히 생각해보면 글쓴이들도 나비에 대해 아주 조금만 알고 있을 뿐이다. 나비에 대한 지식이 많고, 적음을 떠나 나비를 볼 때 평안하고 따스해지는 마음이 먼저 들기 바라며, 글쓴이들에게도 항상 그랬으면 좋겠다. 그리고 이 책이 나비뿐만 아니라 우리보다 작고, 힘없는 생명체들을 배려하고, 이해하는 데 도움이 되면 기쁘겠다.

이 책을 준비하며 많은 연구자들의 도움을 받았다. 표본 자료 촬영 장소 및 표본을 제공해주신 배양섭 교수님(인천대학교), 조영복 박사님(한남대자연사박물관), 김도홍 박사님(경희대자연사박물관)뿐만 아니라 귀중한 개인 소장표본을 제공해 주신 민완기 선생님(교육문화회관), 손상규 소장님(상규나비연구소), 박상규 회장님(코리아버터플라이), 김기원 연구원님(인천대학교), 작은세상㈜의 최창열 대표님과 최원호 연구원님, 한휘림 교수님(하얼빈대학교), 박진영 연구관님(국립환경과학원), 김기경 박사님(국립생물자원관), 김태우 박사님(국립생물자원관), 김도성 박사님(한국나비보전센터), 김용식 관장님(프시케월드), 김성수 소장님(동아시아환경생물연구소), 이영준 선생님(대한상공회의소), 정헌천 선생님, 한창욱 박사님(경성대학교), 백유현 소장님(나비마을)께 감사드린다. 또한 일본의 북한 분포종 표본 및 사진을 제공해주신 小野寺博昭(Hiroaki Onodera) 선생님과 해당 표본 촬영을 해주신 大島良美(Yoshimi Oshima) 선생님, 식물을 동정해 주신 김성환 박사님(인천대학교), 서정수 박사님(동국대학교), 그리고 영문 교정에 도움을 주신 곽영섭 교수님(대구한의대)께 감사드리며, 특히 북한 분포종 등 20여 년 동안 국내외 나비 연구를 통해 정리된 개인 표본 전체와 귀중한 생태사진을 제공해 주신 박동하 교수님(아주대학교 의과대학)과 안홍균 선생님(서울숲 곤충식물원)께 깊이 감사드린다. 끝으로 본문에 인용된 채집자들과 출판시장의 어려운 여건에도 불구하고 이 책을 내기까지 끊임없는 조언과 도움을 주신 <자연과생태> 조영권 발행인께 깊은 감사를 드린다.

2014년 6월 백문기·신유항

차례

네발나비과 NYMPHALIDAE 446

제1장

나비 만나기

우리나라 나비 현황

우리나라에는 14,200종 가까운 곤충이 알려졌으며, 이 중 남북한에 기록된 나비 무리는 280종으로 약 2%에 불과하다(한국곤충총목록, 2010). 그렇지만 오래전부터 친근하게 여기던 생물이어서 다른 곤충 무리보다 대중적인 인지도가 높다. 또한 생태적 특성뿐만 아니라 지역적 특이성도 높아 생물다양성 보전 및 복원에 있어 핵심 분류군으로 취급된다.

우리가 '나비'라 부르는 곤충은 세계에 약 18,000종(Global Butterfly Names Project, 2006; Hoskins, 2012)~20,000종(North American Butterfly Association, 2009)이 알려졌으며, 분류학적으로 나방 무리와 함께 나비목 Lepidoptera에 포함된다. 나비목은 날개 있는 곤충 무리 중 날개가 접히고, 한 살이 동안 갖춘탈바꿈(완전변태)을 하는 곤충강(Insecta)의 한 분류군으로 강모(satae)가 납작하게 변형된 비늘가루(鱗片, Scale)가 날개 및 몸의 대부분을 덮고 있다. 이와 같은 비늘가루는 근연 분류군인 날도래목(Trichoptera)과 구분 짓는 중요한 특징이다. 또한 나비 무리는 용수철 모양으로 말려진 빨대입(proboscis)이 있고, 앞뒤날개의 날개맥이 서로 다른 특징도 있다.

일반적으로 나비는 나비목의 48상과(Superfamily) 중 자나방사촌상과(Hedyloidea), 팔랑나비상과(Hesperioidea), 호랑나비상과(Papilionoidea)의 3상과에 속하는 나비목 곤충들을 말한다. 자나방사촌상과는 나방과 닮은 나비로 미국, 멕시코, 브라질, 페루 등에 분포하며, 한반도에는 분포하지 않는다.

한반도의 나비에 대해서는 글쓴이들이 2010년 『한반도의 나비』에서 2상과 5과 280종으로 정리한바 있으며, 여전히 동일종에 대해 분류학적 위치를 다르게 취급하는 경우를 볼 수 있다. 연구자 간에 분류학적 이견이 있을 경우, 최근 분류학적 연구결과뿐만 아니라 이용자의 정보 접근성과 활용성을 높이기 위해 나비 관련 주요 데이터베이스인 Tree of Life web Project (2003), All (in this database) Lepidoptera list (Scientific names): by Savela (2008), Nymphalidae Systematics Group, 2009: by Wahlberg *et al.* (2013), LepIndex: The Global Lepidoptera Names Index: by Beccaloni *et al.* (2005), Butterflies and Moths of North America: by Opler *et al.* (2013) 등을 비교해 가장 많이 사용하고 있는 것을 선택했다. 그리고 한반도 나비 목록에는 포함되어 있지 않으나, *Japonica onoi* Murayama, 1953, *Celastrina phellodendroni* Omelko, 1987, *Plebejus pseudoaegon* (Butler, 1882), *Erebia ajanensis* Ménétriès, 1857, Atara betuloides (Blanchard, 1871), *Mellicta athalia* (Rottemburg, 1775)가 국외 연구자들에 의해 북한에 분포하는 것으로 기록되어 있고, 그간 한반도 분포종의 아종이 최근 독립된 종으로 취급되거나 북한과 연접해 분포하는 *Spialia sertorius* (Hoffmannsegg, 1804), *Erynnis tages* (Linnaeus, 1758), *Parnassius glacialis* Butler, 1866, *Leptidea sinapis* (Linnaeus, 1758), *Aldania ilos* Fruhstorfer, 1909, *Clossiana iphigenia* (Graeser, 1888)는 북한에 분포할 가능성이 높다.

최근 발표되었거나 국외 근연종과 생식기 비교 검토가 필요해서 이 책에서 다루지 못한 신선녹색부전나비·북방은점표범나비(손상규, 2012), 황은점표범나비·한라은점표범나비(이영준, 2005a)와 1990년대에 들어 길잃은나비(迷蝶, Immigrant species)의 관찰되는 종수가 지속적으로 증가 추세인 점을 북한지역 분포 가능종과 함께 고려하면, 한반도에서 관찰되는 나비 종수는 계속해서 증가할 것으로 보인다.

Table 1. **한반도에서 발견된 길잃은나비**
(Immigrant butterflies found in the Korean peninsula)

Years	No. of Species	Newly recorded species (year)
1890s	2	*Arhopala bazalus* (남방남색꼬리부전나비) (1894), *Melanitis leda* (먹나비) (1894)
1910s	1	*Curetis acuta* (뾰족부전나비) (1919)
1930s	1	*Hypolimnas misippus* (암붉은오색나비) (1937)
1940s	1	*Junonia almana* (남방공작나비) (1947)
1950s	1	*Junonia orithya* (남색남방공작나비) (1959)
1960s	2	*Hypolimnas bolina* (남방오색나비) (1969), *Udara albocaerulea* (남방푸른부전나비) (1969)
1980s	2	*Danaus genutia* (별선두리왕나비) (1982), *Danaus chrysippus* (끝검은왕나비) (1982)
1990s	4	*Catopsilia pomona* (연노랑흰나비) (1992), *Childrena childreni* (중국은줄표범나비) (1992), *Melanitis phedima* (큰먹나비) (1996), *Udara dilectus* (한라푸른부전나비) (1996)
2000s	6	*Eurema brigitta* (검은테노랑나비) (2002), *Parantica melaneus* (대만왕나비) (2002), *Cyrestis thyodamas* (돌담무늬나비) (2002), *Papilio memnon* (멤논제비나비) (2006), *Chilades pandava* (소철꼬리부전나비) (2006), *Jamides bochus* (남색물결부전나비) (2007)
Total	20	

생물종의 모식산지(模式産地, type locality)는 생물주권을 주장할 근거가 되므로 생물자원 확보 측면에서 매우 중요하다. 여기서 모식산지는 신종으로 발표된 모식종(type species)의 채집지역을 뜻한다. 『한반도의 나비(2010)』에서 정리된 280종의 모식산지를 살펴보면, 우리나라(Korea)가 모식산지로 기록된 종은

큰홍띠점박이푸른부전나비, 북방점박이푸른부전나비, 금강산녹색부전나비, 우리녹색부전나비, 민꼬리까마귀부전나비, 북방까마귀부전나비, 참까마귀부전나비, 대왕나비의 8종이다.

국가별로는 러시아가 한반도에서 기록된 나비 중 92종의 모식산지였으며, 그 외 유럽 66종, 중국 50종, 일본 33종, 인도 13종 등이다. 모식산지만으로 한반도 나비의 지사학적 기원을 판단할 수 없지만, 한반도의 나비는 구북구(Paleoarctic region)에 모식산지가 있는 종이 대부분이며, 동양열대구(Oriental region)와 오세아니아구(Australian region)에 모식산지가 있는 일부 종(길잃은나비들이 대부분 포함)으로 구성된다고 할 수 있다. 또한 우리나라 나비의 최초 기록들을 연대별로 살펴보면, 1880년대에 이미 가장 많은 종인 122종이 기록되었고, 일제 강점기 시기에 2차적으로 많은 종이 기록되었으며, 1950년대부터 현재까지 길잃은 나비를 중심으로 29종만이 새롭게 추가되었다(백과 신, 2010: 24~28).

한반도 나비의 분포학적 특징은 국내 자연생태계의 이해뿐만 아니라 극동아시아의 생태계 특성 규명에도 중요한 의미가 있다. 향후 한반도에 추가 가능 나비 종들을 살펴보면, 1) 중국, 러시아 접경지역의 출현종, 2) 동양구계 나비 같은 길잃은나비, 3) 그간 아종으로 취급되어 오다가 새로운 분류학적 연구로 인해 독립된 종으로 된 경우를 들 수 있다. 앞으로 한반도 나비종의 종 다양성 평가 및 보전에 있어서 지속적인 관심을 두어야 할 것으로 생각한다. 또한 한반도의 나비를 보다 폭넓게 이해하기 위해 대륙과 접한 북한 지역의 나비 정보가 더 많이 확보되어야 하며, 단기적으로는 중국 및 러시아 접경지역에 대한 조사연구가 활발해졌으면 한다.

Table 2. **한반도의 고유 나비종**
(Endemic butterflies found in the Korean peninsula)

Scientific name (Korean name)	Authors (Year): Type locality
1. *Sinia divina* (큰홍띠점박이푸른부전나비)	Fixsen (1887): Bukjeom (Kimhwa, GW, N.Korea)
2. *Maculinea kurentzovi* (북방점박이푸른부전나비)	Sibatani, Saigusa & Hirowatari (1994): Handaeri (HN, N.Korea)
3. *Favonius ultramarinus* (금강산녹색부전나비)	Fixsen (1887): Bukjeom (Kimhwa, GW, N.Korea)
4. *Favonius koreanus* (우리녹색부전나비)	Kim (2006): Gyebangsan (Mt.) (GW, N.Korea)
5. *Satyrium herzi* (민꼬리까마귀부전나비)	Fixsen (1887): Bukjeom (Kimhwa, GW, N.Korea)
6. *Satyrium latior* (북방까마귀부전나비)	Fixsen (1887): Bukjeom (Kimhwa, GW, N.Korea)
7. *Satyrium eximia* (참까마귀부전나비)	Fixsen (1887): Bukjeom (Kimhwa, GW, N.Korea)
8. *Sephisa princeps* (대왕나비)	Fixsen (1887): Bukjeom (Kimhwa, GW, N.Korea)

최근 곤충류가 자연생태계 보전 및 생물자원 관리 측면에서 그 중요성이 부각되면서 중요 곤충의 보전 및 관리는 국가뿐만 아니라 지방자치단체의 중요 정책수단이 되고 있다. 우리나라 곤충 중 생물다양성 보전에 있어 중요하거나 생물자원성이 우수해 선정된 종은 천연기념물, 멸종위기야생생물I, II급, 국외반출 승인대상 생물종, 국가 기후변화 생물지표종을 들 수 있다.

이들을 기준으로 나비 무리를 살펴보면, 천연기념물 제458호(문화재청, 2005)로 산굴뚝나비가 지정되어 있고, 상제나비와 산굴뚝나비는 멸종위기야생생물 I

급(환경부, 2012), 큰수리팔랑나비, 붉은점모시나비, 큰홍띠점박이푸른부전나비, 깊은산부전나비, 쌍꼬리부전나비, 왕은점표범나비는 멸종위기야생생물 II급(환경부, 2012), 독수리팔랑나비 등 44종이 국외반출 승인대상 생물종(환경부, 2012)으로 지정되어 있다. 그리고 국가 기후변화 생물지표종(환경부, 2010)으로 푸른큰수리팔랑나비 등 7종이 지정되어 있다.

매년 국가나 지방자치단체에서 이들에 대한 현황 파악을 실시해 정책 수립시 반영하고 있으나, 예산과 참여인력이 부족해 정책 수립 및 판단에 필요한 충분한 자료를 확보하지 못하는 경우가 종종 있다. 나비 무리가 민간연구자 및 일반인들을 통해서도 어느 정도 객관적인 정보를 얻을 수 있는 대중성이 있음을 감안할 때, 일반인들이 가지고 있는 관련 정보를 취합해 분석하면 유용할 것으로 생각한다. 예를 들어 나비 카페 또는 곤충 카페 등의 웹 정보를 취합, 정리하면 매우 유용한 자료가 될 것이다. 웹상에 게시된 나비 정보들은 실시간적이며, 관련 조사연구에서 공개된 자료보다 풍부할 때도 있다. 또한 공개된 디지털 나비 사진에 대한 재동정 등 예전보다 정보의 검증 방법도 쉽고 다양하다. 우선적으로 검증된 웹상의 관련 자료를 관계 기관이 출처를 밝히고, 적극적으로 인용하면 좋겠다.

Table 3. **한반도(남한)의 중요 나비종**

(Important butterflies list in Republic of Korea)

A: Natural monument (천연기념물)
B: Endangered Species, category I (멸종위기야생생물 I급)
C: Endangered Species, category II (멸종위기야생생물 II급)
D: Biological resources subject to permission for taking abroad (국외반출 승인대상 생물)
E: Climate-sensitive Biological Indicator Species (국가 기후변화 생물지표종)

Scientific name	Korean name	A	B	C	D	E
Bibasis striata (Hewitson, 1867)	큰수리팔랑나비			○	○	
Bibasis aquilina (Speyer, 1879)	독수리팔랑나비				○	
Choaspes benjaminii (Guérin-Méneville, 1843)	푸른큰수리팔랑나비				○	○
Satarupa nymphalis (Speyer, 1879)	대왕팔랑나비				○	
Leptalina unicolor (Bremer et Grey, 1853)	은줄팔랑나비				○	
Parnassius bremeri Bremer, 1864	붉은점모시나비			○		
Sericinus montela Gray, 1852	꼬리명주나비				○	
Papilio helenus Linnaeus, 1758	무늬박이제비나비					○
Eurema mandarina (de l'Orza, 1869)	남방노랑나비					○
Aporia crataegi (Linnaeus, 1758)	상제나비		○			
Lampides boeticus (Linnaeus, 1767)	물결부전나비					○
Zizina emelina (de l'Orza, 1869)	극남부전나비				○	
Celastrina oreas (Leech, 1893)	회령푸른부전나비				○	
Sinia divina (Fixsen, 1887)	큰홍띠점박이푸른부전나비			○	○	
Maculinea arionides (Staudinger, 1887)	큰점박이푸른부전나비				○	
Maculinea teleius (Bergsträsser, 1779)	고운점박이푸른부전나비				○	
Maculinea kurentzovi Sibatani, Saigusa et Hirowatari, 1994	북방점박이푸른부전나비				○	
Chilades pandava (Horsfield, 1829)	소철꼬리부전나비					○
Plebejus argus (Linnaeus, 1758)	산꼬마부전나비				○	
Plebejus subsolanus (Eversmann, 1851)	산부전나비				○	

Table 3. continue

Scientific name	Korean name	A	B	C	D	E
Lycaena dispar (Haworth, 1803)	큰주홍부전나비				○	
Protantigius superans (Oberthür, 1913)	깊은산부전나비			○		
Neozephyrus japonicus (Murray, 1875)	작은녹색부전나비				○	
Favonius yuasai Shirôzu, 1948	검정녹색부전나비				○	
Favonius koreanus Kim, 2006	우리녹색부전나비				○	
Thermozephyrus ataxus (Westwood, 1851)	남방녹색부전나비				○	
Arhopala bazalus (Hewitson, 1862)	남방남색꼬리부전나비				○	
Arhopala japonica (Murray, 1875)	남방남색부전나비				○	
Satyrium latior (Fixsen, 1887)	북방까마귀부전나비				○	
Cigaritis takanonis (Matsumura, 1906)	쌍꼬리부전나비			○		
Coenonympha oedippus (Fabricius, 1787)	봄처녀나비				○	
Coenonympha amaryllis (Stoll, 1782)	시골처녀나비				○	
Hipparchia autonoe (Esper, 1783)	산굴뚝나비	○	○			
Euphydryas sibirica (Staudinger, 1861)	금빛어리표범나비				○	
Mellicta ambigua (Ménétriès, 1859)	여름어리표범나비				○	
Mellicta britomartis (Assmann, 1847)	봄어리표범나비				○	
Melitaea protomedia Ménétriès, 1859	담색어리표범나비				○	
Apatura iris (Linnaeus, 1758)	먹그림나비				○	○
Apatura iris (Linnaeus, 1758)	번개오색나비				○	
Apatura ilia (Denis et Schiffermüller, 1775)	오색나비				○	
Mimathyma nycteis (Ménétriès, 1859)	밤오색나비				○	
Chitoria ulupi (Doherty, 1889)	수노랑나비				○	
Dilipa fenestra (Leech, 1891)	유리창나비				○	
Hestina assimilis (Linnaeus, 1758)	홍점알락나비				○	

Table 3. continue

Scientific name	Korean name	A	B	C	D	E
Sasakia charonda (Hewitson, 1862)	왕오색나비				○	
Sephisa princeps (Fixsen, 1887)	대왕나비				○	
Clossiana perryi (Butler, 1882)	작은은점선표범나비				○	
Clossiana thore (Hübner, [1803~1804])	산꼬마표범나비				○	
Brenthis daphne (Bergsträsser, 1780)	큰표범나비				○	
Argynnis niobe (Linnaeus, 1758)	은점표범나비				○	
Argynnis nerippe C. et R. Felder, 1862	왕은점표범나비			○		
Argyreus hyperbius (Linnaeus, 1763)	암끝검은표범나비					○
Limenitis helmanni spp.	제일줄나비(아종포함)				○	
Seokia pratti (Leech, 1890)	홍줄나비				○	
Aldania raddei (Bremer, 1861)	어리세줄나비				○	

우리나라 나비 보러가기

우리와 마찬가지로 나비도 먹고, 움직이는 동물이다. 그래서 나비의 먹이 이용 습성을 알고, 그런 장소를 찾아가면 좀 더 쉽게 만날 수 있다. 어른벌레는 액상 체를 빨아먹을 수 있도록 용수철 모양으로 말리는 빨대입이 있다. 애벌레는 딱딱한 턱을 이용해 다양한 식물체를 먹으며, 일부 종은 개미 무리, 진딧물 무리와 공생한다. 어른벌레가 꽃 꿀을 빠는 식물은 다양하고, 서식지와도 매우 밀접한 관계가 있어 미리 알아두면 도움이 된다. 그러나 모든 나비가 꽃의 꿀을 빨아먹는 것은 아니다. 나무 진이나 과일즙을 빨아먹는 나비도 많으며, 동물 배설물을 빨기도 한다.

꽃 꿀 빨기

물 빨기

나무 진, 과일즙 빨기

동물 배설물 빨기

앞서 살펴본 것처럼 남북한에서 만날 수 있는 나비는 최소 280종 이상이다. 그러나 이들 모두를 한 지역에서 만날 수도 없고, 한 계절에 만날 수도 없다. 그래서 나비관찰을 즐겨하는 사람들은 종류 별로 출현 시기와 장소들을 살펴보고, 관찰 계획을 세운다. 나비를 오랫동안 좋아한 사람들마다 자주 가는 관찰 지역과 시기가 있는 것처럼 글쓴이들도 그렇다.

봄에 시간적 여유가 적을 때는 4월 25일 전후와 5월 첫 주에 나비를 찾으러 간다. 이른 봄보다는 다양한 봄 나비를 만날 수 있기 때문이다. 3월 말이나 4월 초중순에 높은 산지에 가면 뿔나비 등 어른벌레로 겨울을 난 몇 종류만 만나기 쉬우며, 때로는 한낮에 산 능선에서 빠르게 날아다니는 네눈박이산누에나방을 나비로 착각해 뛰어 다니기도 한다.

그래서 높은 산지보다는 낮은 산지를 먼저 찾아가고, 농경지 주변이나 양지바른 숲 가장자리에 핀 꽃을 찾으면, 어두운 숲속보다 더 다양한 봄 나비를 만날 수 있다.

1 어른벌레로 겨울을 난 뿔나비
2 네눈박이산누에나방

농경지 주변에서는 노랗게 핀 갓 같은 십자화과 꽃에서 노랑나비, 배추흰나비, 갈구리나비, 큰줄흰나비, 제비나비, 호랑나비, 큰멋쟁이나비, 민들레류 꽃에서 노랑나비, 배추흰나비, 큰줄흰나비, 암먹부전나비, 네발나비가 꽃 꿀을 빠는 모습을 볼 수 있다. 풀밭의 토끼풀 꽃에서는 남방부전나비, 암먹부전나비, 숲 가장자리에서 쉽게 볼 수 있는 산딸기나무 꽃에서는 멧팔랑나비, 왕자팔랑나비, 참알락팔랑나비, 큰멋쟁이나비가 꽃 꿀을 빤다. 산지 계곡이나 숲 주변에서는 고추나무 꽃에서 사향제비나비, 거꾸로여덟팔나비, 작은은점선표범나비, 외눈이지옥사촌나비, 쥐오줌풀 꽃에서 멧팔랑나비, 수풀알락팔랑나비, 참알락팔랑나비, 모시나비, 사향제비나비, 작은은점선표범나비, 민들레류 꽃에서는 애호랑나비가 꽃 꿀을 빤다. 그리고 산지에서 볼 수 있는 철쭉이나 진달래 꽃에서는 줄점팔랑나비, 쇳빛부전나비, 산호랑나비, 호랑나비가 꽃 꿀을 빤다.

1
2

3

4

5

1 갓
2 서양민들레
3 토끼풀
4 산딸기나무
5 진달래
6 고추나무
7 쥐오줌풀

6

7

또한 발품을 줄이기 위해서는 관찰하고 싶은 나비들의 서식지와 습성을 살펴보고, 쉽게 볼 수 있는 곳을 찾아다니는 것이 좋다. 봄에만 볼 수 있는 유리창나비는 4월 말부터 5월 초의 화창한 날에 산림이 잘 보존된 계곡 주변을 찾아가면 보다 쉽게 볼 수 있다. 특히, 수컷은 아침 시간대에 물을 빨기 위해 축축한 땅바닥에 잘 앉으며, 계곡 주변 바위에서 햇볕을 쬔다. 모시나비는 산 정상보다는 산지 내 풀밭이나 숲 가장자리를 찾아가면 천천히 날아다니는 것을 볼 수 있으며, 애호랑나비는 다른 호랑나비과 종들보다 이른 봄에 출현하므로 관찰시기를 잘 살펴야 한다.

그리고 이 시기에는 산 능선 또는 정상에 가는 것이 좋다. 화창한 봄날 한낮에는 능선이나 정상부에 호랑나비, 산호랑나비, 제비나비 등 점유 행동이 강한 나비들이 몰려들기 때문에 평지보다 쉽게 관찰 할 수 있다. 글쓴이들은 이 시기에 나비관찰을 하러 가면, 낮은 산지라도 정상에 가서 점심 도시락을 먹는다. 때로는 흑백알락나비 봄형을 만나기 위해 5월 15일 전후에 팽나무가 많은 산지를 찾아가기도 한다. 봄에 나타나는 나비들은 종별로 많은 개체수가 나타나는 날짜가 약간

바위 위에서 햇볕을 쬐며 무기염류를 섭취하는 유리창나비
(강원 양양 오색리, 2009.5.3.ⓒ장용환)

물을 빠는 흑백알락나비 봄형
(경기 포천 광릉, 2004.5.16.)

씩 차이가 난다. 그래서 여러 번, 다양한 지역에 가야만 봄에 나타나는 나비를 많이 만날 수 있다.

여름에는 봄보다 다양한 나비를 만날 수 있으며, 그 만큼 나비 무리별 특성도 다양하다. 글쓴이들은 녹색부전나비 무리를 관찰하고 싶을 때, 매년 6월 15~20일에 아침 일찍 울창한 참나무 숲을 찾아간다. 녹색부전나비 무리는 한낮에는 나무의 높은 곳에서 활동하는 습성이 있어 관찰하기 어렵기 때문이다. 그리고 산은줄표범나비 등 산지성 표범나비 무리나 산수풀떠들썩팔랑나비 등 산지성 팔랑나비를 관찰하려면 큰까치수염 꽃이 피는 7월 중순 전후에 높은 산지를 찾아간다. 황세줄나비, 은판나비, 은줄표범나비, 뿔나비 등 무리지어 물을 빠는 종들은 계곡 주변이나 축축하게 젖은 산길을 찾아간다.

이렇듯 관찰 대상 무리별로 관찰하는 시기가 약간 다르므로 미리 알아두는 것이 좋다. 시간적 여유가 적다면, 6월 말부터 7월 초까지는 강원도 지역, 7월 중순부터 8월에는 남부지방으로 관찰하러 가는 것이 좋다.

개망초 꽃 꿀을 빠는 까마귀부전나비
(강원 양구 가오작리, 2011.7.1.)

무리지어 물을 빠는 뿔나비
(전북 장수 장안산, 2012.6.13.)

봄과 마찬가지로 꽃밭을 찾아가면 다양한 나비를 만날 수 있다. 자생식물뿐만 아니라 관상용으로 심은 재배품종의 다양한 꽃에서도 꿀을 빤다. 여름에 나비가 잘 모이는 꽃은 숲 가장자리나 풀밭에서는 개망초, 숲길 주변에서는 큰까치수염과 엉겅퀴류, 숲에서는 산초나무나 자귀나무, 관상용 식물로는 큰금계국, 부들레아류 등을 들 수 있다.

개망초 꽃에서는 지리산팔랑나비, 파리팔랑나비, 황알락팔랑나비, 줄꼬마팔랑나비, 왕자팔랑나비, 수풀떠들썩팔랑나비, 노랑나비, 배추흰나비, 대만흰나비, 큰줄흰나비, 꼬리명주나비, 제비나비, 까마귀부전나비, 꼬마까마귀부전나비, 참까마귀부전나비, 남방부전나비, 먹부전나비, 암먹부전나비, 부전나비, 작은주홍부전나비, 큰주홍부전나비, 네발나비, 거꾸로여덟팔나비, 흰줄표범나비, 큰흰줄표범나비 등 다양한 나비를 만날 수 있다. 큰까치수염 꽃에서는 독수리팔랑나비, 돈무늬팔랑나비, 수풀떠들썩팔랑나비, 산수풀떠들썩팔랑나비, 수풀꼬마팔랑나비, 줄꼬마팔랑나비, 대왕팔랑나비, 유리창떠들썩팔랑나비, 푸른부전나비, 큰줄흰나비, 줄흰나비, 산네발나비, 암검은표범나비, 은줄표범나비, 산은줄표범나비, 큰흰줄표범나비, 흰줄표범나비, 작은멋쟁이나비, 조흰뱀눈나비, 물결나비, 봄처녀나비, 엉겅퀴류 꽃에서는 왕자팔랑나비, 유리창떠들썩팔랑나비, 파리팔랑나비, 배추흰나비, 멧노랑나비, 호랑나비, 긴꼬리제비나비, 흰줄표범나비, 왕은점표범나비, 암끝검은표범나비, 작은멋쟁이나비, 굴뚝나비, 조흰뱀눈나비, 흰뱀눈나비, 산초나무 꽃에서는 푸른큰수리팔랑나비, 먹부전나비, 제비나비, 청띠제비나비, 호랑나비가 집단을 이루어 꽃 꿀을 빨고, 누리장나무 및 자귀나무 꽃에는 제비나비 무리가 잘 모인다. 관상용 식물인 큰금계국 꽃에는 6~7월에 왕팔랑나비, 노랑나비, 멧노랑나비, 배추흰나비, 큰줄흰나비, 꼬마까마귀부전나비, 네발나비, 긴은점표범

1 큰까치수염 **2** 큰엉겅퀴
3 산초나무 **4** 자귀나무
5 큰금계국 **6** 부들레아류
7 국수나무

나비, 은점표범나비, 흰줄표범나비, 산은줄표범나비, 굵은줄나비, 높은 산지의 공원 주변에 관상용 식물로 많이 심는 부들레아류 꽃에서 긴은점표범나비, 은줄표범나비, 큰흰줄표범나비, 작은멋쟁이나비가 집단을 이루어 꽃 꿀을 빤다. 그 외에 국수나무 꽃에서는 멧팔랑나비, 범부전나비, 두줄나비, 도시처녀나비, 외눈이지옥사촌나비가 자주 꽃 꿀을 빤다.

배추흰나비와 같이 한해에 여러 번 발생하는 몇몇 종 외에는 여름에 발생한 종들이 가을까지 관찰된다. 여름과 같이 무리지어 물을 빠는 모습은 볼 수 없으나, 작은멋쟁이나비, 줄점팔랑나비, 남방부전나비, 노랑나비, 네발나비 등은 꽃에서 수백 마리씩 무리지어 꽃 꿀을 빨기도 한다. 꽃 외에도 감, 배 등 썩은 과일에도 다양한 종들이 무리지어 모이며, 남방부전나비는 무리지어 짝지기하기도 한다. 시간적 여유가 적을 때에는 다른 곳보다 먼저 제주도, 남해안으로 관찰하러 간다.

가을에도 꽃밭을 찾아가면 다양한 나비를 만날 수 있다. 들판이나 개천 주변에서 흔히 볼 수 있는 고마리 꽃에서는 8~9월에 줄점팔랑나비, 암먹부전나비, 네발나비, 암검은표범나비, 작은멋쟁이나비, 제일줄나비, 흰줄표범나비, 여뀌류 꽃에

귤에 모인 네발나비 무리
(제주도 서귀포 외돌개, 2010.9.3.)

무리지어 짝지기를 하는 남방부전나비
(전남 구례 화엄사, 2010.9.28.)

서는 남방부전나비, 암먹부전나비, 네발나비, 배추흰나비 등이 꽃 꿀을 빤다. 약용식물로 많이 심는 익모초 꽃에서는 8~9월에 왕자팔랑나비, 줄점팔랑나비, 호랑나비, 기생나비, 배추흰나비, 네발나비, 작은멋쟁이나비가 꽃 꿀을 빤다. 숲 가장자리나 산길 주변에서 쉽게 볼 수 있는 쑥부쟁이 같은 국화과 꽃에서는 봄에서 가을까지 황알락팔랑나비, 줄점팔랑나비, 제주꼬마팔랑나비, 수풀꼬마팔랑나비, 남방노랑나비, 각시멧노랑나비, 노랑나비, 큰줄흰나비, 남방부전나비, 암먹부전나비, 푸른부전나비, 물결부전나비, 큰주홍부전나비, 작은주홍부전나비, 부전나비, 왕나비, 뿔나비, 네발나비, 작은은점선표범나비, 작은멋쟁이나비, 암검은표범나비, 암끝검은표범나비, 은줄표범나비, 흰줄표범나비, 별박이세줄나비, 제이줄나비, 애물결나비, 꽃향유 같은 꿀풀과 식물 꽃에서는 여름부터 가을까지 줄점팔랑나비, 제주꼬마팔랑나비, 극남노랑나비, 남방노랑나비, 배추흰나비, 큰줄흰나비, 남방부전나비, 네발나비, 작은멋쟁이나비, 굴뚝나비가 꽃 꿀을 빤다. 관상용 식물로 심는 노랑코스모스 같은 코스모스류의 꽃에서 긴꼬리제비나비, 산호랑나비, 호랑나비, 네발나비, 작은멋쟁이나비, 흰줄표범나비, 루드베키아 꽃에서는 가을에 줄점팔랑나비, 큰주홍부전나비, 네발나비, 암어리표범나비, 작은멋쟁이나비, 메리골드 꽃에서는 가을에 긴은점표범나비, 네발나비, 암끝검은표범나비, 작은멋쟁이나비, 흰줄표범나비가 꽃 꿀을 빤다. 그리고 늦가을 제주도에서는 관상용 식물로 심는 란타나류 꽃에서 줄점팔랑나비, 청띠제비나비, 소철꼬리부전나비, 큰멋쟁이나비, 작은멋쟁이나비가 꽃 꿀을 빤다.

고마리

여뀌류

익모초

쑥부쟁이류

꽃향유

노랑코스모스

루드베키아
메리골드
란타나류

이렇듯 나비가 잘 모이는 꽃을 아는 것은 나비를 관찰하는 데 많은 도움을 준다. 이와 함께 글쓴이들은 친환경적인 자연생태계 복원시 나비가 좋아하는 꽃이나 나무들이 식재종 선정의 중요한 기준점이 되길 바란다. 물론 우리나라 자연생태계에 어울리는 자생식물을 심는 것이 더 좋겠지만, 관상용 꽃이라도 안 심는 것보다는 심는 것이 좋다고 생각한다. 또한 앞서 말한 나비가 많이 모이는 꽃들은 글쓴이들의 개인자료에 의한 것이어서 이외에도 많은 식물이 있을 것이다. 꽃 꿀을 빠는 식물에 대해 사람들의 관심이 더 많아져 도시에서도 많은 나비를 볼 수 있게 되면 좋겠다.

또한 애벌레의 먹이식물은 그 지역의 자연환경과 밀접한 관계에 있고, 지역적 특이성이 매우 높아 우리나라 자연환경의 특성과 변화를 파악하는 데 중요한 정보를 제공한다. 따라서 애벌레의 먹이 이용 특성을 아는 것도 야외에서 우리가 만나고 싶은 나비를 만나고 그 생태적 특성을 아는 데 큰 도움을 준다.

애벌레 먹이원이 알려진 한반도산 나비 중 식물을 먹는 종은 총 214종으로 알려졌으며, 식물만을 먹는 나비는 독수리팔랑나비 등 213종, 반육식성이지만 식물도 먹는 나비는 1종(민무늬귤빛부전나비)이다. 이 중 팔랑나비과는 벼과 식물을 먹이식물로 가장 많이 이용하며(총 37종 중 16종), 호랑나비과는 운향과 식물(총 16종 중 7종), 흰나비과는 십자화과 및 콩과 식물(총 22종 중 각각 6종), 부전나비과는 참나무과 식물(총 79종 중 20종), 그리고 네발나비과는 느릅나무과, 제비꽃과 식물을 먹이식물(총 126종 중 각각 15종)로 가장 많이 이용한다.

식물 분류군별로 먹이식물 이용 특성을 살펴보면, 단자엽식물에서는 68종의 식물을 46종(팔랑나비과 18종, 네발나비과 28종)의 나비가 먹이식물로 이용하며, 이 중 벼과 식물을 41종, 사초과 식물을 18종의 나비가 먹이식물로 이용한다. 쌍

자엽식물에서는 277종의 식물을 171종(팔랑나비과 10종, 호랑나비과 15종, 흰나비과 17종, 부전나비과 57종, 네발나비과 72종)의 나비가 먹이식물로 이용하며, 이중 참나무과 식물을 25종, 장미과 식물을 24종, 콩과 식물을 21종, 느릅나무과 식물을 16종, 제비꽃과 식물을 15종, 인동과 식물을 10종의 나비가 먹이식물로 이용한다.

식물 종별로 살펴보면, 벼과의 참억새를 24종의 나비가 애벌레시기에 먹이식물로 이용하고 있어 가장 많으며, 참나무과의 떡갈나무 및 졸참나무를 각각 15종, 참나무과의 갈참나무를 13종, 제비꽃과의 제비꽃류를 12종, 벼과의 기름새 및 큰기름새를 각각 11종, 벼과의 강아지풀, 참나무과의 상수리나무, 느릅나무과의 느릅나무를 각각 10종, 벼과의 바랭이, 참나무과의 물참나무 및 신갈나무를 각각 9종, 벼과의 벼 및 주름조개풀, 느릅나무과의 팽나무를 각각 8종, 벼과의 띠를 7종, 벼과의 새포아풀, 참나무과의 굴참나무, 느릅나무과의 풍게나무, 장미과의 벚나무 및 조팝나무, 콩과의 칡 및 아까시나무, 운향과의 머귀나무, 산초나무, 탱자나무 및 황벽나무, 인동과의 인동덩굴 및 올괴불나무를 각각 6종의 나비가 애벌레의 먹이식물로 이용한다(백과 신, 2010: 31~38).

나비가 방화곤충(訪花昆蟲, flower visiting insect)으로 생태계 순환에 중요할 뿐만 아니라 대중의 기호성이 높은 곤충류이어서 대규모 조경 계획시 주요 생물복원의 목표 그룹이 되곤 한다. 신도시 등 새롭게 조성되는 환경에서 나비를 많이 만나려면 애벌레가 좋아하는 먹이식물을 심어야 한다. 팔랑나비 무리를 많이 보려면 벼과 식물, 호랑나비과는 운향과 식물, 흰나비과는 십자화과 및 콩과 식물, 부전나비과는 참나무과, 장미과, 콩과 식물, 그리고 네발나비과는 느릅나무과 및 제비꽃과 식물을 다른 식물보다 많이 심는 것이 좋다.

제2장

그림 검색표

관찰 종의 정확한 이름을 아는 것은 자연생태계를 이해하는 데 첫걸음이 될 뿐만 아니라 다른 생명들에 대한 관심을 높이는 방법이기도 하다. 여러 도감을 활용해 어떤 종인가를 알아내는 것을 흔히 동정(同定, identification)이라 한다. 인터넷에서 유용한 정보를 쉽게 구하는 요즈음에 관찰 종이나 궁금한 종의 정확한 동정 없이는 그들의 다양한 특징 및 생태 등 관련된 정보를 찾아내고 활용하기가 더욱 어려워 졌다. 즉 정확히 동정된 학명 또는 국명이 웹상의 정보를 이용하는 데 있어 핵심 단어가 되기 때문이다.

곤충 분류학 전공자들은 연구 대상 그룹에 대한 분류학적 결과를 정리할 때, 종(속)들의 핵심 특징을 선별하고, 그 특징을 알기 쉽게 배열한 '검색표'를 만든다. 이는 분류학적 정리 결과를 검증할 수 있는 요소일 뿐만 아니라 그 연구결과를 활용하는 다른 이들에게 매우 중요한 길잡이가 된다. 일반적으로 어른벌레(수컷, 암컷)의 검색표, 생식기 검색표(수컷, 암컷)를 각각 작성하며, 애벌레를 포함한 경우, 애벌레의 검색표도 함께 작성한다. 이러한 검색표에는 정확한 특징을 나타내기 위해 곤충 분류의 전문용어를 쓰게 되며, 이 때문에 일반인이 이용하는 데 어려움이 있었다. 그래서 오래전부터 해충 검색표 등에서는 이용자의 활용도를 높이고자 주요 특징이 나타난 그림이나 사진을 함께 제시한 '픽토리얼 키(Pictorial key)'를 만드는 경우가 많았다. 최근에 발간된 여러 도감에서도 볼 수 있다. 픽토리얼 키는 사전적 의미로 '그림 열쇄'라 번역되지만 여기에서는 '그림 검색표'가 적절한 것 같다.

나비목의 연구자들은 나비, 나방들을 동정할 때 날개 무늬와 색깔뿐만 아니라 여러 가지 시약 및 도구를 사용해 시맥, 생식기 구조 등을 살펴보기도 하나, 나비에 있어서는 몇몇 경우를 제외하고 날개 무늬 및 색깔 등 외형적 특징으로 쉽게 구별된다. 그러나 한반도에는 280종 이상의 나비가 알려졌고, 그룹에 따라서는 매우 비슷한 종들이 많아 이들을 무리지어 구별하는 방법도 좋을 듯하다.

여기에서 무리지어 구분한 것은 한반도 나비의 분류체계 및 소속이 전부 반영된 것은 아니다. 날개 무늬나 색깔 등이 비슷해 어떤 무리에서는 서로 다른 아과(subfamily)의 종들이 포함되기도 하고, 어떤 무리에서는 서로 다른 족(tribe) 또는 속(genus)의 종들이 포함되기도 한다. 또한 각 종들의 주요 특징이 모두 포함되어 있는 것도 아니다. 따라서 이용자가 다른 특징들을 사용해 보다 쉽게 구별되는 그림 검색표를 만들어 사용할 수 있다.

각 무리의 이해를 돕기 위해 우리나라 이름 유래, 분포, 출현 시기, 먹이식물 등 기본적인 정보를 간단히 정리했으며, 우리나라 이름의 유래는 대부분 석주명(1947a)의 '조선나비 이름의 유래기'를 참조했다. 웹 카페인 '들꽃카페(http://cafe.naver.com/wildfiower)'에는 우리나라의 나비 이름 유래가 잘 정리되어 있다. 국명은 대한민국에서 사용되는 용어를 기준으로 했다. 출현 시기와 분포는 글쓴이들이 직접 확인한 정보를 최대한 반영했으며, 분포 표기 중 '남한'은 군사분계선(DMZ)의 남쪽, '북한'은 군사분계선 북쪽 지역을 의미하며, 지리적 경계가 불분명하지만 대체로 북부지방은 평안북도, 평안남도, 함경남도, 함경북도, 자강도, 양강도, 중부지방은 황해남도, 황해북도, 경기도, 강원도, 충청남도, 충청북도, 경상북도 일부, 남부지방은 전라남도, 전라북도 일부, 경상남도, 경상북도 일부, 제주도 지역을 포함한다.

먹이 식물은 『한반도의 나비(2010)』에서 정리된 것을 재인용해서 인용문헌을 일일이 표시하지 않았다. 그리고 그림 검색표에서 국명 오른쪽에 표시된 숫자는 해당 종의 학명, 분포 및 생태, 크기, 북한명, 날개 편 표본의 윗면, 아랫면 등 종별 정보가 정리되어 있는 해당 종 번호다.

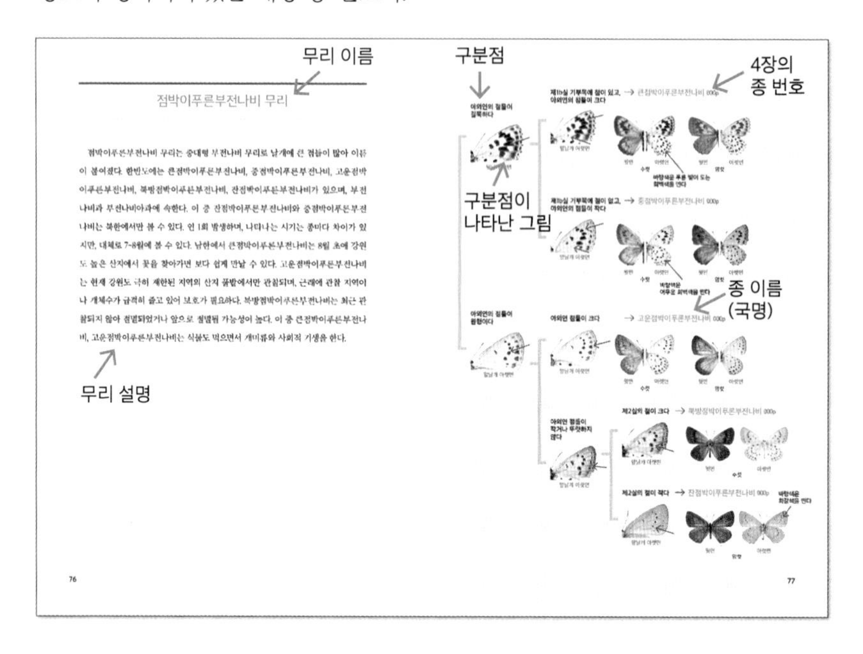

나비 특징을 설명하기 위한 날개 각 부분의 이름은 한글로 쓰는 것이 좋다고 생각하지만, 한글로 쓰면 의미가 불분명해지거나 어색한 경우가 있다. 쓰는 사람이 많은 용어가 그 시대의 바른 이름이라고도 할 수 있지만, 아직 그렇지 못한 것 같아 함께 사용했다. 본문에 사용한 나비 날개의 각 부분별 명칭은 다음과 같다. 전연(앞 가장자리, costal margin), 외연(바깥 가장자리, outer margin), 후연(뒷 가장자리, hind margin), 내연(안 가장자리, inner margin), 기부(날개 시작 부분, basal area), 중실(가운데 방, median cell), 중실부(가운데 방 끝 부분, discal area), 중앙부(가운데 부분, median area), 아외연부(중간 가장자리 부분, submarginal area), 시정부(날개 끝 부분, apical area), 후각부(tornal area), 미상돌기(꼬리모양돌기, tail (caudate process)). 그리고 종별 설명에서 사용한 계장(날개 편 길이, wing span)는 날개를 바르게 편 상태에서 날개 왼쪽과 오른쪽의 가장 긴 길이다. 또한 시맥(날개맥, wing vein) 표시 방식은 나비목 무리 중 앞뒤날개의 날개맥이 서로 다른 무리에서 사용되는 햄프슨(Hampson) 방식에 따랐다. 일반적으로 나비목 곤충들은 앞날개에 12개, 뒷날개에 8개의 시맥이 있는데, 나비 무리에서는 알파벳 기호로 나타내는 틸야드(Tillyard) 방식에서 앞날개의 제3경맥(R_3)과 제4경맥(R_4)이 합쳐져 있는 경우가 많다. 아래 그림의 앞날개 제3맥은 제1주맥(CuA_1), 제4맥은 제3중맥(M_3), 제5맥은 제2중맥(M_2), 제6맥은 제1중맥(M_1), 제7맥은 제5경맥(R_5), 제9맥은 제3, 4경맥(R_{3+4}), 제10맥은 제2경맥(R_2), 제11맥은 제1경맥(R_1), 제12맥은 아전연맥(Sc)이다.

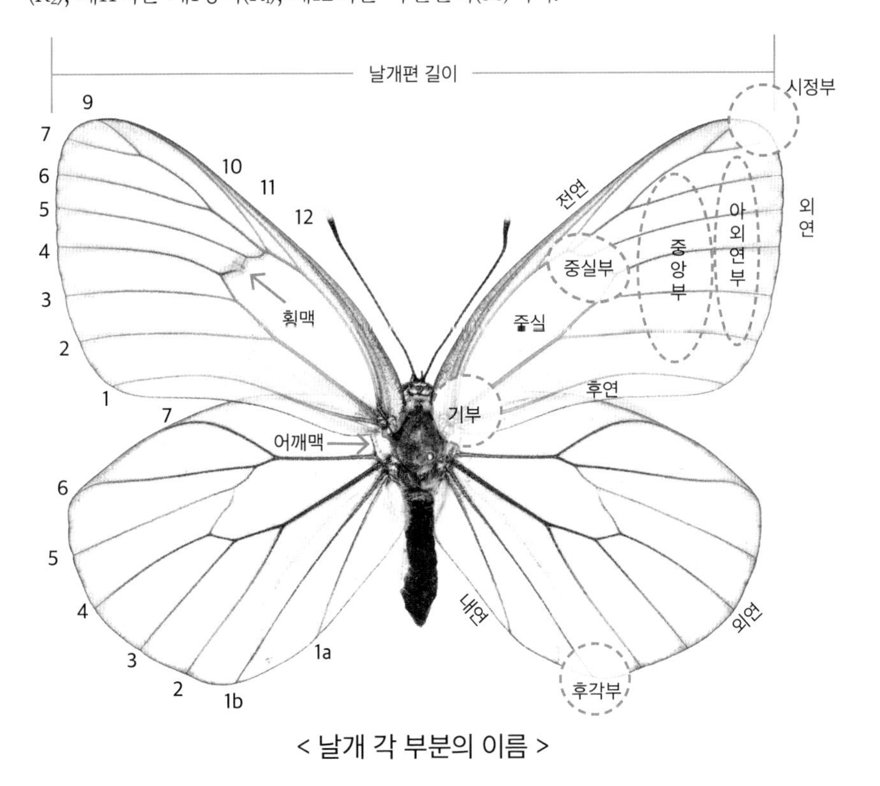

< 날개 각 부분의 이름 >

수리팔랑나비 무리

한반도에서 수리팔랑나비라고 불리는 종으로는 수리팔랑나비, 독수리팔랑나비, 푸른큰수리팔랑나비가 있으며, 팔랑나비과 수리팔랑나비아과에 속한다. 활엽수림에 살며, 애벌레는 뚜렷한 줄무늬가 있다. 독수리팔랑나비라는 이름은 종명인 *aquilina*의 뜻이 독수리여서 붙었으며, 큰수리팔랑나비는 독수리팔랑나비보다 크고, 푸른큰수리팔랑나비는 푸른색이어서 붙은 이름이다. 큰수리팔랑나비는 중부지방에 국지적으로 분포하며, 남한에서는 확인된 서식지 및 개체수가 매우 적어 2012년 멸종위기야생생물 II급으로 새로 지정된 법정보호종이다. 앞날개 가운데 부분에 검은 줄무늬가 있으며, 뒷날개 아랫면이 녹색을 띤다. 독수리팔랑나비는 중북부 지방에 산지 중심으로 분포하며, 애벌레 먹이식물은 음나무다. 남한의 주요 분포지는 강원도 산지며, 최근에는 경기도 가평 일대에서도 관찰된다. 날개 아랫면은 녹색을 띠지 않는다. 푸른큰수리팔랑나비는 남부지방의 활엽수림에 살며, 여름에는 서해 대청도에서도 볼 수 있다. 다른 수리팔랑나비 무리와 달리 전체적으로 청록색을 띤다. 봄형은 5~6월, 여름형은 7~8월에 연 2회 나타난다. 먹이식물은 나도밤나무, 합다리나무다. 이 중 큰수리팔랑나비와 독수리팔랑나비는 날개 윗면이 비슷해 자세히 보아야 구별된다.

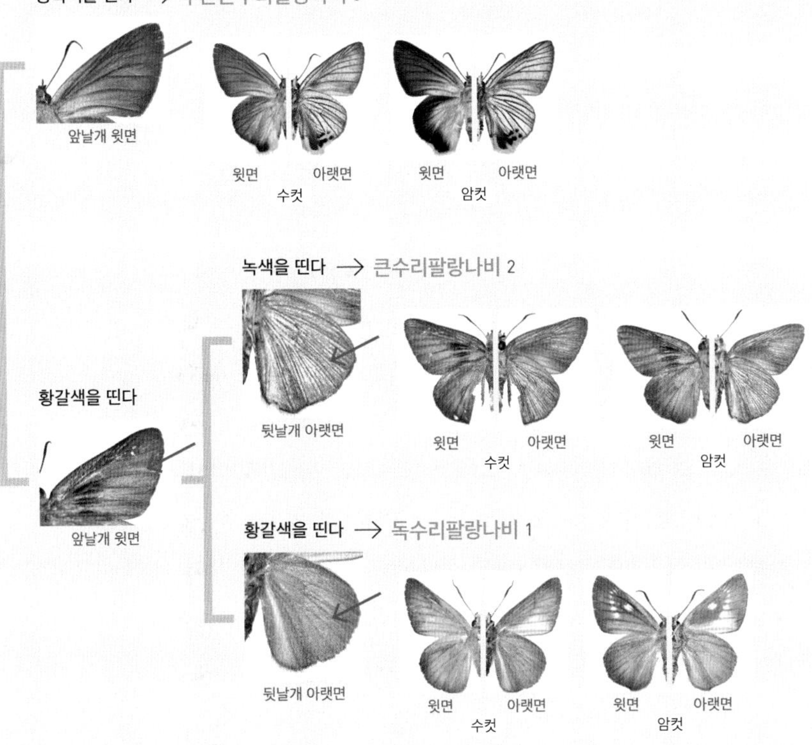

청록색을 띤다 → 푸른큰수리팔랑나비 3
앞날개 윗면
윗면
아랫면
수컷
윗면
아랫면
암컷
녹색을 띤다 → 큰수리팔랑나비 2
뒷날개 아랫면
윗면
아랫면
수컷
윗면
아랫면
암컷
황갈색을 띤다
앞날개 윗면
황갈색을 띤다 → 독수리팔랑나비 1
뒷날개 아랫면
윗면
아랫면
수컷
윗면
아랫면
암컷

왕팔랑나비 무리

한반도에 분포하는 팔랑나비 무리 중 가장 커서 '대왕'이란 이름이 붙은 대왕팔랑나비가 있다. 이와 비슷하게 왕팔랑나비, 왕자팔랑나비도 있으며, 팔랑나비과 흰점팔랑나비아과에 속한다. 왕자팔랑나비는 이들 중 크기가 가장 작아서, 왕팔랑나비는 대왕팔랑나비와 왕자팔랑나비의 중간 크기여서 붙은 이름이다. 대왕팔랑나비는 지리산 이북 지역에 국지적으로 분포하며, 낮은 산지보다는 높은 산지를 중심으로 6월 말부터 8월에 걸쳐 나타난다. 앞날개 중앙부에 흰 무늬가 위에서 아래로 배열되며, 뒷날개 중앙부에 넓은 흰색 띠가 있다. 수컷과 암컷의 무늬는 큰 차이가 없으나, 암컷 날개가 수컷보다 현저히 넓다. 애벌레 먹이식물은 운향과의 황벽나무, 산초나무다. 왕팔랑나비는 한반도에 폭넓게 분포하며, 5월 말부터 7월에 걸쳐 나타난다. 앞날개 윗면 중앙부에 큰 흰색 무늬들이 사선으로 띠를 이루며, 뒷날개 중앙부에는 흰색 띠가 없다. 수컷과 암컷은 큰 차이가 없으나 암컷이 수컷보다 날개가 더 넓은 편이다. 칡, 아까시나무 등이 애벌레의 먹이식물이어서 높은 산지보다는 낮은 산지에서 쉽게 관찰된다. 왕자팔랑나비는 한반도에 폭넓게 분포하며, 개체수가 많아 다른 종들보다 쉽게 볼 수 있다. 뒷날개 중앙부의 좁은 흰색 띠는 개체마다 차이가 있다. 특히 제주도산은 이 띠가 잘 발달했다. 5월부터 9월에 걸쳐 나타나며, 애벌레 먹이식물은 마, 참마 등 마과 식물이다.

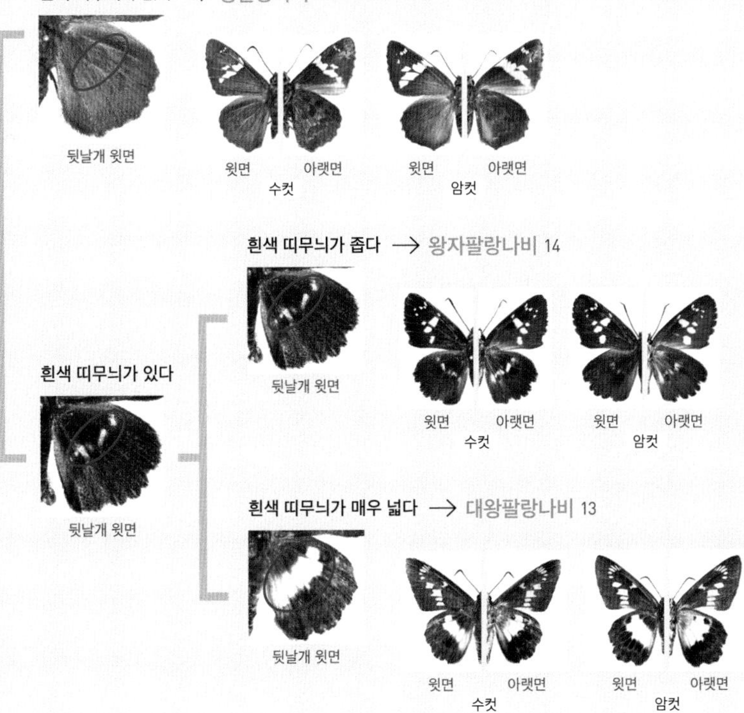
흰색 띠무늬가 없다 → 왕팔랑나비 4
뒷날개 윗면
윗면 아랫면
수컷
윗면 아랫면
암컷
흰색 띠무늬가 있다
뒷날개 윗면
흰색 띠무늬가 좁다 → 왕자팔랑나비 14
뒷날개 윗면
윗면 아랫면
수컷
윗면 아랫면
암컷
흰색 띠무늬가 매우 넓다 → 대왕팔랑나비 13
뒷날개 윗면
윗면 아랫면
수컷
윗면 아랫면
암컷

흰점팔랑나비 무리

크기가 작은 팔랑나비 무리로, 날개에 작은 흰 점이 많아 '흰점'이라는 이름이 붙었다. 한반도에는 흰점팔랑나비, 꼬마흰점팔랑나비, 왕흰점팔랑나비, 함경흰점팔랑나비, 혜산진흰점팔랑나비, 북방흰점팔랑나비가 있으며, 팔랑나비과 흰점팔랑나비아과에 속한다. 이 중 흰점팔랑나비와 꼬마흰점팔랑나비만 남한에서 볼 수 있으며, 강원도 산지 및 숲 가장자리, 도로 주변 풀밭이 주요 분포지다. 꼬마흰점팔랑나비는 서해안과 남부지방을 제외한 지역에 국지적으로 분포하며, 개체수가 매우 적다. 남한에서는 4월부터 6월 초까지 연 1회 발생하며, 애벌레 먹이식물은 장미과의 물싸리다. 흰점팔랑나비보다 점무늬와 크기가 작아서 '꼬마'라는 이름이 붙었다. 뒷날개 아랫면의 흰색 띠가 불규칙하게 떨어져 있으며, 기부에 흰색 점무늬가 3개 있다. 흰점팔랑나비는 울릉도를 제외한 지역에 국지적으로 분포하며, 꼬마흰점팔랑나비에 비해 분포 범위가 넓다. 봄형은 4~5월, 여름형은 7월 중순~8월에 걸쳐 연 2회 나타난다. 뒷날개 아랫면의 흰색 띠가 연속되고, 기부에 흰색 점무늬가 1개 있다. 애벌레 먹이식물은 양지꽃 같은 장미과 식물이다. 출현 시기에 따라 무늬가 달라지기 때문에 자세히 보아야 구별된다.

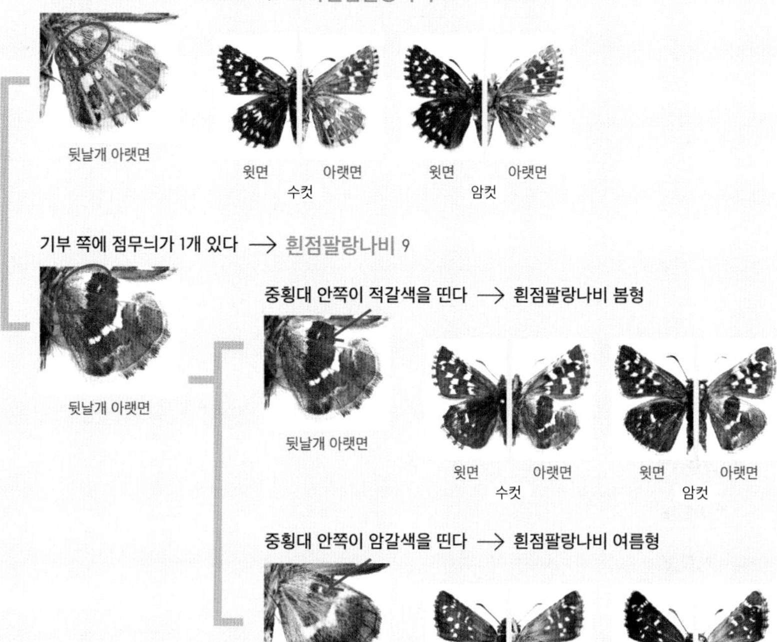

기부 쪽에 점무늬가 3개 있다 → 꼬마흰점팔랑나비 10
뒷날개 아랫면
윗면
아랫면
수컷
윗면
아랫면
암컷
기부 쪽에 점무늬가 1개 있다 → 흰점팔랑나비 9
뒷날개 아랫면
중횡대 안쪽이 적갈색을 띤다 → 흰점팔랑나비 봄형
뒷날개 아랫면
윗면
아랫면
수컷
윗면
아랫면
암컷
중횡대 안쪽이 암갈색을 띤다 → 흰점팔랑나비 여름형
뒷날개 아랫면
윗면
아랫면
수컷
윗면
아랫면
암컷

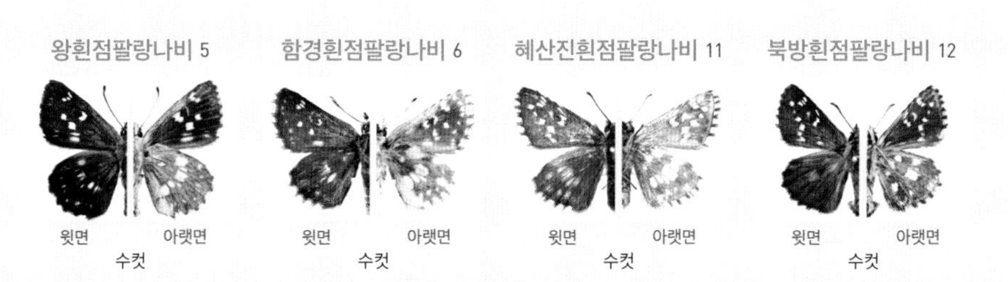

왕흰점팔랑나비 5
함경흰점팔랑나비 6
혜산진흰점팔랑나비 11
북방흰점팔랑나비 12
윗면
아랫면
수컷
윗면
아랫면
수컷
윗면
아랫면
수컷
윗면
아랫면
수컷

돈무늬팔랑나비 무리

뒷날개 아랫면에 동전 모양 무늬가 발달해 '돈무늬'라는 이름이 붙었다. 한반도에서 돈무늬팔랑나비와 비슷하게 생긴 종으로는 북방알락팔랑나비, 수풀알락팔랑나비, 은점박이알락팔랑나비, 참알락팔랑나비, 은줄팔랑나비가 있으며, 팔랑나비과 돈무늬팔랑나비아과에 속한다. 이 중 북방알락팔랑나비, 은점박이알락팔랑나비는 북한에서만 볼 수 있다. 애벌레 먹이식물이 기름새 같은 벼과 식물이어서 어두운 숲속보다는 산지의 풀밭 및 산길 주변의 꽃에서 쉽게 볼 수 있다. 나타나는 시기는 종마다 차이가 있지만, 대체로 5월부터 8월에 연 1회 관찰된다. 돈무늬팔랑나비는 내륙 산지 풀밭에 국지적으로 분포하며, 최근에 개체수가 적어지고 있다. 뒷날개 아랫면에 동전 모양 무늬가 10여 개 있어 붙은 이름이다. 수풀알락팔랑나비는 지리산 이북 지역의 산지에 국지적으로 분포하며, 강원도의 높은 산지에서는 곳에 따라 개체수가 많다. 숲에 살며 날개에 얼룩무늬가 있어서 '수풀알락'이라는 이름이 붙었다. 수컷은 밝은 황색, 암컷은 흑갈색을 띠어 쉽게 구별된다. 참알락팔랑나비는 내륙 산지에 국지적으로 분포하며, 개체수가 적다. 뒷날개 중앙부에 흰색 무늬가 1개 있다. 은줄팔랑나비는 최근 남한에서 확인된 지역이 매우 적어 서식지 보호가 필요하다. 뒷날개 아랫면에 은줄 무늬가 발달해 붙은 이름이다.

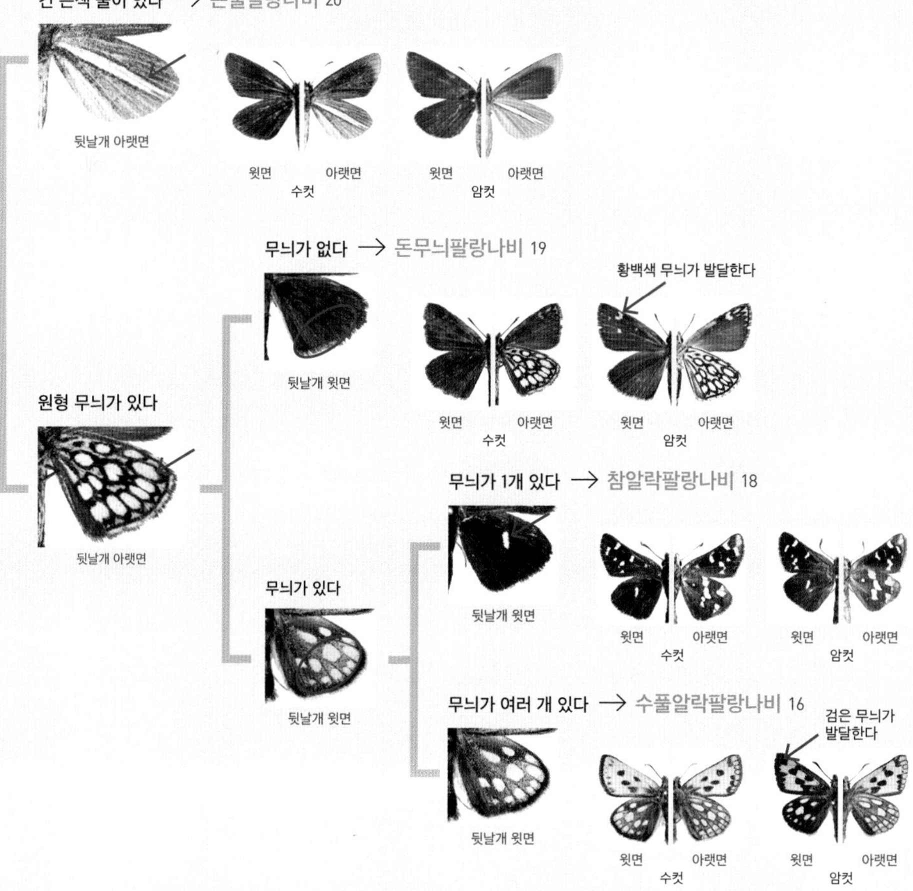

은점박이알락팔랑나비 17

꼬마팔랑나비 무리

팔랑나비 무리 중 크기가 작아 '꼬마'라는 이름이 붙었다. 한반도에는 두만강꼬마팔랑나비, 줄꼬마팔랑나비, 수풀꼬마팔랑나비가 있으며, 팔랑나비과 팔랑나비아과 Thymelini족에 속한다. 애벌레의 먹이식물이 벼과, 사초과 식물이어서 산길 및 숲 가장자리의 풀밭이나 꽃에서 쉽게 볼 수 있다. 두만강꼬마팔랑나비는 북한에만 분포하며, 6월 중순에 관찰된다. 줄꼬마팔랑나비와 수풀꼬마팔랑나비는 남북한에 모두 분포하며, 6월 말부터 8월에 걸쳐 나타난다. 줄꼬마팔랑나비는 날개에 줄무늬가 있고, 크기가 작아서 이런 이름이 붙었으며, 수풀꼬마팔랑나비는 풀밭에 살며, 크기가 작아서 붙은 이름이다. 줄꼬마팔랑나비의 수컷은 사선으로 된 검은색 성표가 날개 중앙에서 후연 쪽으로 발달해 수풀꼬마팔랑나비와 쉽게 구별된다. 암컷은 앞날개 윗면의 외연 테 무늬가 일정한 폭으로 발달했고, 황색 바탕색과 경계가 분명하므로 수풀꼬마팔랑나비의 암컷과 구별되나, 개체에 따라 차이가 있어 자세히 살펴 보아야 한다.

검은색 줄무늬가 없다 → 두만강꼬마팔랑나비 21

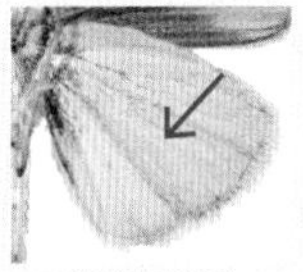

뒷날개 아랫면

윗면 아랫면
수컷

윗면 아랫면
암컷

황갈색 부위가 넓게 나타난다 → 줄꼬마팔랑나비 22

앞날개 윗면

중실 아래에 사선으로 된 성표가 있다

윗면 아랫면
수컷

윗면 아랫면
암컷

검은색 줄무늬가 있다

뒷날개 아랫면

황갈색 부위가 좁게 나타난다 → 수풀꼬마팔랑나비 23

앞날개 윗면

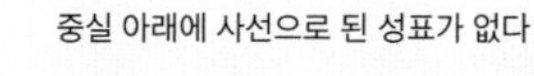

중실 아래에 사선으로 된 성표가 없다

윗면 아랫면
수컷

윗면 아랫면
암컷

떠들썩팔랑나비 무리

풀숲이나 숲 가장자리를 요란스럽게 날아다녀서 '떠들썩'이라는 이름이 붙었다. 한반도에는 산수풀떠들썩팔랑나비, 수풀떠들썩팔랑나비, 검은테떠들썩팔랑나비, 유리창떠들썩팔랑나비가 있으며, 팔랑나비과 팔랑나비아과에 속한다. 수풀떠들썩팔랑나비는 풀밭에서 쉴 새 없이 민첩하게 날아다닌다고 해서, 산수풀떠들썩팔랑나비는 수풀떠들썩팔랑나비와 비슷하나, 주로 산지에서 주로 볼 수 있다고 해서 붙은 이름이다. 그리고 검은테떠들썩팔랑나비는 떠들썩팔랑나비 종류 중 날개 테두리의 폭이 넓고, 검은색을 띠어 붙은 이름이며, 유리창떠들썩팔랑나비는 앞날개에 유리창과 같은 반투명한 무늬가 있어 붙은 이름이다. 수컷은 앞날개 중실 중심으로 굵은 검은색 선으로 된 성표가 있어 암컷과 쉽게 구별되나, 암컷은 수컷과 무늬가 다른 경우가 많으므로 암컷의 특징도 알아두어야 한다. 애벌레의 먹이식물이 벼과, 콩과, 사초과 식물이어서 산길 및 숲 가장자리의 풀밭이나 꽃에서 쉽게 볼 수 있다. 나타나는 시기는 종마다 차이가 있지만, 대체로 6월 중순부터 8월에 연 1회 볼 수 있다. 유리창떠들썩팔랑나비, 수풀떠들썩팔랑나비, 검은테떠들썩팔랑나비는 폭넓게 분포하나, 산수풀떠들썩팔랑나비는 중북부지방의 산지에 국지적으로 분포한다. 이들은 색상 및 날개 무늬가 비슷해 자세히 살펴보아야 구별된다.

외연의 검은 테가 좁다 → 수풀떠들썩팔랑나비 26

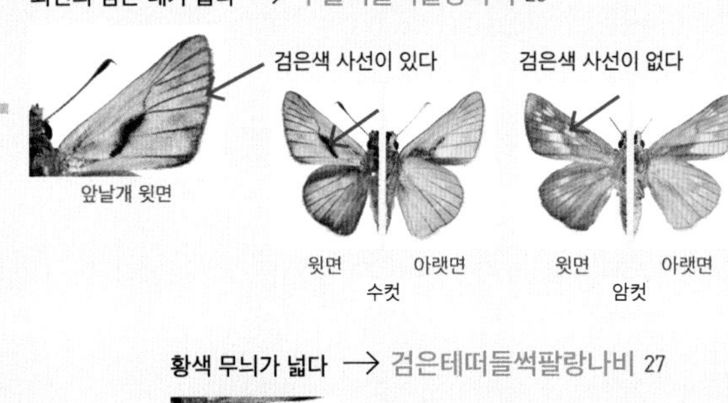

수컷

황색 무늬가 넓다 → 검은테떠들썩팔랑나비 27

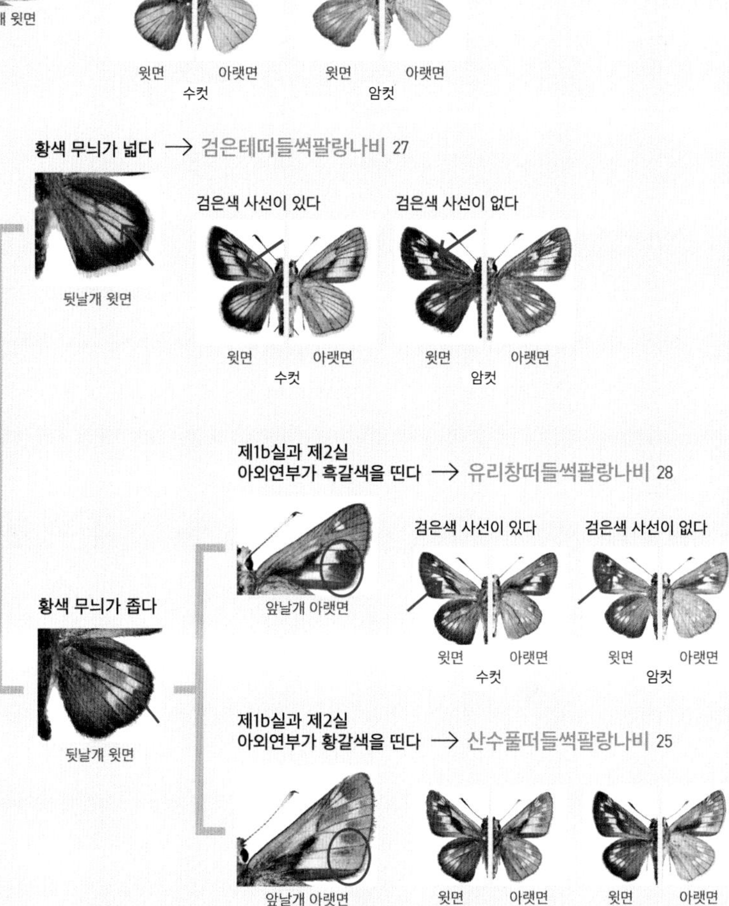

외연의 검은 테가 넓다

앞날개 윗면

제1b실과 제2실
아외연부가 황갈색을 띤다 → 산수풀떠들썩팔랑나비 25

앞날개 아랫면

윗면 아랫면
수컷

윗면 아랫면
암컷

줄점팔랑나비 무리

뒷날개 아랫면에 흰 점들이 줄지어 있어 '줄점팔랑나비'라는 이름이 붙여졌다. 한반도에서 줄점팔랑나비와 비슷하게 생긴 종으로는 산팔랑나비, 산줄점팔랑나비, 흰줄점팔랑나비, 제주꼬마팔랑나비, 직작줄점팔랑나비가 있으며, 팔랑나비과 팔랑나비아과 Baorini족에 속한다. 이 중 북한에만 기록이 있는 직작줄점팔랑나비는 재확인이 필요하다. 애벌레 먹이식물은 벼과 식물이 대부분이어서 평지 및 산길 주변의 풀밭이나 꽃에서 관찰된다. 줄점팔랑나비는 5월 말부터 11월까지 전국 어디서나 흔하게 볼 수 있으며, 산줄점팔랑나비는 4월부터 9월까지 볼 수 있다. 제주꼬마팔랑나비는 제주도와 남해안 지역이 주요 서식지이며, 5월 말부터 늦가을까지 관찰된다. 산팔랑나비는 다른 종들과 달리 7월부터 8월까지 짧은 기간에만 나타나며, 개체수가 적다. 그리고 흰줄점팔랑나비는 주재성(2009: 9)에 의해 최근 정착이 확인된 종으로서 연 2회 발생하며, 5월 말부터 8월에 걸쳐 나타난다. 이들은 언뜻 보면 같은 종으로 보일정도로 닮아 자세히 보아야 구별된다.

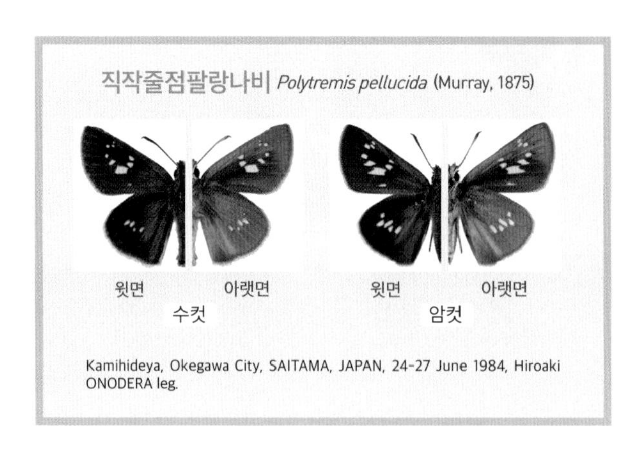

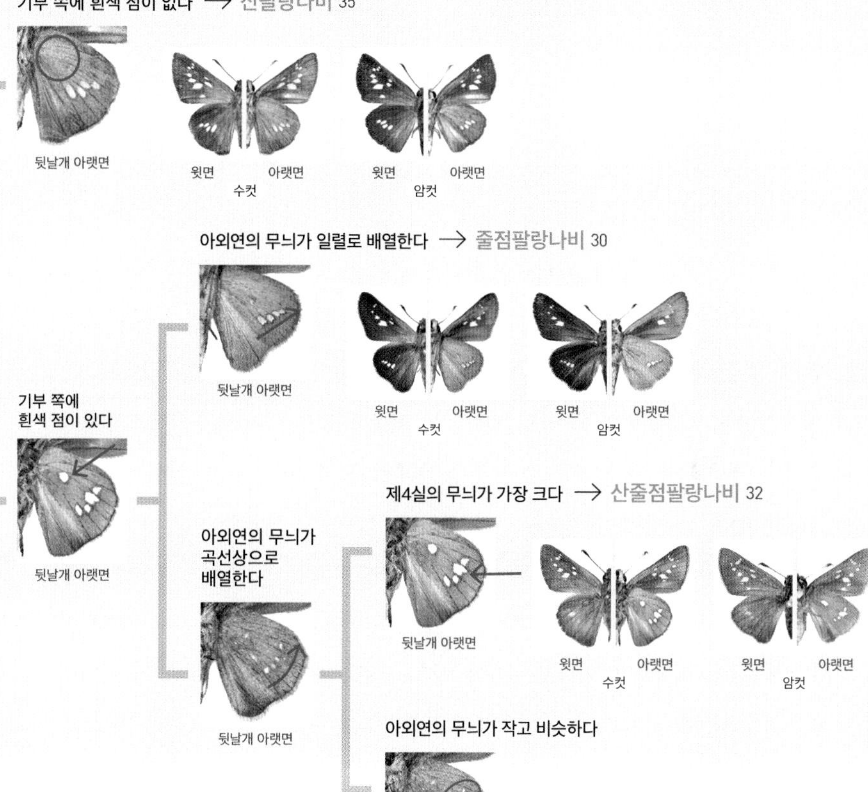
기부 쪽에 흰색 점이 없다 → 산팔랑나비 35
뒷날개 아랫면
윗면
아랫면
수컷
윗면
아랫면
암컷
아외연의 무늬가 일렬로 배열한다 → 줄점팔랑나비 30
뒷날개 아랫면
윗면
아랫면
수컷
윗면
아랫면
암컷
기부 쪽에
흰색 점이 있다
뒷날개 아랫면
제4실의 무늬가 가장 크다 → 산줄점팔랑나비 32
아외연의 무늬가
곡선상으로
배열한다
뒷날개 아랫면
윗면
아랫면
수컷
윗면
아랫면
암컷
뒷날개 아랫면
아외연의 무늬가 작고 비슷하다
뒷날개 아랫면

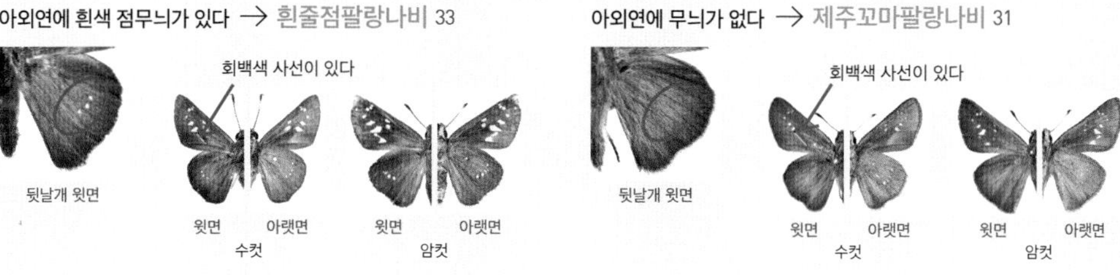
아외연에 흰색 점무늬가 있다 → 흰줄점팔랑나비 33
회백색 사선이 있다
뒷날개 윗면
윗면
아랫면
수컷
윗면
아랫면
암컷
아외연에 무늬가 없다 → 제주꼬마팔랑나비 31
회백색 사선이 있다
뒷날개 윗면
윗면
아랫면
수컷
윗면
아랫면
암컷

모시나비 무리

날개가 반투명한 모시와 비슷해 '모시나비'라는 이름이 붙었다. 날개맥은 검은 색을 띠어 뚜렷하게 보이며, 짝짓기가 끝난 암컷은 배 끝 부분에 수태낭이 생겨 짝짓기를 했는지 아닌지 쉽게 구별된다. 한반도에서 모시나비와 비슷하게 생긴 종으로는 황모시나비, 붉은점모시나비, 왕붉은점모시나비가 있으며, 호랑나비과 모시나비아과에 속한다. 이 중 황모시나비와 왕붉은점모시나비는 북한에서만 볼 수 있다. 붉은점모시나비는 남한에서 멸종위기야생생물 II급으로 지정된 법정보호종으로 모시나비와 비슷하고, 날개에 붉은 점이 있어 붙은 이름이다. 모시나비는 일반적으로 높은 산지에 사는 개체가 낮은 지대에 사는 개체보다 크기가 작고, 흑화된 경우가 많으며, 중북부지역보다는 옥천 등 중남부지역 개체가 다소 크다. 그러나 낮은 지역의 한 개체군 내에서도 크기 차이가 나타나며, 흑화된 개체도 종종 관찰되기도 한다. 특히, 앞날개 중실의 가로로 흐릿한 띠무늬는 개체에 따라 차이가 크다. 모시나비 무리는 연 1회 발생하며, 숲 가장자리나 풀밭 위를 천천히 날아다닌다. 발생 지역에 따라 출현 시기가 다르나, 모시나비와 붉은점모시나비는 한반도 중남부지방에서는 대부분 5월에 관찰되며, 함경도 등 북부지방의 높은 산지에서는 6~7월에 걸쳐 나타난다. 황모시나비는 6월 중순~8월, 왕붉은점모시나비는 7월 말~8월 중순에 북부지방의 높은 산지를 중심으로 출현한다. 애벌레 먹이식물은 초본류인 현호색과, 돌나물과 식물이다.

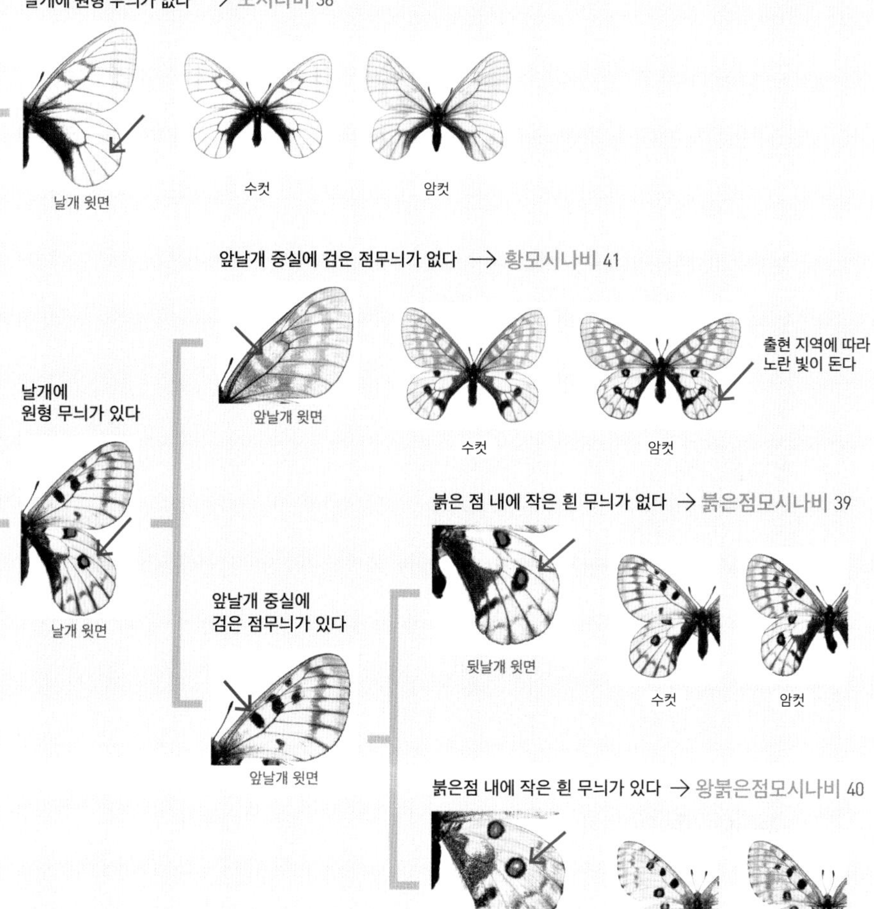
날개에 원형 무늬가 없다 → 모시나비 38
날개 윗면
수컷
암컷
앞날개 중실에 검은 점무늬가 없다 → 황모시나비 41
날개에
원형 무늬가 있다
앞날개 윗면
수컷
암컷
출현 지역에 따라
노란 빛이 돈다
붉은 점 내에 작은 흰 무늬가 없다 → 붉은점모시나비 39
날개 윗면
앞날개 중실에
검은 점무늬가 있다
뒷날개 윗면
수컷
암컷
앞날개 윗면
붉은점 내에 작은 흰 무늬가 있다 → 왕붉은점모시나비 40
뒷날개 윗면
수컷
암컷

모시나비 무리의 암,수 구별
수컷
암컷
수태낭
(sphragis)

호랑나비 무리

호랑나비는 교과서에도 볼 수 있는 익숙한 나비다. 날개 무늬가 호랑이 무늬와 비슷하게 생겨 '호랑'이라는 이름이 붙었다. 한반도에는 애호랑나비, 호랑나비, 산호랑나비가 있으며, 애호랑나비는 다른 호랑나비 무리와 달리 꼬리명주나비와 마찬가지로 앞날개 중실부에 있는 횡맥(discocellular) 중간부가 안쪽으로 크게 굽어 있는 특징으로 인해 모시나비아과에 속하고, 호랑나비, 산호랑나비는 제비나비 무리와 함께 호랑나비아과에 속한다. 애호랑나비는 호랑나비 무리 중 크기가 작아 붙은 이름이다. 호랑나비나 산호랑나비에 비해 크기가 작고, 꼬리모양돌기가 매우 짧다. 봄에만 볼 수 있으며, 높은 산지에서는 6월 초까지 암컷을 볼 수 있다. 애벌레 먹이식물은 족도리풀 같은 쥐방울덩굴과 식물이다. 도시 근교에서는 개체수가 빠르게 줄고 있어 서울시는 서울시보호곤충으로 지정했다. 호랑나비와 산호랑나비는 연 2~3회 나타나며, 여름형이 봄형보다 매우 크다. 산호랑나비는 주로 산에 사는 호랑나비라는 뜻에서 붙은 이름이다. 애벌레 먹이식물은 운향과, 산형과 식물이다. 언뜻 보면 비슷하지만, 앞날개 중실의 무늬가 달라 쉽게 구별된다. 그리고 수컷은 파악판이 크게 발달되어 배 끝을 눌러보면 크게 벌어지는 것으로 암컷과 구별된다.

꼬리모양돌기가 짧다 → 애호랑나비 43

뒷날개 윗면

복부에 잔털이 많다

윗면

복부 확대

수컷

복부에 털이 없고, 짝짓기를 마친 개체는 수태낭이 있다

윗면

복부 확대

암컷

꼬리모양돌기가 길다

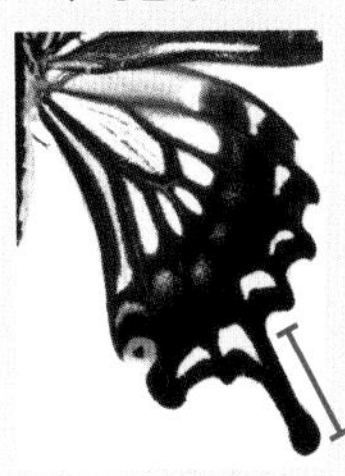

뒷날개 윗면

앞날개 중실에 줄무늬가 있다 → 호랑나비 46

앞날개 윗면

배 끝을 눌러보면 크게 벌어진다

윗면

복부 확대

수컷

배 끝을 눌러보면 조금 벌어진다

윗면

복부 확대

암컷

앞날개 중실에 줄무늬가 없다 → 산호랑나비 45

앞날개 윗면

배 끝을 눌러보면 크게 벌어진다

윗면

복부 확대

수컷

배 끝을 눌러보면 조금 벌어진다

윗면

복부 확대

암컷

제비나비 무리

산과 들, 강가에서 검은색 큰 나비를 한번쯤은 보았을 것이다. 날개 색이 제비와 비슷하다고 해 '제비'라는 이름이 붙었다. 한반도에서 제비나비라고 불리는 나비로는 산제비나비를 비롯해 8종이 알려졌으며, 호랑나비과 호랑나비아과에 속한다. 이 중 멤논제비나비는 길잃은나비(미접)며, 무늬박이제비나비는 정착했는지 불분명하다. 산제비나비는 산에 사는 제비나비라 해서, 남방제비나비는 주로 남부지방에 사는 제비나비라고 해서 붙은 이름이다. 그리고 형태적 특징을 반영해 긴꼬리제비나비는 뒷날개의 폭이 좁고 길어서, 무늬박이제비나비는 뒷날개 중앙부에 큰 유백색 무늬가 있어서, 청띠제비나비는 넓은 청색 띠무늬가 중앙을 가로지르고 있어 붙은 이름이다. 그 외 멤논제비나비는 로마자 종명을 그대로 국어로 표기한 이름이고, 사향제비나비는 수컷에서 사향 냄새가 난다 해서 이름이 붙여졌다. 제비나비 무리는 연 2~3회 출현하며, 여름형이 봄형보다 크고, 특히 다른 제비나비 무리와 달리 산제비나비의 봄형은 지역에 따라 색상 및 무늬가 매우 다르게 나타나기도 한다. 애벌레 먹이식물은 운향과, 쥐방울덩굴과, 피나무과, 마편초과, 박주가리과 식물 등 다양해 평지에서 높은 산지까지 볼 수 있다. 제비나비 무리 중 특징이 뚜렷한 청띠제비나비와 무늬박이제비나비는 멀리서도 쉽게 구별되나, 제비나비와 산제비나비, 긴꼬리제비나비와 사향제비나비 수컷은 서로 비슷하게 생겨 자세히 보아야 구별된다.

꼬리모양돌기가 없다

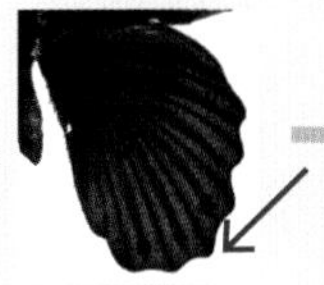

뒷날개 윗면

청색 띠무늬가 있다 → 청띠제비나비 44

뒷날개 내연이 말려져 있고, 그 안에 옆은 갈색의 긴 털이 많다 (수컷)

수컷 윗면

뒷날개 내연부는 검게 보인다 (암컷)

암컷 윗면

날개 아랫면 기부에 붉은색 점무늬가 있다 → 멤논제비나비 49

윗면

아랫면

수컷

꼬리모양돌기가 있다

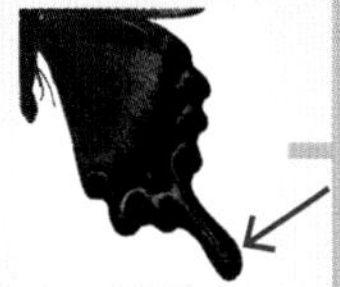

뒷날개 윗면

폭이 좁다

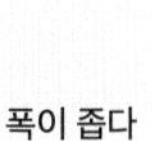

뒷날개 윗면

외연의 거치가 3개다 → 사향제비나비 53

뒷날개 윗면

옆면에 붉은 털이 있다

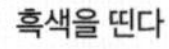

흑색을 띤다

수컷 윗면

옅은 흑갈색을 띤다

암컷 윗면

(개체에 따라 무늬 차이가 난다)

외연의 거치가 4개다 → 긴꼬리제비나비 47

뒷날개 윗면

옆면에 붉은 털이 없다

황백색 무늬가 있다

수컷 윗면

황백색 무늬가 없다

암컷 윗면

(개체에 따라 무늬 차이가 난다)

폭이 넓다

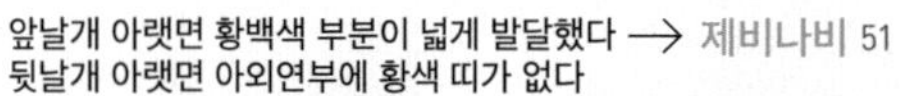

앞날개 아랫면 황백색 부분이 넓게 발달했다 → 제비나비 51
뒷날개 아랫면 아외연부에 황색 띠가 없다

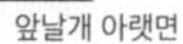

앞날개 아랫면

뒷날개 아랫면

융 모양의 성표가 있다 융 모양의 성표가 없다

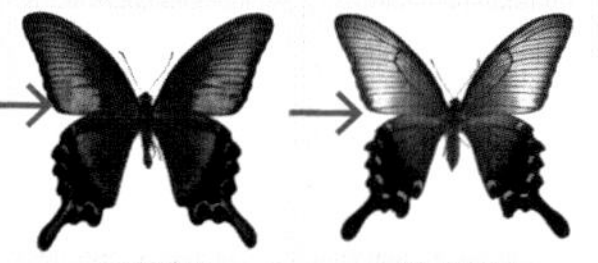

수컷 윗면 암컷 윗면

앞날개 아랫면 황백색 부분이 좁게 발달했다 → 산제비나비 52
뒷날개 아랫면 아외연부에 황색 띠가 있다

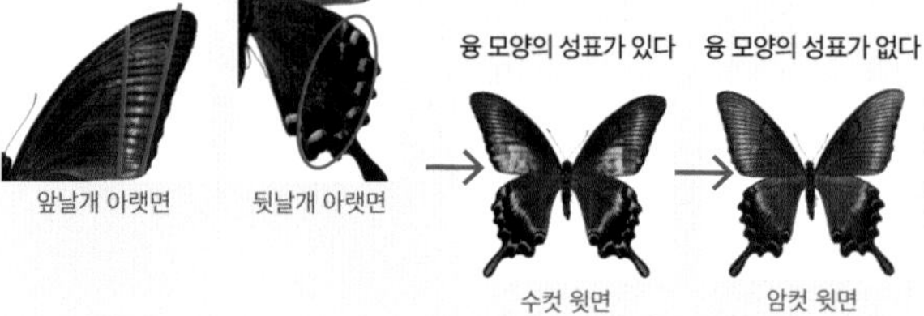

기생나비 무리

작고 귀엽게 생긴 모습, 천천히 날아다니는 모습이 '기생'을 연상시킨다고 해 이름이 붙여졌다. 한반도에는 기생나비, 북방기생나비가 있으며, 흰나비과 기생나비아과에 속한다. 기생나비는 해안지역을 제외한 지역에 폭넓게 분포하나, 최근 관찰되는 개체수나 지역이 적어졌다. 북방기생나비는 중북부지방에 국지적으로 분포하며, 기생나비보다 개체수가 적다. 두 종 모두 연 2~3회 발생하며, 4월 말부터 9월에 걸쳐 나타난다. 애벌레의 먹이식물이 갈퀴나물 같은 콩과 식물이어서 숲속보다는 농경지, 마을 및 산길 주변의 햇볕이 드는 곳에서 천천히 날아다닌다. 발생 시기에 따라 크기 및 무늬 차이가 나며, 여름에 발생하는 개체는 무늬가 뚜렷하지 않은 경우가 많아 자세히 보아야 구별된다.

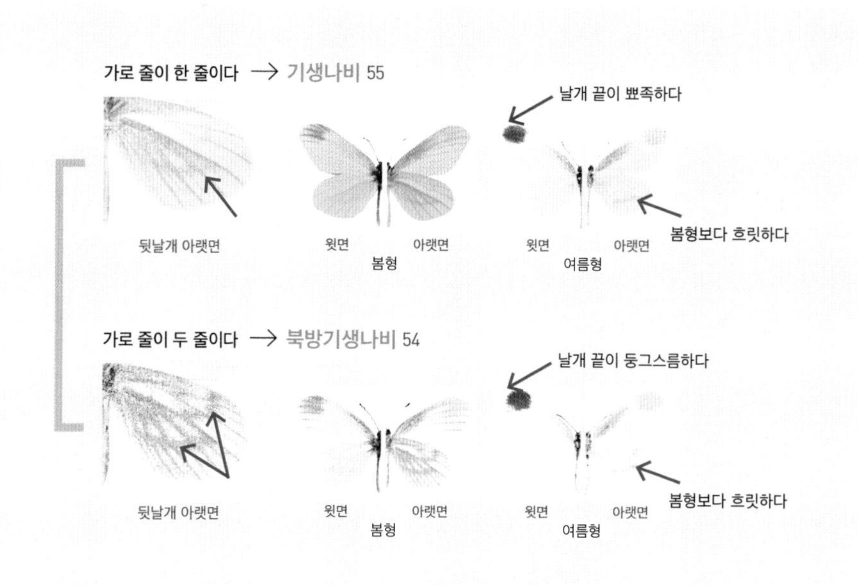

노랑나비 무리

날개 바탕이 노란색을 띠어 '노랑나비'라는 이름이 붙여졌다. 한반도에 폭넓게 분포하고, 개체수가 무척 많아 들이나 산 어디서나 쉽게 만날 수 있다. 노랑나비 무리는 흰나비과 노랑나비아과에 속하며, 한반도에는 11종이 알려졌다. 이 중 남방노랑나비, 극남노랑나비, 멧노랑나비, 각시멧노랑나비, 노랑나비만 남한에서 볼 수 있으며, 검은테노랑나비와 연노랑흰나비는 국외에서 일시적으로 날아온 길잃은나비(미접)다. 그리고 북방노랑나비, 높은산노랑나비, 연주노랑나비, 새연주노랑나비는 북한에 분포하나, 새연주노랑나비는 남한에서 관찰 기록이 있다. 대부분 연 1회 출현하나, 남방노랑나비, 극남노랑나비, 노랑나비는 3~4회 발생하는 다화성 나비로, 발생 시기에 따라 크기 및 무늬 차이가 난다. 특히 계절에 따라 앞날개 모양이 달라지는 극남노랑나비는 비슷하게 생긴 남방노랑나비와 자세히 보아야 구별된다. 또한 노랑나비 무리는 수컷과 암컷의 바탕색 및 무늬가 다른 경우가 많아 암수의 특징을 함께 살펴보아야 한다. 애벌레 먹이식물은 싸리 같은 콩과 식물이며, 어른벌레는 대부분 농경지, 마을 및 산길 주변 풀밭에서 활동한다.

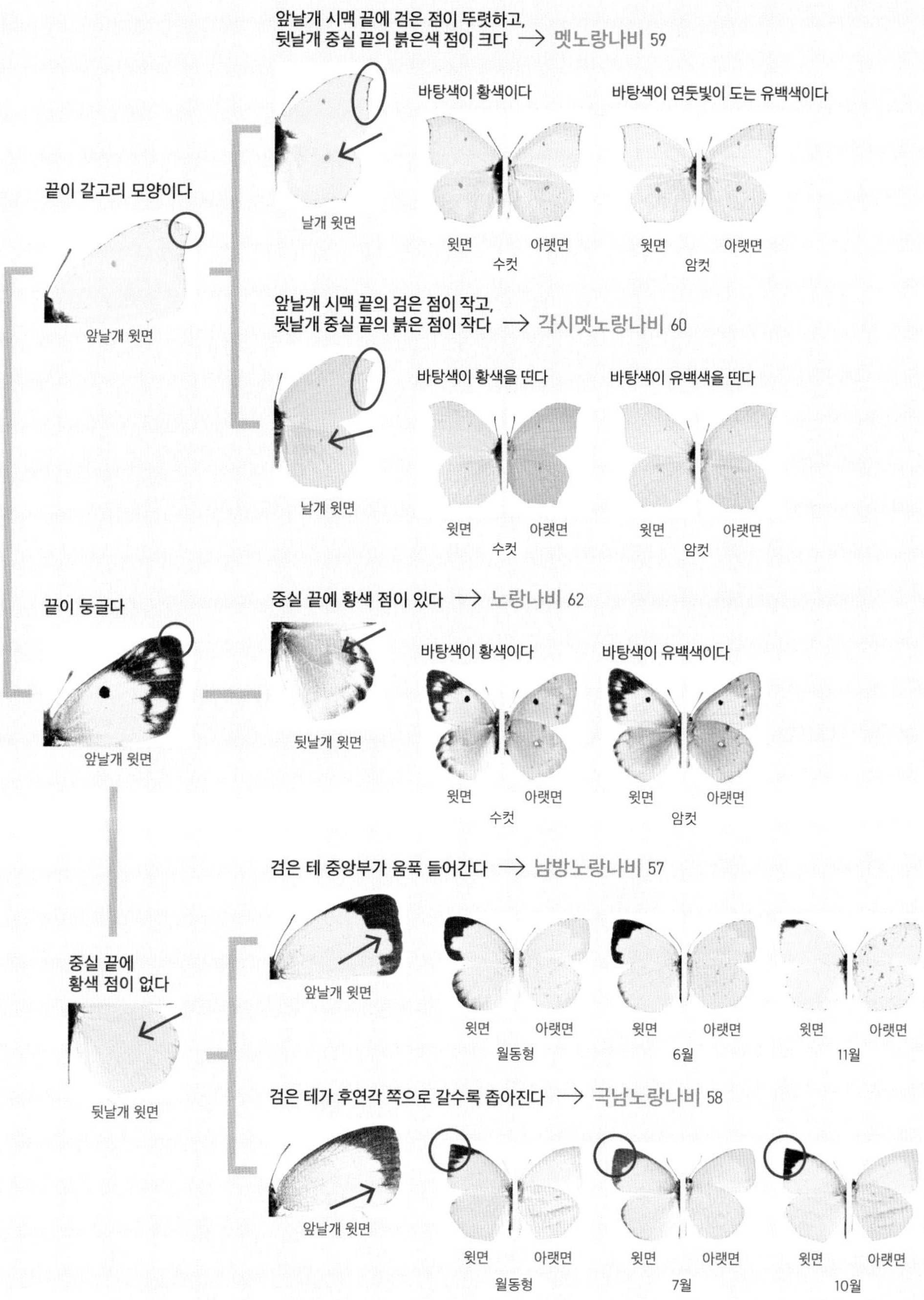

끝이 갈고리 모양이다

앞날개 윗면

앞날개 시맥 끝에 검은 점이 뚜렷하고,
뒷날개 중실 끝의 붉은색 점이 크다 → 멧노랑나비 59

날개 윗면

바탕색이 황색이다

윗면 아랫면

수컷

바탕색이 연둣빛이 도는 유백색이다

윗면 아랫면

암컷

앞날개 시맥 끝의 검은 점이 작고,
뒷날개 중실 끝의 붉은 점이 작다 → 각시멧노랑나비 60

날개 윗면

바탕색이 황색을 띤다

윗면 아랫면

수컷

바탕색이 유백색을 띤다

윗면 아랫면

암컷

끝이 둥글다

앞날개 윗면

중실 끝에 황색 점이 있다 → 노랑나비 62

뒷날개 윗면

바탕색이 황색이다

윗면 아랫면

수컷

바탕색이 유백색이다

윗면 아랫면

암컷

중실 끝에
황색 점이 없다

뒷날개 윗면

검은 테 중앙부가 움푹 들어간다 → 남방노랑나비 57

앞날개 윗면

윗면 아랫면

월동형

윗면 아랫면

6월

윗면 아랫면

11월

검은 테가 후연각 쪽으로 갈수록 좁아진다 → 극남노랑나비 58

앞날개 윗면

윗면 아랫면

월동형

윗면 아랫면

7월

윗면 아랫면

10월

흰나비 무리

날개 바탕이 흰색을 띠어 대부분 '흰나비'라는 이름이 붙여졌다. 한반도에는 배추흰나비를 비롯해 9종이 알려졌으며, 흰나비과 흰나비아과에 속한다. 이 중 북방풀흰나비와 눈나비는 북한에서만 볼 수 있으며, 상제나비는 남한에서 멸종위기야생생물 I급으로 지정된 법정보호종이다. 연 1회 출현하는 갈구리나비(4~5월), 상제나비(남한: 5월 중순~6월 초; 북한: 6월 중순~8월 초), 눈나비(북한: 6월 말~8월 초) 이외의 흰나비 무리는 연 3~4회 발생하는 다화성이며, 발생 시기에 따라 크기 및 무늬 차이가 난다. 특히 줄흰나비와 큰줄흰나비, 배추흰나비와 대만흰나비는 서로 비슷하게 생겨 자세히 보아야 구별된다. 애벌레 먹이식물은 무, 배추 등 십자화과 식물이며, 어른벌레는 농경지, 마을 및 산길 주변 풀밭에서 쉽게 볼 수 있다.

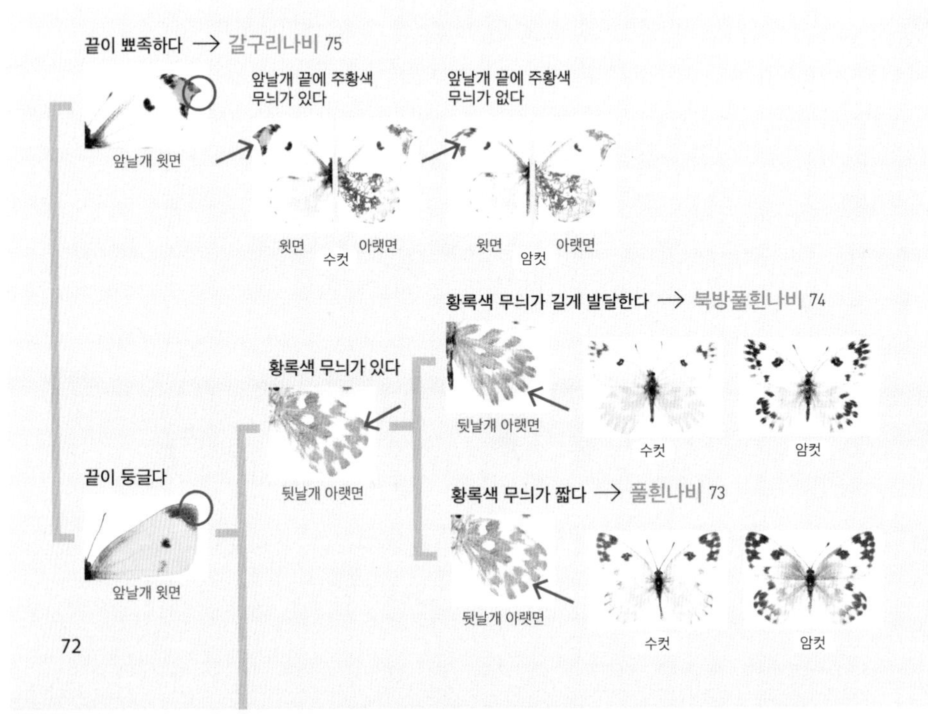

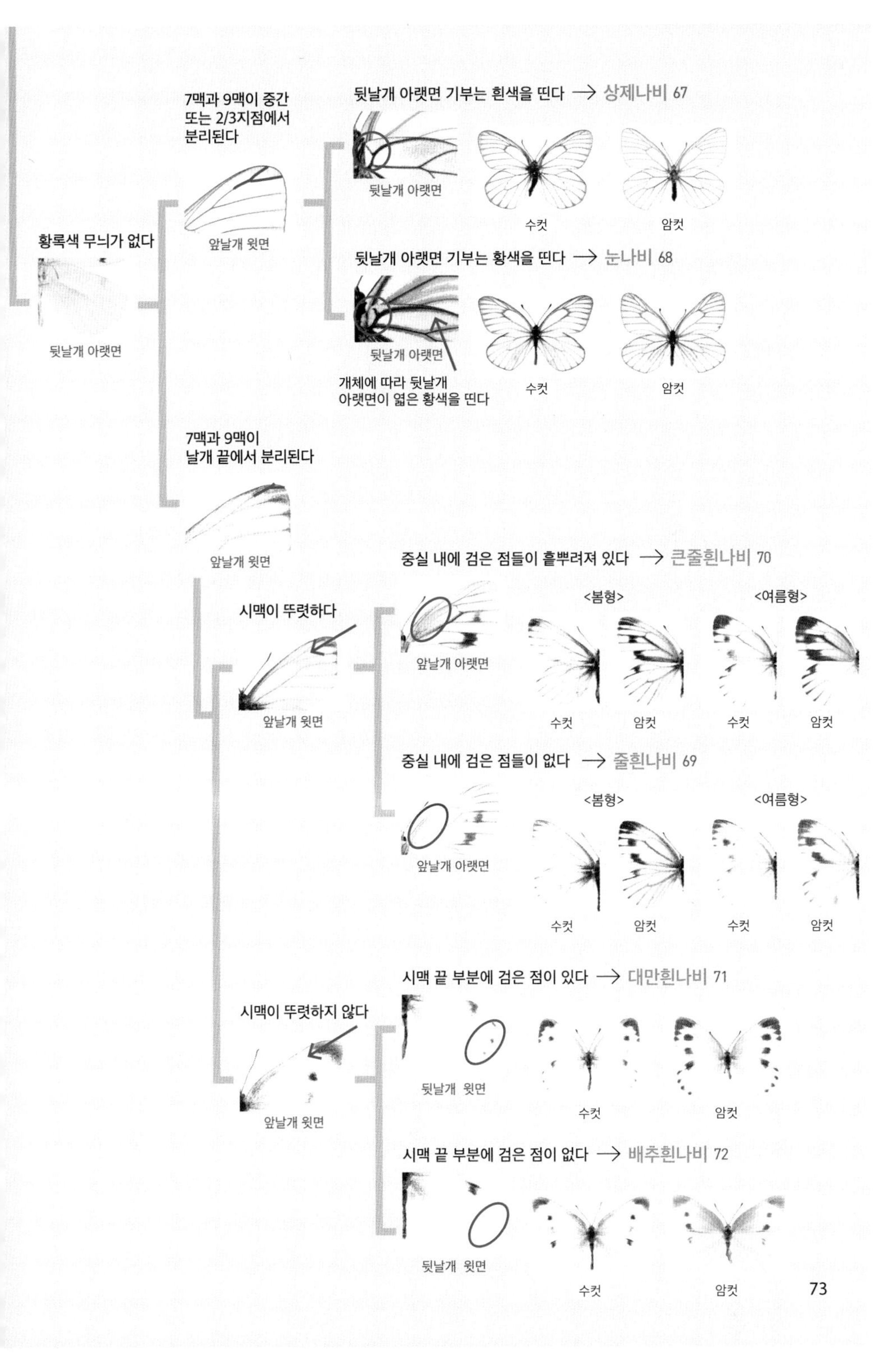

황록색 무늬가 없다
뒷날개 아랫면
7맥과 9맥이 중간
또는 2/3지점에서
분리된다
앞날개 윗면
뒷날개 아랫면 기부는 흰색을 띤다 → 상제나비 67
뒷날개 아랫면
수컷
암컷
뒷날개 아랫면 기부는 황색을 띤다 → 눈나비 68
뒷날개 아랫면
개체에 따라 뒷날개
아랫면이 엷은 황색을 띤다
수컷
암컷
7맥과 9맥이
날개 끝에서 분리된다
앞날개 윗면
시맥이 뚜렷하다
앞날개 윗면
중실 내에 검은 점들이 흩뿌려져 있다 → 큰줄흰나비 70
<봄형>
<여름형>
앞날개 아랫면
수컷
암컷
수컷
암컷
중실 내에 검은 점들이 없다 → 줄흰나비 69
<봄형>
<여름형>
앞날개 아랫면
수컷
암컷
수컷
암컷
시맥이 뚜렷하지 않다
앞날개 윗면
시맥 끝 부분에 검은 점이 있다 → 대만흰나비 71
뒷날개 윗면
수컷
암컷
시맥 끝 부분에 검은 점이 없다 → 배추흰나비 72
뒷날개 윗면
수컷
암컷

암먹부전나비 무리

암먹부전나비는 3월 말부터 10월까지 어디서나 쉽게 볼 수 있으며, 애벌레는 갈퀴나물 같은 콩과 식물을 먹는다. 암컷의 날개 색이 먹물 색과 비슷하다고 해서 '암먹'이라는 이름이 붙었다. 한반도에서 암먹부전나비와 비슷하게 생긴 종으로 먹부전나비, 남방부전나비, 극남부전나비가 있으며, 자세히 보아야 구별된다. 먹부전나비는 암먹부전나비와 생태가 비슷하나 바위솔 같은 돌나물과 식물을 먹는다. 암컷과 수컷의 날개 색이 모두 먹물 색과 비슷하다고 해서 붙은 이름이다. 남방부전나비는 괭이밥 같은 괭이밥과 식물을 먹으며, 이동성이 강한 종으로 남부지방에서부터 여러 세대를 거쳐 가을에는 중북부지방까지 나타나고, 곳에 따라 많은 개체를 볼 수 있다. 남쪽지방에 사는 부전나비라 해서 붙은 이름이다. 이에 반해 극남부전나비는 제주도, 동해안의 울진 이남지역, 서해안 충청도지역에 국지적으로 분포하며, 다른 종보다 보기가 무척 어렵다. 비슷하게 생긴 남방부전나비보다 더 남쪽에 산다고 해서 붙은 이름이다. 이 중 암먹부전나비와 남방부전나비는 개미류와 사회적 기생을 한다고 알려졌다.

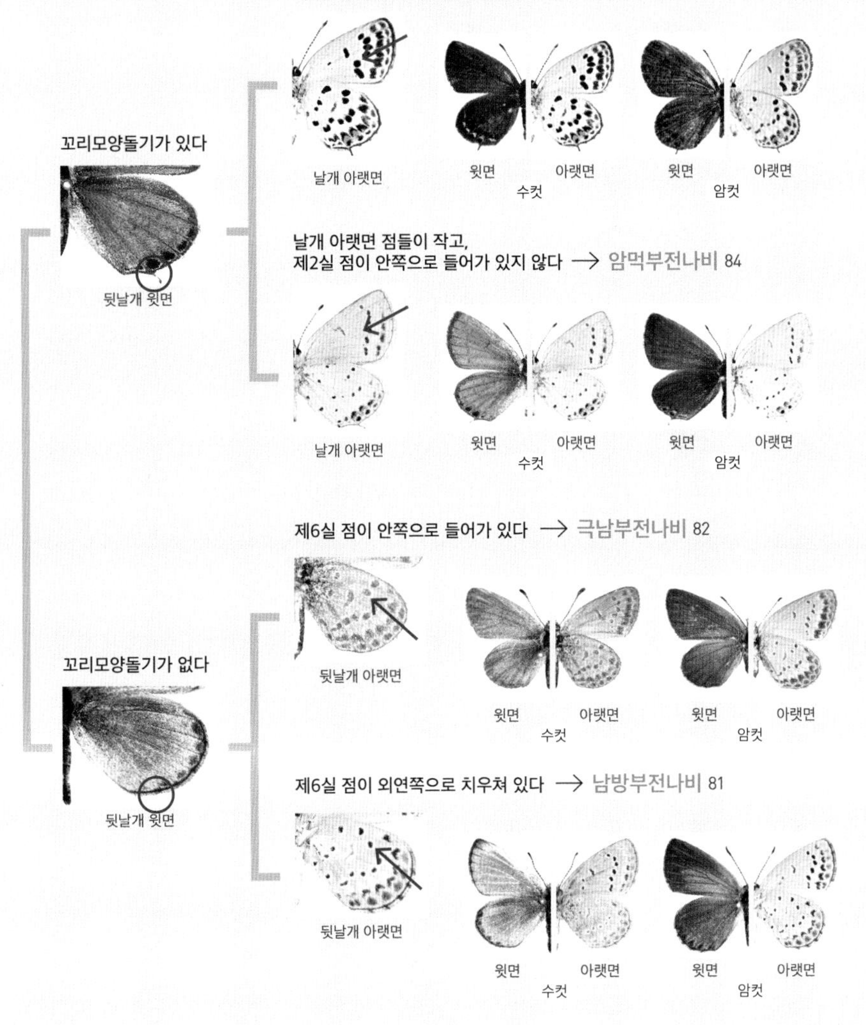
꼬리모양돌기가 있다
뒷날개 윗면
날개 아랫면 점들이 크고,
제2실 점이 안쪽으로 들어가 있다 → 먹부전나비 85
날개 아랫면
윗면
아랫면
수컷
윗면
아랫면
암컷
날개 아랫면 점들이 작고,
제2실 점이 안쪽으로 들어가 있지 않다 → 암먹부전나비 84
날개 아랫면
윗면
아랫면
수컷
윗면
아랫면
암컷
꼬리모양돌기가 없다
뒷날개 윗면
제6실 점이 안쪽으로 들어가 있다 → 극남부전나비 82
뒷날개 아랫면
윗면
아랫면
수컷
윗면
아랫면
암컷
제6실 점이 외연쪽으로 치우쳐 있다 → 남방부전나비 81
뒷날개 아랫면
윗면
아랫면
수컷
윗면
아랫면
암컷

푸른부전나비 무리

푸른부전나비는 암먹부전나비와 더불어 가장 흔한 부전나비로, 3월 중순부터 10월까지 나타난다. 애벌레는 콩과, 장미과의 여러 식물을 먹으며, 어른벌레는 먹이 식물 주변에서 쉽게 볼 수 있다. 날개 윗면이 푸른색을 띠어 '푸른'이라는 이름이 붙었다. 한반도에서 푸른부전나비와 비슷하게 생긴 종으로는 산푸른부전나비, 회령푸른부전나비, 주을푸른부전나비, 한라푸른부전나비, 남방푸른부전나비가 있으며, 서로 자세히 보아야 구별된다. 이 중 주을푸른부전나비는 북한에서만 볼 수 있으며, 한라푸른부전나비와 남방푸른부전나비는 우연히 외국에서 한반도로 날아온 길잃은나비(미접)다. 산푸른부전나비는 중북부지방을 중심으로 국지적으로 분포하며, 남부지방에서는 자생지가 매우 적다. 연 1회, 4월부터 5월까지만 볼 수 있다. 비슷하게 생긴 푸른부전나비에 비해 산지 중심으로 산다고 해서 '산'이라는 이름이 붙은 것으로 보인다. 회령푸른부전나비는 6월에 강원도, 충청북도, 경상북도의 일부 지역을 중심으로 관찰되며, 자생지가 점차 사라지고 있다. 처음 기록된 지명을 고려해 '회령'이라는 이름이 붙은 것으로 보인다.

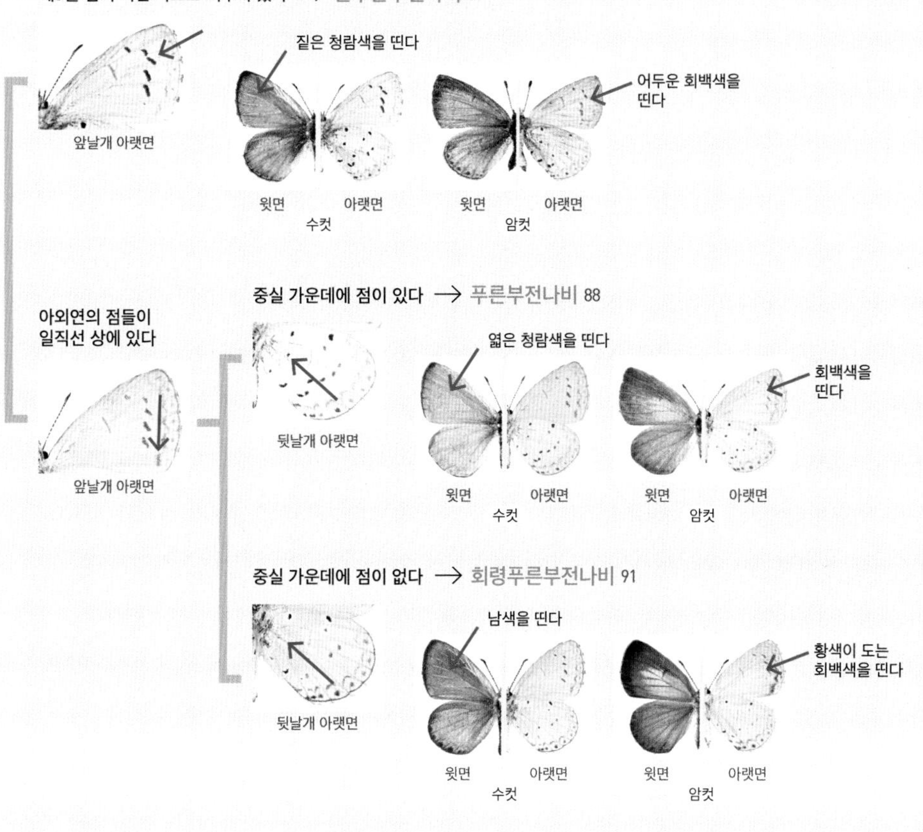
제5실 점이 외연 쪽으로 치우쳐 있다 ⟶ 산푸른부전나비 89
짙은 청람색을 띤다
어두운 회백색을
띤다
앞날개 아랫면
윗면
아랫면
수컷
윗면
아랫면
암컷
중실 가운데에 점이 있다 ⟶ 푸른부전나비 88
아외연의 점들이
일직선 상에 있다
옅은 청람색을 띤다
회백색을
띤다
앞날개 아랫면
뒷날개 아랫면
윗면
아랫면
수컷
윗면
아랫면
암컷
중실 가운데에 점이 없다 ⟶ 회령푸른부전나비 91
남색을 띤다
황색이 도는
회백색을 띤다
뒷날개 아랫면
윗면
아랫면
수컷
윗면
아랫면
암컷

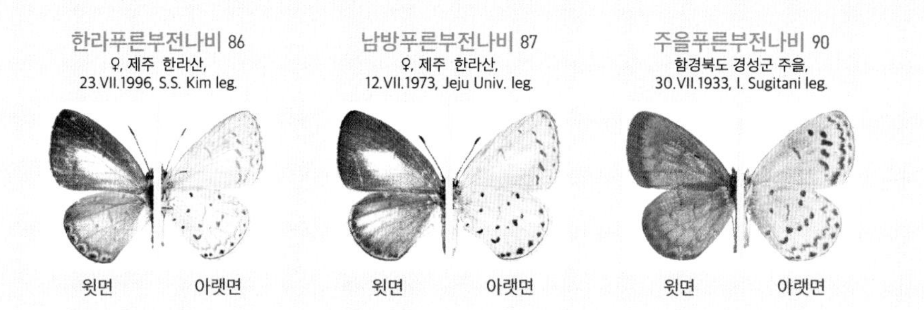
한라푸른부전나비 86
♀, 제주 한라산,
23.VII.1996, S.S. Kim leg.
남방푸른부전나비 87
♀, 제주 한라산,
12.VII.1973, Jeju Univ. leg.
주을푸른부전나비 90
함경북도 경성군 주을,
30.VII.1933, I. Sugitani leg.
윗면
아랫면
윗면
아랫면
윗면
아랫면

점박이푸른부전나비 무리

점박이푸른부전나비 무리는 중대형 부전나비 무리로 날개에 큰 점들이 많아 붙은 이름이다. 한반도에는 큰점박이푸른부전나비, 중점박이푸른부전나비, 고운점박이푸른부전나비, 북방점박이푸른부전나비, 잔점박이푸른부전나비가 있으며, 부전나비과 부전나비아과에 속한다. 이 중 잔점박이푸른부전나비와 중점박이푸른부전나비는 북한에서만 볼 수 있다. 큰점박이푸른부전나비라는 이름이 비슷한 종에 비해 날개 점들이 크다고 해서 붙여진 것처럼 중점박이푸른부전나비, 고운점박이푸른부전나비, 잔점박이푸른부전나비는 점들의 크기나 모양에 따라 이름이 붙여졌고, 북방점박이푸른부전나비는 북쪽 지방이 주요 분포지여서 이름 붙여진 것으로 보인다. 이들 종 모두 연 1회 발생하며, 나타나는 시기는 종마다 차이가 있지만, 대체로 7~8월에 볼 수 있다. 남한에서 큰점박이푸른부전나비는 8월 초나 중순에 강원도 높은 산지에서 꽃을 찾아가면 보다 쉽게 만날 수 있다. 고운점박이푸른부전나비는 현재 강원도 극히 제한된 지역의 산지 풀밭에서만 관찰되며, 근래에 관찰 지역이나 개체수가 급격히 줄고 있어 서식지 보호가 필요하다. 북방점박이푸른부전나비는 최근 관찰되지 않아 절멸되었거나 앞으로 절멸될 가능성이 높다. 이 중 큰점박이푸른부전나비, 고운점박이푸른부전나비는 식물도 먹으면서 개미류와 사회적 기생을 한다.

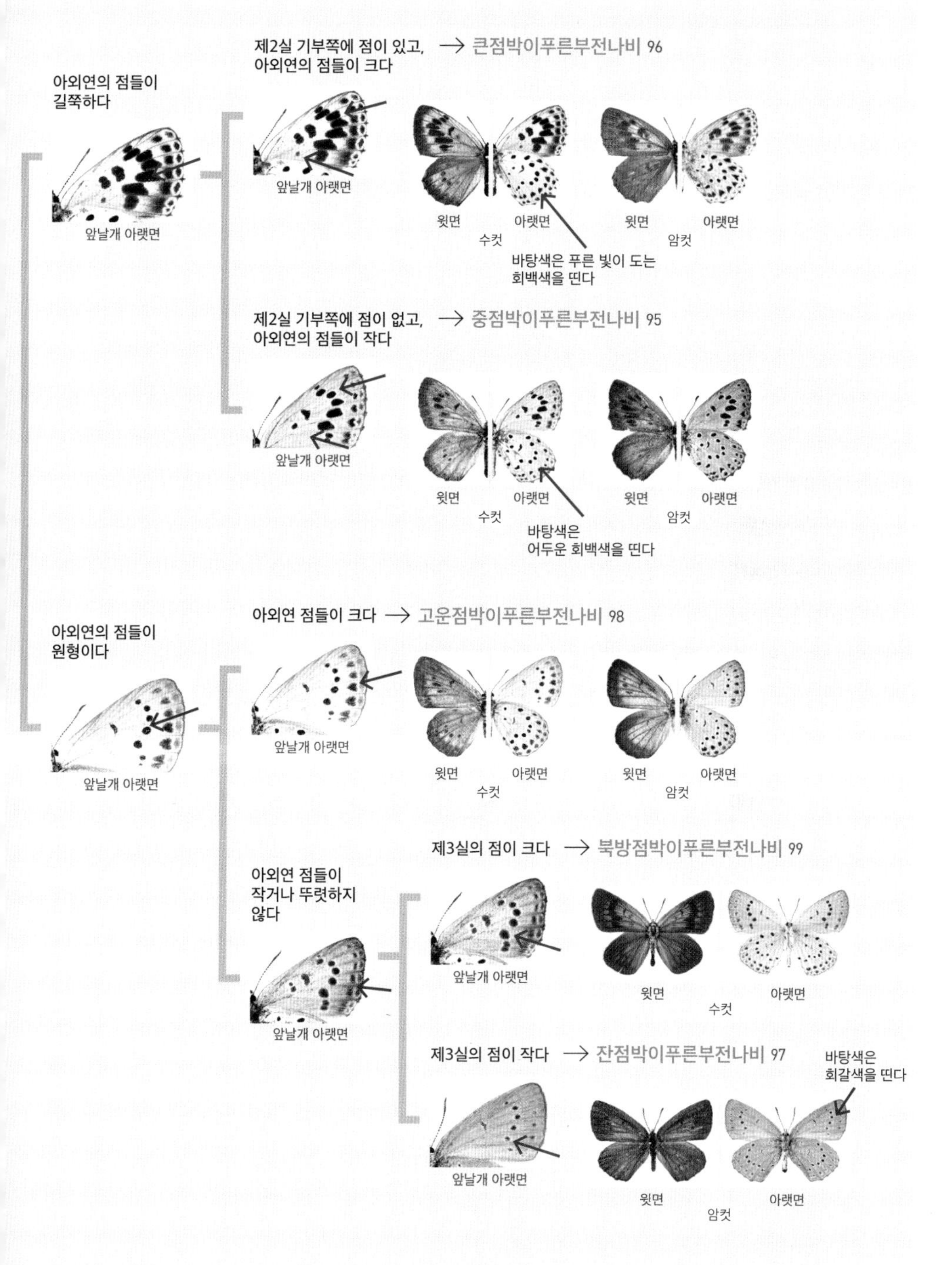
제2실 기부쪽에 점이 있고,
아외연의 점들이 크다
→ 큰점박이푸른부전나비 96
아외연의 점들이
길쭉하다
앞날개 아랫면
앞날개 아랫면
윗면
아랫면
수컷
윗면
아랫면
암컷
바탕색은 푸른 빛이 도는
회백색을 띤다
제2실 기부쪽에 점이 없고,
아외연의 점들이 작다
→ 중점박이푸른부전나비 95
앞날개 아랫면
윗면
아랫면
수컷
윗면
아랫면
암컷
바탕색은
어두운 회백색을 띤다
아외연 점들이 크다
→ 고운점박이푸른부전나비 98
아외연의 점들이
원형이다
앞날개 아랫면
앞날개 아랫면
윗면
아랫면
수컷
윗면
아랫면
암컷
제3실의 점이 크다
→ 북방점박이푸른부전나비 99
아외연 점들이
작거나 뚜렷하지
않다
앞날개 아랫면
앞날개 아랫면
윗면
아랫면
수컷
제3실의 점이 작다
→ 잔점박이푸른부전나비 97
바탕색은
회갈색을 띤다
앞날개 아랫면
윗면
아랫면
암컷

산부전나비 무리

산부전나비는 비슷하게 생긴 부전나비에 비해 산지에서 살아 붙은 이름이다. 북한에서는 산지를 중심으로 폭넓게 분포하나, 남한에서는 강원도 태백지역과 제주도 한라산에서만 기록이 있을 뿐 현재 지속적으로 관찰되는 지역은 없다. 애벌레 먹이식물은 갈퀴나물 같은 콩과 식물이다. 한반도에 산부전나비와 비슷하게 생긴 종으로는 부전나비, 산꼬마부전나비가 있으며, 서로 자세히 보아야 구별된다. 부전나비는 제주도를 제외한 지역의 논밭, 제방, 하천 주변에서 볼 수 있으며, 5월 말부터 10월에 걸쳐 연 수회 나타난다. 콩과에 속하는 갈퀴나물, 낭아초, 땅비싸리가 애벌레 먹이식물이다. 산부전나비와 매우 비슷하지만, 뒷날개 아랫면 아외연부의 주황색 띠무늬에는 청색 비늘가루가 제2실부터 제5실까지 있어 구별된다. 산꼬마부전나비는 산지에서만 사는 작은 부전나비여서 산꼬마부전나비라는 이름이 붙여졌는데, 남한에서는 7월부터 8월까지 제주도 한라산 고지대에서만 볼 수 있다. 수리취, 쑥, 질경이, 버드나무가 애벌레의 먹이식물이다. 다른 종들에 비해 크기가 작고, 뒷날개 아랫면의 아외연 점들에 청색의 금속성 비늘가루가 없어 구별된다.

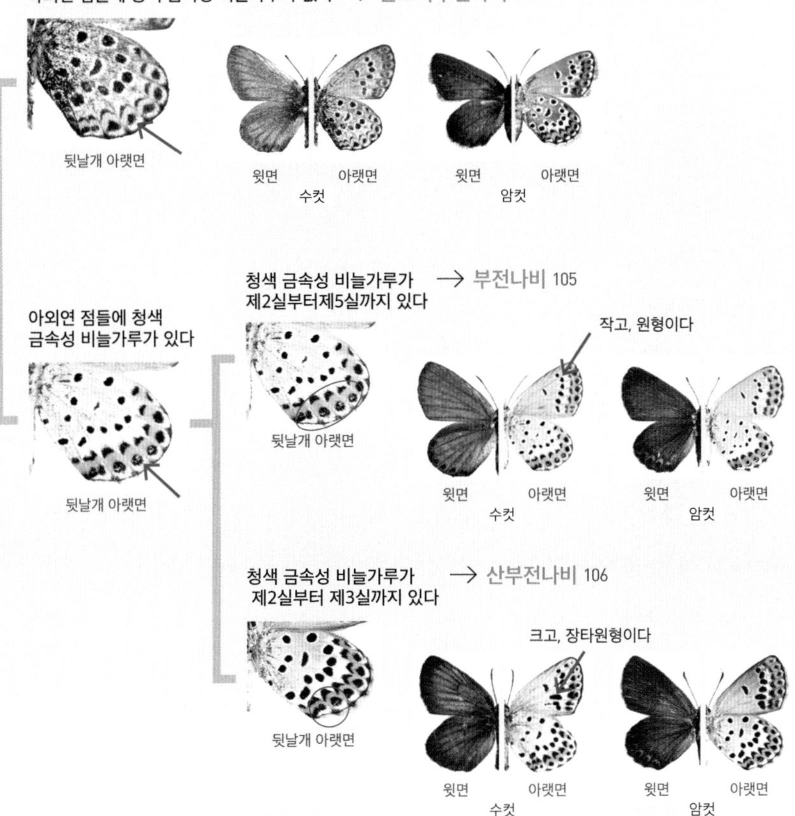

아외연 점들에 청색 금속성 비늘가루가 없다 → 산꼬마부전나비 104
뒷날개 아랫면
윗면
아랫면
수컷
윗면
아랫면
암컷
아외연 점들에 청색 금속성 비늘가루가 있다
뒷날개 아랫면
청색 금속성 비늘가루가 제2실부터제5실까지 있다 → 부전나비 105
뒷날개 아랫면
작고, 원형이다
윗면
아랫면
수컷
윗면
아랫면
암컷
청색 금속성 비늘가루가 제2실부터 제3실까지 있다 → 산부전나비 106
뒷날개 아랫면
크고, 장타원형이다
윗면
아랫면
수컷
윗면
아랫면
암컷

주홍부전나비 무리

날개 바탕이 주홍색이어서 '주홍'이라는 이름이 붙었다. 한반도에는 작은주홍부전나비, 큰주홍부전나비, 검은테주홍부전나비, 남주홍부전나비, 암먹주홍부전나비가 있으며, 부전나비과 주홍부전나비아과에 속한다. 이 중 검은테주홍부전나비, 남주홍부전나비, 암먹주홍부전나비는 북한에만 분포한다. 작은주홍부전나비는 크기가 작고, 주홍색을 띤 부전나비여서 붙은 이름이다. 한반도에 폭넓게 분포하며, 4월부터 10월에 걸쳐 나타난다. 큰주홍부전나비와 비슷하지만, 크기가 작고, 앞날개 전연부와 아외연부의 검은색 점들이 들쑥날쑥 배열되어 구별된다. 큰주홍부전나비는 비슷하게 생긴 작은주홍부전나비에 비해 크다는 뜻에서 붙은 이름이다. 중부지방 중심으로 분포하며, 5월부터 10월에 걸쳐 나타난다. 수컷은 앞·뒷날개 외연을 제외한 전체가 주황색으로 무늬가 없으며, 암컷의 앞날개 윗면 검은 점들이 아외연선상에 줄지어 있어 다른 종들과 구별된다. 이들의 애벌레는 소리쟁이 같은 마디풀과 식물을 먹어서 숲속보다는 풀밭 및 하천변에서 쉽게 볼 수 있다. 러시아에서 검은테주홍부전나비, 남주홍부전나비, 암먹주홍부전나비의 애벌레 먹이식물이 마디풀과 식물로 알려졌다.

외연에 주홍색 무늬가 없다 → 검은테주홍부전나비 115

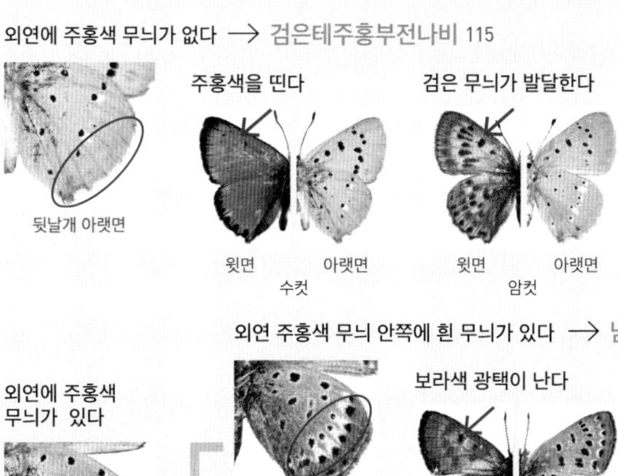

외연에 주홍색 무늬가 있다

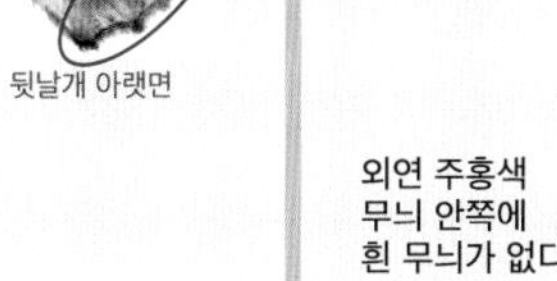

외연 주홍색 무늬 안쪽에 흰 무늬가 있다 → 남주홍부전나비 113

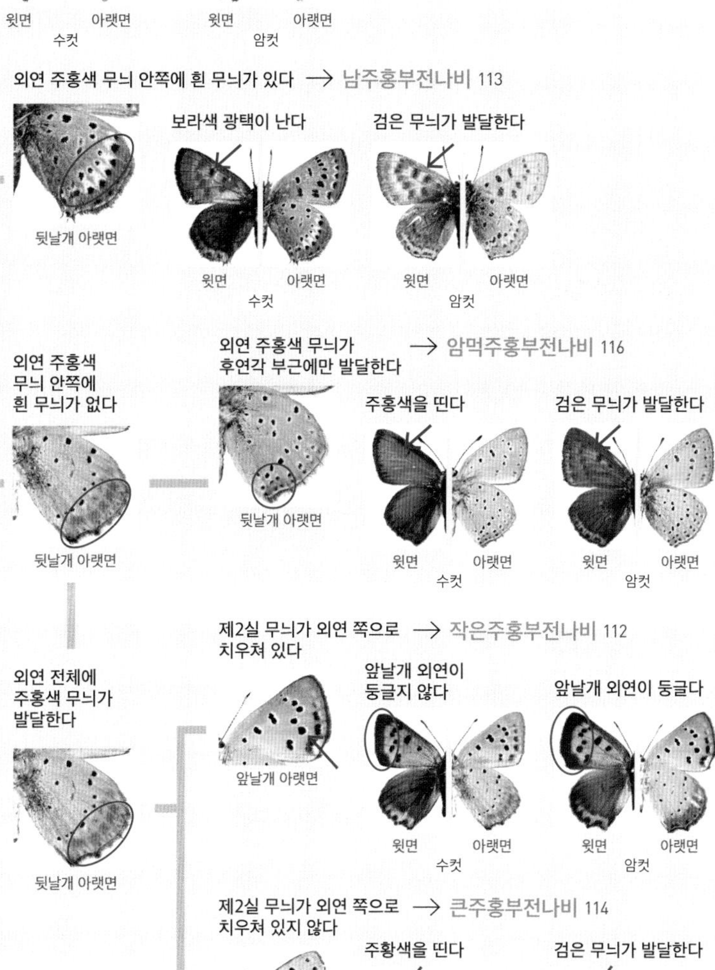

외연 주홍색 무늬 안쪽에 흰 무늬가 없다

외연 주홍색 무늬가 후연각 부근에만 발달한다 → 암먹주홍부전나비 116

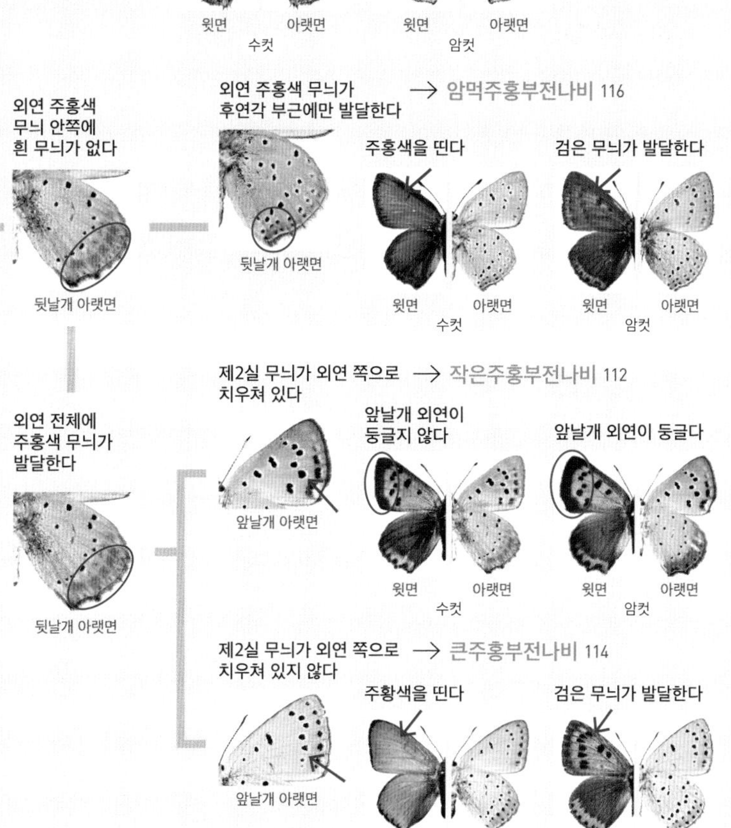

외연 전체에 주홍색 무늬가 발달한다

제2실 무늬가 외연 쪽으로 치우쳐 있다 → 작은주홍부전나비 112

앞날개 외연이 둥글지 않다

앞날개 외연이 둥글다

앞날개 아랫면

윗면 아랫면 수컷 윗면 아랫면 암컷

뒷날개 아랫면

제2실 무늬가 외연 쪽으로 치우쳐 있지 않다 → 큰주홍부전나비 114

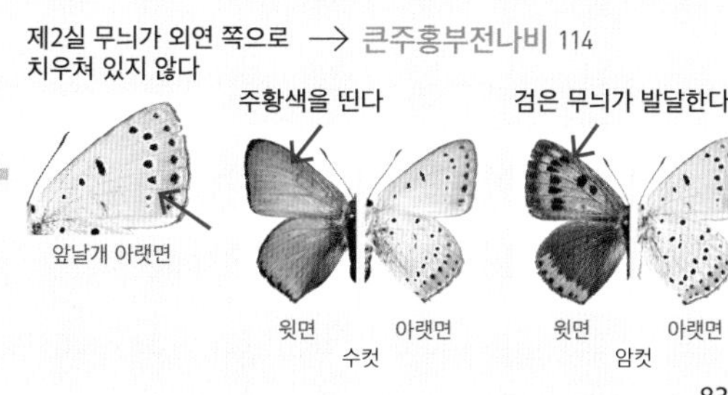

귤빛부전나비 무리

날개 바탕이 귤색이어서 '귤빛'이라는 이름이 붙었다. 한반도에는 귤빛부전나비, 붉은띠귤빛부전나비, 시가도귤빛부전나비, 금강산귤빛부전나비, 민무늬귤빛부전나비가 있으며, 부전나비과 녹색부전나비아과에 속한다. 어른벌레가 나타나는 시기는 종마다 차이가 있지만, 대체로 연 1회, 6월 중순부터 8월이다. 애벌레 먹이식물은 참나무과와 물푸레나무과 식물이다. 귤빛부전나비는 전국의 산지에서 쉽게 볼 수 있다. 앞날개 아랫면 중실부에 무늬가 있으며, 뒷날개 아랫면 아외연부에 검은 점들이 있어 다른 귤빛부전나비 무리와 구별된다. 붉은띠귤빛부전나비와 금강산귤빛부전나비는 물푸레나무과 식물뿐만 아니라 일본풀개미와 사회적 기생을 한다고 알려졌으며, 내륙 산지를 중심으로 국지적 분포한다. 붉은띠귤빛부전나비는 뒷날개 아랫면의 아외연부에 붉은색 띠무늬가 있어서, 금강산귤빛부전나비는 금강산에서 처음 기록되어서 붙은 이름이다. 시가도귤빛부전나비는 날개 아랫면의 규칙적인 줄무늬들이 시가지 지도 같다고 이런 이름이 붙여졌으며, 중부 내륙과 섬 지역을 중심으로 국지적 분포하며, 흐린 날 또는 오후 늦게 활발히 활동한다. 민무늬귤빛부전나비는 다른 귤빛부전나비류에 비해 무늬가 적고 흐릿해 붙은 이름이다. 강원도 산지를 중심으로 관찰되나, 현재 개체수와 관찰되는 지역이 매우 적어 서식지 보호가 필요하다.

꼬리모양돌기가 없다 → 붉은띠귤빛부전나비 118

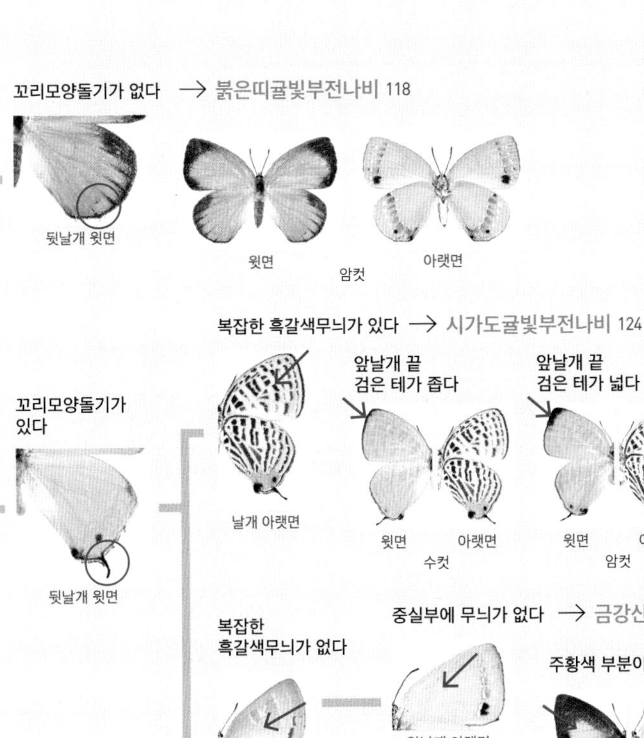

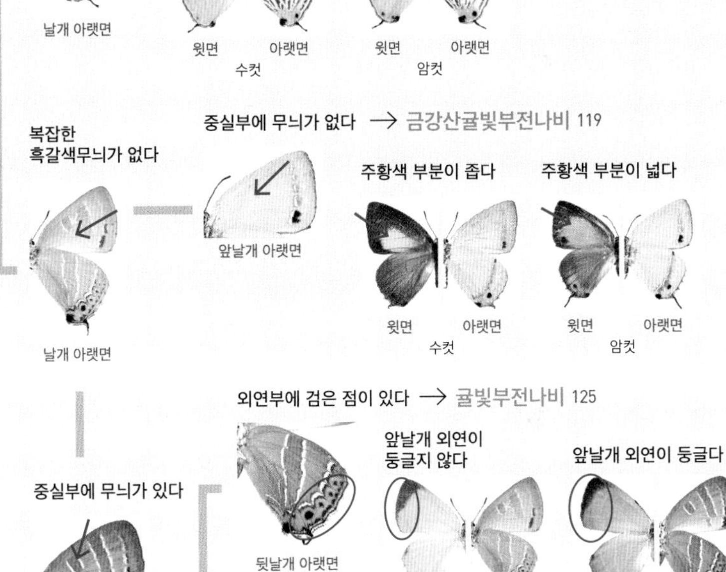

외연부에 검은 점이 있다 → 귤빛부전나비 125

앞날개 외연이
둥글지 않다

앞날개 외연이 둥글다

중실부에 무늬가 있다

뒷날개 아랫면

앞날개 아랫면

윗면 아랫면
수컷

윗면 아랫면
암컷

외연부에 검은 점이 없다 → 민무늬귤빛부전나비 120

검은 테가 좁다

검은 테가 넓다

뒷날개 아랫면

윗면 아랫면
수컷

윗면 아랫면
암컷

긴꼬리부전나비 무리

뒷날개의 꼬리모양돌기가 유난히 길어 붙은 이름이다. 한반도에는 긴꼬리부전나비, 담색긴꼬리부전나비, 물빛긴꼬리부전나비가 있으며, 부전나비과 녹색부전나비아과에 속한다. 어른벌레가 나타나는 시기는 종마다 약간씩 차이가 있지만, 대체로 연 1회, 6월 중순부터 8월이다. 애벌레 먹이식물은 참나무과 식물이며, 어른벌레는 대부분 잡목림이 무성한 참나무 숲에서 관찰된다. 긴꼬리부전나비는 중북부지방의 산지에 국지적으로 분포하며, 개체수가 매우 적다. 담색긴꼬리부전나비와 비슷하지만, 뒷날개 아랫면 아외연부의 무늬가 담흑색 점무늬로 이루어져 구별된다. 담색긴꼬리부전나비와 물빛긴꼬리부전나비는 전국의 참나무 숲을 중심으로 국지적 분포하며, 개체수가 적은 편이다. 담색긴꼬리부전나비는 뒷날개의 꼬리모양돌기가 길고, 날개 아랫면이 밝은 담색을 띠어서 붙은 이름이며, 물빛긴꼬리부전나비는 뒷날개의 꼬리모양돌기가 길고, 날개 색이 물빛과 비슷하다고 해서 붙은 이름이다.

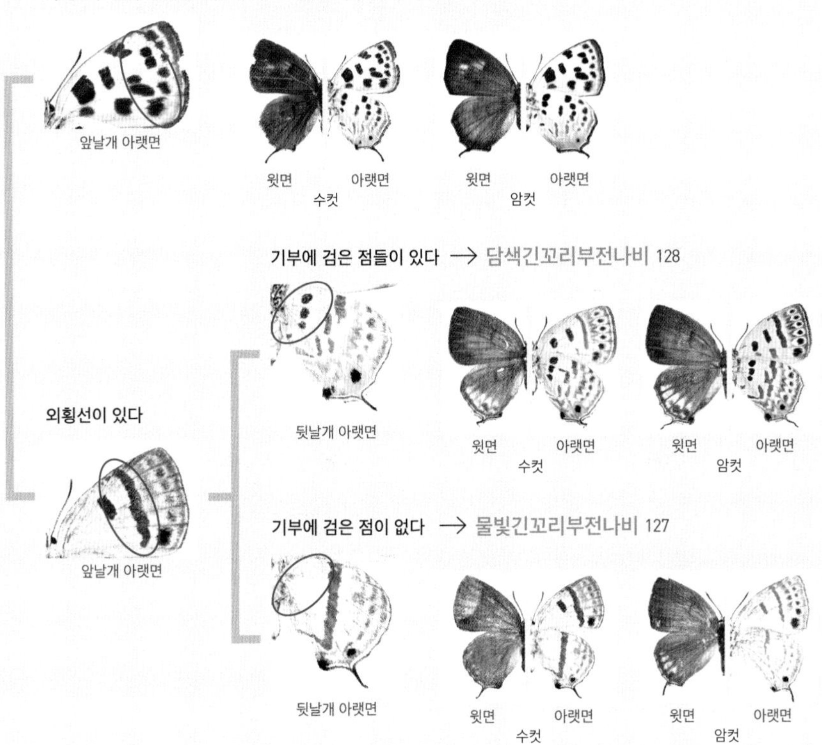
아외연부 점들이 엇갈려 있다 → 긴꼬리부전나비 126
앞날개 아랫면
윗면
아랫면
수컷
윗면
아랫면
암컷
기부에 검은 점들이 있다 → 담색긴꼬리부전나비 128
뒷날개 아랫면
윗면
아랫면
수컷
윗면
아랫면
암컷
외횡선이 있다
앞날개 아랫면
기부에 검은 점이 없다 → 물빛긴꼬리부전나비 127
뒷날개 아랫면
윗면
아랫면
수컷
윗면
아랫면
암컷

녹색부전나비 무리

한반도에는 '녹색부전나비'라고 불리는 종이 12종이 있으며, 부전나비과 녹색부전나비아과에 속한다. 대부분 수컷과 암컷의 윗면 색깔이 다르고, 낡은 개체는 무늬가 희미해 동정하기 어려울 때가 많아 자세히 살펴보아야 한다. 애벌레 먹이식물은 참나무과, 자작나무과 식물이다. 어른벌레가 나타나는 시기는 종마다 약간 차이가 있지만, 대체로 연 1회(6~8월) 발생하며, 6월 15~20일 이른 아침에 참나무 숲을 찾아가 관찰하는 것이 좋다. 한낮에는 우거진 숲속 나무 위쪽에서 쉬거나 활동하는 경우가 많아 관찰하기 어렵다. 대부분 참나무 숲 중심으로 폭넓게 분포하나, 남방녹색부전나비는 전라남도의 두륜산과 대둔산 일대에만 분포하며, 최근 관찰되는 개체수가 적어지고 있다.

황록색 또는 청록색을 띤다

앞날개 윗면

앞날개 외연부의 검은색 테가 좁다

앞날개 외연부의
검은색 테가 넓다

앞날개 윗면

중실 끝에
막대 무늬가
크고 뚜렷하다

앞날개 아랫면

흰색 띠의 폭이 매우 넓다 → 남방녹색부전나비 141

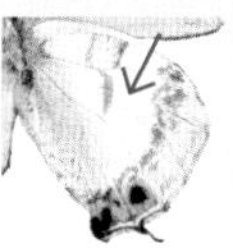
뒷날개 아랫면

황록색을 띤다

윗면

아랫면

은색을 띤다

흰색 띠의 폭이 좁다 → 암붉은점녹색부전나비 139

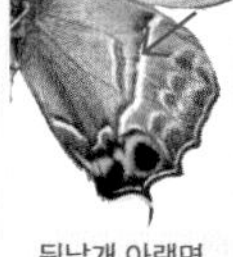
뒷날개 아랫면

황록색 또는
청록색을 띤다

윗면

아랫면

흑갈색을 띤다

중실 끝에
막대무늬가
희미하거나 없다

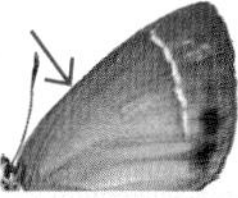
앞날개 아랫면

2실의 흰색 띠가 사선이다 → 우리녹색부전나비 138

뒷날개 아랫면

윗면

아랫면

2실의 흰색 띠가 사선이다

뒷날개 아랫면

흰색 띠가 두줄이다 → 작은녹색부전나비 130

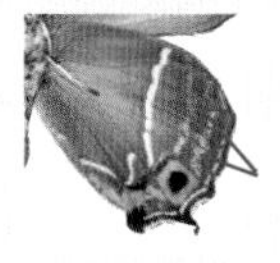
뒷날개 아랫면

황록색 또는
청록색을 띤다

윗면

아랫면

검은 무늬가
발달한다

흰색 띠가 한줄이다 → 북방녹색부전나비 140

뒷날개 아랫면

청록색을 띤다

윗면

아랫면

중실 끝에
막대무늬가
희미하게 있다

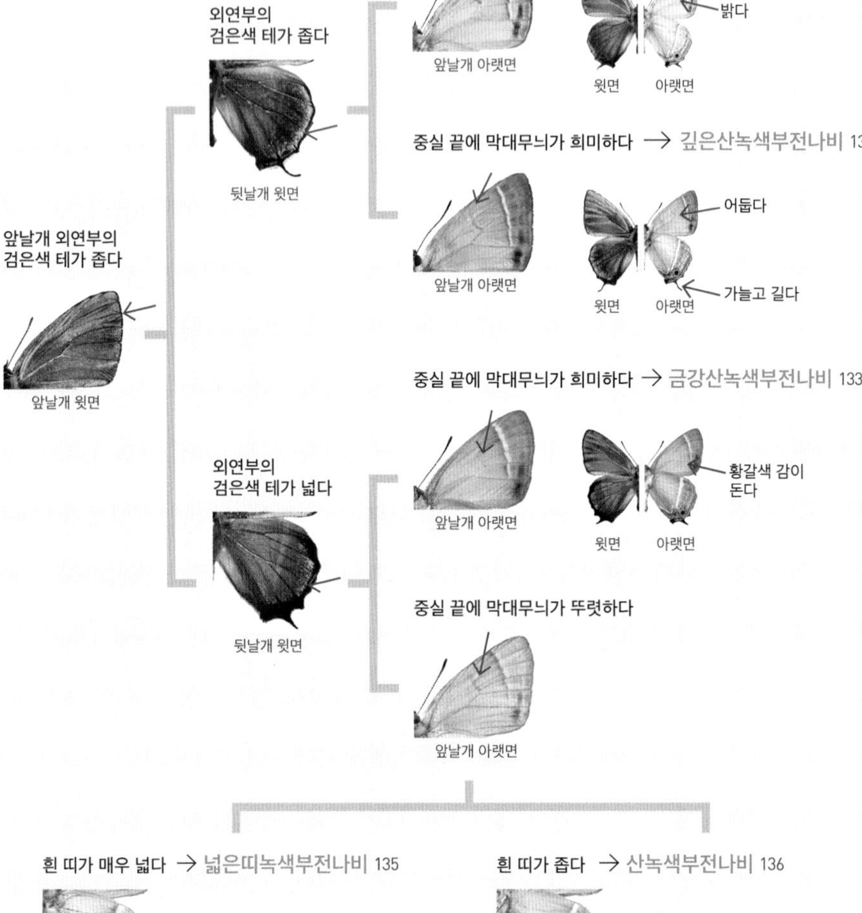
중실 끝에 막대무늬가 뚜렷하다 → 큰녹색부전나비 131
밝다
앞날개 아랫면
윗면
아랫면
외연부의
검은색 테가 좁다
뒷날개 윗면
중실 끝에 막대무늬가 희미하다 → 깊은산녹색부전나비 132
어둡다
앞날개 아랫면
가늘고 길다
윗면
아랫면
앞날개 외연부의
검은색 테가 좁다
앞날개 윗면
중실 끝에 막대무늬가 희미하다 → 금강산녹색부전나비 133
외연부의
검은색 테가 넓다
황갈색 감이
돈다
앞날개 아랫면
윗면
아랫면
뒷날개 윗면
중실 끝에 막대무늬가 뚜렷하다
앞날개 아랫면

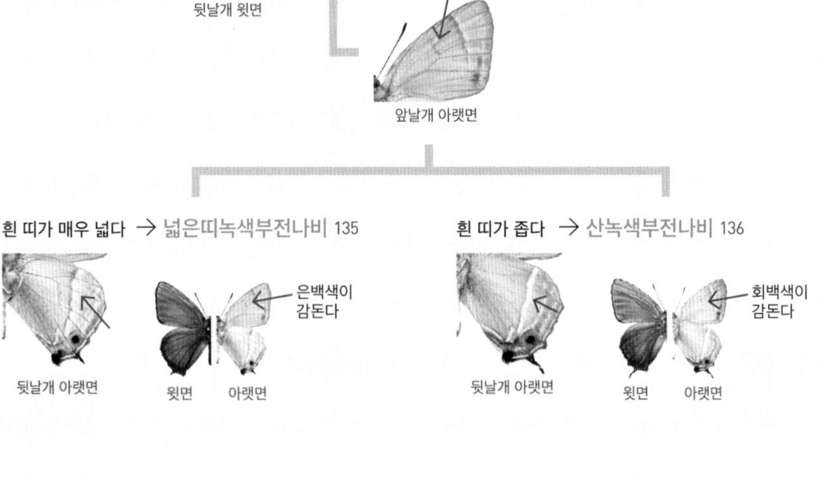
흰 띠가 매우 넓다 → 넓은띠녹색부전나비 135
은백색이
감돈다
뒷날개 아랫면
윗면
아랫면
흰 띠가 좁다 → 산녹색부전나비 136
회백색이
감돈다
뒷날개 아랫면
윗면
아랫면

암컷

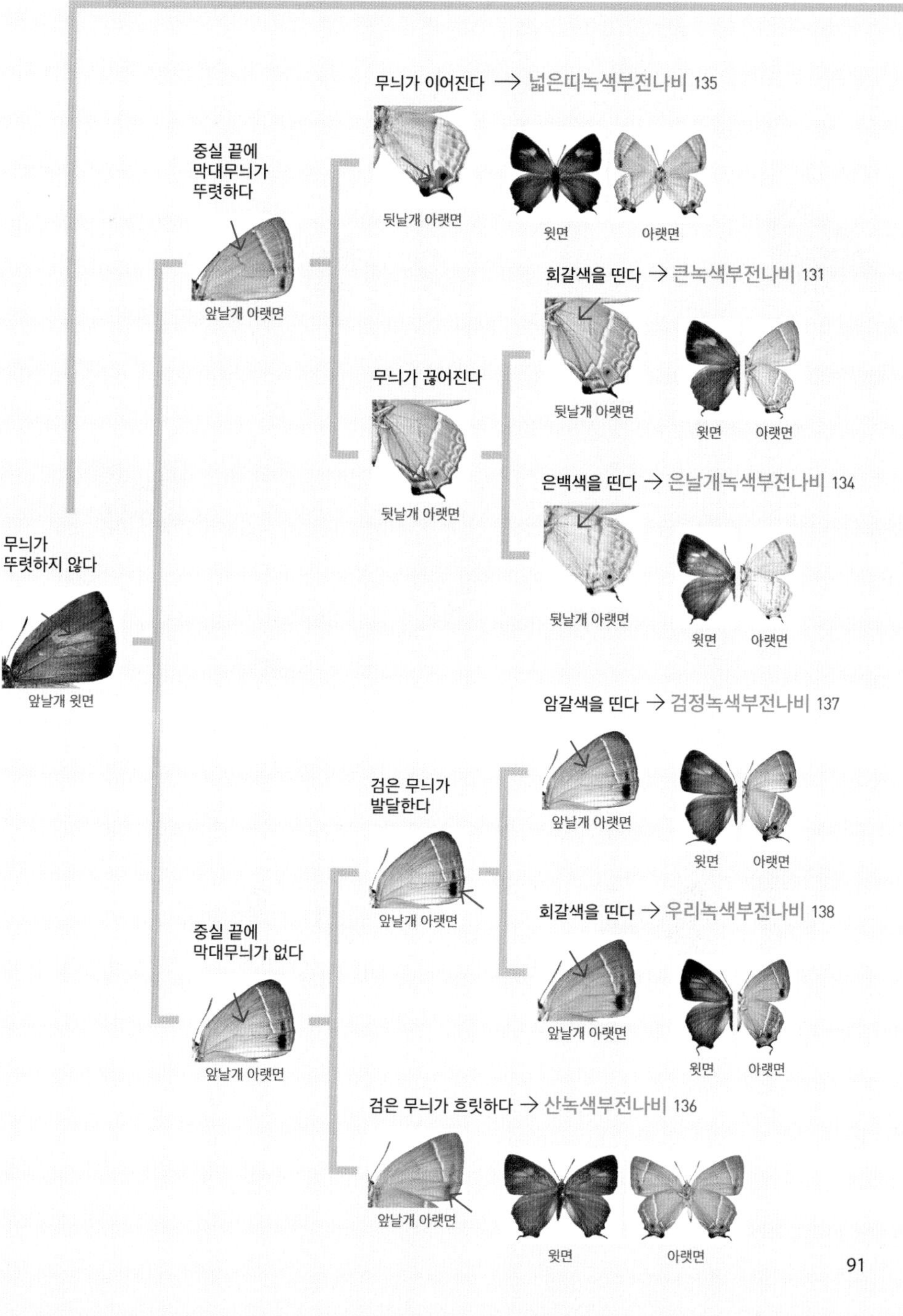

무늬가 뚜렷하다 →
무늬가 이어진다 → 넓은띠녹색부전나비 135
중실 끝에
막대무늬가
뚜렷하다
뒷날개 아랫면
윗면
아랫면
앞날개 아랫면
회갈색을 띤다 → 큰녹색부전나비 131
무늬가 끊어진다
뒷날개 아랫면
윗면
아랫면
뒷날개 아랫면
은백색을 띤다 → 은날개녹색부전나비 134
무늬가
뚜렷하지 않다
뒷날개 아랫면
윗면
아랫면
앞날개 윗면
암갈색을 띤다 → 검정녹색부전나비 137
검은 무늬가
발달한다
앞날개 아랫면
윗면
아랫면
앞날개 아랫면
회갈색을 띤다 → 우리녹색부전나비 138
중실 끝에
막대무늬가 없다
앞날개 아랫면
앞날개 아랫면
윗면
아랫면
검은 무늬가 흐릿하다 → 산녹색부전나비 136
앞날개 아랫면
윗면
아랫면

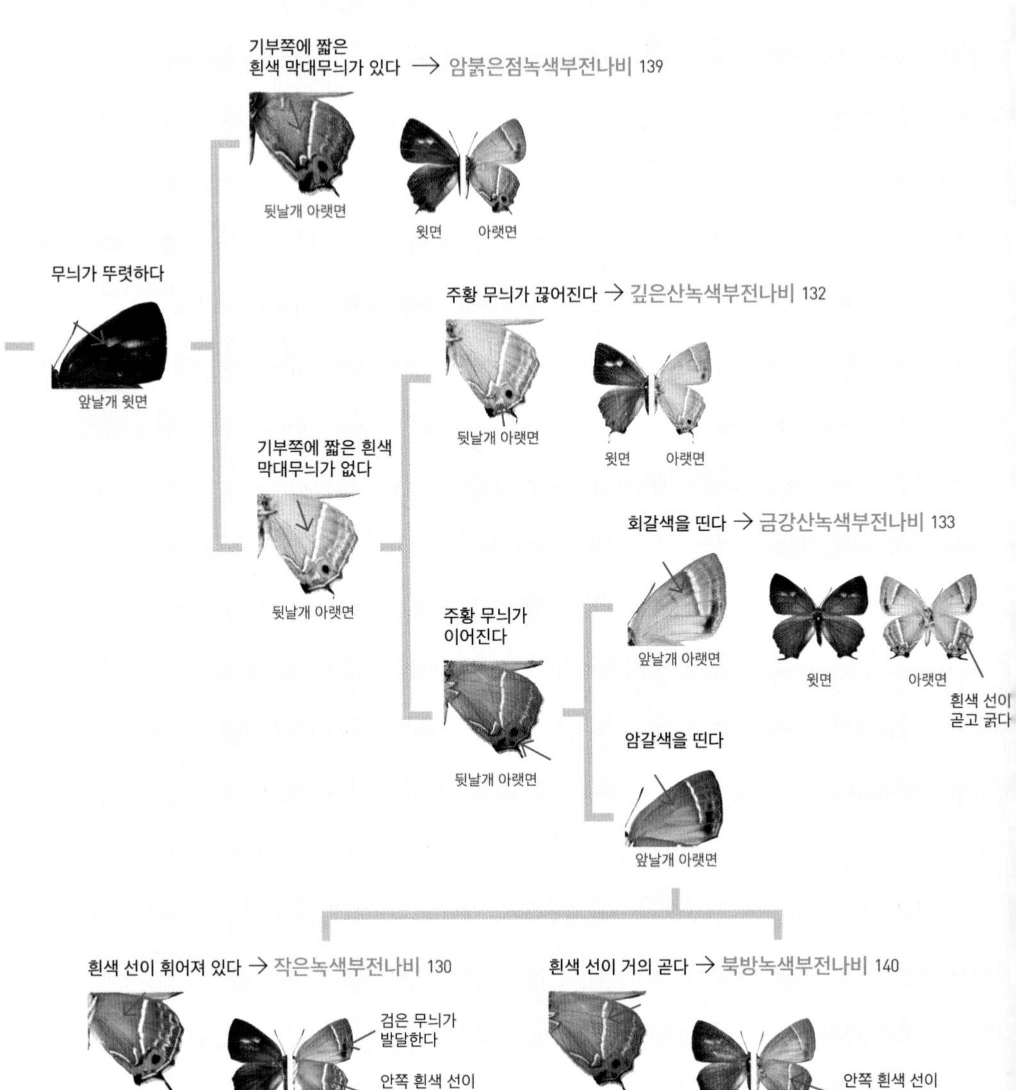

기부쪽에 짧은
흰색 막대무늬가 있다 → 암붉은점녹색부전나비 139
뒷날개 아랫면
윗면 아랫면
무늬가 뚜렷하다
앞날개 윗면
주황 무늬가 끊어진다 → 깊은산녹색부전나비 132
뒷날개 아랫면
윗면 아랫면
기부쪽에 짧은 흰색
막대무늬가 없다
뒷날개 아랫면
회갈색을 띤다 → 금강산녹색부전나비 133
앞날개 아랫면
윗면 아랫면
흰색 선이
곧고 굵다
주황 무늬가
이어진다
뒷날개 아랫면
암갈색을 띤다
앞날개 아랫면
흰색 선이 휘어져 있다 → 작은녹색부전나비 130
뒷날개 아랫면
검은 무늬가
발달한다
안쪽 흰색 선이
발달한다
윗면 아랫면
흰색 선이 거의 곧다 → 북방녹색부전나비 140
뒷날개 아랫면
안쪽 흰색 선이
흐릿하다
윗면 아랫면

쇳빛부전나비 무리

날개 윗면 바탕이 금속성을 띠어 '쇳빛부전나비'라는 이름이 붙여졌다. 한반도에는 쇳빛부전나비, 북방쇳빛부전나비가 있으며, 부전나비과 녹색부전나비아과에 속한다. 쇳빛부전나비는 제주도를 제외한 지역에 국지적 분포하나, 북방쇳빛부전나비는 중북부지방에 국지적으로 분포하며, 남한에서는 강원도 높은 산지를 중심으로 분포한다. 두 종 모두 연 1회 발생하며, 대부분 4월부터 5월에만 나타난다. 애벌레 먹이식물이 장미과의 조팝나무이어서 숲속보다는 숲 가장자리 및 산길 주변 풀밭에서 주로 관찰된다.

까마귀부전나비 무리

날개 바탕이 까마귀 색을 닮아 '까마귀'라는 이름이 붙었다. 한반도에서는 까마귀부전나비, 꼬마까마귀부전나비, 참까마귀부전나비, 민꼬리까마귀부전나비, 벚나무까마귀부전나비, 북방까마귀부전나비가 있으며, 부전나비과 녹색부전나비아과에 속한다. 크기와 형태에 따라 민꼬리까마귀부전나비는 뒷날개에 꼬리모양돌기가 없어서, 꼬마까마귀부전나비는 까마귀부전나비 무리 중 크기가 작아서, 그리고 참까마귀부전나비는 까마귀부전나비 중 무늬와 색상이 기본이 된다고 해서 붙은 이름이다. 그 외 북방까마귀부전나비는 까마귀부전나비 무리 중 북쪽지역에서 볼 수 있다고 해서, 벚나무까마귀부전나비는 종명인 *pruni*가 벚나무속(屬)의 이름에서 유래되어 붙은 이름이다. 대부분 중북부지방에 국지적으로 분포하며, 참까마귀부전나비는 지리산 일대에서도 관찰된다. 어른벌레가 나타나는 시기는 종마다 차이가 있지만, 대체로 연 1회, 5월부터 7월이다. 애벌레 먹이식물은 장미과, 느릅나무과, 갈매나무과 식물이다. 까마귀부전나비와 꼬마까마귀부전나비는 6월 말에 강원도 양구 지역, 참까마귀부전나비는 7월 중순에 강원도 영월지역에서 쉽게 관찰된다. 이에 비해 민꼬리까마귀부전나비와 벚나무까마귀부전나비는 개체수가 적으며, 북방까마귀부전나비는 강원도 영월지역 중심으로 적게 관찰된다.

꼬리모양돌기가 없다 → 민꼬리까마귀부전나비 146

뒷날개 윗면

윗면 아랫면 수컷 윗면 아랫면 암컷

주황색 무늬가 있다 → 북방까마귀부전나비 148

꼬리모양돌기가 있다

뒷날개 윗면

뒷날개 윗면

장타원형 무늬가 있다

윗면 아랫면 수컷

청색 무늬가 발달한다

윗면 아랫면 암컷

주황색 무늬가 없다

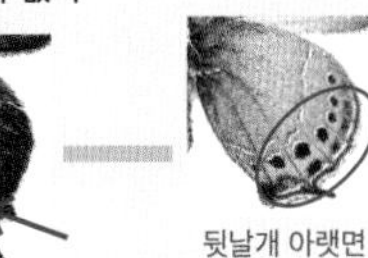

뒷날개 윗면

아외연부에 검은 점이 발달한다 → 벚나무까마귀부전나비 147

뒷날개 아랫면

윗면 아랫면 수컷

황색무늬가 발달한다

윗면 아랫면 암컷

아외연부에 검은 점이 발달하지 않는다

뒷날개 아랫면

제1b실의 흰색 선이 완만하다 → 꼬마까마귀부전나비 151

뒷날개 아랫면

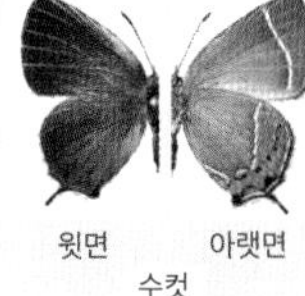

윗면 아랫면 수컷 윗면 아랫면 암컷

제1b실의 흰색 선이 굽어져 있다

뒷날개 아랫면

제1a실의 흰색 선이 1개이다 → 까마귀부전나비 149

뒷날개 아랫면

윗면 아랫면 수컷

W자 모양이다

윗면 아랫면 암컷

제1a실의 흰색 선이 2개이다 → 참까마귀부전나비 150

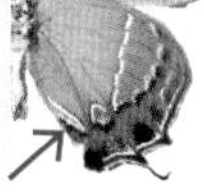

뒷날개 아랫면

타원형 무늬가 있다

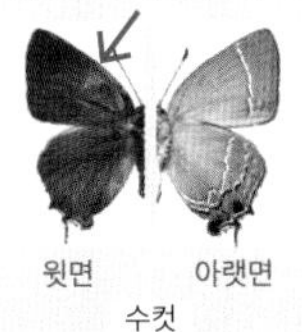

윗면 아랫면 수컷 윗면 아랫면 암컷

그늘나비 무리

한반도에는 '그늘나비'라고 불리는 종이 7종 있으며, 네발나비과 뱀눈나비아과에 속한다. 애벌레 먹이식물은 사초과 또는 벼과 식물이며, 대부분 한낮에도 그늘진 곳에서 활동한다. 연 2~3회 발생하고, 4~10월에 나타나는 뱀눈그늘나비 외에 대체로 연 1회 발생하며, 6~9월에 볼 수 있다. 왕그늘나비는 뱀눈나비아과의 나비들 중 가장 크며, 낮은 지역부터 높은 산지까지 관찰되나 최근에 출현 지역과 개체수가 적어지고 있다. 먹그늘나비는 먹이 식물인 조릿대 숲 일대에서 쉽게 볼 수 있으며, 먹그늘나비붙이는 먹그늘나비에 비해 분포 범위가 좁고 개체수도 적다. 눈많은그늘나비와 뱀눈그늘나비는 산지를 중심으로 폭넓게 분포하나, 눈많은그늘나비는 울릉도에서 관찰 기록이 없으며, 뱀눈그늘나비는 제주도와 남부지방 해안가에서는 관찰되지 않는다. 그리고 알락그늘나비와 황알락그늘나비는 전국에 국지적으로 분포하며, 황알락그늘나비는 8월 말~9월 초에 썩고 있는 감, 배 등에 잘 모여든다.

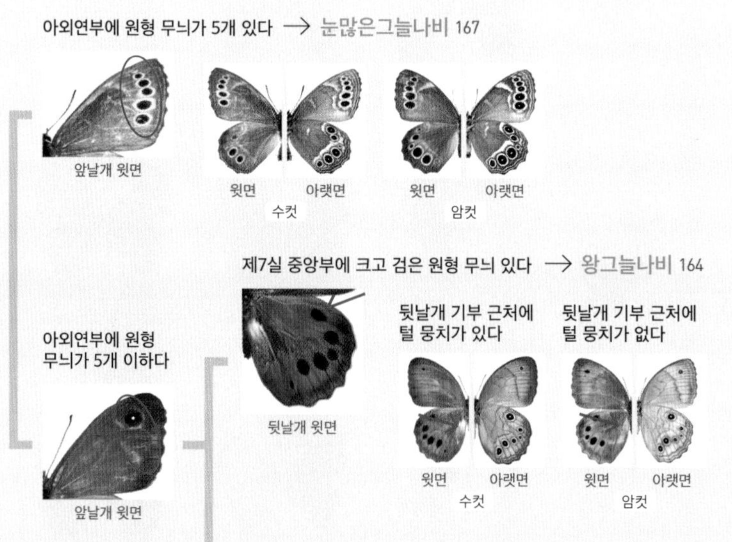

제7실 중앙부에 크고 검은 원형무늬 없다

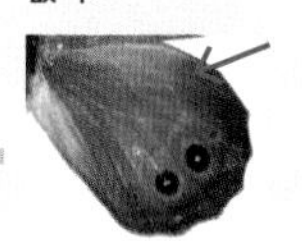

뒷날개 윗면

앞날개 끝에 원형 무늬가 없다

앞날개 윗면

제4실에 원형 무늬가 없다 ⟶ 먹그늘나비 162

아외연부가 밝다

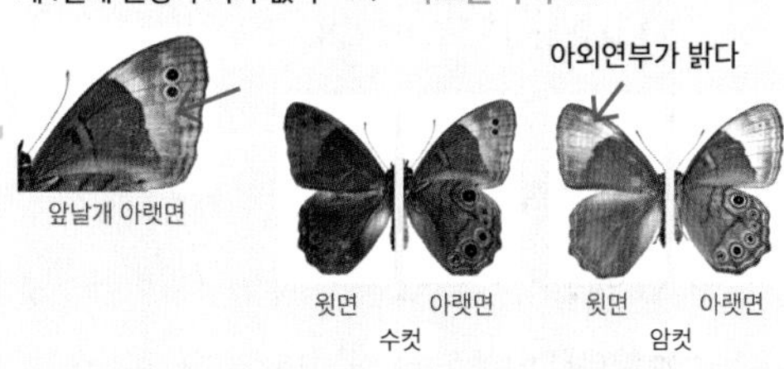

앞날개 아랫면

윗면 아랫면 윗면 아랫면

수컷 암컷

제4실에 원형 무늬가 있다 ⟶ 먹그늘나비붙이 163

앞날개 아랫면

윗면 아랫면 윗면 아랫면

수컷 암컷

앞날개 끝에 큰 원형 무늬가 1개 있다 ⟶ 뱀눈그늘나비 168

회백색 무늬가 발달한다

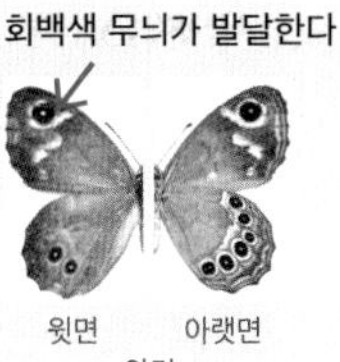

앞날개 윗면

윗면 아랫면 윗면 아랫면

수컷 암컷

앞날개 끝에 원형 무늬가 있다

앞날개 윗면

외횡선이 굵다 ⟶ 알락그늘나비 165

날개 윗면에 황갈색 무늬가 나타난다

앞날개 끝에 큰 원형 무늬가 없다

앞날개 아랫면

앞날개 윗면

윗면 아랫면 윗면 아랫면

수컷 암컷

외횡선이 가늘다 ⟶ 황알락그늘나비 166

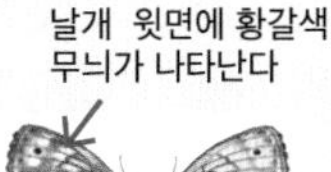

날개 윗면에 황갈색 무늬가 나타난다

앞날개 아랫면

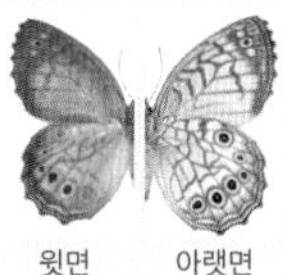

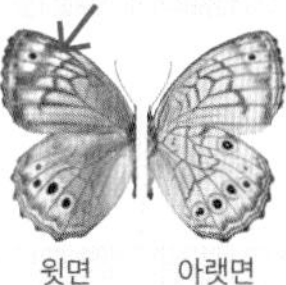

윗면 아랫면 윗면 아랫면

수컷 암컷

부처나비 무리

부처나비의 종명 *gotama*가 부처의 성(姓)이어서 '부처나비'라는 이름이 붙여졌다. 한반도에는 부처나비, 부처사촌나비가 있으며, 네발나비과 뱀눈나비아과에 속한다. 두 종 모두 개마고원 등 동북부지방의 높은 산지를 제외한 지역에 폭넓게 분포한다. 부처나비(4월 중순~10월)는 부처사촌나비(5~8월)보다 개체수가 적으나 출현 시기는 길다. 애벌레 먹이식물은 참억새 같은 벼과 식물이며, 숲 가장자리 그늘진 곳이나 풀밭에서 활동한다.

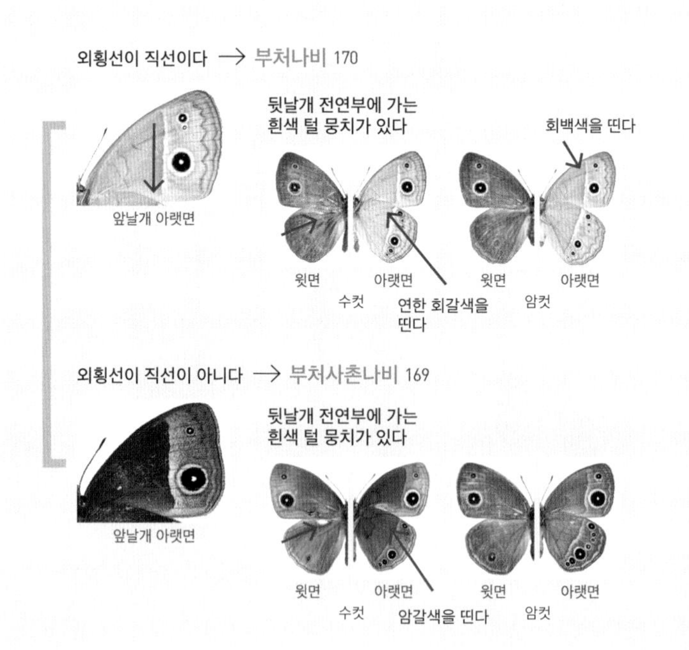

흰뱀눈나비 무리

날개 바탕이 흰색을 띠고, 눈알 무늬가 있어 '흰뱀눈나비'라는 이름이 붙여졌다. 한반도에는 흰뱀눈나비, 조흰뱀눈나비가 있으며, 네발나비과 뱀눈나비아과에 속한다. 애벌레 먹이식물은 벼과, 국화과 등 초본이며, 어른벌레는 어두운 숲속보다는 산지 풀밭에서 천천히 날아다닌다. 두 종 모두 연 1회, 6월 중순부터 8월에 걸쳐 나타난다. 흰뱀눈나비는 개마고원 등 동북부지역과 제주도, 남부지방 해안가 및 섬들을 중심으로 국지적 분포한다. 조흰뱀눈나비는 전국에 폭넓게 분포하며, 지역에 따른 무늬 변화가 흰뱀눈나비보다 크다.

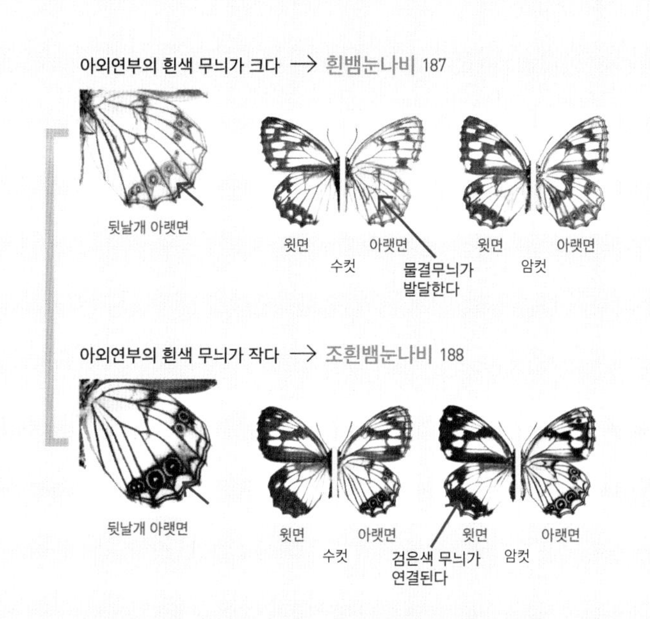

처녀나비 무리

나는 모습이 처녀의 수줍은 모습과 비슷하다고 해서 '처녀'라는 이름이 붙었다. 한반도에는 도시처녀나비, 북방처녀나비, 봄처녀나비, 시골처녀나비가 있으며, 네발나비과 뱀눈나비아과에 속한다. 이 중 북방처녀나비는 북한에만 분포한다. 형태나 생태적 특징에 따라 도시처녀나비는 날개 아랫면 아외연부에 있는 흰색 띠가 도시에 사는 처녀의 리본을 연상시킨다고 해서, 시골처녀나비는 날개 색이 시골에 사는 처녀의 노랑저고리를 연상시킨다고 해서, 그리고 봄처녀나비는 봄에 출현한다고 해서 붙은 이름이다. 그 외 북방처녀나비는 다른 처녀나비에 비해 북쪽에 산다고 해서 붙은 이름이다. 애벌레 먹이식물은 사초과 또는 벼과 식물이며, 어른벌레는 산지 및 농경지 주변 잡목림이나 풀밭에서 관찰된다. 연 1회 발생하는 도시처녀나비는 5~6월, 봄처녀나비는 6~7월에 걸쳐 국지적으로 관찰된다. 시골처녀나비는 남한에서 연 2회 발생하며, 제1화는 5~6월, 제2화는 8~9월에 걸쳐 나타난다. 이들 모두 관찰되는 지역과 개체수가 줄고 있으며, 특히 시골처녀나비는 최근에 관찰되는 지역이 매우 적어져서 서식지 보호가 필요하다.

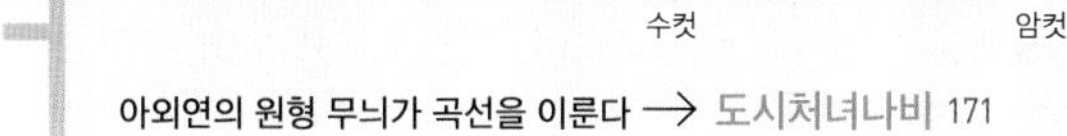

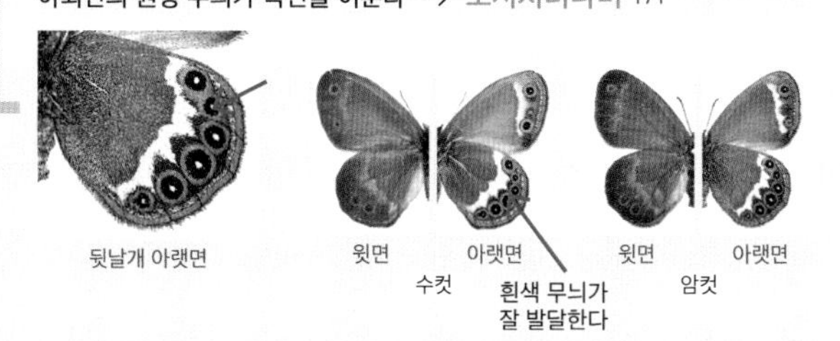

아외연의 원형 무늬가 직선을 이룬다 → 봄처녀나비 173

뒷날개 아랫면

아외연의 원형 무늬가 곡선을 이룬다 → 도시처녀나비 171

뒷날개 아랫면

윗면 아랫면

수컷

흰색 무늬가
잘 발달한다

윗면 아랫면

암컷

지옥나비 무리

높고 깊은 산속에서 나는 모습을 볼 때 색채나 얼룩무늬가 지옥을 연상시킨다고 해 '지옥'이라는 이름이 붙었다. 한반도에는 높은산지옥나비, 산지옥나비, 관모산지옥나비, 노랑지옥나비, 외눈이지옥나비, 외눈이지옥사촌나비, 분홍지옥나비, 민무늬지옥나비, 차일봉지옥나비, 재순이지옥나비의 10종이 있으며, 네발나비과 뱀눈나비아과에 속한다. 이 중 외눈이지옥나비와 외눈이지옥사촌나비만 남한에서 볼 수 있다. 외눈이지옥나비는 앞날개 끝부분에 뱀눈 모양 무늬가 1개 있어서 이름이 붙여졌다. 외눈이지옥사촌나비와 비슷하지만, 뒷날개 아랫면 아외연부에 회백색 무늬가 있고, 중앙부에 흰색 점무늬가 없어 구별된다. 남한에서는 5월 말부터 6월에 걸쳐 강원도 동북부지방과 중남부의 백두대간 고산지를 중심으로 국지적 분포한다. 외눈이지옥사촌나비는 외눈이지옥나비와 매우 닮아서 이름이 붙여졌다. 외눈이지옥나비에 비해 개체수가 많고, 분포 범위가 넓으며, 4월 말부터 6월까지 관찰된다. 두 종 모두 연 1회 발생하며, 산길 주변에서 주로 관찰된다. 애벌레 먹이식물은 벼과에 속하는 김의털로 알려졌다.

중실 끝 부분에 작고 흰 점이 있다 ⟶ 외눈이지옥사촌나비 181

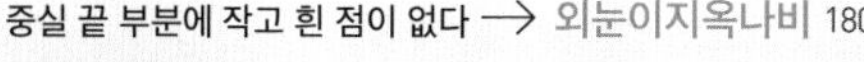
중실 끝 부분에 작고 흰 점이 없다 ⟶ 외눈이지옥나비 180

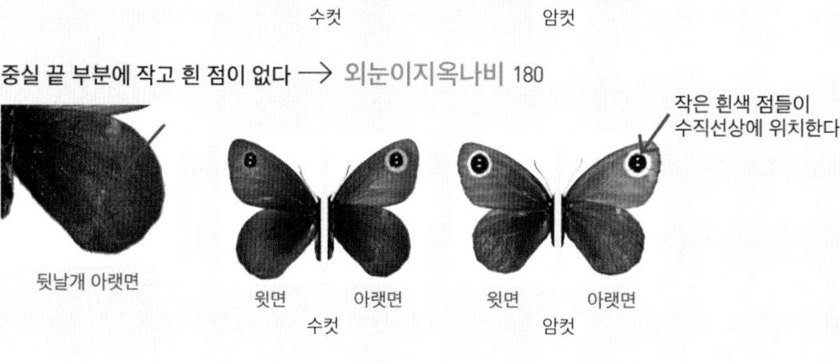

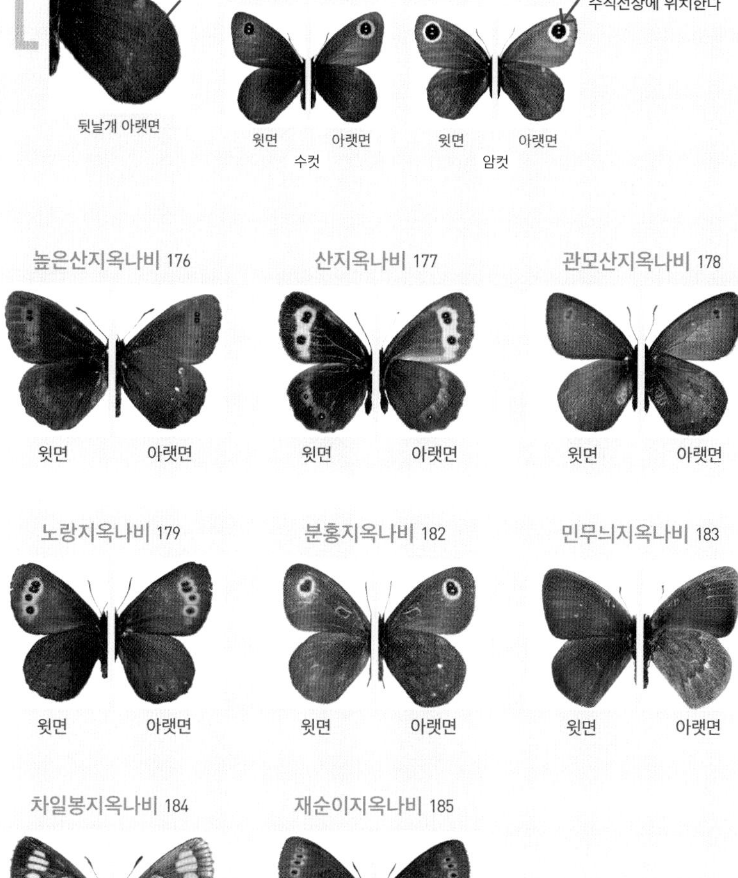

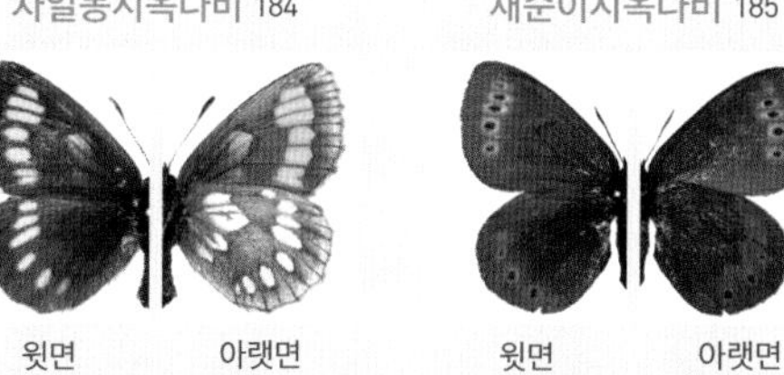

굴뚝나비 무리

날개 바탕이 굴뚝의 그을음과 같이 검은색을 띠고 있어 '굴뚝나비'라는 이름이 붙여졌다. 한반도에는 굴뚝나비, 산굴뚝나비가 있으며, 네발나비과 뱀눈나비아과에 속한다. 애벌레 먹이식물은 벼과 또는 사초과의 초본들이며, 어른벌레는 어두운 숲 속보다는 숲 가장자리나 풀밭에서 천천히 날아다닌다. 굴뚝나비는 한반도에 폭넓게 분포하며, 6월 말부터 9월에 걸쳐 나타난다. 산굴뚝나비는 개마고원 등 북부지방의 높은 산지와 제주도 한라산의 1,300m 이상 높은 지역에 분포하며, 남한에서는 천연기념물(제458호) 및 멸종위기야생생물 I급으로 지정된 법정보호종이다.

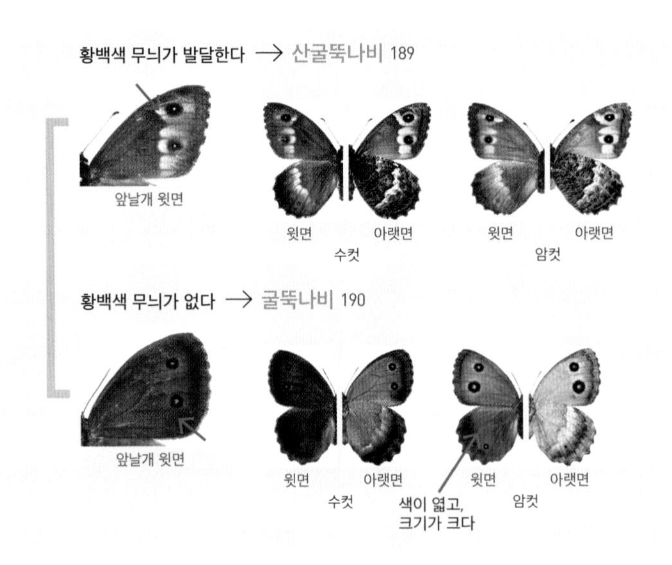

물결나비 무리

날개 아랫면에 잔물결 무늬가 많아 '물결나비'라는 이름이 붙여졌다. 한반도에는 애물결나비, 석물결나비, 물결나비가 있으며, 네발나비과 뱀눈나비아과에 속한다. 애벌레 먹이식물은 벼과 및 사초과 식물이며, 어른벌레는 산지 또는 숲 가장자리의 그늘진 곳에서 주로 활동한다. 애물결나비와 물결나비는 한반도에 폭넓게 분포하고, 연 2~3회 발생하며, 5월 중순부터 9월에 걸쳐 나타난다. 석물결나비는 애물결나비와 물결나비보다 개체수가 적으며, 국지적으로 분포한다. 연 1~2회 발생하며, 6월 중순부터 8월에 걸쳐 나타난다.

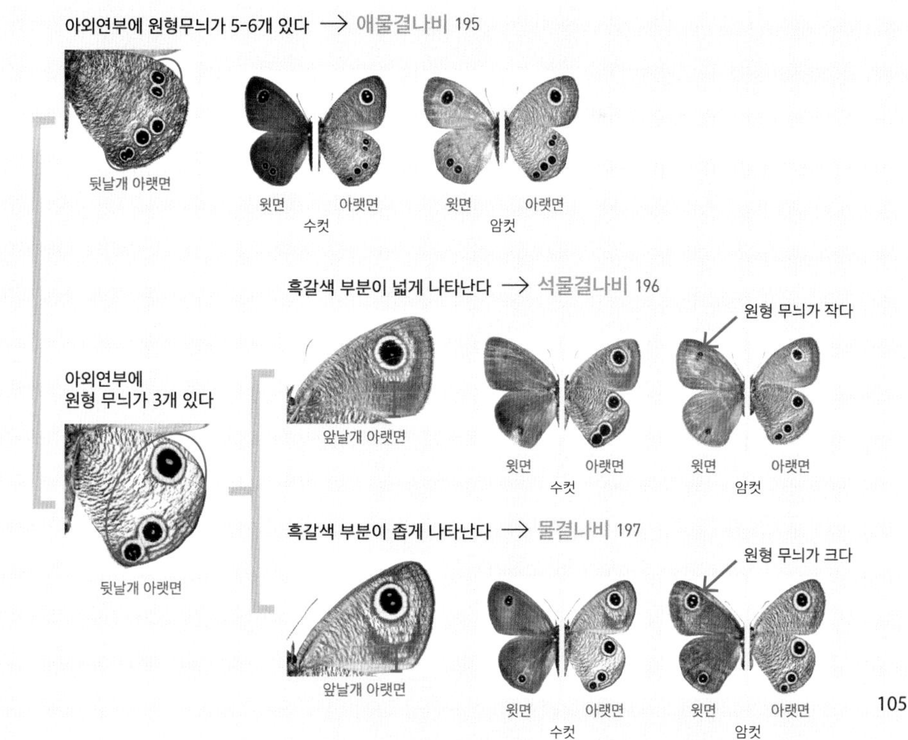

산뱀눈나비 무리

날개에 눈알 무늬가 있고, 산지에서만 볼 수 있다고 해서 '산뱀눈'이라는 이름이 붙었다. 한반도에는 함경산뱀눈나비, 참산뱀눈나비, 큰산뱀눈나비, 높은산뱀눈나비가 있으며, 네발나비과 뱀눈나비아과에 속한다. 이 중 큰산뱀눈나비와 높은산뱀눈나비는 북한 북부지방의 높은 산지에서만 볼 수 있다. 함경산뱀눈나비는 처음 확인되었던 함경도의 지역명을 따서 이름이 붙여졌다. 참산뱀눈나비와 비슷하지만, 뒷날개 아랫면 중앙부에 흑갈색 역삼각형 무늬가 매우 짙고, 제4맥을 따라 뾰족하게 돌출된 점으로 구별된다. 남한에서 함경산뱀눈나비는 5월부터 6월까지 강원도 동북부의 산지와 제주도 한라산의 1,500m 이상 되는 지역에서 관찰되며, 개체수가 적다. 참산뱀눈나비는 이전 이름인 조선산뱀눈나비에서 가장 산뱀눈나비답다는 의미로 참이라는 접두어가 조선 대신 붙어 생긴 이름 같다. 한반도에 국지적으로 분포하며, 4월부터 5월에 산지 능선부에서 주로 관찰된다. 함경산뱀눈나비와 참산뱀눈나비는 지역마다 무늬 변이가 크며, 최근에는 개체수가 줄고 있다. 애벌레 먹이식물은 사초과 또는 벼과 식물이다.

중실부에 무늬가 튀어나와 있다

뒷날개 아랫면

흑갈색을 띤다 → 함경산뱀눈나비 193

뒷날개 아랫면

윗면 아랫면
수컷

윗면 아랫면
암컷

옅은 갈색을 띤다 → 참산뱀눈나비 194

뒷날개 아랫면

개체마다 원형 무늬 차이가 심하다

윗면 아랫면
수컷

윗면 아랫면
암컷

중실부에 무늬가 튀어나와 있지 않다

뒷날개 아랫면

흰 띠가 넓게 발달한다 → 큰산뱀눈나비 192

뒷날개 아랫면

윗면 아랫면
수컷

흰 띠가 좁다 → 높은산뱀눈나비 191

뒷날개 아랫면

검은색 무늬가 발달한다

윗면 아랫면
수컷

거꾸로여덟팔나비 무리

날개 윗면의 사선 띠무늬가 한자 八자를 거꾸로 쓴 모양과 비슷하다 해 '거꾸로여덟팔'이라는 이름이 붙었다. 한반도에는 거꾸로여덟팔나비와 북방거꾸로여덟팔나비가 있으며, 네발나비과 네발나비아과에 속한다. 북방거꾸로여덟팔나비는 거꾸로여덟팔나비와 닮았으나 북쪽에 산다고 해서 붙은 이름이다. 거꾸로여덟팔나비와 비슷하지만, 크기가 작고 날개 아랫면의 바탕색이 어둡다. 또한 뒷날개 중앙의 제4맥 끝이 강하게 돌출되었고, 뒷날개 아랫면 기부 쪽에 흰색 직사각형 무늬가 뚜렷해 구별된다. 남한에서는 중북부지방의 높은 산지를 중심으로 분포하며, 거꾸로여덟팔나비는 낮은 산지 중심으로 폭넓게 분포한다. 이들 모두 연 2회 발생하며, 봄형과 여름형이 전혀 다른 모습으로 계절형을 보인다. 산지의 계곡 주변이나 숲 가장자리에서 활동한다. 맑은 날 숲 가장자리나 풀밭에서 날개를 쫙 펴고 햇볕을 쬐거나, 숲 가장자리에 앉아 텃세를 부리기도 한다. 애벌레 먹이식물은 거북꼬리 등 쐐기풀과 식물이다.

기부 쪽에 직사각형의 흰색 무늬가 넓다 ⟶ 북방거꾸로여덟팔나비 198

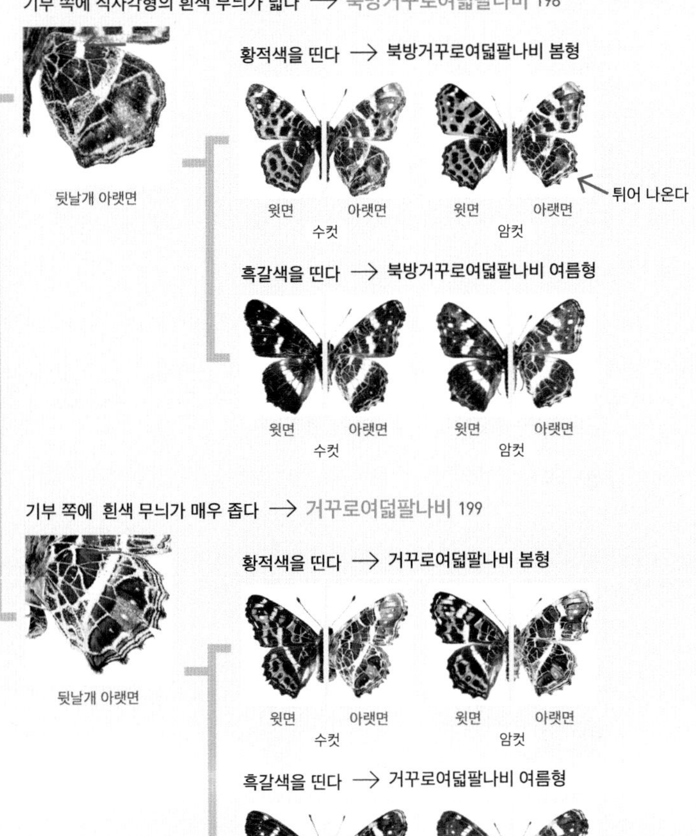

기부 쪽에 흰색 무늬가 매우 좁다 ⟶ 거꾸로여덟팔나비 199

뒷날개 아랫면

황적색을 띤다 ⟶ 거꾸로여덟팔나비 봄형

윗면 아랫면
수컷

윗면 아랫면
암컷

흑갈색을 띤다 ⟶ 거꾸로여덟팔나비 여름형

윗면 아랫면
수컷

윗면 아랫면
암컷

멋쟁이나비 무리

한반도에는 무늬와 색상이 화려해 '멋쟁이나비'라고 불리는 종으로 큰멋쟁이나비와 작은멋쟁이나비가 있으며, 네발나비과 네발나비아과에 속한다. 큰멋쟁이나비는 한반도에 폭넓게 분포하는 보통 종으로 연 2~4회 발생하며, 3월 말부터 11월에 걸쳐 나타난다. 애벌레 먹이식물은 쐐기풀과, 느릅나무과 식물이며, 어른벌레는 평지보다 산지에서 쉽게 관찰된다. 작은멋쟁이나비는 한반도뿐만 아니라 전 세계에 광역 분포하며, 이동성이 커 어디서나 볼 수 있다. 연 수회 발생하며, 4월부터 11월에 걸쳐 나타난다. 가을에 꽃밭을 찾아가면 많이 볼 수 있으며, 애벌레 먹이식물은 국화과 식물이다.

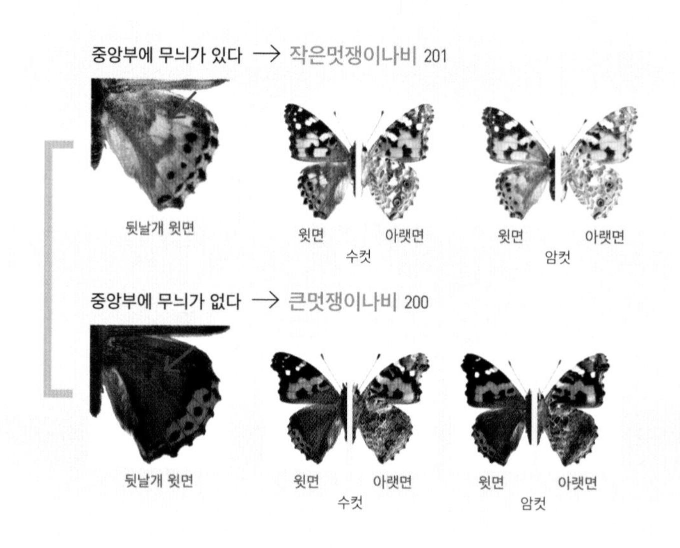

네발나비 무리

네발나비과의 공통적인 특징이긴 하지만, 앞다리가 퇴화되어서 앉아 있을 때 다리가 네 개만 보인다고 해 '네발나비'라는 이름이 붙여졌다. 한반도에는 네발나비와 산네발나비가 있으며, 네발나비과 네발나비아과에 속한다. 네발나비는 낮은 산지, 하천변, 농경지, 공원 등 전국 어디서나 볼 수 있으며, 네발나비과 나비 중 가장 개체수가 많다. 연 2~4회 발생하며, 3월부터 11월에 걸쳐 나타난다. 환삼덩굴 같은 삼과 식물이 애벌레의 먹이식물이다. 산네발나비는 비교적 높은 산지에서만 볼 수 있으며, 연 2회 발생하고, 5월부터 8월에 걸쳐 나타난다. 애벌레 먹이식물은 느릅나무과, 쐐기풀과 식물이다. 이들 모두 어른벌레로 겨울을 난다.

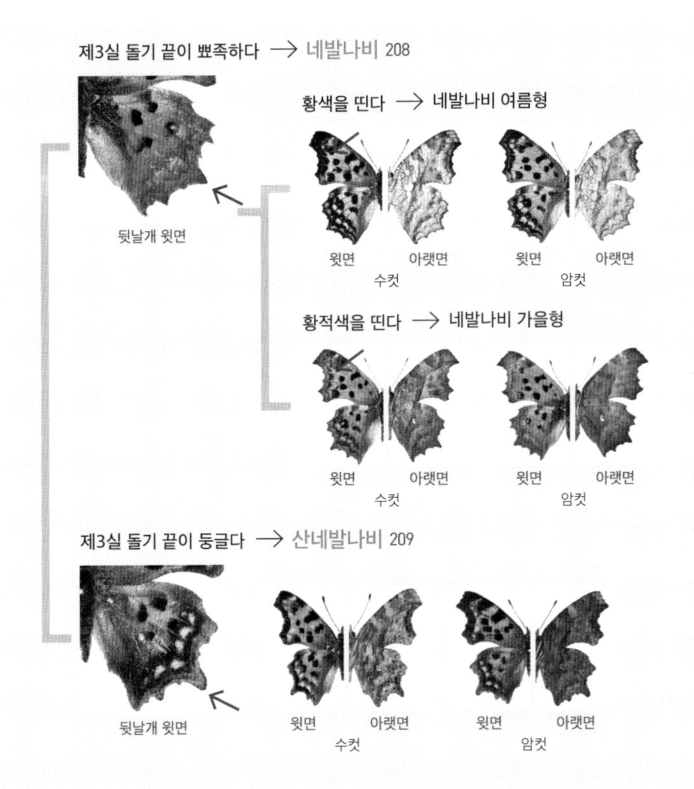

신선나비 무리

속명의 어원은 숲속의 요정이며, 구름 위를 날아다니는 신선과 비슷하다고 해서 '신선'이라는 이름이 붙었다. 한반도에는 신선나비, 청띠신선나비, 갈구리신선나비, 들신선나비가 있으며, 네발나비과 네발나비아과에 속한다. 이들 모두 연 1회 발생하며, 어른벌레로 겨울을 난다. 분포 범위는 종마다 약간씩 다르지만, 대체로 산지에서 힘차게 날아다닌다. 신선나비는 백두산 등 동북부지역이 주요 분포지이며, 애벌레 먹이식물은 버드나무과, 자작나무과 식물이다. 갈구리신선나비는 날개 아랫면 무늬가 갈고리 모양이어서 이런 이름이 붙은 것 같다. 중북부지방의 높은 산지를 중심으로 분포하나 남한에서 관찰되는 개체수가 매우 적다. 애벌레 먹이식물은 자작나무과, 느릅나무과 식물이다. 들신선나비는 들에 사는 신선나비라고 해서 이름이 붙여졌으며, 중북부지방에 분포하며, 지역에 따라 많이 볼 수 있다. 버드나무과, 느릅나무과 식물이 애벌레의 먹이식물이다. 청띠신선나비는 날개 윗면에 청백색 띠가 있어 붙은 이름이다. 한반도에 폭넓게 분포하며, 다른 종들에 비해 개체수가 많다. 애벌레 먹이식물은 백합과에 속하는 청미래덩굴, 청가시덩굴, 참나리다.

외연부가 황색을 띤다 → 신선나비 204

외연부가 황색을 띠지 않는다

아외연부에 청백색 띠가 있다 → 청띠신선나비 207

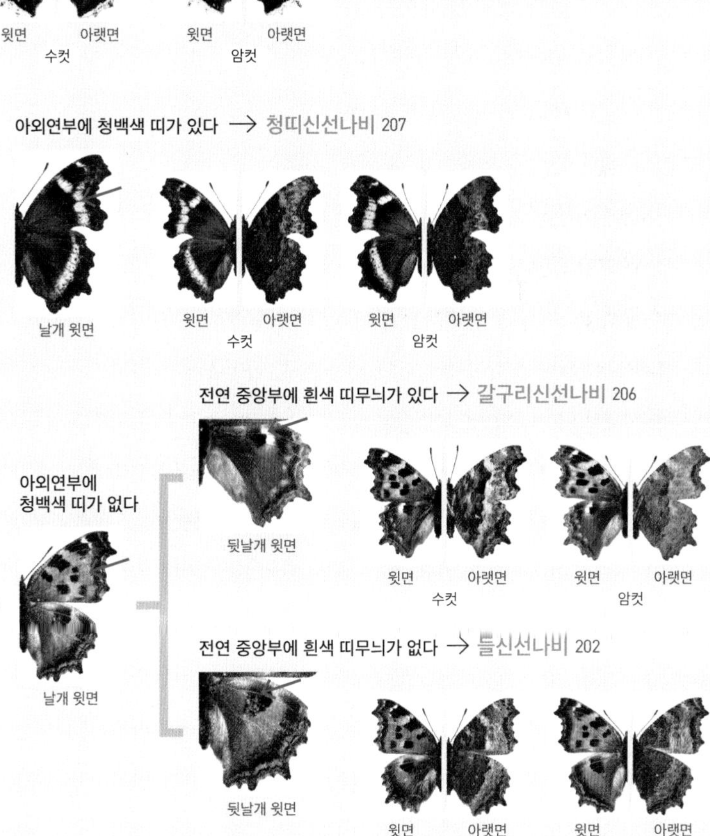

전연 중앙부에 흰색 띠무늬가 없다 → 들신선나비 202

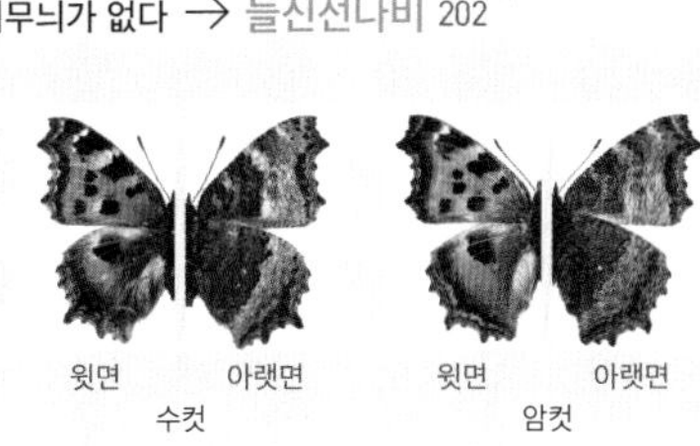

공작나비 무리

날개 윗면의 큰 원형 무늬가 공작새 꼬리 깃의 무늬와 비슷하다 해 '공작'이라는 이름이 붙었다. 한반도에는 공작나비, 남방남색공작나비, 남방공작나비가 있으며, 네발나비과 네발나비아과에 속한다. 이 중 남방남색공작나비와 남방공작나비는 길 잃은나비(미접)다. 공작나비는 중북부지방 산지 중심으로 분포하며, 최근 남한에서는 6월 말~7월 초 강원도 화천 일대에서 쉽게 관찰된다. 애벌레 먹이식물은 느릅나무과, 쐐기풀과, 삼과 식물이다. 남방공작나비는 공작나비보다 남쪽에서 발견된다고 해 이름이 붙여졌는데, 그간 출현한 지역이나 개체수는 매우 적다. 가을형은 앞날개 끝부분이 갈고리 모양으로 뾰족해지고, 뒷날개 후각부에 꼬리모양돌기가 생긴다. 남색남방공작나비는 남방공작나비에 비해 날개의 윗면이 더 청람색이어서 이런 이름이 붙여진 것 같다. 남부 섬 및 해안가에 국지적 기록이 있으며, 근래에 대청도, 무의도 등 서해안 섬들에서 관찰 기록이 있다. 수컷의 뒷날개 윗면은 광택이 나는 청람색이고, 암컷은 흑갈색이어서 수컷과 암컷이 쉽게 구별된다.

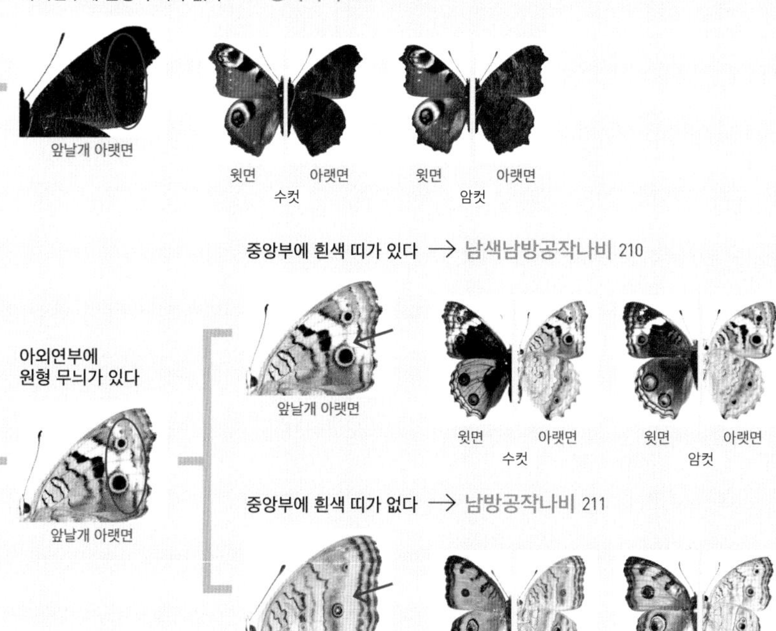
아외연부에 원형 무늬가 없다 → 공작나비 205
앞날개 아랫면
윗면
아랫면
수컷
윗면
아랫면
암컷
아외연부에
원형 무늬가 있다
앞날개 아랫면
중앙부에 흰색 띠가 있다 → 남색남방공작나비 210
앞날개 아랫면
윗면
아랫면
수컷
윗면
아랫면
암컷
중앙부에 흰색 띠가 없다 → 남방공작나비 211
앞날개 아랫면
윗면
아랫면
수컷
윗면
아랫면
암컷

어리표범나비 무리

날개 무늬가 표범나비 무리와 닮았다 해 '어리표범나비'라는 이름이 붙여졌다. 한반도에는 금빛어리표범나비 등 11종이 있으며, 네발나비과 네발나비아과 Melitaeini족에 속한다. 중국 및 러시아의 극동 지역에 유사한 종들이 많아 북한 분포종에 대한 재검토가 필요하며, 추가 종이 있을 것으로 보인다. 남한에서 볼 수 있는 종은 금빛어리표범나비, 여름어리표범나비, 봄어리표범나비, 담색어리표범나비, 암어리표범나비다. 애벌레 먹이식물은 산토끼꽃과, 인동과, 국화과, 질경이과, 마타리과 등으로 다양하며, 숲 가장자리이나 산지 풀밭에서 관찰된다. 또한 이들 모두 중북부지방을 중심으로 국지적 분포하나, 최근에 관찰되는 자생지가 적고, 개체수가 급감해 보호가 필요하다. 금빛어리표범나비와 봄어리표범나비는 5월부터 6월에 걸쳐 나타나며, 여름어리표범나비, 담색어리표범나비, 암어리표범나비는 6월부터 7월에 걸쳐 나타난다.

기부에 검은색 무늬가 있다 → 암어리표범나비 224

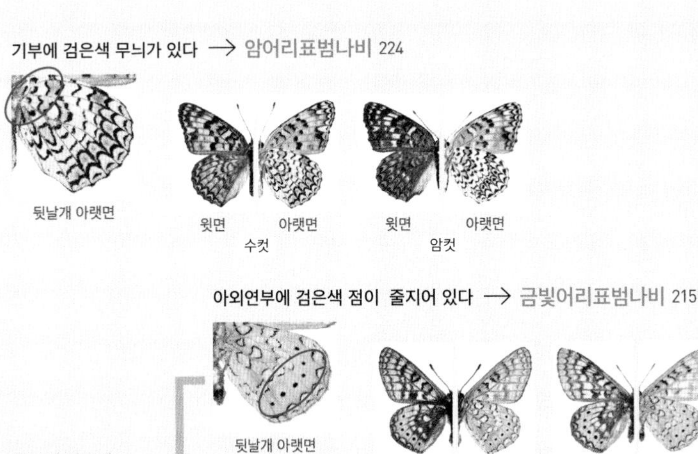

뒷날개 아랫면

윗면 아랫면
수컷

윗면 아랫면
암컷

아외연부에 검은색 점이 줄지어 있다 → 금빛어리표범나비 215

뒷날개 아랫면

윗면 아랫면
수컷

윗면 아랫면
암컷

기부에 검은색
무늬가 없다

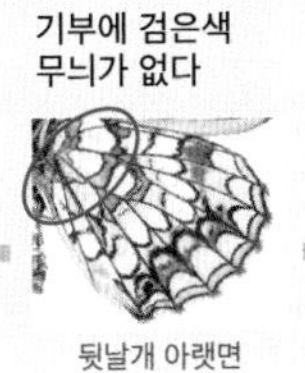

뒷날개 아랫면

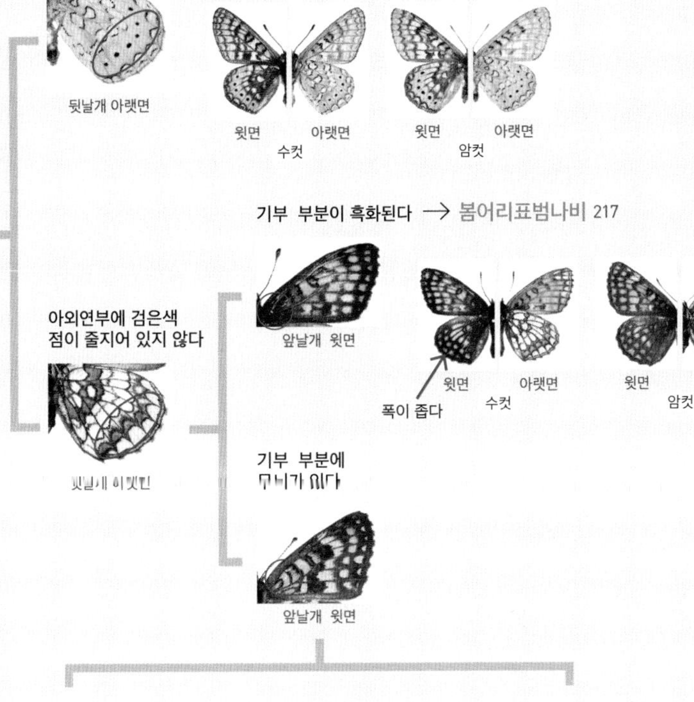

아외연부에 검은색
점이 줄지어 있지 않다

뒷날개 아랫면

기부 부분이 흑화된다 → 봄어리표범나비 217

앞날개 윗면

폭이 좁다

윗면 아랫면
수컷

윗면 아랫면
암컷

기부 부분에
무늬가 있다

앞날개 윗면

후연각 부근에
검은색 점이 있다 → 담색어리표범나비 223

뒷날개 아랫면

윗면 아랫면 윗면 아랫면

후연각 부근에
검은색 점이 없다 → 여름어리표범나비 216

뒷날개 아랫면

윗면 아랫면 윗면 아랫면

오색나비 무리

날개에 색이 다섯 가지 있어 '오색'이라는 이름이 붙었다. 한반도에는 오색나비, 황오색나비, 번개오색나비, 밤오색나비, 왕오색나비가 있으며, 네발나비과 오색나비아과에 속한다. 색상과 무늬 특징에 따라 이름이 붙었다. 황오색나비는 오색나비에 비해 노란색을 띠고, 번개오색나비는 뒷날개 아랫면 중앙부의 넓은 흰 띠가 번개와 같이 제4실 부근에서 뾰족하게 튀어나오며, 밤오색나비는 오색나비 중 날개 윗면 색이 가장 검다. 그 외 왕오색나비는 오색나비 무리 중 가장 커서 붙은 이름이다. 애벌레 먹이식물은 버드나무과 및 느릅나무과 식물이며, 어른벌레는 수액, 썩은 과일 또는 동물 배설물에 잘 모인다. 어른벌레가 나타나는 시기는 종마다 약간 차이가 있지만, 대체로 6월 말부터 7월 초에 산림이 잘 보전된 산지에서 관찰된다. 밤오색나비와 오색나비는 중북부지방에 분포하며, 남한에서는 강원도 일부 지역에서만 볼 수 있다. 번개오색나비는 태백산지 중심에 한정적으로 분포하며, 왕오색나비는 전국에 국지적으로 분포한다. 이에 반해 황오색나비는 폭넓게 분포한다. 밤오색나비는 다른 오색나비 무리와 색상과 무늬가 다르고, 왕오색나비는 크기가 커 쉽게 구별되나, 오색나비, 황오색나비, 번개오색나비는 자세히 살펴보아야 구별된다.

제5실 흰색 무늬가 뾰족하게 튀어 나온다 ⟶ 번개오색나비 227

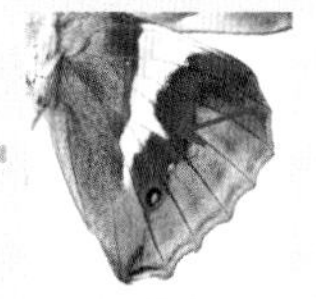
뒷날개 아랫면

윗면 아랫면
수컷

윗면 아랫면
암컷

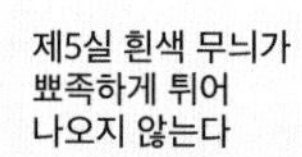
제5실 흰색 무늬가
뾰족하게 튀어
나오지 않는다

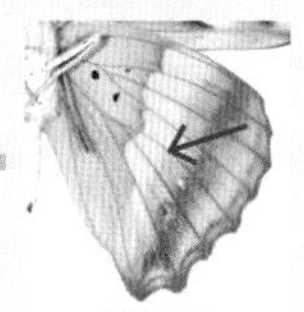
뒷날개 아랫면

중앙 띠무늬가 제2실까지 연속된다 ⟶ 황오색나비 229

뒷날개 윗면
윗면 아랫면
수컷
폭이 넓다
윗면 아랫면
암컷

중앙 띠무늬가 제2실까지 연속되지 않는다 ⟶ 오색나비 228

뒷날개 윗면

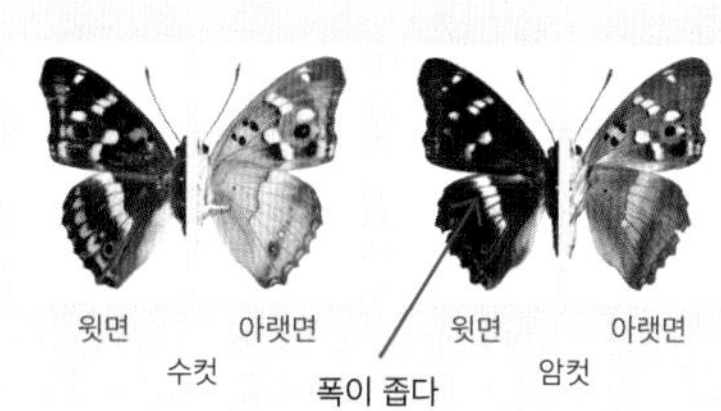
윗면 아랫면
수컷
폭이 좁다
윗면 아랫면
암컷

은점선표범나비 무리

뒷날개 아랫면에 은색 테두리가 있다는 영명에서 유래되어 '은점선'이라는 이름이 붙었다. 한반도에는 산은점선표범나비, 작은은점선표범나비, 큰은점선표범나비, 은점선표범나비가 있으며, 네발나비과 표범나비아과에 속한다. 이 중 은점선표범나비는 북한에서만 볼 수 있으며, 산은점표범나비는 한반도 분포 범위 및 분류학적 재검토가 필요하다. 작은은점선표범나비는 은점선표범나비보다 작아서 붙은 이름이다. 그리고 큰은점선표범나비는 은점선표범나비보다 커 붙은 이름이다. 작은은점선표범나비와 비슷하지만, 뒷날개 아랫면 아외연부가 적갈색을 띠어 구별된다. 작은은점선표범나비와 큰은점선표범나비의 애벌레 먹이식물은 제비꽃과 식물이며, 어른벌레는 숲속보다는 산지 풀밭이나 숲길 주변에서 쉽게 관찰된다. 큰은점선표범나비는 높은 산지 중심으로 5월부터 7월 중순에 걸쳐 나타나며, 개체수가 적다. 맑은 날 숲 가장자리나 능선 주변 햇볕이 잘 드는 풀밭에서 천천히 날아다니며, 개망초, 엉겅퀴 꽃에 잘 모인다. 작은은점선표범나비는 연 3~4회 발생하며, 3월 말부터 10월에 걸쳐 나타난다. 맑은 날 풀밭에서 천천히 날며, 고추나무, 쥐오줌풀, 개망초, 타래난초, 국화과 꽃에 잘 모인다.

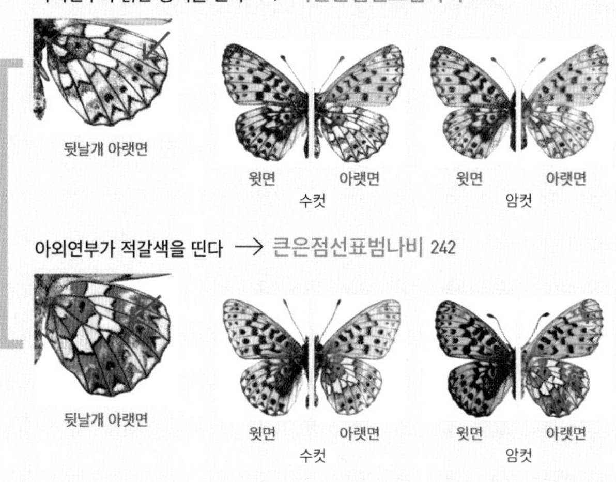

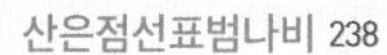

산은점선표범나비 238

은점선표범나비 245

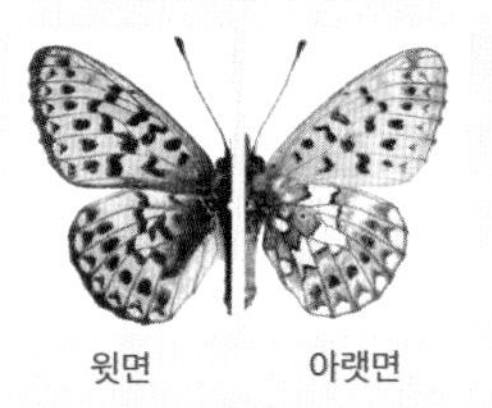

작은표범나비 무리

작은표범나비와 큰표범나비는 네발나비과 표범나비아과에 속하며, 무늬가 닮아 자세히 살펴보아야 구별된다. 작은표범나비는 비슷하게 생긴 큰표범나비보다 작아 붙은 이름이다. 큰표범나비와 비슷하지만, 뒷날개 아랫면 기부는 옅은 녹색이고, 아외연부가 담황색이어서 구별된다. 큰표범나비는 비슷하게 생긴 작은표범나비보다 커 붙은 이름이다. 작은표범나비와 비슷하지만, 뒷날개 아랫면 기부는 담황색을 띠고, 아외연부가 보랏빛이 도는 황갈색을 띠어 구별된다. 이들 모두 한반도에서는 중북부의 산지 중심으로 국지적 분포하며, 6월부터 8월에 평지보다는 산지 능선 또는 정상 주변 풀밭에서 볼 수 있다. 연 1회 발생하며, 오이풀 같은 장미과 식물이 애벌레의 먹이식물이다.

아외연부가 담황색을 띤다 → 작은표범나비 246

열은 녹색이 돈다

뒷날개 아랫면

윗면 아랫면 윗면 아랫면

수컷 암컷

아외연부가 보랏빛이 도는 황갈색을 띤다 → 큰표범나비 247

은점표범나비 무리

표범나비들 중 뒷날개 아랫면에 광택이 나는 은색 점들이 있어 '은점'이라는 이름이 붙었다. 한반도에서 은점표범나비와 비슷하게 생긴 종으로는 긴은점표범나비, 왕은점표범나비, 풀표범나비가 있으며, 네발나비과 표범나비아과에 속한다. 긴은점표범나비는 표범나비 중 뒷날개 아랫면의 중실 끝에 있는 은점 무늬가 길쭉해서, 왕은점표범나비는 은점표범나비보다 커서, 풀표범나비는 표범나비 중 날개 아랫면 빛깔이 풀색과 같은 녹색을 띠어서 붙은 이름이다. 이들 모두 연 1회 발생하며, 제비꽃과 식물이 애벌레의 먹이식물이다. 어른벌레는 여름에 어두운 숲속보다는 산지 풀밭이나 숲길 주변 꽃에서 주로 볼 수 있다. 긴은점표범나비와 은점표범나비는 전국에서 쉽게 볼 수 있으나, 풀표범나비는 강원도 산지 중심으로 국지적 분포하며, 관찰되는 지역이나 개체수가 이전보다 매우 적어져 보호가 필요하다. 왕은점표범나비는 남한에서 멸종위기야생생물 II급으로 지정된 법정보호종이다. 이들은 날개 윗면의 특징으로는 구별하기 매우 어려우며, 날개 아랫면 특징을 자세히 살펴보아야 구별된다.

기부의 은색 점이 삼각형을 이룬다 → 풀표범나비 257

중실 끝의 은색 점이 길쭉하다 → 긴은점표범나비 250

기부의 은색 점이
직선상에 있다

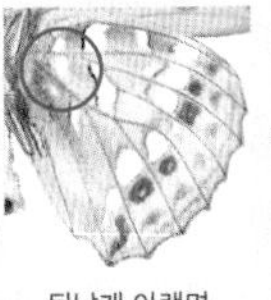

뒷날개 아랫면

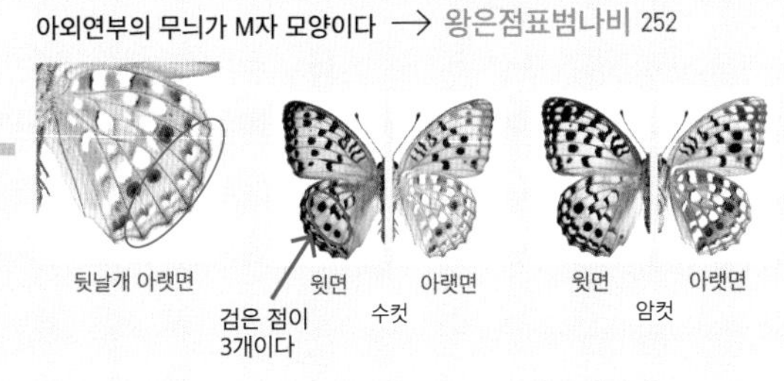

중실 끝의 은색 점이
원형이다

뒷날개 아랫면

아외연부의 무늬가 M자 모양이 아니다 → 은점표범나비 251

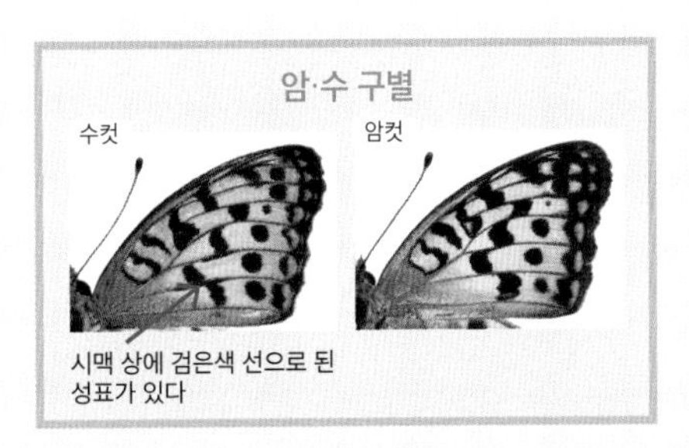

표범나비 무리

날개 무늬가 표범과 닮았다 해 '표범'이라는 이름이 붙었다. 여러 그룹들이 네발나비과 표범나비아과에 포함되며, 앞서 다루지 않았던 산은줄표범나비, 은줄표범나비, 암검은표범나비, 구름표범나비, 큰흰줄표범나비, 흰줄표범나비는 크기와 날개 윗면에 있는 표범 무늬가 비슷해 자세히 보아야 구별된다. 이 중 구름표범나비는 뒷날개 아랫면에 구름처럼 특별한 무늬가 없어 붙은 이름이고, 암검은표범나비는 암컷의 날개 윗면이 검은색을 띠어 붙은 이름이다. 그리고 뒷날개 아랫면에 은줄 무늬가 있어 은줄표범나비라는 이름이 붙여졌으며, 산은줄표범나비는 은줄표범나비와 비슷하나 주로 산지에 산다고 해서 붙은 이름이다. 또한 흰줄표범나비는 표범나비 무리 중 날개 아랫면 아외연부에 흰색 줄무늬가 있다고 해서, 큰흰줄표범나비는 흰줄표범나비보다 크다고 해서 붙은 이름이다. 흰줄표범나비와 은줄표범나비는 낮은 산지, 농촌 마을 주변 등 전국에서 쉽게 볼 수 있으나, 산은줄표범나비와 큰흰줄표범나비는 비교적 높은 산지 능선이나 정상부에서 주로 관찰된다. 암검은표범나비는 내륙보다는 섬에서 개체밀도가 높으며, 구름표범나비는 다른 종들에 비해 개체수가 적다. 이들 모두 연 1회 발생하며, 제비꽃과 식물이 애벌레의 먹이식물이다.

은색 가로 줄이
여러 개 있다

뒷날개 아랫면

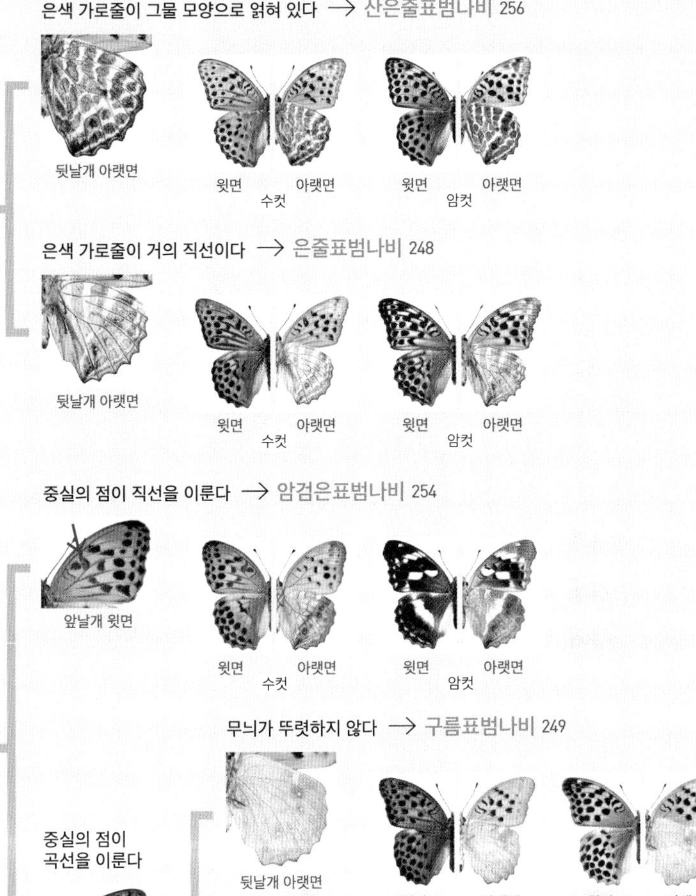

은색 가로 줄이
여러 개 있지 않다

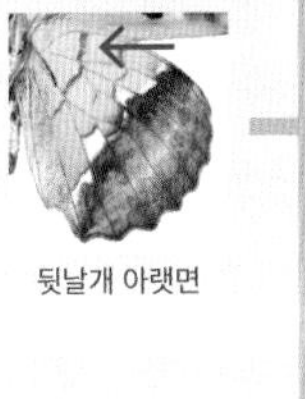

뒷날개 아랫면

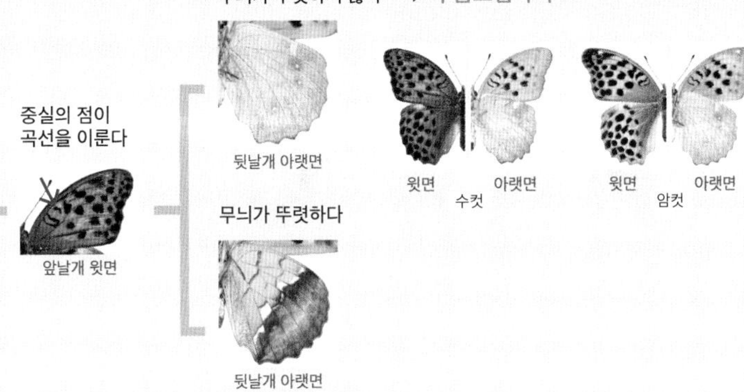

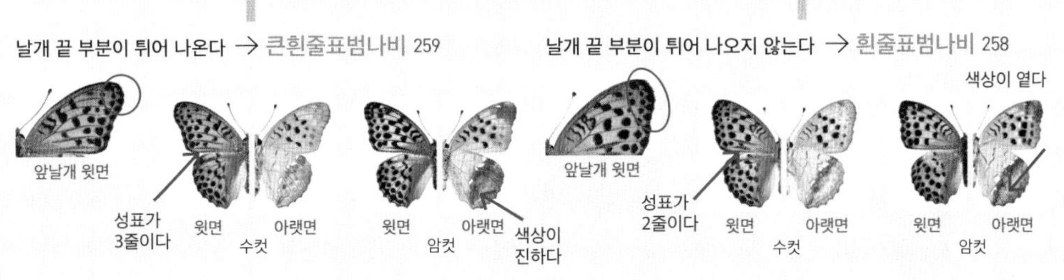

줄나비 무리

날개에 흰 줄무늬가 잘 발달해 있어 '줄나비'라는 이름이 붙여졌다. 한반도에는 왕줄나비 등 8종이 있으며, 네발나비과 줄나비아과 Limentidini족에 속한다. 세줄나비 무리와 달리 날개 편 모습이 정사각형에 가깝다. 대부분 애벌레 먹이식물은 인동덩굴 같은 인동과 식물이나, 왕줄나비는 버드나무과, 굵은줄나비는 장미과 식물이다. 꽃 꿀을 빨고 있는 모습보다는 나뭇잎에 앉아 쉬거나 길 가에 내려앉은 모습을 쉽게 볼 수 있다. 왕줄나비와 제삼줄나비는 계방산, 오대산, 설악산, 태백산 등 강원도의 높은 산지를 중심으로 국지적 분포하고, 개체수가 매우 적다. 참줄나비는 중부지방의 비교적 높은 산지에서 볼 수 있으나 참줄나비사촌은 강원도 산지를 중심으로 국지적 분포하며, 개체수가 참줄나비에 비해 적다. 그리고 굵은줄나비, 줄나비, 제이줄나비, 제일줄나비는 전국 분포종이나, 굵은줄나비는 다른 종에 비해 개체수가 적으며, 제일줄나비는 지역에 따라 개체변이가 크게 나타나기도 한다.

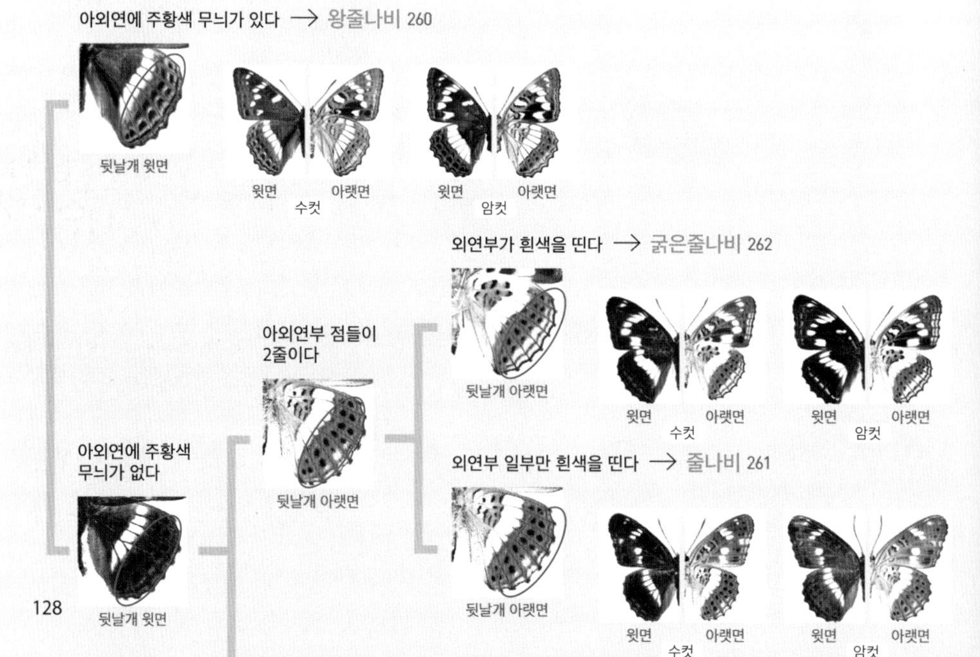

아외연부 점들이
2줄이 아니다

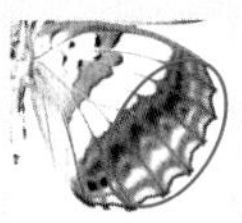

뒷날개 아랫면

흰 무늬가
가로로 길다

앞날개 윗면

기부 쪽에 긴 무늬가 있다 → 참줄나비사촌 264

앞날개 윗면

윗면 아랫면 윗면 아랫면
수컷 암컷

기부 쪽에 긴 무늬가 없다 → 참줄나비 263

앞날개 윗면

윗면 아랫면 윗면 아랫면
수컷 암컷

흰 무늬가
삼각형이다

앞날개 윗면

흰색 줄무늬가 약간 휜다 → 제이줄나비 265

앞날개 윗면

윗면 아랫면 윗면 아랫면
수컷 암컷

흰색 줄무늬가
곧다

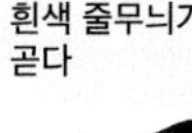

앞날개 윗면

기부의 회백색 부분이 좁다 → 제삼줄나비 267

뒷날개 아랫면

윗면 아랫면 윗면 아랫면
수컷 암컷

기부의 회백색 부분이 넓다 → 제일줄나비 266

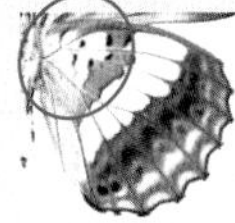

뒷날개 아랫면

윗면 아랫면 윗면 아랫면
수컷 암컷

<서해 도서산>

윗면 아랫면 윗면 아랫면
수컷 암컷

세줄나비 무리

날개 윗면에 흰색 무늬들이 세 줄일 경우가 많아 '세줄나비'라는 이름이 붙여졌다. 한반도에는 애기세줄나비 등 8종이 있으며, 네발나비과 줄나비아과 Neptini족에 속한다. 줄나비 무리와 달리 날개 편 모습이 직사각형에 가깝다. 애벌레 먹이식물은 다양하며, 참세줄나비, 높은산세줄나비는 자작나무과 식물, 세줄나비는 단풍나무과 식물, 왕세줄나비, 두줄나비, 별박이세줄나비는 장미과 식물, 애기세줄나비는 콩과, 느릅나무과, 갈매나무과, 벽오동과 식물이다. 어른벌레가 나타나는 시기는 종류마다 차이가 있지만, 대체로 6~7월에 다양한 종류를 만날 수 있다. 애기세줄나비, 별박이세줄나비는 전국에 폭넓게 분포하며, 개체수가 많다. 참세줄나비, 세줄나비, 높은산세줄나비는 산지를 중심으로 국지적 분포하며, 남부지역에서는 소백산맥의 산지들이 주요 서식지다. 왕세줄나비는 농촌 마을 주변이나 인근 산지에서 자주 관찰된다. 두줄나비는 한반도 중북부 산지를 중심으로 분포하며, 지역에 따라 개체수가 많다. 개마별박이세줄나비는 최근에 한반도 분포가 재확인된 종으로 강원도 높은 산지나 경기도 일부 지역에서 국지적으로 관찰된다.

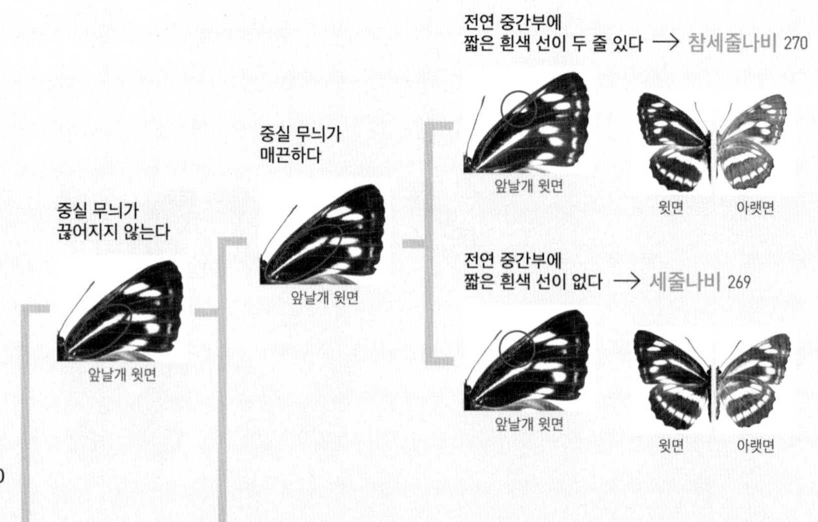

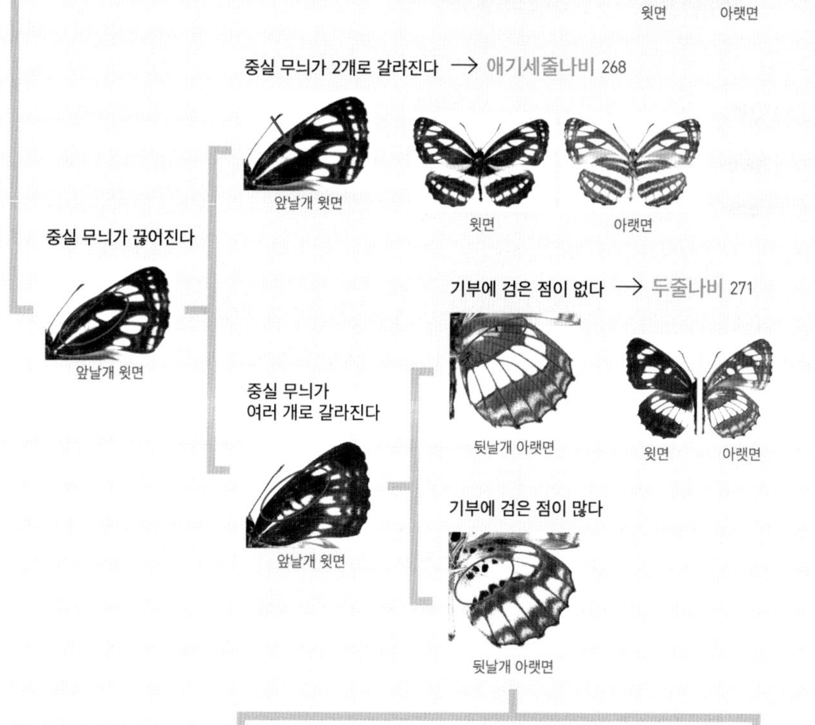

전연 중간부에
짧은 흰색 선이 있다 → 개마별박이세줄나비 273

전연 중간부에 흰색 선이 없다 → 별박이세줄나비 272

황세줄나비 무리

노란색 무늬가 있는 세줄나비라는 의미에서 황세줄나비라고 부른다. 한반도에는 황세줄나비, 산황세줄나비, 중국황세줄나비가 있으며, 네발나비과 줄나비아과 *Aldania*속에 속한다. 이 속에는 모습이 다른 어리세줄나비가 함께 포함된다. 산황세줄나비는 황세줄나비에 비해 높은 산지에 산다고 해서 붙은 이름이며, 중국황세줄나비는 황세줄나비와 비슷하나, 주요 분포지가 중국이라고 해서 이런 이름이 붙은 것 같다. 그리고 어리세줄나비는 세줄나비 종류와 닮았으나 모습이 다르다는 뜻에서 붙은 이름이다. 애벌레 먹이식물은 떡갈나무 같은 참나무과 식물이며, 어른벌레는 동물 배설물에 모이거나 축축한 땅에 잘 앉는다. 어른벌레가 나타나는 시기는 종마다 약간씩 차이가 나지만, 대체로 6월 말부터 7월 초에 산림이 잘 보전된 산지 계곡부나 산길에서 관찰된다. 황세줄나비과 산황세줄나비는 백두대간 산지를 중심으로 국지적 분포하며, 황세줄나비는 개체수가 많다. 중국황세줄나비는 중북부의 동부지역 산지를 중심으로 국지적 분포한다. 남한에서는 강원도의 일부 산지에서만 관찰되고, 개체수가 매우 적어 보호가 필요하다. 이들은 크기와 날개 무늬가 비슷해 자세히 보아야 구별된다.

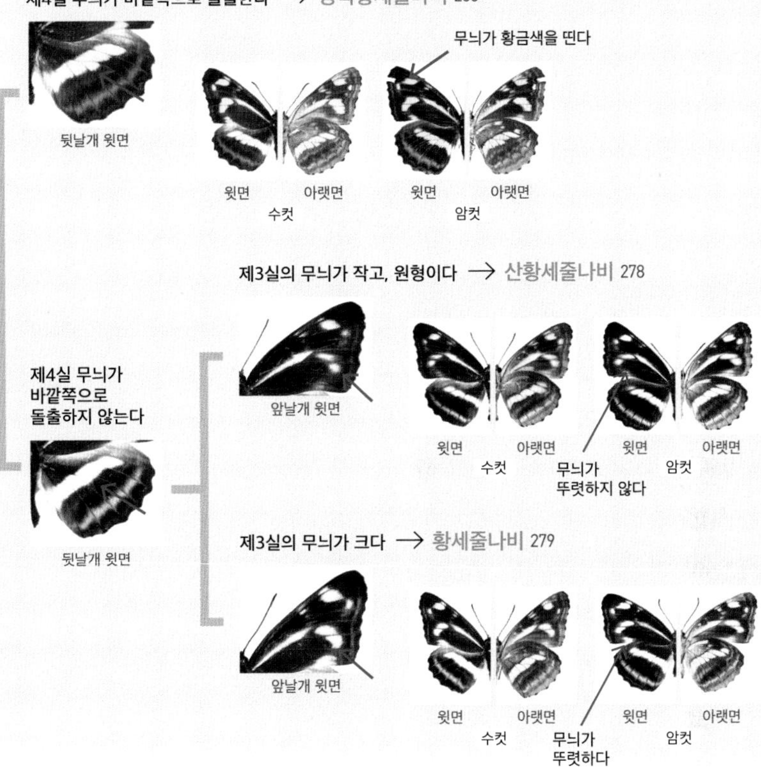
제4실 무늬가 바깥쪽으로 돌출한다 → 중국황세줄나비 280
무늬가 황금색을 띤다
뒷날개 윗면
윗면
아랫면
수컷
윗면
아랫면
암컷
제3실의 무늬가 작고, 원형이다 → 산황세줄나비 278
제4실 무늬가
바깥쪽으로
돌출하지 않는다
앞날개 윗면
윗면
아랫면
수컷
무늬가
뚜렷하지 않다
윗면
아랫면
암컷
뒷날개 윗면
제3실의 무늬가 크다 → 황세줄나비 279
앞날개 윗면
윗면
아랫면
수컷
무늬가
뚜렷하다
윗면
아랫면
암컷

제3장

나비 생태사진 정보의 활용

야외에서 나비 찾아보기

야외에서 팔랑나비 무리를 볼 때, 날개를 펴는 모습으로 팔랑나비아과와 다른 아과를 구분 짓는 것처럼 생태학적 특성은 계통 분류학에 있어 중요 형질로 사용된다. 특히, 디지털 카메라가 보편화되어 수많은 사진 자료들이 공유되는 현실을 비추어 볼 때, 일반인들이 찍은 나비 사진들은 나비 생태 연구에 있어서 매우 중요한 학술자료라 생각한다.

또한 나비를 좋아하고, 찾아다니는 사람들에게는 한 장의 나비 생태사진에 담겨 있는 출현 장소, 시기 및 찾아오는 꽃 등은 관찰 대상 종의 생태적 특성을 한눈에 살펴 볼 수 있기 때문에 보고 싶은 나비를 찾아 가는 데에 더 없이 좋은 길잡이가 된다. 만나고 싶은 어떤 나비에 대해 생태사진 수십~수백 장의 정보를 모아보면, 전문가의 도움 없이도 볼 수 있는 지역, 시기, 좋아 하는 꽃이나 장소를 어느 정도 알 수 있다. 또한 꽃이 많이 있는 지역, 꽃이 피는 시기 등을 알고 있다면 나비를 만나기가 더 쉬어 진다. 해당 식물의 분포 및 생태를 알지 못해도 사진과 함께 제시된 찍은 지역, 찍은 날 등의 사진 촬영 정보를 보고 찾아가면 대부분 만날 수 있다. 무기염류 섭취를 위해 물을 계속 빨아먹는 사진, 동물 똥에 모인 사진, 햇볕을 쬐는 사진 등도 이와 같다.

이와 함께 생태사진 한 장에는 자세히 표현하지 못한 주변 환경까지도 알 수 있을 때가 많다. 그러고 보니 생태사진 한 장에는 생각보다 많은 정보가 담겨 있다. 나비 생태사진은 촬영한 사람의 인생 기록물이자 그 시점, 그 지역 자연 생태계 기록물이다. 따라서 각 사진마다 <나비 이름(찍은 장소, 찍은 날짜, 찍은 사람)> 순서로 기록하고, 필요할 때 쉽게 찾아 쓸 수 있도록 매번 정리해 두는 것이 좋겠다.

여기에서는 현장 관찰에 도움을 주기 위해 꽃 꿀을 빠는 식물, 앉은 장소, 관찰 지역, 관찰 일, 월, 년 등이 표시된 사진들을 무리별로 모았으며, 글쓴이들의 자료를 중심으로 했기 때문에 일부 종만 다루게 되었다. 따라서 다른 생태사진 자료와 함께 살펴보면 더 많은 생태 정보를 알 수 있을 것 같다.

수리팔랑나비 무리

1 큰까치수염 꽃 꿀을 빠는 독수리팔랑나비 수컷(강원 화천 해산령, 2011.7.1.)

2 꽃 꿀을 빠는 독수리팔랑나비 암컷(강원 양구 가오작리, 2011.7.2.)

3 산초나무 꽃 꿀을 빠는 푸른큰수리팔랑나비(경남 남해 망운산, 2012.7.31.)

4 누리장나무 꽃 꿀을 빠는 푸른큰수리팔랑나비(인천 옹진 대청도, 2010.8.6.)

흰점팔랑나비 무리

1 마른 꽃을 빠는 흰점팔랑나비 봄형(강원 영월 쌍용리, 2011.4.15.)

2 물을 빠는 흰점팔랑나비 여름형(강원 영월 창원리, 2010.7.18.)

3 햇볕을 쬐는 꼬마흰점팔랑나비(경북 울진 왕피천, 2012.4.26.©한창욱)

4 햇볕을 쬐는 꼬마흰점팔랑나비(강원 평창 횡계리(삼양목장), 2009.6.8.)

왕팔랑나비 무리

1 개망초 꽃 꿀을 빠는 왕팔랑나비(서울 도봉산(도봉서원), 2006.7.7.)
2 큰금계국 꽃 꿀을 빠는 왕팔랑나비(강원 양구 가오작리, 2011.7.2.)
3 큰까치수염 꽃 꿀을 빠는 대왕팔랑나비(경기 포천 광덕산, 2010.7.24.)
4 산딸기나무 꽃 꿀을 빠는 왕자팔랑나비(경북 예천 고항리, 2011.5.31.)
5 엉겅퀴 꽃 꿀을 빠는 왕자팔랑나비(충남 보령 불모도, 2012.6.17.©김성환)
6 개망초 꽃 꿀을 빠는 왕자팔랑나비(강원 춘천 학곡리, 2006.7.25.)
7 주홍서나물 꽃 꿀을 빠는 왕자팔랑나비(제주 서귀포 돔베낭골, 2010.9.4.)
8 익모초 꽃 꿀을 빠는 왕자팔랑나비(제주 서귀포 엉또폭포, 2010.9.4.)
9 햇볕을 쬐는 왕자팔랑나비(강원 강릉 관동대학교 교정, 2006.6.3.)
10 햇볕을 쬐는 왕자팔랑나비(제주 서귀포 외돌개, 2010.9.3.)

돈무늬팔랑나비 무리

1 붉은병꽃나무 꽃 꿀을 빠는 수풀알락팔랑나비 암컷(강원 평창 오대산, 2004.5.31.)
2 쥐오줌풀 꽃 꿀을 빠는 수풀알락팔랑나비 암컷(강원 평창 계방산, 2009.6.4.)
3 쥐오줌풀 꽃 꿀을 빠는 수풀알락팔랑나비 수컷(강원 평창 횡계리(삼양목장), 2009.6.8.)
4 십자화과 꽃 꿀을 빠는 수풀알락팔랑나비 암컷(강원 평창 횡계리(삼양목장), 2009.6.8.)
5 햇볕을 쬐는 수풀알락팔랑나비 수컷(강원 평창 오대산, 2004.5.31.)
6 쉬는 수풀알락팔랑나비 수컷(강원 화천 광덕산, 2006.5.25.)
7 쉬는 수풀알락팔랑나비 수컷(강원 평창 횡계리(삼양목장), 2009.6.8.)

8 쥐오줌풀 꽃 꿀을 빠는 참알락팔랑나비(강원 평창 오대산, 2004.5.31.)
9 산딸기나무 꽃 꿀을 빠는 참알락팔랑나비(경북 예천 고항리, 2011.5.31.)
10 쉬는 참알락팔랑나비(강원 화천 광덕산, 2006.5.25.)
11 붉은토끼풀 꽃 꿀을 빠는 돈무늬팔랑나비(강원 영월 창원리, 2011.6.10.)
12 큰까치수염 꽃 꿀을 빠는 돈무늬팔랑나비(강원 평창 횡계리(삼양목장), 2004.7.14.)
13 햇볕을 쬐는 돈무늬팔랑나비(전북 장수 장안산, 2012.6.14.)
14 쉬는 돈무늬팔랑나비(강원 고성, 2005.8.8.)

꼬마팔랑나비 무리

1 박주가리 꽃 꿀을 빠는 줄꼬마팔랑나비(강원 영월 창원리, 2010.7.18.)
2 큰까치수염 꽃 꿀을 빠는 줄꼬마팔랑나비(강원 화천 광덕산, 2006.7.21.)
3 개망초 꽃 꿀을 빠는 줄꼬마팔랑나비(강원 춘천 학곡리, 2006.7.25.)
4 싸리류 꽃 꿀을 빠는 줄꼬마팔랑나비(강원 춘천 학곡리, 2006.7.25.)
5 햇볕을 쬐는 줄꼬마팔랑나비 수컷(강원 춘천 학곡리, 2006.7.25.)
6 큰까치수염 꽃 꿀을 빠는 수풀꼬마팔랑나비(강원 평창 횡계리(삼양목장), 2004.7.14.)
7 미국쑥부쟁이 꽃 꿀을 빠는 수풀꼬마팔랑나비(강원 인제 심적리, 2011.9.3.)
8 햇볕을 쬐는 수풀꼬마팔랑나비(인천 옹진 대청도, 2010.8.6.)

떠들썩팔랑나비 무리

1 큰까치수염 꽃 꿀을 빠는 산수풀떠들썩팔랑나비(강원 화천 광덕산, 2008.7.13.)

2 햇볕을 쬐는 산수풀떠들썩팔랑나비(강원 화천 광덕산, 2006.7.21.)

3 개망초 꽃 꿀을 빠는 수풀떠들썩팔랑나비 암컷(강원 양구 가오작리, 2011.7.1.©김성환)

4 큰까치수염 꽃 꿀을 빠는 수풀떠들썩팔랑나비(앞) 수컷(강원 평창 횡계리, 2004.7.14.)

5 꼬리풀 꽃 꿀을 빠는 수풀떠들썩팔랑나비 암컷(강원 평창 횡계리(삼양목장), 2004.7.14.)

6 둥근이질풀 꽃 꿀을 빠는 검은테떠들썩팔랑나비 수컷(강원 화천 광덕산, 2010.7.24.)

7 햇볕을 쬐는 검은테떠들썩팔랑나비 암컷(강원 화천 광덕산, 2010.7.24.)

1 엉겅퀴 꽃 꿀을 빠는 유리창떠들썩팔랑나비(인천 중구 무의도, 2004.7.3.)
2 엉겅퀴 꽃 꿀을 빠는 유리창떠들썩팔랑나비(인천 옹진 하공경도, 2009.7.3.)
3 큰까치수염 꽃 꿀을 빠는 유리창떠들썩팔랑나비(인천 중구 무의도, 2004.7.9.)
4 타래난초 꽃 꿀을 빠는 유리창떠들썩팔랑나비(인천 중구 무의도, 2004.7.9.)
5 풀협죽도류 꽃 꿀을 빠는 유리창떠들썩팔랑나비(경기 가평 신당리, 2006.7.26.)
6 햇볕을 쬐는 유리창떠들썩팔랑나비 수컷(경기 평택 고잔리, 2004.6.24.)
7 햇볕을 쬐는 유리창떠들썩팔랑나비 암컷(서울 강북 우이령, 2003.7.26.)

줄점팔랑나비 무리

1 부추 꽃 꿀을 빠는 줄점팔랑나비(인천 옹진 굴업도, 2009.9.4.)
2 갈퀴나물류 꽃 꿀을 빠는 줄점팔랑나비(경기 포천 광덕산, 2010.7.24.)
3 원추리 꽃 꿀을 빠는 줄점팔랑나비(인천 옹진 고석도, 2010.8.19.ⓒ김성환)
4 붉은토끼풀 꽃 꿀을 빠는 줄점팔랑나비(서울 종로 청계천, 2005.8.20.)
5 사위질빵 꽃 꿀을 빠는 줄점팔랑나비(전남 여수 마래산, 2008.8.21.)
6 댕강나무류 꽃 꿀을 빠는 줄점팔랑나비(전남 여수 마래산, 2008.8.21.)
7 등골나물류 꽃 꿀을 빠는 줄점팔랑나비(인천 옹진 납도, 2009.8.27.)
8 익모초 꽃 꿀을 빠는 줄점팔랑나비(충남 천안 차암동, 2004.8.28.)
9 설악초 꽃 꿀을 빠는 줄점팔랑나비(충남 천안 차암동, 2004.8.28.)
10 뚝갈 꽃 꿀을 빠는 줄점팔랑나비(인천 옹진 굴업도, 2009.9.4.)

1
2
3
4
5
6
7
8
9
10
11
12

1 쑥부쟁이류 꽃 꿀을 빠는 줄점팔랑나비(서울 종로 청계천, 2008.9.9.)
2 등골나물류 꽃 꿀을 빠는 줄점팔랑나비(인천 옹진 계도(닭섬), 2009.9.11.)
3 루드베키아 꽃 꿀을 빠는 줄점팔랑나비(인천 옹진 지도, 2009.9.13.)
4 쑥부쟁이류 꽃 꿀을 빠는 줄점팔랑나비(인천 서구 남황산도, 2010.9.16.)
5 고마리 꽃 꿀을 빠는 줄점팔랑나비(경기 시흥 정왕동, 2004.9.19.)
6 쑥부쟁이류 꽃 꿀을 빠는 줄점팔랑나비(경기 시흥 정왕동, 2004.9.19.)
7 국화과 꽃 꿀을 빠는 줄점팔랑나비(경남 양산 화엄늪, 2008.9.25.)
8 삽주 꽃 꿀을 빠는 줄점팔랑나비(전남 신안 홍도, 2005.10.6.)
9 란타나류 꽃 꿀을 빠는 줄점팔랑나비(제주 서귀포 외돌개, 2010.10.6.)
10 쥐꼬리망초 꽃 꿀을 빠는 줄점팔랑나비(제주 서귀포 외돌개, 2010.10.6.)
11 미국쑥부쟁이 꽃 꿀을 빠는 줄점팔랑나비(경기 포천 광릉, 2004.10.10.)
12 페튜니아 꽃 꿀을 빠는 줄점팔랑나비(경기 과천 중앙동, 2009.10.11.)
13 산국 꽃 꿀을 빠는 줄점팔랑나비(인천 옹진 소청도, 2009.10.11.)
14 꽃향유 꽃 꿀을 빠는 줄점팔랑나비(경기 강화 북성리, 2011.10.18.)
15 국화과 꽃 꿀을 빠는 줄점팔랑나비(전남 진도 희여산, 2009.10.20.)
16 국화과 꽃 꿀을 빠는 줄점팔랑나비(제주 서귀포 천지연 상부수림대, 2010.11.7.)
17 국화과 꽃 꿀을 빠는 줄점팔랑나비(제주 서귀포 천지연 상부수림대, 2010.11.8.)
18 쑥부쟁이류 꽃 꿀을 빠는 줄점팔랑나비(강원 원주 궁촌리, 2008.11.12.)
19 햇볕을 쬐는 줄점팔랑나비(전남 곡성 오지리, 2009.8.20.)
20 햇볕을 쬐는 줄점팔랑나비(인천 옹진 굴업도, 2009.9.5.)
21 햇볕을 쬐는 줄점팔랑나비(충남 공주 마암리, 2010.9.14.)
22 쉬는 줄점팔랑나비(인천 서구 세어도, 2010.9.17.)

1 메리골드(천수국) 꽃 꿀을 빠는 제주꼬마팔랑나비(제주 서귀포 천지연폭포, 2010.10.6.)
2 꿀풀과 꽃 꿀을 빠는 제주꼬마팔랑나비(제주 서귀포 외돌개, 2010.10.6.)
3 란타나류 꽃 꿀을 빠는 제주꼬마팔랑나비(제주 서귀포 외돌개, 2010.10.6.)
4 국화과 꽃 꿀을 빠는 제주꼬마팔랑나비(제주 서귀포 천지연 상부수림대, 2010.11.8.)
5 햇볕을 쬐는 제주꼬마팔랑나비(제주 서귀포 외돌개, 2010.10.6.)
6 쉬는 제주꼬마팔랑나비(전남 나주 신곡리, 2011.8.24.)
7 산철쭉 꽃 꿀을 빠는 산줄점팔랑나비(충남 공주 계룡산, 2004.4.22.)
8 풀협죽도류 꽃 꿀을 빠는 산줄점팔랑나비(경기 가평 화악리, 2006.7.26.)
9 자신의 배설물을 빠는 산줄점팔랑나비(충남 공주 계룡산, 2004.4.21.)
10 쉬는 산줄점팔랑나비(강원 영월 쌍용리, 2010.7.18.)
11 햇볕을 쬐는 산팔랑나비(충남 천안 광덕산, 2007.8.28.©안홍균)

그 외 팔랑나비 무리 생태사진

1 쥐오줌풀 꽃 꿀을 빠는 멧팔랑나비(경기 포천 지양산, 2008.4.28.)
2 고들빼기 꽃 꿀을 빠는 멧팔랑나비(경북 영주 용산리, 2011.5.13.)
3 국수나무 꽃 꿀을 빠는 멧팔랑나비 암컷(전남 함평 고산봉, 2012.5.15.)
4 산딸기나무 꽃 꿀을 빠는 멧팔랑나비 수컷(경북 예천 고항리, 2011.5.31.)
5 물을 빠는 멧팔랑나비(경남 안의 황석산, 2012.4.23.)
6 물을 빠는 멧팔랑나비(전북 무주 적상산, 2012.4.27.©김성환)
7 햇볕을 쬐는 멧팔랑나비(전북 무주 덕유산, 2012.4.27.©김성환)
8 쉬는 멧팔랑나비(경기 여주 삼합리, 2012.4.19.)

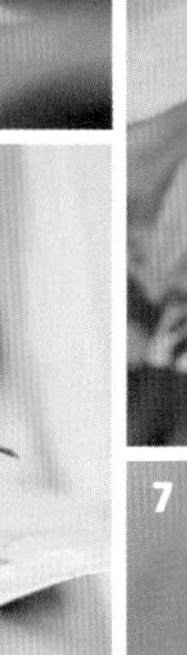

1 개망초 꽃 꿀을 빠는 황알락팔랑나비(서울 도봉산(도봉서원), 2006.7.7.)
2 딱지꽃 꽃 꿀을 빠는 황알락팔랑나비(강원 화천 광덕산, 2006.7.21.)
3 쑥부쟁이류 꽃 꿀을 빠는 황알락팔랑나비(경남 양산 화엄늪, 2008.9.25.)
4 쉬는 황알락팔랑나비(제주 서귀포, 2011.6.21.)
5 개망초 꽃 꿀을 빠는 지리산팔랑나비(강원 춘천 학곡리, 2006.7.25.)
6 햇볕을 쬐는 지리산팔랑나비(인천 옹진 대청도, 2010.8.6.)
7 햇볕을 쬐는 지리산팔랑나비(인천 옹진 대청도, 2010.8.6.)
8 쉬는 지리산팔랑나비(강원 춘천 학곡리, 2006.7.25.)
9 개망초 꽃 꿀을 빠는 파리팔랑나비(인천 중구 무의도, 2004.7.3.)
10 엉겅퀴 꽃 꿀을 빠는 파리팔랑나비(인천 중구 무의도, 2004.7.3.)
11 햇볕을 쬐는 파리팔랑나비(인천 중구 무의도, 2004.7.3.)
12 쉬는 파리팔랑나비(경기 김포 포구곶리, 2011.8.19.)

모시나비 무리

1 쥐오줌풀 꽃 꿀을 빠는 모시나비(강원 평창 오대산, 2004.5.31.)
5 쥐오줌풀 꽃 꿀을 빠는 모시나비(강원 평창 횡계리(삼양목장), 2009.6.8.)
3 쉬는 모시나비 수컷(강원 평창 횡계리(삼양목장), 2009.6.8.)
4 쉬는 모시나비 짝짓기 전 암컷(경기 포천 광릉, 2004.5.16.)
5 쉬는 모시나비 짝짓기 후 암컷(강원 평창 횡계리(삼양목장), 2009.6.8.)
6 산딸기나무 꽃 꿀을 빠는 붉은점모시나비(강원 삼척, 2007.5.27.©이준석)
7 산딸기나무 꽃 꿀을 빠는 붉은점모시나비(강원 삼척, 2003.5.26.©이준석)
8 기린초 꽃 꿀을 빠는 붉은점모시나비(강원 삼척, 2007.5.31.©이준석)
9 짝짓기하는 붉은점모시나비(강원 삼척, 2003.5.26.©이준석)
10 뱀무류 꽃 꿀을 빠는 왕붉은점모시나비(중국 길림 연길시, 2010.7.19.©안홍균)

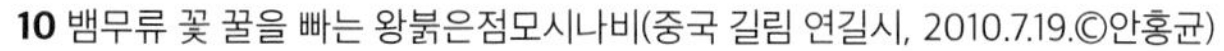

호랑나비 무리

1 줄딸기 꽃 꿀을 빠는 애호랑나비(충남 공주 계룡산, 2004.4.21.)
2 서양민들레 꽃 꿀을 빠는 애호랑나비(강원 홍천 소계방산, 2004.4.29.)
3 산민들레 꽃 꿀을 빠는 애호랑나비(강원 평창 오대산(방아다리약수), 2004.4.29.)
4 진달래 꽃 꿀을 빠는 산호랑나비(경기 가평 연인산, 2004.4.13.)
5 코스모스 꽃 꿀을 빠는 산호랑나비(강원 영월 쌍용리, 2010.8.17.©김성환)
6 노랑코스모스 꽃 꿀을 빠는 산호랑나비(전남 나주 학산리, 2011.8.25.)
7 햇볕을 쬐는 산호랑나비(인천 중구 영종도, 2009.5.9.©김성환)

1 익모초 꽃 꿀을 빠는 호랑나비(경기 여주 연양리, 2011.8.23.)
2 장딸기 꽃 꿀을 빠는 호랑나비(전남 신안 대장도, 2007.5.3.)
3 갓 꽃 꿀을 빠는 호랑나비(충남 대천 황도, 2012.5.27.©김성환)
4 갓 꽃 꿀을 빠는 호랑나비(충남 대천 황도, 2012.5.27.)
5 엉겅퀴 꽃 꿀을 빠는 호랑나비(전남 나주 오암동, 2008.6.13.)
6 산초나무 꽃 꿀을 빠는 호랑나비(전남 나주 오암동, 2008.7.30.)
7 참나리 꽃 꿀을 빠는 호랑나비(강원 홍천 하오안리, 2011.8.3.)
8 익모초 꽃 꿀을 빠는 호랑나비(전남 신안 홍도, 2005.8.15.)
9 계요등 꽃 꿀을 빠는 호랑나비(전남 신안 홍도, 2005.8.15.)
10 노랑코스모스 꽃 꿀을 빠는 호랑나비(전남 여수 마래산, 2008.8.21.)

1 노랑코스모스 꽃 꿀을 빠는 호랑나비(경남 거창 도평리, 2005.8.28.)
2 익모초 꽃 꿀을 빠는 호랑나비(충남 공주 마암리, 2010.9.14.)
3 참싸리 꽃 꿀을 빠는 호랑나비(인천 서구 켬섬, 2010.9.16.)
4 노랑코스모스 꽃 꿀을 빠는 호랑나비(인천 서구 세어도, 2010.9.17.)
5 큰꿩의비름 꽃 꿀을 빠는 호랑나비(인천 서구 소다물도, 2010.9.17.)
6 큰꿩의비름 꽃 꿀을 빠는 호랑나비(인천 서구 소다물도, 2010.9.17.)
7 배초향 꽃 꿀을 빠는 호랑나비(인천 서구 호도, 2010.9.17.)
8 꽃무릇(석산) 꽃 꿀을 빠는 호랑나비(전남 함평 고산봉, 2012.9.20.)
9 햇볕을 쬐는 호랑나비(제주 서귀포, 2011.4.16.©한창욱)
10 물을 빠는 호랑나비(제주 서귀포 중문, 2007.8.30.)

1 개망초 꽃 꿀을 빠는 꼬리명주나비(강원 양구 가오작리, 2011.7.2.)
2 산형과 꽃 꿀을 빠는 꼬리명주나비(경북 예천 고항리, 2010.8.31.)
3 햇볕을 쬐고 있는 꼬리명주나비 수컷(경북 예천 고항리, 2010.9.1.)
4 햇볕을 쬐고 있는 꼬리명주나비 암컷(충남 공주 상신리, 2004.7.23.)
5 쉬고 있는 꼬리명주나비(경북 예천 고항리, 2010.9.1.)
6 짝짓기 하는 꼬리명주나비(경북 예천 고항리, 2010.9.1.)

제비나비 무리

1 지느러미엉겅퀴 꽃 꿀을 빠는 청띠제비나비(충남 보령 불모도, 2012.6.17.)
2 망초류 꽃 꿀을 빠는 청띠제비나비(전남 신안 대흑산도, 2005.8.15.)
3 산초나무 꽃 꿀을 빠는 청띠제비나비(전남 여수 마래산, 2008.8.21.)
4 란타나류 꽃 꿀을 빠는 청띠제비나비(제주 서귀포 외돌개, 2010.10.6.)
5 물을 빠는 청띠제비나비(제주 서귀포 중문, 2007.8.30.)
6 11월에 제주도에서 관찰된 청띠제비나비(제주 서귀포 천지연 상부수림대, 2010.11.7.)
7 보리수나무 꽃 꿀을 빠는 긴꼬리제비나비(충남 공주 계룡산, 2004.4.22.)
8 야광나무 꽃 꿀을 빠는 긴꼬리제비나비(충북 단양 하괴리, 2011.5.11.
9 원추리 꽃 꿀을 빠는 긴꼬리제비나비(서울 성북구 정릉(북한산), 2006.7.8.)

1 노랑코스모스 꽃 꿀을 빠는 긴꼬리제비나비(경남 거창 도평리, 2005.8.28.)
2 엉겅퀴류 꽃 꿀을 빠는 긴꼬리제비나비(경기 연천 우정리, 2008.9.18.)
3 물을 빠는 긴꼬리제비나비(경기 연천 고농리, 2008.8.14.)
4 자귀나무 꽃 꿀을 빠는 무늬박이제비나비(전남 여수 거문도, 2009.7.30.)
5 금어초 꽃 꿀을 빠는 무늬박이제비나비(부산 남구 이기대공원, 2008.9.2.©안홍균)
6 비행하는 남방제비나비(전남 완도 정도리, 2008.7.18.©안홍균)
7 꽃잔디 꽃 꿀을 빠는 제비나비(강원 삼척 초동리, 2009.5.14.)
8 갓 꽃 꿀을 빠는 제비나비(충남 보령 황도, 2012.5.27.©한승우)
9 갓 꽃 꿀을 빠는 제비나비(충남 보령 황도, 2012.5.27.©한승우)
10 개망초 꽃 꿀을 빠는 제비나비(충북 진천 진천읍, 2005.6.4.)

1 참나리 꽃 꿀을 빠는 제비나비(강원 홍천 하오안리, 2011.8.3.)
2 왕원추리 꽃 꿀을 빠는 산제비나비(강원 홍천 하오안리, 2011.8.3.)
3 산초나무 꽃 꿀을 빠는 제비나비(전남 진도 희여산, 2010.8.15.)
4 누리장나무 꽃 꿀을 빠는 제비나비(경기 김포 포구곶리, 2011.8.19.)
5 큰꿩의비름 꽃 꿀을 빠는 제비나비(인천 서구 소다물도, 2010.9.17.)
6 눈괴불주머니 꽃 꿀을 빠는 제비나비(경기 연천 우정리, 2008.9.18.)
7 코스모스 꽃 꿀을 빠는 제비나비(인천 중구 영종도, 2008.9.19.)
8 햇볕을 쬐는 제비나비(서울 종로 인왕산, 2003.7.28.)
9 물을 빠는 제비나비(서울 강북 우이령, 2003.7.26.)
10 짝짓기하는 제비나비(경북 문경 우곡리, 2011.4.29.)

1 붉은병꽃나무 꽃 꿀을 빠는 산제비나비(강원 평창 오대산, 2004.5.31.)
2 참나리 꽃 꿀을 빠는 산제비나비(강원 홍천 하오안리, 2011.8.3.)
3 햇볕을 쬐는 산제비나비(경기 가평 연인산, 2004.4.13.)
4 물을 빠는 산제비나비(강원 양구 가오작리, 2011.7.1.©김성환)
5 고추나무 꽃 꿀을 빠는 사향제비나비(강원 평창 오대산(삼대폭포), 2004.4.29.)
6 흰민들레 꽃 꿀을 빠는 사향제비나비(강원 인제 심적리, 2011.5.22.)
7 라일락류 꽃 꿀을 빠는 사향제비나비(강원 평창 오대산, 2004.5.31.)
8 쥐오줌풀 꽃 꿀을 빠는 사향제비나비(강원 평창 계방산, 2009.6.3.)
9 햇볕을 쬐는 사향제비나비 수컷(강원 평창 계방산, 2009.6.3.)
10 햇볕을 쬐는 사향제비나비 암컷(경기 양평 부용리, 2011.5.27.)

기생나비 무리

1 물을 빠는 북방기생나비(강원 양구 가작오리, 2012.6.28.)
2 쉬는 북방기생나비(강원 양구 가작오리, 2008.8.29.©안홍균)
3 익모초 꽃 꿀을 빠는 기생나비(강원 횡성 현천리, 2012.9.7.)
4 쉬는 기생나비(충남 아산 용두리, 2004.8.28.)

노랑나비 무리

1 꿀풀과 꽃 꿀을 빠는 남방노랑나비(제주 서귀포 엉또폭포, 2010.9.4.)
2 꿀쑥부쟁이류 꽃 꿀을 빠는 남방노랑나비(경남 양산 화엄늪, 2008.9.25.)
3 꿀쥐꼬리망초 꽃 꿀을 빠는 남방노랑나비(전남 구례 화엄사, 2010.9.28.)a

4 국화과 꽃 꿀을 빠는 남방노랑나비(경남 양산시, 2008.10.9.)
5 쉬는 남방노랑나비(전남 나주시, 2008.10.14.)
6 짝짓기하는 남방노랑나비(제주 애월읍, 2010.10.7.)
7 쥐꼬리망초 꽃 꿀을 빠는 극남노랑나비(전남 구례 화엄사, 2010.9.28.)
8 쥐꼬리망초 꽃 꿀을 빠는 극남노랑나비(전남 구례 화엄사, 2010.9.29.)
9 꿀풀과 꽃 꿀을 빠는 극남노랑나비(제주 애월읍, 2010.10.7.)
10 쥐꼬리망초 꽃 꿀을 빠는 극남노랑나비(경남 산청 지리산, 2011.10.7.)
11 물을 빠는 극남노랑나비(경남 거창 월성계곡, 2008.8.6.)
12 쉬는 극남노랑나비(경남 거창 모동리, 2005.9.15.)
13 쉬는 극남노랑나비(전남 광주 어등대교, 2008.6.13.)
14 쉬는 극남노랑나비(전남 구례 화엄사, 2010.9.28.)

1 큰엉겅퀴 꽃 꿀을 빠는 멧노랑나비(강원 횡성 현천리, 2012.9.7.)
2 큰금계국 꽃 꿀을 빠는 멧노랑나비(강원 양구 가작오리, 2012.7.1.ⓒ김성환)
3 쑥부쟁이류 꽃 꿀을 빠는 각시멧노랑나비(강원 횡성 현천리, 2012.9.7.)
4 미국쑥부쟁이 꽃 꿀을 빠는 각시멧노랑나비(강원 횡성 현천리, 2012.10.12.)
5 채집된 연노랑흰나비 암컷(경남 통영 국도(섬), 2011.7.14.)
6 갓 꽃 꿀을 빠는 노랑나비(전남 함평 대동저수지, 2009.4.22.)
7 뱀딸기 꽃 꿀을 빠는 노랑나비(경기 부천 춘의동, 2005.4.27.)
8 서양민들레 꽃 꿀을 빠는 노랑나비(강원 홍천 소계방산, 2004.4.29.)
9 서양민들레 꽃 꿀을 빠는 노랑나비(서울 잠실시민공원, 2009.5.22.)
10 기생초 꽃 꿀을 빠는 노랑나비(전남 광주 어등대교, 2008.6.13.)

1 개망초 꽃 꿀을 빠는 노랑나비(전남 나주시, 2010.6.8.)
2 개망초 꽃 꿀을 빠는 노랑나비(서울 서초 우면교, 2009.6.15.)
3 개망초 꽃 꿀을 빠는 노랑나비(경기 과천시 과천동, 2009.6.15.)
4 큰금계국 꽃 꿀을 빠는 노랑나비(강원 양구 가작오리, 2012.7.1.)
5 참싸리 꽃 꿀을 빠는 노랑나비(강원 고성 가진리, 2005.8.8.)
6 미국쑥부쟁이 꽃 꿀을 빠는 노랑나비(경기 강화 북성리, 2011.10.18.)
7 쑥부쟁이류 꽃 꿀을 빠는 노랑나비(강원 원주 궁촌리, 2008.11.12.)
8 짝짓기하는 노랑나비(전남 담양 황금리, 2009.4.14.)
9 알을 낳는 노랑나비(전남 무안 당호리, 2008.6.13.)

흰나비 무리

1 패랭이류 꽃 꿀을 빠는 상제나비(중국 길림 연길시, 2009.6.30.©안홍균)
2 쉬는 눈나비(중국 길림 연길시, 2010.7.19.©안홍균)
3 민들레류 꽃 꿀을 빠는 줄흰나비(강원 홍천 소계방산, 2004.4.29.)
4 십자화과 꽃 꿀을 빠는 줄흰나비(강원 화천 광덕산, 2006.5.25.)
5 십자화과 꽃 꿀을 빠는 줄흰나비(강원 평창 오대산, 2004.5.31.)
6 큰까치수염 꽃 꿀을 빠는 줄흰나비(강원 화천 광덕산, 2006.7.21.)
7 햇볕을 쬐는 줄흰나비 봄형(강원 평창 계방산, 2009.6.3.)
8 쉬는 줄흰나비 여름형(강원 화천 광덕산, 2006.7.21.)
9 무리지어 물을 빠는 줄흰나비(강원 화천 광덕산, 2006.7.21.)
10 짝짓기하는 줄흰나비(강원 화천 광덕산, 2006.9.26.)

1 개별꽃류 꽃 꿀을 빠는 큰줄흰나비(인천 강화도, 2004.4.11.)
2 박태기나무 꽃 꿀을 빠는 큰줄흰나비(충남 공주 계룡산, 2004.4.21.)
3 복사나무 꽃 꿀을 빠는 큰줄흰나비(충남 공주 계룡산, 2004.4.21.)
4 갓 꽃 꿀을 빠는 큰줄흰나비(전남 함평 덕산리, 2009.4.22.)
5 매화말발도리 꽃 꿀을 빠는 큰줄흰나비(경남 안의 황석산, 2012.4.23.)
6 국화과 꽃 꿀을 빠는 큰줄흰나비(경기 포천 지양산, 2008.4.28.)
7 줄딸기 꽃 꿀을 빠는 큰줄흰나비(경북 문경 우곡1리, 2011.4.29.)
8 조팝나무 꽃 꿀을 빠는 큰줄흰나비(경기 여주 여주읍, 2010.5.4.)
9 분꽃나무 꽃 꿀을 빠는 큰줄흰나비(인천 옹진 소청도, 2009.5.4.)
10 십자화과 꽃 꿀을 빠는 큰줄흰나비(경기 남양주 광릉, 2004.5.16.)

1 큰서양민들레 꽃 꿀을 빠는 큰줄흰나비(충북 진천 진천읍, 2005.6.2.)
2 멍석딸기 꽃 꿀을 빠는 큰줄흰나비(제주 한라산, 2011.6.21.)
3 큰금계국 꽃 꿀을 빠는 큰줄흰나비(강원 양구 가작오리, 2012.6.30.)
4 지느러미엉겅퀴 꽃 꿀을 빠는 큰줄흰나비(강원 양구 가작오리, 2012.7.1.©김성환)
5 큰까치수염 꽃 꿀을 빠는 큰줄흰나비(경기 안양 비봉산, 2005.7.6.)
6 큰까치수염 꽃 꿀을 빠는 큰줄흰나비(경기 하남 금암산, 2010.7.8.)
7 고추 꽃 꿀을 빠는 큰줄흰나비(경기 과천 갈현동, 2008.7.12.)
8 개망초 꽃 꿀을 빠는 큰줄흰나비(경기 과천 갈현동, 2008.7.12.)
9 금방망이 꽃 꿀을 빠는 큰줄흰나비(제주 한라산, 2008.7.22.)

1 조록싸리 꽃 꿀을 빠는 큰줄흰나비(강원 춘천 학곡리, 2006.7.25.)
2 개쉬땅나무 꽃 꿀을 빠는 큰줄흰나비(강원 평창 오대산, 2006.7.31.)
3 꿀풀과 꽃 꿀을 빠는 큰줄흰나비(경기 부천 원미산, 2010.8.4.)
4 국화과 꽃 꿀을 빠는 큰줄흰나비(경기 포천 지장산, 2008.8.27.)
5 큰비짜루국화 꽃 꿀을 빠는 큰줄흰나비(경기 시흥 정왕동, 2004.9.19.)
6 부추류 꽃 꿀을 빠는 큰줄흰나비(경기 안산 수리산, 2006.9.21.)
7 물을 빠는 큰줄흰나비(강원 춘천 학곡리, 2006.7.25.)
8 큰줄흰나비의 짝짓기 행동(경기 과천 갈현동, 2008.5.3.)
9 큰줄흰나비의 짝짓기(충남 공주 계룡산, 2004.4.21.)

1 진달래 꽃 꿀을 빠는 대만흰나비(서울 양천 신정동, 2004.4.5.)
2 다닥냉이 꽃 꿀을 빠는 대만흰나비(경남 안의 황석산, 2012.6.9.)
3 개망초 꽃 꿀을 빠는 대만흰나비(서울 도봉산(도봉서원), 2006.7.7.)
4 등골나물류 꽃 꿀을 빠는 대만흰나비(경기 양주 천보산, 2008.7.9.)
5 부처꽃 꽃 꿀을 빠는 대만흰나비(경기 과천 갈현동, 2008.7.12.)
6 쥐꼬리망초 꽃 꿀을 빠는 대만흰나비(전남 구례 화엄사, 2010.9.28.)
7 쉬는 대만흰나비(서울 도봉산(도봉서원), 2004.6.6.)
8 쉬는 대만흰나비(경기 가평 신당리, 2006.7.26.)

10

1 서양민들레 꽃 꿀을 빠는 배추흰나비(전남 나주시, 2009.4.21.)
2 갓 꽃 꿀을 빠는 배추흰나비(전남 함평 덕산리, 2009.4.22.)
3 서양민들레 꽃 꿀을 빠는 배추흰나비(경기 평택 창내리, 2008.5.7.)
4 파 꽃 꿀을 빠는 배추흰나비(강원 인제 심적리, 2011.5.22.)
5 엉겅퀴류 꽃 꿀을 빠는 배추흰나비(경기 포천 어룡동, 2008.5.30.)
6 개망초 꽃 꿀을 빠는 배추흰나비(경기 광명 안터저수지, 2006.6.6.)
7 다닥냉이 꽃 꿀을 빠는 배추흰나비(전남 진도 진도읍, 2010.6.6.)
8 갈퀴나물류 꽃 꿀을 빠는 배추흰나비(전남 광주시, 2010.6.7.)
9 애기메꽃 꽃 꿀을 빠는 배추흰나비(경기 과천 갈현동, 2007.6.9.)
10 큰금계국 꽃 꿀을 빠는 배추흰나비(서울 서초 반포한강공원, 2003.6.16.)

1 엉겅퀴 꽃 꿀을 빠는 배추흰나비(경기 평택 창내리, 2004.6.24.)
2 부처꽃류 꽃 꿀을 빠는 배추흰나비(서울 종로 청계천, 2007.6.30.)
3 갯무(무) 꽃 꿀을 빠는 배추흰나비(인천 중구 무의도, 2004.7.3.)
4 개망초 꽃 꿀을 빠는 배추흰나비(서울 도봉산(도봉서원), 2006.7.7.)
5 개망초 꽃 꿀을 빠는 배추흰나비(경기 과천 갈현동, 2008.7.12.)
6 금불초류 꽃 꿀을 빠는 배추흰나비(경기 과천 갈현동, 2008.7.12.)
7 부처꽃 꽃 꿀을 빠는 배추흰나비(경기 과천 갈현동, 2008.7.12.)
8 꿀풀과 꽃 꿀을 빠는 배추흰나비(경기 부천 원미산, 2010.8.4.)
9 서양민들레 꽃 꿀을 빠는 배추흰나비(서울 서초 반포한강공원, 2004.8.22.)
10 익모초 꽃 꿀을 빠는 배추흰나비(충남 천안 차암동, 2004.8.28.)

1 여뀌류 꽃 꿀을 빠는 배추흰나비(경기 평택 창내리, 2008.9.3.)
2 산형과 꽃 꿀을 빠는 배추흰나비(서울 강서 강서습지생태공원, 2009.9.10.)
3 큰비짜루국화 꽃 꿀을 빠는 배추흰나비(경기 시흥 정왕동, 2004.9.19.)
4 왕고들빼기 꽃 꿀을 빠는 배추흰나비(경남 양산시, 2008.10.9.)
5 벌개미취 꽃 꿀을 빠는 배추흰나비(서울 종로 청계천, 2007.10.11.)
6 쉬는 배추흰나비 수컷(서울 종로 청계천, 2006.6.18.)
7 햇볕을 쬐는 배추흰나비 암컷(경기 과천 갈현동, 2007.10.11.)
8 배추흰나비의 짝짓기(전남 나주시, 2010.6.7.)

1 씀바귀류 꽃 꿀을 빠는 풀흰나비(중국 길림 연길시, 2009.7.2.©안홍균)
2 개망초 꽃 꿀을 빠는 풀흰나비(중국 길림 연길시, 2010.7.20.©안홍균)
3 유채 꽃 꿀을 빠는 갈구리나비(충남 공주 계룡산, 2004.4.21.)
4 산철쭉 꽃 꿀을 빠는 갈구리나비(인천 부평 삼산동, 2010.4.24.)
5 미나리냉이 꽃 꿀을 빠는 갈구리나비(경기 동두천 좌기골, 2010.5.17.)
6 쉬는 갈구리나비 수컷(전남 광주 황룡동, 2005.4.14.)
7 햇볕을 쬐는 갈구리나비 수컷(전남 광주 황룡동, 2005.4.14.)
8 쉬는 갈구리나비 암컷(전남 광주 황룡동, 2005.4.14.)

암먹부전나비 무리

1 토끼풀 꽃 꿀을 빠는 남방부전나비(전남 함평 고산봉, 2012.5.15.)
2 마디풀과 꽃 꿀을 빠는 남방부전나비(전남 신안 우이도, 2006.5.17.)
3 개망초 꽃 꿀을 빠는 남방부전나비(서울 양천 지양산, 2006.6.28.)
4 개망초 꽃 꿀을 빠는 남방부전나비(서울 종로 청계천, 2007.6.30.)
5 국화과 꽃 꿀을 빠는 남방부전나비(서울 양천 지양산, 2006.7.2.)
6 개망초 꽃 꿀을 빠는 남방부전나비(경기 포천 광덕산, 2008.7.13.)
7 개망초 꽃 꿀을 빠는 남방부전나비(경남 거창 월성계곡, 2008.8.7.)
8 개망초 꽃 꿀을 빠는 남방부전나비(경기 파주 통일촌(DMZ내), 2006.8.12.)
9 꿀풀과 꽃 꿀을 빠는 남방부전나비(전남 신안 홍도, 2005.8.14.)
10 산형과 꽃 꿀을 빠는 남방부전나비(인천 옹진 상벌섬, 2009.8.27.)

1 왕고들빼기 꽃 꿀을 빠는 남방부전나비(경기 시흥 정왕동, 2004.9.19.)
2 붉은토끼풀 꽃 꿀을 빠는 남방부전나비(경기 시흥 정왕동, 2004.9.19.)
3 여뀌류 꽃 꿀을 빠는 남방부전나비(인천 계양 계양산, 2004.9.20.)
4 이삭여뀌 꽃 꿀을 빠는 남방부전나비(전남 구례 화엄사, 2010.9.28.)
5 쥐꼬리망초 꽃 꿀을 빠는 남방부전나비(제주 서귀포 외돌개, 2010.10.6.)
6 꿀풀과 꽃 꿀을 빠는 남방부전나비(제주 서귀포 외돌개, 2010.10.6.)
7 쑥부쟁이류 꽃 꿀을 빠는 남방부전나비(서울 종로 청계천, 2007.10.11.)
8 털별꽃아재비 꽃 꿀을 빠는 남방부전나비(경기 과천 중앙동, 2009.10.13.)
9 꽃향유 꽃 꿀을 빠는 남방부전나비(경기 강화 북성리, 2011.10.18.)

1 미국가막사리 꽃 꿀을 빠는 남방부전나비(경기 과천 중앙동, 2009.10.20.)
2 방가지똥 꽃 꿀을 빠는 남방부전나비(경기 고양 장항동, 2008.11.13.)
3 쉬는 남방부전나비(전남 구례 화엄사, 2010.9.28.)
4 햇볕을 쬐는 남방부전나비 수컷(서울 양천 능골산, 2006.6.28.)
5 햇볕을 쬐는 남방부전나비 암컷(서울 양천 지양산, 2006.7.2.)
6 늦가을의 남방부전나비(경기 고양 덕이동, 2008.11.13.)
7 남방부전나비의 짝짓기 행동(전남 구례 화엄사, 2010.9.28.)
8 남방부전나비의 짝짓기(제주 서귀포 새섬, 2010.9.3.)
9 남방부전나비의 짝짓기(충남 공주 학봉리, 2003.10.8.)

1 쉬는 극남부전나비(제주 서귀포 도순동, 2008.7.20.©안홍균)
2 서양민들레 꽃 꿀을 빠는 암먹부전나비(전남 함평 대동저수지, 2009.4.22.)
3 꽃마리 꽃 꿀을 빠는 암먹부전나비(경북 영천 보현산, 2009.4.29.)
4 토끼풀 꽃 꿀을 빠는 암먹부전나비(강원 삼척 초동리, 2009.5.14.)
5 토끼풀 꽃 꿀을 빠는 암먹부전나비 강화 하점 봉천산, 2009.5.19.)
6 토끼풀 꽃 꿀을 빠는 암먹부전나비(서울 강서 강서습지생태공원, 2009.5.20.)
7 개망초 꽃 꿀을 빠는 암먹부전나비(경기 과천 막계동, 2009.6.15.)
8 토끼풀 꽃 꿀을 빠는 암먹부전나비(제주도, 2011.6.21.©한창욱)
9 서양민들레 꽃 꿀을 빠는 암먹부전나비(경기 파주 산남습지, 2011.6.25.)
10 토끼풀 꽃 꿀을 빠는 암먹부전나비(경북 경주 오야리, 2004.7.28.)
11 쑥부쟁이류 꽃 꿀을 빠는 암먹부전나비(인천 옹진 멍애섬, 2009.8.27.)

1 참싸리 꽃 꿀을 빠는 암먹부전나비(경기 파주 문산읍, 2004.9.7.)
2 여뀌류 꽃 꿀을 빠는 암먹부전나비(경기 시흥 정왕동, 2004.9.19.)
3 고마리 꽃 꿀을 빠는 암먹부전나비(경기 시흥 정왕동, 2004.9.19.)
4 미국쑥부쟁이 꽃 꿀을 빠는 암먹부전나비(인천 중구 영종도, 2008.9.19.)
5 콩과 꽃 꿀을 빠는 암먹부전나비(서울 마포 월드컵공원, 2009.9.22.)
6 울산도깨비바늘 꽃 꿀을 빠는 암먹부전나비(경남 양산시, 2008.10.9.)
7 물을 빠는 암먹부전나비(경북 문경 우곡1리, 2011.8.14.)
8 쉬는 암먹부전나비(서울 종로 청계천, 2006.6.18.)
9 쉬는 암먹부전나비(충북 보은 속리산, 2005.5.25.)
10 햇볕을 쬐는 암먹부전나비 수컷(강원 영월 창원리, 2010.7.18.)
11 햇볕을 쬐는 암먹부전나비 암컷(경북 예천 고항리, 2011.5.31.)
12 햇볕을 쬐는 암먹부전나비 암컷(전남 나주시, 2009.4.21.)

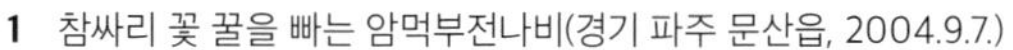

1 국화과 꽃 꿀을 빠는 먹부전나비(경기 양주 천보산, 2008.7.9.)
2 개망초 꽃 꿀을 빠는 먹부전나비(강원 영월 창원리, 2010.7.18.)
3 양지꽃류 꽃 꿀을 빠는 먹부전나비(강원 춘천 학곡리, 2006.7.25.)
4 국화과 꽃 꿀을 빠는 먹부전나비(전남 여수 거문도, 2009.7.29.)
5 산초나무 꽃 꿀을 빠는 먹부전나비(전남 여수 거문도, 2009.7.29.)
6 범부채 꽃 꿀을 빠는 먹부전나비(강원 홍천 하오안리, 2011.8.3.)
7 마국숙부쟁이 꽃 꿀을 빠는 먹부전나비(서울 강서 강서습지생태공원, 2009.9.10.)

1 산국 꽃 꿀을 빠는 먹부전나비(인천 옹진 먹도(먹염), 2009.9.12.)
2 쑥부쟁이류 꽃 꿀을 빠는 먹부전나비(인천 옹진 소낭각흘도, 2009.9.13.)
3 쉬는 먹부전나비(경기 포천 지장산, 2008.8.27.)
4 햇볕을 쬐는 먹부전나비(서울 양천 능골산, 2006.6.28.)
5 먹부전나비의 짝짓기(서울 양천 능골산, 2006.6.28.)
6 먹부전나비의 짝짓기(전남 함평 고산봉, 2012.6.20.)

푸른부전나비 무리

1 장미과 꽃 꿀을 빠는 푸른부전나비(경기 포천 지양산, 2008.4.28.)
2 장미과 꽃 꿀을 빠는 푸른부전나비(경기 포천 지양산, 2008.4.28.)
3 조뱅이 꽃 꿀을 빠는 푸른부전나비(강원 영월 창원리, 2011.6.10.)
4 큰까치수염 꽃 꿀을 빠는 푸른부전나비(경기 포천 광덕산, 2006.7.21.)
5 싸리류 꽃 꿀을 빠는 푸른부전나비(강원 홍천 하오안리, 2011.8.3.)
6 쑥부쟁이류 꽃 꿀을 빠는 푸른부전나비(강원 평창 계방산, 2010.8.18.)
7 햇볕을 쬐는 푸른부전나비 수컷(전남 함평 고산봉, 2012.5.15.)
8 햇볕을 쬐는 푸른부전나비 암컷(경기 포천 포천천, 2008.8.28.)
9 물을 빠는 푸른부전나비(경기 연천 고농리, 2008.8.14.)

1 물을 빠는 푸른부전나비(전남 곡성 제월리, 2009.8.20.)
2 푸른부전나비의 짝짓기(강원 양구 가오작리, 2011.6.28.)
3 푸른부전나비의 알 낳기(경기 포천 포천천, 2008.8.28.)
4 물을 빠는 산푸른부전나비(경기 가평 연인산, 2004.4.13.)
5 물을 빠는 산푸른부전나비(전북 장수 장안산, 2012.4.24.)
6 쉬는 회령푸른부전나비(강원 영월 팔괴리, 2009.6.6.©안홍균)

점박이푸른부전나비 무리

1 싸리류 꽃 꿀을 빠는 큰점박이푸른부전나비(강원 평창 오대산, 2008.8.15.©안홍균)
2 오리방풀류에 알을 낳는 큰점박이푸른부전나비(중국 길림 연길시, 2011.8.2.©안홍균)

산부전나비 무리

1 백리향 꽃 꿀을 빠는 산꼬마부전나비(제주 한라산(윗세오름), 2008.7.22.)
2 금방망이 꽃 꿀을 빠는 산꼬마부전나비(제주 한라산(윗세오름), 2008.7.22.)
3 햇볕을 쬐는 산꼬마부전나비 수컷(제주 한라산(윗세오름), 2008.7.22.)
4 햇볕을 쬐는 산꼬마부전나비 암컷(제주 한라산(윗세오름), 2008.7.22.)
5 쉬는 산꼬마부전나비(제주 한라산(윗세오름), 2008.7.22.)
6 쉬는 산꼬마부전나비(제주 한라산(윗세오름), 2008.7.22.)

1 개망초 꽃 꿀을 빠는 부전나비(전남 광주 화장동, 2008.6.13.)
2 개망초 꽃 꿀을 빠는 부전나비(전북 남원 요천, 2009.6.25.)
3 갈퀴나물류 꽃 꿀을 빠는 부전나비(전북 남원 요천, 2009.6.25.)
4 갈퀴나물류 꽃 꿀을 빠는 부전나비(전남 구례 봉서리, 2009.8.20.)
5 쑥부쟁이류 꽃 꿀을 빠는 부전나비(경기 포천 광덕산, 2010.9.26.)
6 햇볕을 쬐는 부전나비 수컷(경기 포천 광덕산, 2010.7.23.)
7 햇볕을 쬐는 부전나비 암컷(전남 구례 봉서리, 2009.8.20.)
8 쉬는 부전나비(전북 임실 관촌리, 2009.8.19.)

주홍부전나비 무리

1 십자화과 꽃 꿀을 빠는 작은주홍부전나비(전남 신안 우이도, 2006.5.17.)
2 개망초 꽃 꿀을 빠는 작은주홍부전나비(전남 나주 오암동, 2008.6.13.)
3 개망초 꽃 꿀을 빠는 작은주홍부전나비(강원 춘천 월곡리, 2006.7.20.)
4 미꾸리낚시 꽃 꿀을 빠는 작은주홍부전나비(경북 영주 두산리, 2010.8.31.)
5 쑥부쟁이류 꽃 꿀을 빠는 작은주홍부전나비(경남 산청 중산리, 2005.8.31.ⓒ최미정)
6 쑥부쟁이류 꽃 꿀을 빠는 작은주홍부전나비(경북 예천 고항리, 2010.9.1.)
7 천일홍 꽃 꿀을 빠는 작은주홍부전나비(충남 태안 백화산, 2006.9.22.)

1 미국쑥부쟁이 꽃 꿀을 빠는 작은주홍부전나비(강원 평창 용산리, 2004.10.6.)
2 쑥부쟁이류 꽃 꿀을 빠는 작은주홍부전나비(제주 애월읍, 2010.10.7.)
3 이고들빼기 꽃 꿀을 빠는 작은주홍부전나비(전남 진도 희여산, 2009.10.19.)
4 국화과 꽃 꿀을 빠는 작은주홍부전나비(제주 서귀포 천지연폭포, 2010.11.7.)
5 햇볕을 쬐는 작은주홍부전나비(강원 인제 심적리, 2011.5.22.)
6 쉬는 작은주홍부전나비(강원 영월 창원리, 2010.7.18.)
7 봄 시기의 작은주홍부전나비(전남 나주시, 2009.4.21.)
8 물을 빠는 작은주홍부전나비(경남 하동 신월리, 2009.6.23.)

1 개망초 꽃 꿀을 빠는 큰주홍부전나비(서울 강동 성내천, 2009.5.22.)
2 지칭개 꽃 꿀을 빠는 큰주홍부전나비(경기 여주 강천리, 2012.5.23.
3 국화과 꽃 꿀을 빠는 큰주홍부전나비(경기 평택 고잔리, 2008.6.2.)
4 지칭개 꽃 꿀을 빠는 큰주홍부전나비(경기 평택 고잔리, 2008.6.2.)
5 개망초 꽃 꿀을 빠는 큰주홍부전나비(인천 경서동(공촌천), 2010.7.10.©김성환)
6 개망초 꽃 꿀을 빠는 큰주홍부전나비(경기 파주 산남습지, 2011.8.19.)
7 기생초 꽃 꿀을 빠는 큰주홍부전나비(충남 아산 용두리(곡교천), 2004.8.28.)
8 루드베키아 꽃 꿀을 빠는 큰주홍부전나비(충남 천안 차암동, 2004.8.28.)
9 설악초 꽃 꿀을 빠는 큰주홍부전나비(충남 천안 차암동, 2004.8.28.)
10 쇠무릎 꽃 꿀을 빠는 큰주홍부전나비(경기 평택 창내리, 2008.9.3.)

1 마디풀과 꽃 꿀을 빠는 큰주홍부전나비(강원 횡성 현천리, 2012.9.7.)
2 국화과 꽃 꿀을 빠는 큰주홍부전나비(인천 중구 영종도, 2008.9.19.)
3 햇볕을 쬐는 큰주홍부전나비 수컷(인천 연수 송도동, 2012.5.19.)
4 햇볕을 쬐는 큰주홍부전나비 수컷(서울 강동 고덕천, 2009.5.22.)
5 햇볕을 쬐는 큰주홍부전나비 암컷(서울 송파 잠실 한강공원, 2009.5.22.)
6 햇볕을 쬐는 큰주홍부전나비 수컷(강원 횡성 현천리, 2012.6.1.)
7 햇볕을 쬐는 큰주홍부전나비 암컷(강원 횡성 현천리, 2012.6.1.)
8 햇볕을 쬐는 큰주홍부전나비 수컷(인천 옹진 장봉도, 2007.6.5.)
9 햇볕을 쬐는 큰주홍부전나비 수컷(인천 경서동(공촌천), 2010.7.10.ⓒ김성환)
10 쉬는 큰주홍부전나비 암컷(경기 과천동(양재천), 2008.7.12.)

1 햇볕을 쬐는 큰주홍부전나비 암컷(강원 영월 창원리, 2010.7.18.)
2 햇볕을 쬐는 큰주홍부전나비 수컷(인천 중구 영종도, 2004.8.28.)
3 쉬는 큰주홍부전나비 수컷(경기 포천 포천천, 2008.8.28.)
4 쉬는 큰주홍부전나비 수컷(서울 강서 강서습지생태공원, 2009.9.10.)
5 산형과 꽃 꿀을 빠는 검은테주홍부전나비 수컷(중국 길림 연길시, 2011.8.4.ⓒ안홍균)
6 햇볕을 쬐는 검은테주홍부전나비 암컷(중국 길림 연길시, 2011.8.4.ⓒ안홍균)
7 쉬는 암먹주홍부전나비 암컷(중국 길림 연길시, 2011.8.4.ⓒ안홍균)

귤빛부전나비 무리

1 쉬는 붉은띠귤빛부전나비(강원 춘천 가정리, 2009.6.16.©안홍균)
2 쉬는 붉은띠귤빛부전나비(강원 춘천 가정리, 2008.7.1.©안홍균)
3 유아등에 날아온 금강산귤빛부전나비(충남 공주 갑사, 2003.7.4.)
4 쉬는 금강산귤빛부전나비(강원 화천 해산령, 2008.6.28.©안홍균)
5 쉬는 시가도귤빛부전나비(경기 양평 대부산, 2009.7.28.)
6 물에 빠진 시가도귤빛부전나비(경북 문경 무지리, 2004.8.2.)
7 쉬는 귤빛부전나비(전북 장수 장안산, 2012.6.14.)
8 쉬는 귤빛부전나비(경기 부천 원미산, 2010.6.18.)
9 쉬는 귤빛부전나비(서울 강북 우이령, 2010.7.19.)
10 귤빛부전나비의 날개돋이(전북 장수 장안산, 2012.6.13.)

긴꼬리부전나비 무리

1 물을 빠는 긴꼬리부전나비(경기 포천 광덕산, 2006.9.26.)
2 쉬는 물빛긴꼬리부전나비(강원 춘천 가정리, 2009.6.16.ⓒ안홍균)
3 쉬는 담색긴꼬리부전나비(충남 공주 옥룡동, 2011.6.15.)
4 쉬는 담색긴꼬리부전나비(경기 양평 대부산, 2009.7.28.)

녹색부전나비 무리

1 쉬는 깊은산녹색부전나비 수컷(경기 과천 정왕동(보광사), 2009.6.15.)
2 쉬는 깊은산녹색부전나비 수컷(경기 양평 대부산, 2009.7.28.)
3 쉬는 금강산녹색부전나비 암컷(충남 공주 마암리, 2011.6.14.)

1 유아등에 날아 온 넓은띠녹색부전나비(충남 공주 갑사, 2004.7.24.)
2 쉬는 넓은띠녹색부전나비(강원 평창 오대산, 2005.7.27.©안홍균)
3 쉬는 산녹색부전나비(경기 가평 화야산, 2008.6.25.©안홍균)
4 유아등에 날아온 검정녹색부전나비 암컷(전남 함평 향교리, 2012.6.20.)
5 햇볕을 쬐는 우리녹색부전나비 수컷(강원 춘천 가정리, 2009.6.27.©안홍균)
6 햇볕을 쬐는 암붉은점녹색부전나비 수컷(경기 이천 정계산, 2008.6.9.©안홍균)
7 쉬는 북방녹색부전나비 암컷(경기 양평 대부산, 2009.7.28.)
8 유아등에 날아온 북방녹색부전나비 암컷(서울 북한산(정릉), 2004.7.11.)

까마귀부전나비 무리

1 쉬는 민꼬리까마귀부전나비(왼쪽)와 벚나무까마귀부전나비(오른쪽)(경기 가평 화야산, 2009.6.6.©안홍균)
2 산형과 꽃 꿀을 빠는 북방까마귀부전나비(강원 영월 쌍룡리, 2010.6.25.©안홍균)
3 개망초 꽃 꿀을 빠는 까마귀부전나비(강원 양구 가오작리, 2011.7.1.)
4 개망초 꽃 꿀을 빠는 참까마귀부전나비(강원 영월 창원리, 2010.7.18.)
5 개망초 꽃 꿀을 빠는 참까마귀부전나비(강원 영월 창원리, 2010.7.18.)
6 큰금계국 꽃 꿀을 빠는 꼬마까마귀부전나비(강원 양구 가오작리, 2011.7.1.)
7 큰금계국 꽃 꿀을 빠는 꼬마까마귀부전나비(강원 양구 가오작리, 2011.7.1.©김성환)
8 개망초 꽃 꿀을 빠는 꼬마까마귀부전나비(강원 양구 가오작리, 2011.7.1.©김성환)
9 쉬는 꼬마까마귀부전나비(강원 양구 가오작리, 2011.7.1.)

쇳빛부전나비 무리

1 영산홍 꽃 꿀을 빠는 쇳빛부전나비(충남 공주 계룡산, 2004.4.22.)
2 산철쭉 꽃 꿀을 빠는 쇳빛부전나비(경기 동두천 광암동(좌기골), 2010.5.17.)
3 쉬는 쇳빛부전나비(충남 공주 계룡산, 2004.4.22.)
4 쉬는 쇳빛부전나비(경기 포천 지양산, 2008.4.28.)
5 쉬는 북방쇳빛부전나비(강원 평창 횡계리(삼양목장), 2009.6.8.)
6 쉬는 북방쇳빛부전나비(강원 평창 수하리, 2005.5.3.)

그 외 부전나비 무리 생태사진

1 쉬고 있는 바둑돌부전나비(서울 양천 신정산, 2011.7.6.)
2 쉬고 있는 바둑돌부전나비(충남 태안 정죽리(송도), 2012.7.12.)
3 쉬고 있는 바둑돌부전나비(서울 양천 신정산, 2007.8.12.)
4 쉬고 있는 바둑돌부전나비(서울 양천 신정산, 2007.8.12.)
5 쉬고 있는 담흑부전나비(백화형)(경기 가평 화야산, 2010.7.15.©안홍균)
6 등골나물류 꽃 꿀을 빠는 남색물결부전나비(부산 남구 이기대공원, 2008.9.2.©안홍균)

1 싸리류 꽃 꿀을 빠는 물결부전나비(서울 마포 월드컵공원, 2009.9.22.)

2 팥류 꽃 꿀을 빠는 물결부전나비(전남 신안 대장도, 2007.10.5.)

3 괭이밥 꽃 꿀을 빠는 물결부전나비(전남 진도 희여산, 2009.10.20.)

4 콩과 꽃 꿀을 빠는 물결부전나비(전남 진도 희여산, 2009.10.20.)

5 국화과 꽃 꿀을 빠는 물결부전나비(제주 서귀포 천지연천연난대림보호지구, 2010.11.7.)

6 쉬는 물결부전나비(제주 서귀포 돔베낭골, 2010.11.7.)

7 햇볕을 쬐는 물결부전나비 암컷(전남 신안 홍도, 2005.10.6.)

8 물결부전나비의 짝짓기(전남 여수 거문도, 2009.7.30.)

9 햇볕을 쬐는 작은홍띠점박이푸른부전나비(충북 옥천, 2009.4.18.©안홍균)

1 갈퀴나물류 꽃 꿀을 빠는 큰홍띠점박이푸른부전나비(중국 길림 연길시, 2011.7.30.©안홍균)
2 쉬는 큰홍띠점박이푸른부전나비(충북 제천, 2009.6.1.©안홍균)
3 갈퀴나물류 꽃 꿀을 빠는 귀신부전나비(중국 길림 연길시, 2011.8.2.©안홍균)
4 물을 빠는 귀신부전나비(중국 길림 연길시, 2009.7.2.©안홍균)
5 란타나류 꽃 꿀을 빠는 소철꼬리부전나비(제주 서귀포 외돌개, 2010.10.6.)
6 란타나류 꽃 꿀을 빠는 소철꼬리부전나비(제주 서귀포 외돌개, 2010.10.6.)
7 국화과 꽃 꿀을 빠는 소철꼬리부전나비(제주 서귀포 천지연천연난대림보호지역, 2010.11.8.)
8 햇볕을 쬐는 소철꼬리부전나비 수컷(제주 서귀포 외돌개, 2010.10.6.)
9 햇볕을 쬐는 소철꼬리부전나비 암컷(제주 서귀포 천지연천연난대림보호지역, 2010.11.8.)
10 쉬는 소철꼬리부전나비(제주 서귀포 외돌개, 2010.10.6.)
11 쉬는 소철꼬리부전나비(제주 서귀포 돔베낭골, 2010.11.7.)
12 쉬는 소철꼬리부전나비(제주 서귀포 외돌개, 2010.11.7.)

1 장미과 식물의 꽃 꿀을 빠는 사랑부전나비(중국 길림 연길시, 2011.8.2.©안홍균)
2 쉬는 선녀부전나비(경기 가평 화야산, 2008.6.15.©안홍균)
3 선녀부전나비의 알 낳기(경기 포천 광덕산, 2006.7.21.)
4 쉬는 암고운부전나비(경기 가평 화야산, 2010.7.7.©안홍균)
5 조팝나무류 꽃 꿀을 빠는 개마암고운부전나비(중국 길림 연길시, 2011.8.4.©안홍균)
6 쉬는 깊은산부전나비(강원 화천 해산령, 2009.6.27.©안홍균)
7 쉬는 참나무부전나비(서울 강북 우이령, 2003.7.26.)
8 신나무 꽃 꿀을 빠는 범부전나비(강원 평창 오대산, 2004.5.31.)
9 국수나무 꽃 꿀을 빠는 범부전나비(강원 인제 심적리, 2011.6.18.)
10 쉬는 범부전나비(충남 공주 계룡산, 2004.4.21.)

1 쉬는 범부전나비(강원 삼척 초동리, 2009.5.14.)
2 쉬는 범부전나비(강원 횡성 현천리, 2012.6.1.)
3 쉬는 범부전나비(경기 평택, 2004.6.24.)
4 쉬는 범부전나비(경기 하남 금암산, 2010.7.8.)
5 식물 즙을 먹는 범부전나비(서울 양천 신정산, 2012.5.13.)
6 햇볕을 쬐는 남방남색부전나비(제주 조천 선흘리(동백동산), 2005.8.21.©안홍균)
7 햇볕을 쬐는 남방남색부전나비(제주 조천 선흘리(동백동산), 2005.8.21.©안홍균)
8 개망초 꽃 꿀을 빠는 쌍꼬리부전나비(충북 제천 수산면, 2009.6.5.©안홍균)
9 햇볕을 쬐는 쌍꼬리부전나비(서울 북한산(정릉), 2004.7.11.)

그늘나비 무리

1 물을 빠는 먹그늘나비(전북 장수 장안산(덕산계곡), 2012.6.13.)
2 쉬는 먹그늘나비(제주 한라산, 2008.7.22.)
3 불빛에 날아 온 먹그늘나비(경남 거창 월성계곡, 2008.8.7.)
4 유아등에 날아 온 먹그늘나비(강원 평창 오대산(삼양축산), 2004.7.14.)
5 쉬는 먹그늘나비붙이(경북 안동 임하리, 2005.7.20.)
6 쉬는 먹그늘나비붙이(강원 춘천 학곡리, 2006.7.25.)
7 동물 배설물을 빠는 왕그늘나비(중국 길림 연길시, 2010.7.19.©안홍균)
8 쉬는 왕그늘나비(강원 춘천 학곡리, 2006.7.25.)

1 나무에서 쉬는 황알락그늘나비(충북 단양 하괴리, 2011.8.4.)
2 나무에서 쉬는 황알락그늘나비(경기 여주 삼합리, 2011.8.23.)
3 나무에서 쉬는 황알락그늘나비(경남 안의 당본리, 2012.9.15.)
4 쉬는 눈많은그늘나비(충북 제천, 2011.7.2.©김성환)
5 쉬는 눈많은그늘나비(경남 양산 화엄늪, 2008.7.16.)
6 화장실에 갇힌 눈많은그늘나비(제주 한라산, 2008.7.22.)
7 쉬는 뱀눈그늘나비(충북 진천 진천읍, 2005.6.2.)

1 쉬는 부처사촌나비(전남 함평 고산봉, 2012.5.15.)
2 쉬는 부처사촌나비(서울 강북 우이령, 2003.7.26.)
3 쉬는 부처사촌나비(서울 양천 신정산, 2007.8.5.)
4 쉬는 부처사촌나비(경기 남양주 천마산, 2005.8.22.)
5 쉬는 부처나비(강원 홍천 하오안리, 2011.8.3.)
6 쉬는 부처나비(경남 거창 월성계곡, 2008.8.8.)
7 햇볕을 쬐는 부처나비(전남 순창읍, 2010.8.17.)
8 부처나비의 짝짓기(경북 예천 무지리, 2003.8.8.)

처녀나비 무리

1 국수나무 꽃 꿀을 빠는 도시처녀나비(강원 인제 심적리, 2011.6.18.)
2 쉬는 도시처녀나비(강원 평창 오대산, 2004.6.10.)
3 루드베키아 꽃 꿀을 빠는 북방처녀나비(중국 길림 연길시, 2010.7.20.©안홍균)
4 큰까치수염 꽃 꿀을 빠는 봄처녀나비(경남 양산 화엄늪, 2008.7.16.)
5 쉬는 봄처녀나비(경남 양산 화엄늪, 2008.7.16.)

지옥나비 무리

1 쉬는 외눈이지옥나비(강원 평창 오대산, 2009.5.28.©안홍균)
2 고추나무 꽃 꿀을 빠는 외눈이지옥사촌나비(강원 평창 오대산(삼대폭포), 2004.4.29.)
3 국수나무 꽃 꿀을 빠는 외눈이지옥사촌나비(강원 인제 심적리, 2011.6.18.)

흰뱀눈나비 무리

1 엉겅퀴 꽃 꿀을 빠는 흰뱀눈나비(전남 신안 대장도, 2007.7.19.)
2 엉겅퀴 꽃 꿀을 빠는 흰뱀눈나비(전남 신안 대장도, 2007.7.20.)
3 쉬는 흰뱀눈나비(제주 한라산, 2011.6 21.©한창욱)
4 엉겅퀴 꽃 꿀을 빠는 조흰뱀눈나비(인천 옹진 하공경도, 2009.7.3.)
5 큰까치수염 꽃 꿀을 빠는 조흰뱀눈나비(강원 평창 오대산(삼양축산), 2004.7.14.)
6 물을 빠는 조흰뱀눈나비(강원 평창 오대산, 2006.7.31.)
7 햇볕을 쬐는 조흰뱀눈나비(경남 양산 화엄늪, 2008.7.16.)

굴뚝나비 무리

1 산굴뚝나비의 짝짓기(제주 한라산(윗세오름), 2008.7.22.)
2 쉬고 있는 산굴뚝나비(제주 한라산(윗세오름), 2008.7.22.)
3 엉겅퀴 꽃 꿀을 빠는 굴뚝나비(경남 거제 방화도, 2011.7.22.)
4 꿀풀과 꽃 꿀을 빠는 굴뚝나비(전남 신안 홍도, 2005.8.15.)
5 쉬고 있는 빠는 굴뚝나비(인천 옹진 소청도, 2009.8.14.)
6 나무에서 쉬고 있는 굴뚝나비(경북 예천 무지리, 2003.8.8.)

산뱀눈나비 무리

1 쉬는 함경산뱀눈나비(제주 한라산(윗세오름), 2009.5.14.ⓒ안홍균)
2 쉬는 참산뱀눈나비(강원 영월 쌍용리, 2011.4.15.)
3 햇볕을 쬐는 참산뱀눈나비(인천 중구 영종도, 2010.5.7.)
4 쉬는 참산뱀눈나비(강원 제천 수산면, 2008.4.24.ⓒ안홍균)

물결나비 무리

1 찔레꽃 꽃 꿀을 빠는 애물결나비(경북 포항시, 2005.5.27.)
2 국화과 꽃 꿀을 빠는 애물결나비(강원 횡성 현천리, 2012.6.1.)
3 쉬는 애물결나비(전남 나주 죽산리, 2008.6.13.)

1 햇볕을 쬐는 애물결나비(경남 거제 술역리, 2008.5.8.)
2 햇볕을 쬐는 애물결나비(경북 예천 고항리, 2011.5.31.)
3 쉬는 석물결나비(전남 광주 유곡3리, 2008.8.20.)
4 쉬는 석물결나비(경남 거제 노자산, 2008.7.25.ⓒ안홍균)
5 토끼풀 꽃 꿀을 빠는 물결나비(전남 나주 죽산리, 2008.6.13.)
6 큰까치수염 꽃 꿀을 빠는 물결나비(인천 중구 무의도, 2004.7.11.)
7 쉬는 물결나비(인천 중구 무의도, 2004.7.3.)
8 쉬는 물결나비(충북 단양 하괴리, 2011.8.4.)

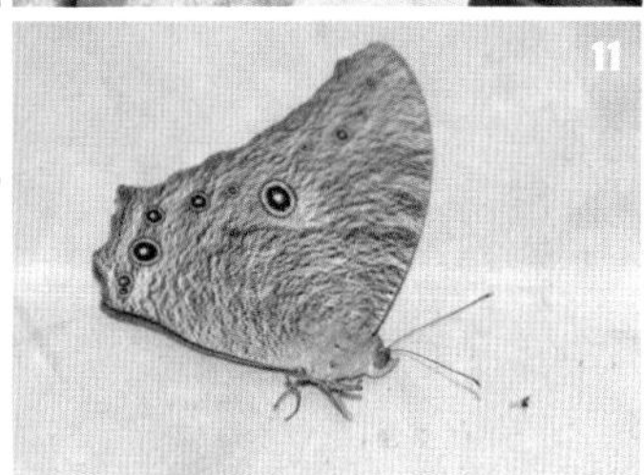

뿔나비, 왕나비, 먹나비, 가락지나비

1 국수나무 꽃 꿀을 빠는 뿔나비(전남 함평 고산봉, 2012.5.15.)
2 쑥부쟁이류 꽃 꿀을 빠는 뿔나비(충남 공주 학봉리, 2003.10.8.)
3 미국쑥부쟁이 꽃 꿀을 빠는 뿔나비(강원 횡성 현천리, 2012.10.12.)
4 어른벌레로 겨울을 난 뿔나비(전남 함평 고산봉, 2012.4.22.)
5 뿔나비의 번데기(경남 안의 용추계곡, 2012.6.9.)
6 날개돋이 직후 뿔나비(경남 안의 용추계곡, 2012.6.9.)
7 물을 빠는 뿔나비(경기 과천 중앙동, 2003.8.17.)
8 햇볕을 쬐는 뿔나비(경북 영주 옥녀봉자연휴양림, 2010.10.28.)
9 국화과 꽃 꿀을 빠는 왕나비(강원 평창 오대산(두로령), 2004.8.15.)
10 쉬는 왕나비(경남 거제 노자산, 2008.8.28.©안홍균)
11 늦은 밤 유아등 주변에서 채집된 먹나비(강원 평창 오대산(삼양축산), 2004.7.14.)
12 백리향 꽃 꿀을 빠는 가락지나비(제주 한라산(윗세오름), 2008.7.22.)
13 햇볕을 쬐는 가락지나비(제주 한라산(윗세오름), 2008.7.22.)

거꾸로여덟팔나비 무리

1 민들레류 꽃 꿀을 빠는 북방거꾸로여덟팔나비(강원 홍천 소계방산, 2004.4.28.)
2 민들레류 꽃 꿀을 빠는 북방거꾸로여덟팔나비(강원 홍천 소계방산, 2004.4.28.)
3 미나리냉이 꽃 꿀을 빠는 북방거꾸로여덟팔나비(강원 평창 계방산, 2008.5.17.©안홍균)
4 햇볕을 쬐는 북방거꾸로여덟팔나비(강원 평창 오대산, 2004.5.31.)
5 박태기나무 꽃 꿀을 빠는 거꾸로여덟팔나비(충남 공주 계룡산, 2004.4.22.)
6 고추나무 꽃 꿀을 빠는 거꾸로여덟팔나비(강원 인제 수리봉, 2011.5.22.)
7 개망초 꽃 꿀을 빠는 거꾸로여덟팔나비(강원 춘천 학곡리, 2006.7.25.)
8 꼬리조팝나무 꽃 꿀을 빠는 거꾸로여덟팔나비(강원 춘천 학곡리, 2006.7.25.)
9 산형과 꽃 꿀을 빠는 거꾸로여덟팔나비(강원 평창 계방산, 2010.8.18.)
10 거꾸로여덟팔나비의 짝짓기 행동(경남 함양 황석산, 2012.6.9.)
11 물(무기염류)을 빠는 거꾸로여덟팔나비(강원 원주 궁촌리, 2008.8.27.)
12 햇볕을 쬐는 거꾸로여덟팔나비 봄형(충남 공주 계룡산, 2004.4.22.)
13 햇볕을 쬐는 거꾸로여덟팔나비 여름형(강원 춘천 학곡리, 2006.7.25.)

멋쟁이나비 무리

1 장딸기 꽃 꿀을 빠는 큰멋쟁이나비(전남 신안 대장도, 2007.5.3.)
2 산딸기나무 꽃 꿀을 빠는 큰멋쟁이나비(경기 양평 부용리, 2011.5.27.)
3 갓 꽃 꿀을 빠는 큰멋쟁이나비(충남 보령 황도, 2012.5.27.)
4 갯장구채 꽃 꿀을 빠는 큰멋쟁이나비(충남 보령 무명도, 2012.5.27.)
5 부추 꽃 꿀을 빠는 큰멋쟁이나비(인천 옹진 굴업도, 2009.9.3.©서인수)
6 란타나류 꽃 꿀을 빠는 큰멋쟁이나비(제주 서귀포 외돌개, 2010.10.6.)
7 큰멋쟁이나비 번데기(경기 양평 대부산, 2009.7.28.)
8 큰멋쟁이나비의 날개돋이 직후(경기 양평 대부산, 2009.7.28.)
9 햇볕을 쬐는 큰멋쟁이나비(인천 옹진 소청도, 2009.8.14.)
10 쉬는 큰멋쟁이나비(경기 양평 부용리, 2011.5.27.)

1 보리수나무 꽃 꿀을 빠는 작은멋쟁이나비(인천 옹진 장봉도(사염), 2009.5.29.)
2 큰까치수염 꽃 꿀을 빠는 작은멋쟁이나비(강원 평창 오대산(삼양축산), 2004.7.14.)
3 붉은토끼풀 꽃 꿀을 빠는 작은멋쟁이나비(서울 강북 우이령, 2003.7.26.)
4 등골나물류 꽃 꿀을 빠는 작은멋쟁이나비(전남 신안 대흑산도, 2005.8.16.)
5 해바라기 꽃 꿀을 빠는 작은멋쟁이나비(강원 영월 쌍용리, 2010.8.17.)
6 부들레아류 꽃 꿀을 빠는 작은멋쟁이나비(강원 평창 계방산, 2010.8.18.)
7 순비기나무 꽃 꿀을 빠는 작은멋쟁이나비(인천 옹진 백아도, 2009.8.27.)
8 미국쑥부쟁이 꽃 꿀을 빠는 작은멋쟁이나비(경기 포천 포천천, 2008.8.28.)
9 익모초 꽃 꿀을 빠는 작은멋쟁이나비(충남 천안 차암동, 2004.8.28.)
10 쑥부쟁이류 꽃 꿀을 빠는 작은멋쟁이나비(경남 산청 중산리, 2005.8.31.)
11 토끼풀류 꽃 꿀을 빠는 작은멋쟁이나비(서울 종로 청계천, 2008.9.9.)
12 큰엉겅퀴 꽃 꿀을 빠는 작은멋쟁이나비(서울 강서 강서습지생태공원, 2009.9.10.)

1 루드베키아 꽃 꿀을 빠는 작은멋쟁이나비(인천 옹진 지도, 2009.9.13.)
2 노랑코스모스 꽃 꿀을 빠는 작은멋쟁이나비(인천 서구 세어도, 2010.9.17.)
3 큰꿩의비름 꽃 꿀을 빠는 작은멋쟁이나비(인천 서구 소다물도, 2010.9.17.)
4 천일홍 꽃 꿀을 빠는 작은멋쟁이나비(충남 태안 백화산, 2006.9.22.)
5 고마리 꽃 꿀을 빠는 작은멋쟁이나비(충남 태안 두웅습지, 2009.9.30.)
6 란타나류 꽃 꿀을 빠는 작은멋쟁이나비(제주 서귀포 외돌개, 2010.10.6.)
7 왕고들빼기 꽃 꿀을 빠는 작은멋쟁이나비(경남 양산시, 2008.10.9.)
8 꽃향유 꽃 꿀을 빠는 작은멋쟁이나비(충남 공주 만학골, 2003.10.10.)
9 국화과 꽃 꿀을 빠는 작은멋쟁이나비(인천 옹진 소청도, 2009.10.11.)
10 꽃향유 꽃 꿀을 빠는 작은멋쟁이나비(경기 강화 북성리, 2011.10.18.)
11 국화과 꽃 꿀을 빠는 작은멋쟁이나비(전남 진도 희여산, 2009.10.20.)
12 메리골드 꽃 꿀을 빠는 작은멋쟁이나비(경북 울진 후정리, 2011.11.16.)

신선나비 무리

1 큰금계국 꽃에 앉은 들신선나비(강원 화천 해산령, 2011.7.1.)
2 햇볕을 쬐는 들신선나비(강원 화천 해산령, 2009.6.27.©안홍균)
3 햇볕을 쬐는 신선나비(중국 길림 연길시, 2010.7.17.©안홍균)
4 햇볕을 쬐는 갈구리신선나비(중국 길림 연길시, 2010.7.19.©안홍균)
5 과즙을 빠는 청띠신선나비(경기 여주 삼합리, 2011.8.23.)
6 화장실에 갇힌 청띠신선나비(경남 함양 용추계곡, 2012.9.15.)
7 햇볕을 쬐는 청띠신선나비(경기 포천 지양산, 2008.4.28.)
8 햇볕을 쬐는 청띠신선나비(경남 거창 도평리, 2005.8.28.)

네발나비 무리

1 솜방망이 꽃 꿀을 빠는 네발나비(강원 영월 창원리, 2011.4.16.)
2 국화과 꽃 꿀을 빠는 네발나비(경기 포천 지양산, 2008.4.28.)
3 서양민들레 꽃 꿀을 빠는 네발나비(서울 강서 강서습지생태공원, 2009.5.20.)
4 지칭개 꽃 꿀을 빠는 네발나비(경북 포항, 2005.5.26.)
5 큰금계국 꽃 꿀을 빠는 네발나비(경기 과천 중앙동, 2007.6.9.)
6 개망초 꽃 꿀을 빠는 네발나비(전북 장수 장안산, 2012.6.14.)
7 큰금계국 꽃 꿀을 빠는 네발나비(경기 과천 부림동, 2009.6.15.)
8 밤나무 꽃 꿀을 빠는 네발나비(경남 하동 평사리, 2009.6.23.)
9 큰금계국 꽃 꿀을 빠는 네발나비(강원 양구 가오작리, 2011.7.1.©김성환)
10 등골나물류 꽃 꿀을 빠는 네발나비(경기 김포 포구곶리, 2011.8.19.)

1 박주가리 꽃 꿀을 빠는 네발나비(경기 여주 연양리, 2011.8.23.)
2 자귀나무 꽃 꿀을 빠는 네발나비(전남 광주 서봉동, 2011.8.25.)
3 미국자리공 꽃 꿀을 빠는 네발나비(전남 나주 남평읍(지석천), 2011.8.25.)
4 사위질빵 꽃 꿀을 빠는 네발나비(경기 포천 지장산, 2008.8.27.)
5 익모초 꽃 꿀을 빠는 네발나비(충남 천안 차암동, 2004.8.28.)
6 꿀풀과 꽃 꿀을 빠는 네발나비(경기 포천 포천천, 2008.8.28.)
7 맨드라미류 꽃 꿀을 빠는 네발나비(경기 포천 포천천, 2008.8.28.)
8 노랑코스모스 꽃 꿀을 빠는 네발나비(경남 거창 도평리, 2005.8.28.)
9 쥐손이류 꽃 꿀을 빠는 네발나비(전북 장수 장안산, 2012.9.2.)
10 여뀌류 꽃 꿀을 빠는 네발나비(경기 평택 창내리, 2008.9.3.)

1 쇠무릎 꽃 꿀을 빠는 네발나비(경기 평택 창내리, 2008.9.3.)
2 꼬리조팝나무 꽃 꿀을 빠는 네발나비(서울 강서 강서습지생태공원, 2009.9.10.)
3 콩과 꽃 꿀을 빠는 네발나비(서울 강서 강서습지생태공원, 2009.9.10.)
4 산형과 꽃 꿀을 빠는 네발나비(서울 강서 강서습지생태공원, 2009.9.10.)
5 루드베키아 꽃 꿀을 빠는 네발나비(인천 옹진 지도, 2009.9.13.)
6 들깨 꽃 꿀을 빠는 네발나비(충남 공주 마암리, 2010.9.14.)
7 가시박 꽃 꿀을 빠는 네발나비(충남 공주 봉곡리, 2010.9.14.)
8 가시박 꽃 꿀을 빠는 네발나비(충남 공주 봉곡리, 2010.9.14.)
9 미국쑥부쟁이 꽃 꿀을 빠는 네발나비(경기 김포 순례도, 2010.9.16.)
10 노랑코스모스 꽃 꿀을 빠는 네발나비(인천 서구 세어도, 2010.9.17.)

1 고마리 꽃 꿀을 빠는 네발나비(경기 시흥 정왕동, 2004.9.19.)
2 쑥부쟁이류 꽃 꿀을 빠는 네발나비(경기 시흥 정왕동, 2004.9.19.)
3 고마리 꽃 꿀을 빠는 네발나비(인천 중구 영종도, 2008.9.19.)
4 부추류 꽃 꿀을 빠는 네발나비(경기 안산 수리산, 2006.9.21.)
5 미국쑥부쟁이 꽃 꿀을 빠는 네발나비(서울 마포 월드컵공원, 2009.9.22.)
6 천일홍 꽃 꿀을 빠는 네발나비(충남 태안 백화산, 2006.9.22.)
7 구절초류 꽃 꿀을 빠는 네발나비(경남 양산 화엄늪, 2008.9.25.)
8 꿩의비름 꽃 꿀을 빠는 네발나비(경북 예천 무지리, 2006.10.5.)
9 며느리밑씻개 꽃 꿀을 빠는 네발나비(제주 서귀포 외돌개, 2010.10.6.)
10 메리골드 꽃 꿀을 빠는 네발나비(제주 서귀포 천지연, 2010.10.6.)

1 꿀풀과 꽃 꿀을 빠는 네발나비(제주 애월읍, 2010.10.7.)
2 쑥부쟁이류 꽃 꿀을 빠는 네발나비(제주 애월읍, 2010.10.7.)
3 국화과 꽃 꿀을 빠는 네발나비(경남 양산시, 2008.10.9.)
4 미국쑥부쟁이 꽃 꿀을 빠는 네발나비(강원 횡성 현천리, 2012.10.12.)
5 미국쑥부쟁이 꽃 꿀을 빠는 네발나비(강원 횡성 현천리, 2012.10.12.)
6 꿀풀과 꽃 꿀을 빠는 네발나비(경기 포천 광덕산, 2010.10.14.)
7 미국쑥부쟁이 꽃 꿀을 빠는 네발나비(경기 포천 광덕산, 2010.10.14.)
8 쑥부쟁이류 꽃 꿀을 빠는 네발나비(경기 김포 용강리, 2011.10.17.)
9 꽃향유 꽃 꿀을 빠는 네발나비(경기 강화 북성리, 2011.10.18.)
10 국화과 꽃 꿀을 빠는 네발나비(전남 진도 희여산, 2009.10.20.)

1 산국 꽃 꿀을 빠는 네발나비(경북 예천 고항리, 2010.10.28.)
2 국화과 꽃 꿀을 빠는 네발나비(경북 예천 고항리, 2010.10.28.)
3 국화과 꽃 꿀을 빠는 네발나비(경북 예천 고항리, 2010.10.28.)
4 국화과 꽃 꿀을 빠는 네발나비(제주 서귀포 천지연천연난대림, 2010.11.7.)
5 메리골드 꽃 꿀을 빠는 네발나비(경북 울진 후정리, 2011.11.16.)
6 복숭아 과즙을 빠는 네발나비(경북 예천 고항리, 2010.9.1.)
7 귤 과즙을 빠는 네발나비(제주 서귀포 돔베낭골, 2010.9.4.)
8 감 과즙을 빠는 네발나비(경북 예천 무지리, 2006.10.4.)
9 배 과즙을 빠는 네발나비(경기 여주 삼합리, 2011.8.23.)
10 초본류 즙을 빠는 네발나비(경기 고양 장항습지, 2009.9.22.)

1 초본류 즙을 빠는 네발나비(제주 애월읍, 2010.10.7.)
2 참나무류 나무 진을 빠는 네발나비(경북 예천 무지리, 2003.8.8.)
3 동물 배설물을 빠는 네발나비(경북 예천 고항리, 2010.9.1.)
4 물을 빠는 네발나비(경기 광주 정지리(경안천), 2003.8.16.)
5 물을 빠는 네발나비(경북 예천 고항리, 2010.10.28.)
6 네발나비의 알 낳기(서울 서초 양재동(양재천), 2008.7.12.)
7 네발나비의 번데기(서울 종로 청계천, 2004.8.29.)
8 겨울을 난 네발나비(경기 과천 중앙동, 2007.4.6.)
9 햇볕을 쬐는 네발나비 여름형(경북 예천 무지리, 2003.8.8.)
10 햇볕을 쬐는 네발나비 가을형(경기 포천 광덕산, 2006.9.26.)

1 큰까치수염 꽃 꿀을 빠는 산네발나비(경기 포천 광덕산, 2010.7.24.)
2 햇볕을 쬐는 산네발나비(강원 평창 계방산, 2005.7.4.©안홍균)

공작나비

1 햇볕을 쬐는 공작나비(강원 양구 백석산, 2010.8.30.©한창욱)
2 큰금계국 꽃에 앉은 공작나비(강원 화천 해산령, 2011.7.1.©안홍균)
3 큰금계국 꽃에 앉은 공작나비(강원 화천 해산령, 2011.7.1.)

먹그림나비

1 햇볕을 쬐는 먹그림나비(경남 남해 망운산, 2012.7.31.)
2 햇볕을 쬐는 먹그림나비(인천 옹진 굴업도, 2009.8.3.©서인수)

어리표범나비 무리

1 햇볕을 쬐는 함경어리표범나비(중국 길림 연길시, 2009.6.30.©안홍균)
2 햇볕을 쬐는 함경어리표범나비(중국 길림 연길시, 2009.6.30.©안홍균)
3 조팝나무류 꽃 꿀을 빠는 금빛어리표범나비(충북 제천 고명리, 2011.5.31.)
4 조팝나무류 꽃 꿀을 빠는 금빛어리표범나비(강원 영월 창원리, 2011.6.10.)
5 서양민들레 꽃 꿀을 빠는 여름어리표범나비(강원 양구, 2009.7.2.©안홍균)
6 꼬리풀류 꽃 꿀을 빠는 은점어리표범나비(중국 길림 연길시, 2010.7.20.©안홍균)
7 루드베키아 꽃 꿀을 빠는 암어리표범나비(충북 제천 고명리, 2011.7.2.©김성환)

오색나비 무리

1 쉬는 번개오색나비(강원 평창 계방산, 2008.7.12.©안홍균)
2 화장실에 갇힌 번개오색나비(강원 평창 오대산, 2004.7.16.)
3 물을 빠는 오색나비(강원 평창 계방산, 2005.7.4.©안홍균)
4 오색나비의 날개돋이(애벌레 사육)(강원 평창 오대산, 2010.7.9.©안홍균)
5 무기염류를 섭취하는 황오색나비(경기 포천 광덕산, 2006.7.21.)
6 물을 빠는 황오색나비(경기 포천 광덕산, 2006.7.21.)
7 밤오색나비의 날개돋이(애벌레 사육)(강원 영월 쌍룡리, em. 2008.6.3.©안홍균
8 물을 빠는 밤오색나비(강원 영월 창원3리, 2010.8.17.)
9 나무 진을 빠는 왕오색나비(충남 공주 양화리(신원사), 2003.7.4.)
10 동물 배설물을 빠는 왕오색나비(강원 울진 통고산, 2012.7.4.)

그 외 오색나비아과

1 물을 빠는 은판나비(강원 양구 공리, 2011.6.28.)
2 물을 빠는 은판나비(강원 양구 가오작리, 2011.7.1.©김성환)
3 수노랑나비의 날개돋이(애벌레 사육)(경기 가평 화야산, em. 2009.6.20.©안홍균)
4 동물 배설물을 빠는 유리창나비(충남 공주 계룡산, 2004.4.23.)
5 무기염류를 섭취하는 유리창나비(강원 양양 설악산, 2009.5.3.©장용환)
6 무기염류를 섭취하는 유리창나비(강원 양양 설악산, 2009.5.3.©장용환)
7 쉬는 유리창나비(경남 함양 황석산, 2012.4.23.)
8 물을 빠는 흑백알락나비 봄형(경기 포천 광릉, 2004.5.16.)
9 흑백알락나비의 날개돋이 여름형(사육종, 2006.7.26.)

1 물을 빠는 홍점알락나비(경북 울진 후정리, 2012.5.24.)
2 무기염류를 섭취하는 홍점알락나비(경기 안산 풍도, 2008.8.14.©김성환)
3 배 과즙을 빠는 홍점알락나비(경기 여주 삼합리, 2011.8.23.)
4 햇볕을 쬐는 홍점알락나비(충남 공주 마암리, 2011.6.14.)
5 쉬는 홍점알락나비(경기 평택 창내리, 2008.9.3.)
6 쉬는 홍점알락나비(제주 서귀포 천지연 상부수림대, 2010.9.5.)
7 물을 빠는 대왕나비 수컷(서울 강북 우이령, 2010.7.19.)
8 햇볕을 쬐는 대왕나비 암컷(인천 중구 영종도, 2010.8.8.©김성환)

은점선표범나비 무리

1 고추나무 꽃 꿀을 빠는 작은은점선표범나비(강원 인제 심적리, 2011.5.22.)
2 쥐오줌풀 꽃 꿀을 빠는 작은은점선표범나비(강원 횡성 현천리, 2012.6.1.)
3 국화과 꽃 꿀을 빠는 작은은점선표범나비(강원 횡성 현천리, 2012.6.1.)
4 쥐오줌풀 꽃 꿀을 빠는 작은은점선표범나비(강원 평창 횡계리(삼양목장), 2009.6.8.)
5 미국쑥부쟁이 꽃 꿀을 빠는 작은은점선표범나비(경기 연천 우정리, 2008.9.18.)
6 쉬는 작은은점선표범나비(강원 평창 오대산(질뫼늪), 2004.9.10.)

작은표범나비 무리

1 작은표범나비의 짝짓기(강원 삼척 하장면, 2008.6.15.©안홍균)
2 쉬는 큰표범나비(강원 삼척 하장면, 2009.6.20.©안홍균)

은점표범나비 무리

1 큰금계국 꽃 꿀을 빠는 긴은점표범나비(강원 양구 가오작리, 2011.7.2.)
2 개쉬땅나무 꽃 꿀을 빠는 긴은점표범나비(강원 평창 오대산, 2006.7.31.)
3 부들레아류 꽃 꿀을 빠는 긴은점표범나비(강원 평창 계방산, 2010.8.18.)
4 부들레아류 꽃 꿀을 빠는 긴은점표범나비(강원 평창 계방산, 2010.8.18.)
5 메리골드 꽃 꿀을 빠는 긴은점표범나비(전남 구례 화엄사, 2010.9.29.)
6 큰금계국 꽃 꿀을 빠는 은점표범나비(강원 양구 가오작리, 2011.7.1.)
7 큰금계국 꽃 꿀을 빠는 은점표범나비(강원 양구 가오작리, 2011.7.1.)
8 둥근이질풀 꽃 꿀을 빠는 왕은점표범나비(충북 단양 소백산(비로봉), 2007.7.31.)
9 금불초류 꽃 꿀을 빠는 왕은점표범나비(인천 옹진 대청도, 2010.8.5.)
10 금방망이 꽃 꿀을 빠는 왕은점표범나비(인천 옹진 굴업도, 2009.9.4.)
11 큰엉겅퀴 꽃 꿀을 빠는 왕은점표범나비(강원 횡성 현천리, 2012.9.7.)

표범나비 무리

1 큰금계국 꽃 꿀을 빠는 은줄표범나비(강원 양구 가오작리, 2011.7.1.©김성환)
2 큰까치수염 꽃 꿀을 빠는 은줄표범나비(경기 포천 광덕산, 2010.7.24.)
3 개쉬땅나무 꽃 꿀을 빠는 은줄표범나비(강원 평창 오대산, 2006.7.31.)
4 부들레아류 꽃 꿀을 빠는 은줄표범나비(강원 평창 계방산, 2010.8.18.)
5 백일홍 꽃 꿀을 빠는 은줄표범나비(강원 평창 계방산, 2010.8.18.)
6 설악초 꽃 꿀을 빠는 은줄표범나비(충남 천안 차암동, 2004.8.28.)
7 산형과 꽃 꿀을 빠는 은줄표범나비(서울 강북 우이령, 2003.8.30.)
8 국화과 꽃 꿀을 빠는 은줄표범나비(전북 장수 장안산(연주), 2012.9.2.)
9 국화과 꽃 꿀을 빠는 은줄표범나비(경기 연천 우정리, 2008.9.18.)
10 미국쑥부쟁이 꽃 꿀을 빠는 은줄표범나비(경기 포천 광덕산, 2006.9.26.)
11 물을 빠는 은줄표범나비(경기 연천 우정리, 2008.9.18.)

1 큰금계국 꽃 꿀을 빠는 구름표범나비(강원 화천 해산령, 2008.6.25.©안홍균)
2 큰까치수염 꽃 꿀을 빠는 암검은표범나비 수컷(인천 옹진 대초지도, 2009.7.6.)
3 큰까치수염 꽃 꿀을 빠는 암검은표범나비 암컷(인천 중구 무의도, 2004.7.9.)
4 쑥부쟁이류 꽃 꿀을 빠는 암검은표범나비(경북 영주 옥녀봉자연휴양림, 2010.9.1.)
5 부추 꽃 꿀을 빠는 암검은표범나비(인천 옹진 굴업도, 2009.9.3.©서인수)
6 기름나물 꽃 꿀을 빠는 암검은표범나비(인천 옹진 굴업도, 2009.9.5.©이혜경)
7 고마리 꽃 꿀을 빠는 암검은표범나비(충남 태안 두웅습지, 2009.9.30.)
8 큰금계국 꽃 꿀을 빠는 산은줄표범나비 수컷(강원 양구 가오작리, 2011.7.1.©김성환)
9 큰까치수염 꽃 꿀을 빠는 산은줄표범나비 암컷(강원 춘천 가정리, 2007.7.13.©안홍균)

1 엉겅퀴 꽃 꿀을 빠는 흰줄표범나비(충남 공주 마암리, 2011.6.14.)
2 큰금계국 꽃 꿀을 빠는 흰줄표범나비(서울 서초 한강반포지구, 2003.6.16.)
3 엉겅퀴류 꽃 꿀을 빠는 흰줄표범나비(제주도, 2011.6.21.©한창욱)
4 참싸리꽃 꿀을 빠는 흰줄표범나비(경기 여주 연라리, 2008.6.30.)
5 개망초 꽃 꿀을 빠는 흰줄표범나비(경기 여주 연라리, 2008.6.30.)
6 국화과 꽃 꿀을 빠는 흰줄표범나비(충북 제천 고명리, 2011.7.2.©김성환)
7 큰까치수염 꽃 꿀을 빠는 흰줄표범나비(인천 중구 무의도, 2004.7.3.)
8 개망초 꽃 꿀을 빠는 흰줄표범나비(강원 춘천 학곡리, 2006.7.25.)
9 붉은토끼풀 꽃 꿀을 빠는 흰줄표범나비(서울 강북 우이령, 2003.7.26.)

1 등골나물류 꽃 꿀을 빠는 흰줄표범나비(경기 김포 용강리, 2011.8.19.)
2 등골나물류 꽃 꿀을 빠는 흰줄표범나비(경기 김포 용강리, 2011.8.19.)
3 메리골드 꽃 꿀을 빠는 흰줄표범나비(경기 포천 지장산, 2008.8.27.)
4 노랑코스모스 꽃 꿀을 빠는 흰줄표범나비(인천 서구 세어도, 2010.9.17.)
5 고마리 꽃 꿀을 빠는 흰줄표범나비(인천 중구 영종도, 2008.9.19.)
6 백합과 꽃 꿀을 빠는 흰줄표범나비(경기 안산 수리산, 2006.9.21.)
7 쑥부쟁이류 꽃 꿀을 빠는 흰줄표범나비(경기 군포 초막골, 2006.9.28.)
8 고마리 꽃 꿀을 빠는 흰줄표범나비(충남 태안 두웅습지, 2009.9.30.)
9 쑥부쟁이류 꽃 꿀을 빠는 흰줄표범나비(제주 애월읍, 2010.10.7.)
10 큰까치수염 꽃 꿀을 빠는 큰흰줄표범나비(경기 포천 광덕산, 2010.7.24.)
11 개망초 꽃 꿀을 빠는 큰흰줄표범나비(강원 춘천 학곡리, 2006.7.25.)
12 부들레아류 꽃 꿀을 빠는 큰흰줄표범나비(강원 평창 계방산, 2010.8.18.)
13 큰흰줄표범나비의 짝짓기(강원 양구 가오작리, 2011.6.28.)

암끝검은표범나비

1 쥐오줌풀 꽃 꿀을 빠는 암끝검은표범나비 수컷(경남 거제 술역리, 2008.5.8.)
2 엉겅퀴류 꽃 꿀을 빠는 암끝검은표범나비 수컷(경남 양산 화엄늪, 2008.7.16.)
3 부추 꽃 꿀을 빠는 암끝검은표범나비 암컷(인천 옹진 굴업도, 2009.8.19.©서인수)
4 미역취 꽃 꿀을 빠는 암끝검은표범나비 암컷(경남 양산 화엄늪, 2008.9.25.)
5 쥐꼬리망초 꽃 꿀을 빠는 암끝검은표범나비 수컷(전남 구례 화엄사, 2010.9.28.)
6 쑥부쟁이류 꽃 꿀을 빠는 암끝검은표범나비 암컷(전남 구례 화엄사, 2010.9.28.)
7 메리골드 꽃 꿀을 빠는 암끝검은표범나비 수컷(경남 하동 신월리, 2009.10.27.)
8 암끝검은표범나비의 짝짓기 행동(전남 구례 화엄사, 2010.9.28.)

줄나비 무리

1 분꽃나무류 꽃 꿀을 빠는 줄나비(강원 평창 오대산(삼양축산), 2004.7.14.)
2 동물 배설물을 빠는 줄나비(강원 인제 심적리, 2011.6.18.)
3 물을 빠는 줄나비(경기 과천 중앙동, 2003.8.17.)
4 햇볕을 쬐는 줄나비(강원 춘천 학곡리, 2006.7.25.)
5 큰금계국 꽃 꿀을 빠는 굵은줄나비(강원 양구 가오작리, 2011.7.1.)
6 굵은줄나비의 번데기(강원 횡성 현천리, 2012.6.1.)
7 햇볕을 쬐는 참줄나비 수컷(강원 인제 용대리, 2007.6.29.)
8 햇볕을 쬐는 참줄나비 암컷(강원 울진 통고산자연휴양림, 2012.7.4.)

1 쑥부쟁이류 꽃 꿀을 빠는 제이줄나비(경북 예천 고항리, 2011.9.1.)
2 털여뀌 꽃 꿀을 빠는 제이줄나비(경기 평택 창내리, 2008.9.3.)
3 물을 빠는 제이줄나비(경기 가평 신당리, 2006.7.26.)
4 햇볕을 쬐는 제이줄나비(경기 포천 지장산, 2008.8.27.)
5 고마리 꽃 꿀을 빠는 제일줄나비(충남 태안 두웅습지, 2009.9.30.)
6 무기염류를 섭취하는 제일줄나비(충북 단양 하괴리, 2011.8.4.)
7 햇볕을 쬐는 제일줄나비 수컷(강원 영월 창원리, 2011.6.10.)
8 햇볕을 쬐는 제일줄나비 암컷(인천 강화 기장도, 2010.7.29.)
9 햇볕을 쬐는 제삼줄나비(강원 평창 계방산, 2005.7.4.©안홍균)

세줄나비 무리

1 쉬는 애기세줄나비(경북 영천 보현산, 2009.4.29.)
2 햇볕을 쬐는 애기세줄나비(경기 부천 춘의동, 2005.4.27.)
3 햇볕을 쬐는 애기세줄나비(경남 거창 월성계곡, 2008.8.6.)
4 햇볕을 쬐는 애기세줄나비(경북 예천 무지리, 2003.8.8.)
5 햇볕을 쬐는 세줄나비(전북 장수 장안산, 2012.6.13.)
6 햇볕을 쬐는 세줄나비(경기 포천 광덕산, 2006.7.21.)
7 햇볕을 쬐는 참세줄나비(강원 화천 해산령, 2008.6.25.ⓒ안홍균)
8 국수나무 꽃 꿀을 빠는 두줄나비(강원 평창 횡계리(삼양목장), 2009.6.8.)
9 무리지어 무기염류를 섭취하는 두줄나비(강원 평창 횡계리(삼양목장), 2009.6.8.)
10 햇볕을 쬐는 두줄나비(강원 평창 횡계리(삼양목장), 2009.6.8.)
11 두줄나비 개체변이(충북 단양 남천리, 2007.5.25.)

1 쑥부쟁이류 꽃 꿀을 빠는 별박이세줄나비(강원 양구 가오작리, 2011.6.28.)
2 털여뀌 꽃 꿀을 빠는 별박이세줄나비(경기 평택 창내리, 2008.9.3.)
3 물을 빠는 별박이세줄나비(충남 아산 용두리, 2004.8.28.)
4 죽은 곤충을 빠는 별박이세줄나비(강원 횡성 현천리, 2012.9.7.)
5 쉬는 별박이세줄나비(경기 군포 수리산(초막골), 2012.8.14.)
6 햇볕을 쬐는 높은산세줄나비(경남 함양 용추계곡, 2012.6.9.)
7 햇볕을 쬐는 높은산세줄나비(경남 합천 해인사, 2012.7.26.)
8 물을 빠는 왕세줄나비(경기 남양주 천마산, 2005.8.22.)
9 왕세줄나비의 날개돋이(애벌레 사육)(강원 화천 해산령, em. 2008.6.25.© 안홍균)

황세줄나비 무리

1 물을 빠는 산황세줄나비(강원 화천 해산령, 2011.7.1.©김성환)
2 햇볕을 쬐는 산황세줄나비(강원 화천 해산령, 2011.7.1.©김성환)
3 물을 빠는 황세줄나비(강원 화천 해산령, 2011.7.1.)
4 물을 빠는 황세줄나비(경남 함양 용추계곡, 2012.6.9.)
5 물을 빠는 황세줄나비(경남 함양 용추계곡, 2012.6.9.)
6 물을 빠는 황세줄나비(전북 장수 장안산, 2012.6.13.)
7 햇볕을 쬐는 중국황세줄나비(강원 평창 계방산, 2008.6.27.©안홍균)

어리세줄나비

1 동물 배설물을 빠는 어리세줄나비(강원 평창 계방산, 2009.6.4.)
2 햇볕을 쬐는 어리세줄나비(강원 평창 계방산, 2009.6.4.)
3 무기염류를 섭취하는 어리세줄나비(강원 평창 오대산, 2004.5.31.)
4 잎 표면에 빨대입을 대는 어리세줄나비(강원 평창 오대산, 2004.5.31.)

제4장

나비 표본 정보의 활용

나비 표본 정보의 활용

자연자원의 표본 자체가 지구환경의 변화 과정을 내포할 뿐만 아니라 개체별 기록지(Label)에 기록된 채집 지역, 채집 날짜는 생태계 변화를 분석하거나 예측할 수 있는 중요한 근거자료다. 특히, 나비 무리는 오래전부터 친근했던 곤충이어서 전문연구자들뿐만 아니라 민간연구자 및 일반인에 의해 날개를 편 건조 표본이 많이 만들어졌고, 이 표본들은 각 연구 분야뿐만 아니라 박물관 같은 전시 및 교육에 널리 활용되고 있다.

이와 같이 건조 표본은 다양한 분야에 활용되고 있으나, 많은 표본을 소장한 개인들은 표본을 장기간 동안 보관하기에 부담이 크고, 표본에 관련된 정보도 거의 구축되어 있지 않아 사회적으로 활용도가 낮다. 또한 일반인이 각 기관에 소장된 표본 전체를 직접 보기에도 여러 가지 제약이 있다. 그러나 개체별 기록이 포함된 날개를 편 건조 표본의 디지털 사진은 자료의 축적 및 활용에 있어 시간 및 공간적 제약이 크지 않기 때문에 앞으로 건조 표본과 더불어 유용한 정보를 제공할 것으로 생각한다.

우리나라 나비의 다양한 정보들을 요약 정리한 『한반도의 나비』(백과 신, 2010)에서 해당 종 사진을 함께 제공하지 못한 아쉬움이 있었는데, 이번 기회에 인접 국가의 한반도 분포종을 포함해 280종의 날개를 편 건조표본 사진 및 개체별 정보를 함께 실었으며, 이 중 표본을 확보하지 못한 경원어리표범나비는 이해를 돕기 위해 그림으로 그렸다. 종의 배열순서는 『한반도의 나비』의 종 번호와 같게 해 이 책에 담지 못한 다양한 정보를 쉽게 이용하도록 했다. 그리고 북한 분포종 중 한반도와 연접한 중국 길림성 등의 자료는 관련 행정당국의 협조를 받았다.

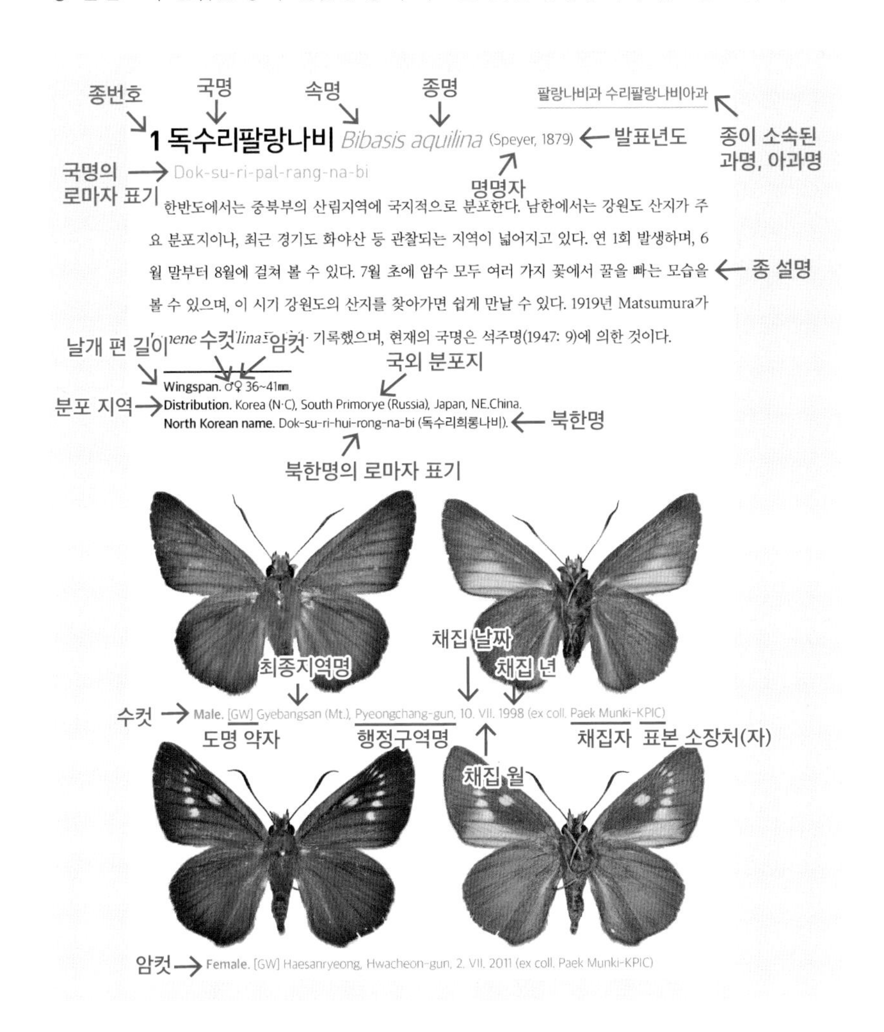

또한 과(Family)와 아과(Subfamily) 설명시 세계에 알려진 종수는 Savela (2008), Hoskins (2012) 및 Opler *et al*. (2013)을 참조했다. 그리고 국외 사용자 편이를 위해 채집지 및 채집자의 로마자 표기는 국어의 로마자 표기법(문화관광부 고시 제2000-8호)에 따랐으며, 특히 성명(姓名) 표기는 '성과 이름의 순서로 띄어 쓴다'는 제3장 제4항, 국명의 로마자 표기는 '학술 연구논문 등 특수 분야에서 한글 복원을 전제로 표기할 경우에는 한글 표기를 대상으로 적는다'는 제3장 제8항에 따랐다. 북한 분포종의 생태관련 정보는 이승모(1982), 주동률과 임흥안 (1987, 2001), Tuzov 등(1997, 2000), Wang (1999), Tuzov (2003)의 내용을 참조했으며, 우리나라 최초 기록에 나타난 지명 및 일제 강점기에 쓰인 지명이 현재와 다른 경우가 많아 주요 지역에 대해 다음과 같이 정리했다.

Table 4. **1945년 이전 지명의 현재 지명**
Proper place names for the Japanese and foreign place names

지도 위치	1945년 이전 지명	현재 지명
1	Bunsen (文川)	Muncheon-si (GW, N.Korea)
2	Chang-do (昌道)	Changdo (GW, N.Korea)
3	Dagelet (鬱陵島)	Ulleungdo (Is.)(GB, S.Korea)
4	Daitoku (大德山)	Daedeoksan (Mt.) (Hoban-nodabgjagu, HN, N.Korea)
5	Gaima Plateau (蓋馬高原)	Gaemagoweon (N.Korea)
6	Gōsui (合水)	Hapsu (YG, N.Korea)
7	Gotaisan (高台山)	Godaesan (Mt.) (GW, S.Korea)
8	Getubitō (月尾島)	Weolmido (S.Korea)
9	Heikō (平康)	Pyeonggang (GW, N.Korea)
10	Heisan (惠山)	Sansong-ri (N.Korea)

Table 3. continue

지도 위치	1945년 이전 지명	현재 지명
11	Heizyō (平壤)	Pyeongyang (N.Korea)
12	Is. Tabuturi (多物里島)	Damuldo (Is.) (JN. S.Korea)
13	Is. Tokuseki (德積島)	Deokjeokdo (Is.) (GG. S.Korea)
14	Jinchuen (仁川)	Incheon (GG. S.Korea)
15	Kaiko (价古)	Gaego (PB, N.Korea)
16	Kainan (海南)	Haenambando (JN, S.Korea)
17	Kaishu (海州)	Hyeokseonggun (HH, N.Korea)
18	Kambō (冠帽)	Gwanmosan (Mt.) (HB, N.Korea)
19	Kandairi (漢岱里)	Handaeri (HN, N.Korea)
20	Kanhoku rekkessui (咸北 列結水)	Yeolgyeolsu (HB, N.Korea)
21	Karansan (霞嵐山)	Haramsan (Mt.) (HN, N.Korea)
22	Keigen (慶源)	Gyeongweon (HB, N.Korea)
23	Keihoku Unmonsan (慶北 雲門山)	Unmunsan (Mt.) (GB, S.Korea)
24	Keizyō (京城)	Seoul (S.Korea)
25	Kensanrei (劍山嶺)	Geomsanryeong (HN, N.Korea)
26	Kissyū (吉州)	Gilju (HB, N.Korea)
27	Kiujo (球場)	Gujangri (PB, N.Korea)
28	Kōgendō Gesseizi (江原道 月精寺)	Weoljeongsa (Temp.) (GW, N.Korea)
29	Kōgendō Hakuhō (江原道 白峰)	Baekbong (GW. N.Korea)
30	Kōgendō YōKō (江原道 楊口)	Yanggu (GW, S.Korea)
31	Kōryō (光陵)	Gangneung (GG, S.Korea)
32	Kōsyōrei (黃草嶺)	Hwangchoryeong (HN, N.Korea)
33	Kōsyū (光州)	Gwangju (JN, S.Korea)
34	Kōzirei (厚峙嶺)	Huchiryeong (HN, N.Korea)
35	Kwainei (會寧)	Hoereong (HB, N.Korea)
36	Kyōzyō (鏡城)	Geongseong (Seungam-nodongjagu, HB, N.Korea)

Table 4. continue

지도 위치	1945년 이전 지명	현재 지명
37	Kyūzyō (球場)	Gujang (PB, N.Korea)
38	Maitokurei (鷹德嶺)	Eungdeokryeong (YG, N.Korea)
39	Mosan (茂山)	Musan (HB, N.Korea)
40	Mosangun Tōnai (茂山郡 島內)	Musangun donae (HB, N.Korea)
41	Mosanrei (茂山嶺)	Musanryeong (HB, N.Korea)
42	Mt. Hakutō (白頭山)	Baekdusan (Mt.) (CG, N.Korea)
43	Kankyōdō (咸鏡道)	Hamgyeongdo (N.Korea)
44	Mt. Kanra (漢拏山)	Hallasan (Mt.) (JJ, S.Korea)
45	Mt. Kongō (金剛山)	Geumgangsan (Mt.) (GW, N.Korea)
46	Mt. Kwanbō (冠帽山)	Gwanmosan (Mt.) (HB, N.Korea)
47	Mt. Myōkō (妙香山)	Myohyangsan (Mt.) (PB, N.Korea)
48	Mt. Naizō (內藏山)	Naejangsan (Mt.) (JB, S.Korea)
49	Mt. Nōzidō (農事洞)	Nongsadong (HB, N.Korea)
50	Mt. Seihōsan (正方山)	Jeongbangsan (Mt.) (HH, N.Korea)
51	Mt. Syōyō (逍遙山)	Soyosan (Mt.) (GG, S.Korea)
52	Mt. Taitoku (大德山)	Daedeoksan (Mt.) (HN, N.Korea)
53	Mt. Zokuri (俗離山)	Sokrisan (Mt.) (CB, S.Korea)
54	Nansen (南川)	Namcheon (HH, N.Korea)
55	Nanseturei (南雪嶺)	Namseolyeong (YG, N.Korea)
56	Neien (寧遠)	Yeongweon (PN, N.Korea)
57	Papari (把撥里)	Pabalri (HN, N.Korea)
58	Pung-Tung (北占)	Bukjeom (Kimhwa, GW, N.Korea)
59	Ranan (羅南)	Nanam (HB, N.Korea)
60	Rōrin (狼林)	Nangnimsan (Mt.) (PN, N.Korea)
61	Saikarei (崔哥嶺)	Choeharyeong (HB, N.Korea)
62	Saishuto (濟州道)	Jejudo (Is.) (JJ, S.Korea)

Table 4. continue

지도 위치	1945년 이전 지명	현재 지명
63	Sansōrei (山蒼嶺)	Sanchangryeong (HN, N.Korea)
64	Santien (三池淵)	Samjiyeon (HB, N.Korea)
65	Seishin (清津)	Cheongjin (HB, N.Korea)
66	Sempo (洗浦)	Sepo (GW, N.Korea)
67	Shajitsuhō (遮日峯)	Chailbong (Mt.) (HN, N.Korea)
68	Shakōji (釋王寺)	Seokwangsa (Temp.) (GW, N.Korea)
69	Songdo (松都)	Gyeseong (HH, N.Korea)
70	Suigen (水原)	Suweon (GG, S.Korea)
71	Syakuōzi (釋王寺)	Seokwangsa (Temp.) (GW, N.Korea)
72	Syarei (車嶺)	Charyeong (HB, N.Korea)
73	Syasō (社倉)	Sachang (PN, N.Korea)
74	Syuotu (朱乙)	Jueul (HB, N.Korea)
75	Taikyū (大邱)	Daegu (GN, S.Korea)
76	Tyōzyusan (長壽山)	Jangsusan (Mt.) (HH, N.Korea)
77	Wantō (莞島)	Wando (Is.) (JN, S.Korea)
78	Yūrinrei (有麟嶺)	Yuinryeong (HN, N.Korea)
79	Yūyo (楡坪)	Yupyeong (HB, N.Korea)
80	Zinsen (仁川)	Jemulpo (Incheon, S.Korea)
81	Ziisan (智異山)	Jirisan (S.Korea)
82	Zyōsin (城津)	Seongjin, (Gimchaek-si, HB, N.Korea)

1945년 이전의 도계

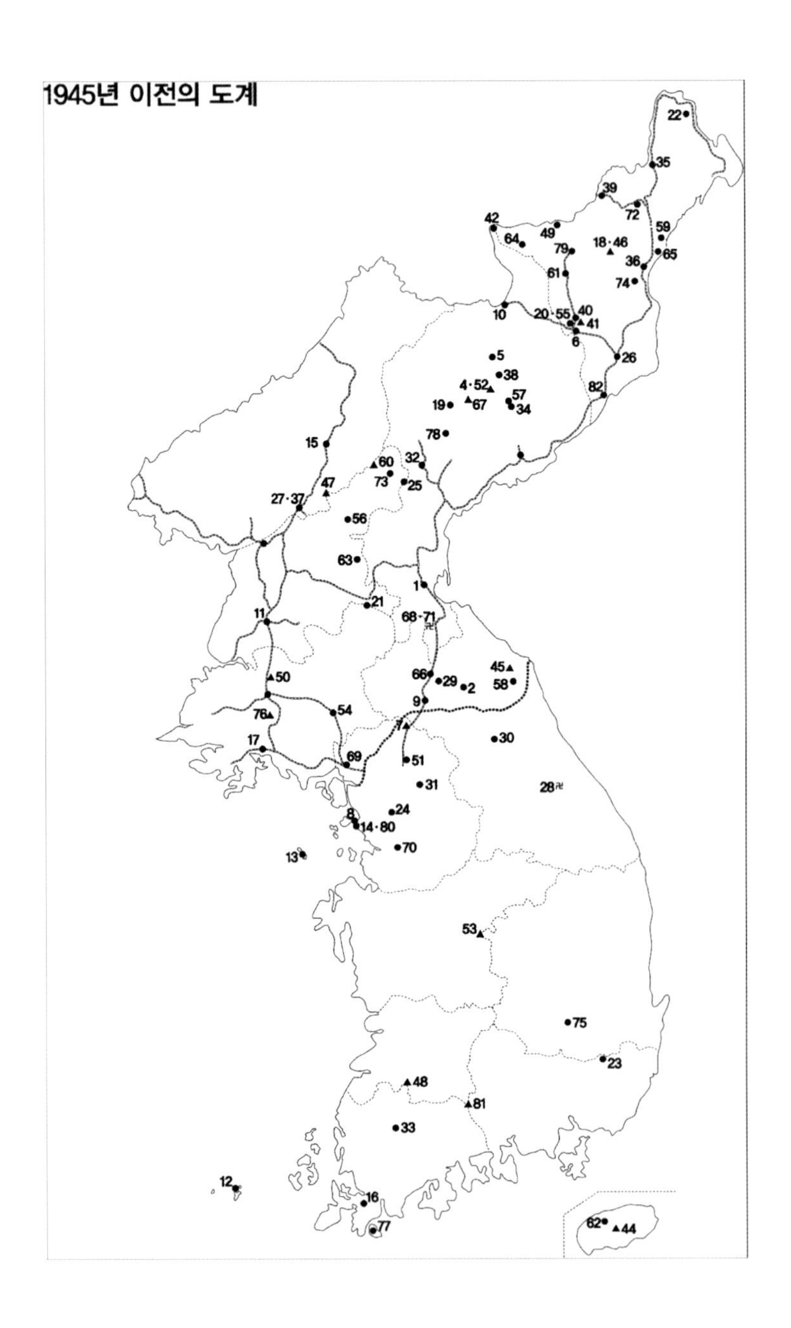

22
35
39
72
42
49
59
64
79
18·46
65
36
61
74
10
20·55
40
41
6
5
26
38
4·52
82
57
19
67
34
78
15
60
32
73
25
47
27·37
56
63
1
21
11
68·71
45
66
29
2
58
50
9
76
54
7
30
17
69
51
28
31
24
8
14·80
70
13
53
75
23
48
81
33
12
16
77
62
44

날개 편 길이 측정은 개인 연구자 및 각 기관에 보관되어 있는 날개 편 건조표본 중 약 7,000개체를 대상으로 했다. 우리나라 분포지역 표시는 N (North: 북부지방), C (Central: 중부지방), S (South: 남부지방)으로 크게 나누어 표시했으며, 각 행정구역명은 '그림 검색표'에서 나타낸 바와 같다. 북한의 나비 분포 자료는 많지 않아 개마고원 등 명시된 지역은 원문 그대로 인용했으나, 그 외는 북부지방으로 표시했다. 그리고 약 북위 35° 이남에서 자생하는 경우 남부지방 분포로 표시했다. 북한명은 임홍안(1987, 1996), 주동률과 임홍안(1987, 2001)을 참조 했으며, 다른 경우 가장 최근에 발표된 북한 문헌을 기준으로 했다. 날개 편 건조표본의 개체별 정보는 도명, 최종지역 명, 행정지역 명, 채집 일, 월, 년, 채집자, 표본 소장자(처) 순서로 나타내 향후 다른 연구에서도 각 표본의 정보를 활용할 수 있도록 했다. 그리고 개체별 표본정보에서 간혹 날짜 앞에 표시된 'em.'은 emerged의 약자로 사육 개체가 날개돋이한 날을 뜻한다.

각 지방자치단체는 다음과 같은 약자로 표기했다.

[HB]: Hamgyeongbuk-do (North Korea)
[HN]: Hamgyeongnam-do (North Korea)
[YG]: Yanggang-do (North Korea)
[JG]: Jagang-do (North Korea)
[PB]: Pyeonganbuk-do (North Korea)
[PN]: Pyeongannam-do (North Korea)
[HHb]: Hwanghaebuk-do (North Korea)
[HHn]: Hwanghaenam-do (North Korea)
[GB]: Gyeongsangbuk-do (South Korea)
[GN]: Gyeongsangnam-do (South Korea)
[JB]: Jeollabuk-do (South Korea)
[JN]: Jeollanam-do (South Korea)
[JJ]: Jeju-do (South Korea)
[Seoul]: Seoul Metropolitan (South Korea)
[Incheon]: Incheon Metropolitan (S.Korea)
[Daejeon]: Daejeon Metropolitan (S.Korea)

[GW]: Gangwon-do (South Korea)

[GG]: Gyeonggi-do (South Korea)

[CB]: Chungcheongbuk-do (South Korea)

[CN]: Chungcheongnam-do (South Korea)

[Ulsan]: Ulsan Metropolitan (S.Korea)

[Daegu]: Daegu Metropolitan (S.Korea)

[Busan]: Busan Metropolitan (S.Korea)

[Gwangju]: Gwangju Metropolitan (S.Korea)

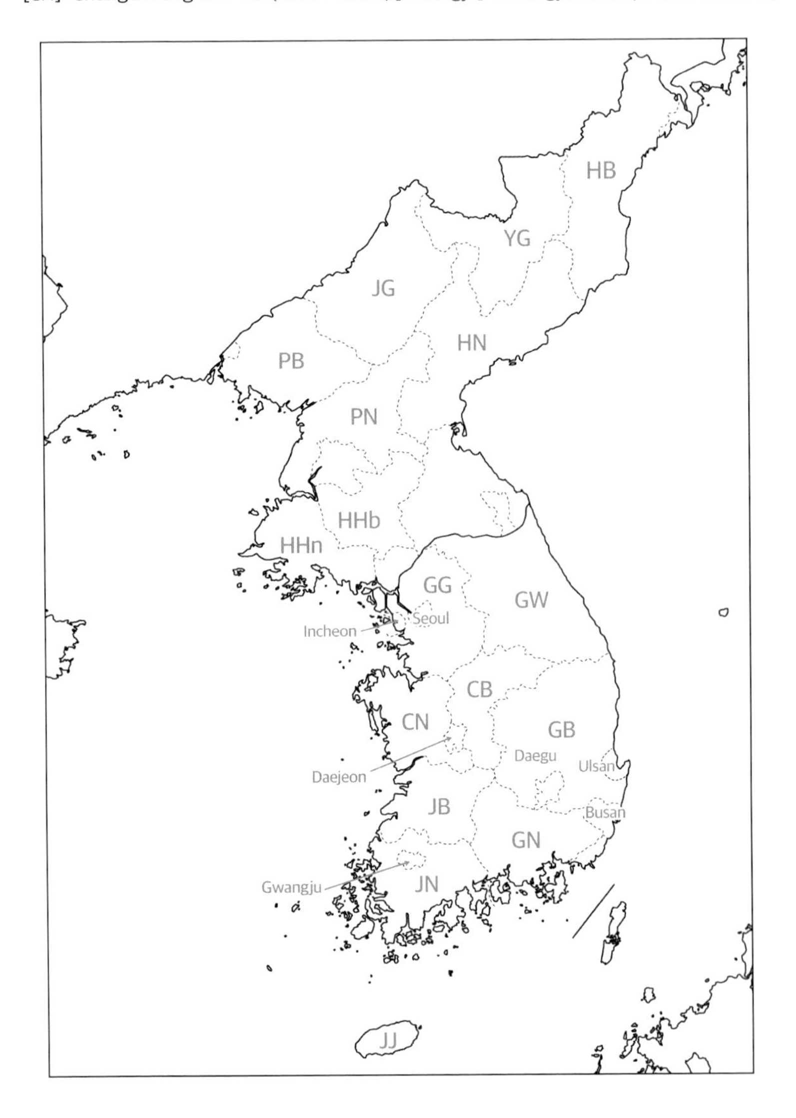

날개를 편 건조 표본의 소장처 또는 소장자는 채집자 다음에 표시했으며, 다음과 같은 약자로 표시했다.

KPIC: Instituted of Korean Peninsula Insects Conservation (한반도곤충보전연구소)
UIB: Division of Life Sciences, University of Incheon (인천대학교 동물분류학연구실)
HUNHM: Natural History Museum, Hannam University (한남대자연사박물관)
KUNHM: Natural History Museum, Kyung Hee University (경희대자연사박물관)
BCCK: Butterfly Conservation Center of Korea (한국나비보전센터)
HPEP: Hampyeong Ecological Park (함평자연생태공원)
KYU: Kyushu University, Japan (큐슈대학교, 일본)
SYH: Shin Yoohang (신유항)
PDH: Park Dongha (박동하)
AHG: Ahn Honggyun (안홍균)
MWK: Min Wanki (민완기)
SSG: Sohn Sanggyu (손상규)
PSK: Park Sangkyu (박상규)
KKW: Kim Kiwon (김기원)
MC: Micro Cosmos co., Ltd (작은세상㈜)
KYS: Kim Yongsik (김용식)
KSS: Kim Sungsoo (김성수)
LYJ: Lee Yeongjun (이영준)
HHL: Han hwilim (한휘림)
OY: Yoshimi Oshima.

The specimens of the natural environment include long-periodic history of the environmental changes in the earth. The specimens, including amateur and professional collections, provide dates and places of the site of collection that give useful information to study the environmental changes of the past. More importantly, the specimens provide important clues to anticipate changes of the ecosystem in the future.

Among the specimens of the natural environment, the butterfly species are very intimate and easy to collect. In addition, butterflies are not difficult to make into well displayed specimens. Due to the familiarity of butterfly species, institutions, societies and individuals, including professional and amateurs, find pleasure in collecting butterflies. The collected specimens are utilized as useful sources to provide information in environmental research and in educational areas. However, sadly individuals and amateurs alike have difficulty accessing institutional specimens for observation. In addition, there exist very few databases of specimens from individual and amateur collectors. Thus, these limitations offer very little access to specimens for various purposes such as research and education.

The photodocumentation of butterfly specimens, with well adjusted and dried wings from amateurs and individuals, requires a considerable amount of time and effort to compile a database. The accumulated database of specimens; however, does not need much physical space and will save time in the use for individuals, professionals and educational purposes. Thus, the convenience of a butterfly specimen database will provide easy access for use and will also provide useful information for environmental research and other educational areas.

The current illustration of photographic and pictorial butterfly specimens is displayed as an appendix that is already published titled "Butterflies in The Korean Peninsula" and includes 280 species. The order of specimen species is the same as the order in "Butteflies in The Korea Peninsula". The orthographical English locations and names in the current illustration are complied by the Romanic Orthography of Korean (notification No. 2000-3(4, 8) of the Ministry of Culture, Sports and Tourism). In addition, the orthographical English of country names was complied in compliance with the eighth Article. The current illustration includes nearly 7,000 butterfly specimens, with adjusted length of wings. The abbreviations of local autonomous entities are the following: [HB]: Hamgyeongbuk-do (North Korea), HN]: Hamgyeongnam-do (North Korea), [YG]: Yanggang-do (North Korea), [JG]: Jagang-do (North Korea), [PB]: Pyeonganbuk-do (North Korea), [PN]: Pyeongannam-do (North Korea), [HHb]: Hwanghaebuk-do (North Korea), [HHn]: Hwanghaenam-do (North Korea), [GW]: Gangwon-do (South & North Korea), [GG]: Gyeonggi-do (South Korea), [CB]: Chungcheongbuk-do (South Korea), [CN]: Chungcheongnam-do (South Korea), [GB]: Gyeongsangbuk-do (South Korea), [GN]: Gyeongsangnam-do (South Korea), [JB]: Jeollabuk-do (South Korea), [JN]: Jeollanam-do (South Korea), [JJ]: Jeju-do (South Korea), [Seoul]: Seoul Metropolitan (South Korea), [Incheon]: Incheon Metropolitan (S.Korea), [Daejeon]: Daejeon Metropolitan (South Korea),

[Ulsan]: Ulsan Metropolitan (South Korea), [Daegu]: Daegu Metropolitan (South Korea), [Busan]: Busan Metropolitan (South Korea), [Gwangju]: Gwangju Metropolitan (South Korea).

The original collectors are identified first, followed by the places and the names of the collections as noted and displayed with the following abbreviations: KPIC (Instituted of Korean Peninsula Insects Conservation), UIB (Division of Life Sciences, University of Incheon), HUNHM (Natural History Museum, Hannam University), KUNHM (Natural History Museum, Kyung Hee University), KYU (Kyushu University, Japan), BCCK (Butterfly Conservation Center of Korea), HPEP (Hampyeong Ecological park), SYH (Shin Yoohang), PDH (Park Dongha), AHG (Ahn Honggyun), MWK (Min Wanki), SSG (Sohn Sanggyu), PSK (Park Sangkyu), KKW (Kim Kiwon), MC (Micro Cosmos co., Ltd), KYS (Kim Yongsik), KSS (Kim Sungsoo), LYJ (Lee Yeongjun), HHL (Han hwilim), and OY (Yoshimi Oshima).

나비목 팔랑나비상과

팔랑나비과

HESPERIIDAE Latreille, 1809

Pal-rang-na-bi-gwa

세계에 4,100종 이상이 알려졌으며, 나비 무리 중에서 작은 크기 또는 보통 크기에 속한다. 더듬이는 짧고, 끝이 뭉툭한 갈고리 모양이어서 다른 과(family)의 종들과 구별된다. 몸이 뚱뚱하고, 날개가 작아 재빠르게 날아다닌다. 그 모습이 팔랑팔랑(아주 가볍고도 재빠르게 잇따라 행동하는 모양)거린다고 해서 '팔랑나비'라는 이름이 붙었다. 한반도에는 4아과 37종이 알려졌으며, 북한 과명은 '희롱나비과'다.

애벌레는 잎말이나방 무리와 비슷하게 먹이식물의 잎을 엮고, 그 속에서 잎을 갉아 먹다가 번데기가 된다. 애벌레의 먹이식물은 나자식물인 주목과, 피자식물인 벼과, 사초과, 마과, 장미과, 참나무과, 콩과, 운향과, 나도밤나무과, 두릅나무과, 질경이과, 인동과 식물이다. 줄꼬마팔랑나비는 특이하게 침엽수인 주목과 식물(비자나무)을 다른 먹이식물과 함께 이용한다. 이 중 16종이 벼과 식물을 먹이식물로 이용하고 있어 벼과 식물에 기주 특이성이 가장 높다. 어른벌레는 대부분 낮에 활발히 활동하나 큰수리팔랑나비와 같이 늦은 오후부터 해질녘까지 활발한 종도 있다. 암수 모두 꽃 꿀을 빨며, 수컷은 축축한 땅바닥에 모여 물을 빨기도 한다. 독수리팔랑나비 등은 동물의 배설물뿐만 아니라 마른 건어물에도 잘 모인다. 들판부터 높은 산지까지 다양한 곳에서 이른 봄부터 늦가을까지 관찰된다.

수리팔랑나비아과 COELIADINAE Evans, 1897

Su-ri-pal-rang-na-bi-a-gwa

세계에 약 100종이 알려졌으며, 한반도에는 *Bibasis*, *Choaspes*의 2속 3종이 알려졌다. 이 중 큰수리팔랑나비는 멸종위기야생생물 II급 및 국외반출승인대상생물종이며, 독수리팔랑나비는 국외반출승인대상생물종, 푸른큰수리팔랑나비는 국외반출승인대상생물종 및 국가기후변화생물지표종이다. 크기가 큰 팔랑나비 무리로 아랫입술수염 두 번째 마디부터 위로 향해 있고, 세 번째 마디는 비늘가루(Scale, 鱗片)로 덮여 있지 않아 다른 팔랑나비과의 아과들과 구별된다. 대부분 상록수림 내에 산다. 애벌레의 먹이식물은 두릅나무과, 나도밤나무과 식물이다.

흰점팔랑나비아과 PYRGINAE Burmeister, 1878

Huin-jeom-pal-rang-na-bi-a-gwa

세계에 약 1,500종이 알려졌다. 대부분 열대지역에 분포하나, 유라시아에도 많은 종이 분포한다. 한반도에는 *Lobocla* 등 7속 11종이 알려졌으며, 이 중 대왕팔랑나비는 국외반출승인대상생물종이다. 애벌레의 먹이식물은 콩과, 참나무과, 장미과, 운향과, 마과 식물이며, 장미과 식물을 먹이로 이용하는 종이 많다. 일반적으로 햇볕을 쬘 때는 날개를 쫙 펴고, 쉴 때는 날개를 완전히 접기 때문에 팔랑나비과의 다른 아과들과 구별된다. 다양한 종류의 꽃 꿀을 빨며, 수컷은 축축한 땅에서 물을 빤다.

돈무늬팔랑나비아과 HETEROPTERINAE Aurivillius, 1925

Don-mu-nui-pal-rang-na-bi-a-gwa

세계에 약 180종이 알려졌다. 한반도에는 *Carterocephalus* 등 3속 6종이 알려졌으며, 이 중 은줄팔랑나비는 국외반출승인대상생물종이다. 배가 가늘고 길어 팔랑나비과의 다른 아과들과 구별된다. 아랫입술수염은 앞으로 튀어나왔으며, 두 번째 마디에 털이 많다. 날개는 황색 또는 흑갈색을 띠며, 암컷과 수컷의 날개 무늬는 비슷하다. 애벌레는 대부분 벼과 식물을 먹으며, 먹이식물의 줄기 안에서 생활한다.

팔랑나비아과 HESPERIINAE Latreille, 1809

Pal-rang-na-bi-a-gwa

세계에 2,100종 이상이 알려졌으며, 한반도에는 *Thymelicus* 등 9속 17종이 알려졌다. 날개는 대부분 주황색 또는 황갈색을 띠며, 다양한 무늬가 있다. 앞날개와 뒷날개를 다른 각도로 펼치고 쉬기 때문에 팔랑나비과의 다른 아과들과 구별된다. 다양한 종류의 꽃 꿀을 빨며, 대량 발생하는 종이 많다. 애벌레의 먹이식물은 벼과 식물 또는 사초과 식물이다.

1 독수리팔랑나비 *Bibasis aquilina* (Speyer, 1879)

Dok-su-ri-pal-rang-na-bi

한반도에서는 중북부의 산림지역에 국지적으로 분포한다. 남한에서는 강원도 산지가 주요 분포지이나, 최근 경기도 화야산 등 관찰되는 지역이 넓어지고 있다. 연 1회 발생하며, 6월 말부터 8월에 걸쳐 볼 수 있다. 7월 초에 암수 모두 여러 가지 꽃에서 꿀을 빠는 모습을 볼 수 있으며, 이 시기 강원도의 산지를 찾아가면 쉽게 만날 수 있다. 1919년 Matsumura가 *Ismene acquilina*로 처음 기록했으며, 현재의 국명은 석주명(1947: 9)에 의한 것이다.

Wingspan. ♂♀ 36~41㎜.
Distribution. Korea (N·C), South Primorye (Russia), Japan, NE.China.
North Korean name. Dok-su-ri-hui-rong-na-bi (독수리희롱나비).

Male. [GW] Gyebangsan (Mt.), Pyeongchang-gun, 10. VII. 1998 (ex coll. Paek Munki-KPIC)

Female. [GW] Haesanryeong, Hwacheon-gun, 2. VII. 2011 (ex coll. Paek Munki-KPIC)

2 큰수리팔랑나비 *Bibasis striata* (Hewitson, [1867])

Keun-su-ri-pal-rang-na-bi

남한에서는 중부지방인 광릉(국립수목원 일대 포함)에 분포했으나, 최근 관찰 기록이 없다. 북한에서는 문헌상 분포지가 서부, 중부로 표기되어 있어 출현 지역이 명확하지 않다. 연 1회 발생하며, 6월 중순부터 8월 중순에 걸쳐 나타난다. 아래 표본을 채집할 때는 해질 무렵 참나무 숲에서 활발히 활동했으며, 참나무 진에 모였다. 남한에서는 2012년 멸종위기야생생물 II급으로 지정된 보호종이나, 앞으로 절멸될 가능성이 높다. 1923년 Okamoto가 *Ismene septentrionis*로 처음 기록했으며, 현재의 국명은 석주명(1947: 10)에 의한 것이다.

Wingspan. ♂♀ 50~55㎜.
Distribution. Korea (C), W.China, Vietnam.
North Korean name. Su-ri-hui-rong-na-bi (수리희롱나비).

Male. [GG] Gwangreung, Namyangju-si, 10. VIII. 1959 (ex coll. Shin Yoohang-KUNHM)

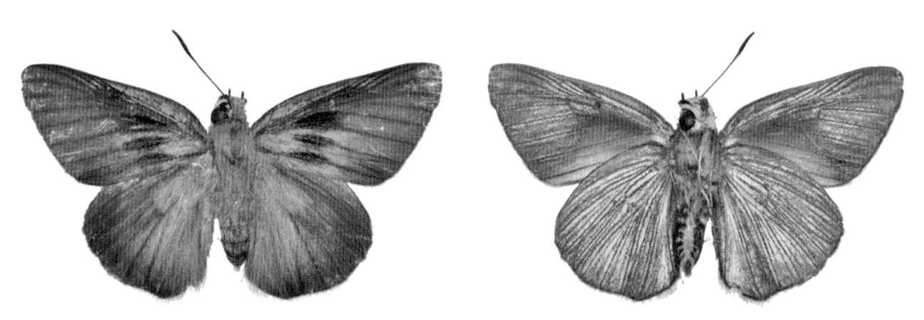

Female. [GG] Gwangreung, Namyangju-si, 25. VII. 1959 (ex coll. Shin Yoohang-KUNHM)

3 푸른큰수리팔랑나비 *Choaspes benjaminii* (Guérin-Méneville, 1843)

Pu-reun-keun-su-ri-pal-rang-na-bi

한반도에서는 남부지방의 활엽수림에 살며, 여름에는 중부지방에서도 볼 수 있다. 연 2회 발생하며, 5월부터 8월에 걸쳐 나타난다. 서해안 중부의 경우, 덕적군도 일대에서 여름철에 지속적으로 관찰되며, 서해안에서 확인된 최북단지역은 대청도다. 최근 중부지방을 중심으로 관찰지가 확산되고 있는 추세이나, 강원도 및 경상북도 동해안지역에서는 관찰 기록이 없다. 1919년 Doi가 *Rhopalocampta benjamini japonica*로 처음 기록했으며, 현재의 국명은 석주명(1947: 10)에 의한 것이다.

Wingspan. ♂♀ 46~50㎜.
Distribution. Korea (S), Japan, Taiwan, India-Assam, N.Burma.
North Korean name. Pu-reun-hui-rong-na-bi (푸른희롱나비).

Male. [Incheon] Daecheongdo (Is.), Ongjin-gun, 6. VIII. 2010 (ex coll. Paek Munki-KPIC)

Female. [Incheon] Daecheongdo (Is.), Ongjin-gun, 6. VIII. 2010 (ex coll. Paek Munki-KPIC)

4 왕팔랑나비 *Lobocla bifasciata* (Bremer et Grey, 1853)

Wang-pal-rang-na-bi

한반도 전역에 분포하며, 개체수는 보통이다. 연 1회 발생하며, 5월 말부터 7월에 걸쳐 나타난다. 칡, 아까시나무 등이 애벌레의 먹이식물이어서 높은 산지보다는 낮은 산지에서 쉽게 관찰된다. 7월에는 개망초, 큰금계국 꽃에 잘 모이며, 땅에 앉아 쉬는 모습도 종종 볼 수 있다. 1883년 Butler가 *Plesioneura bifasciata*로 처음 기록했으며, 현재의 국명은 석주명(1947: 10)에 의한 것이다.

Wingspan. ♂ 40~42㎜, ♀ 44~46㎜.
Distribution. Korea (N·C·S), Ussuri region, Indochina-China, Taiwan.
North Korean name. Keun-geom-eun-hui-rong-na-bi (큰검은희롱나비).

Male. [Incheon] Hagonggyeongdo (Is.), Ongjin-gun, 5. VII. 2009 (ex coll. Paek Munki-KPIC)

Female. [Seoul] Sinjeongsan (Mt.), Yangcheon-gu, 16. VI. 1990 (ex coll. Paek Munki-KPIC)

5 왕흰점팔랑나비 *Muschampia gigas* (Bremer, 1864)

Wang-huin-jeom-pal-rang-na-bi

한반도에서는 북부지방의 산지를 중심으로 국지적 분포하며, 개체수가 적다. 연 1회 발생하며, 7월 중순부터 8월 중순에 걸쳐 나타난다. 먹이식물은 알려지지 않았다. 1923년 Okamoto가 *Hesperia gigas*로 처음 기록했으며, 현재의 국명은 석주명(1947: 10)에 의한 것이다. 이전에는 *M. gigas* (Bremer, 1864)의 동물이명(synonym)인 *S. tessellum gigas*로 적용하기도 했다. *M. tessellum* (Hübner, [1800~1803])은 현재 S.Balkans, Asia Minor, S.Russia, Iran, Kazakhstan-Mongolia-Yakutia 등지에 분포하며, 북한과 연접한 아무르 지방, 우수리 지방 등에는 분포하지 않는다.

Wingspan. ♂ 28㎜.
Distribution. Korea (N), E.China-Amur region.
North Korean name. Keun-huin-jeom-hui-rong-na-bi (큰흰점희롱나비).

Male. [China] Seoldaesan (Mt.), Hunchun, 13. VII. 2012 (ex coll. Sohn Sangkyu-SSK)

6 함경흰점팔랑나비 *Spialia orbifer* (Hübner, 1823)

Ham-gyeong-huin-jeom-pal-rang-na-bi

한반도에는 북부지방의 산지 내 풀밭 중심으로 국지적 분포한다. 연 1회 발생하며, 6월 중순부터 8월 초에 걸쳐 나타난다. 1932년 Sugitani가 북한의 무산령 표본을 사용해 *Hesperia orbifer*로 처음 기록했으며, 현재의 국명은 석주명(1947: 10)에 의한 것이다. 아래 표본은 *Spialia orbifer lugens* (Staudinger, 1886)다.

Wingspan. ♂ 27㎜.
Distribution. Korea (N), Temperate Asia, SE.Europe.
North Korean name. Huin-jeom-hui-rong-na-bi (흰점희롱나비).

Male. [Mongolia] Bayanchandman, Tov, 10. VII. 2010 (ex coll. Yoshimi Oshima-OY)

7 멧팔랑나비 *Erynnis montanus* (Bremer, 1861)

Mes-pal-rang-na-bi

한반도 전역에 산지를 중심으로 폭넓게 분포한다. 이른 봄에 가장 빨리 볼 수 있는 나비 중 한 종이며, 개체수가 많다. 연 1회 발생하며, 중남부지방에서는 3월 말부터 5월에 걸쳐 나타나고, 높은 산지에서는 6월 초까지 관찰되기도 한다. 북부지방에서는 4월 말부터 6월 초에 걸쳐 나타난다. 1887년 Fixsen이 *Nisoniades montanus*로 처음 기록했으며, 현재의 국명은 김헌규와 미승우(1956: 403)에 의한 것이다. 국명이명으로는 석주명(1947: 9)의 '메팔랑나비', 조복성 등(1963: 191; 1968: 255)의 '묏팔랑나비'와 조복성과 김창환(1956: 61), 이영준(2005: 23)의 '두메팔랑나비'가 있다.

Wingspan. ♂ 31~37㎜, ♀ 37~39㎜.
Distribution. Korea (N·C·S), S.China-Amur region, Japan, Taiwan.
North Korean name. Mes-hui-rong-na-bi (멧희롱나비).

Male. [GG] Yeoninsan (Mt.), Gapyeong-gun, 12. IV. 2004 (ex coll. Paek Munki-KPIC)

Female. [GG] Haeryongsan (Mt.), Dongducheon-si, 17. V. 2010 (ex coll. Paek Munki-KPIC)

8 꼬마멧팔랑나비 *Erynnis popoviana* Nordmann, 1851

Kko-ma-mes-pal-rang-na-bi

한반도에서는 북부지방의 높은 산지에 국지적으로 분포한다. 연 1회 발생하며, 5월 말부터 7월 중순에 걸쳐 나타난다. 1932년 Doi가 *Thanaos teges popovianus*로 처음 기록했으며, 현재의 국명은 김헌규와 미승우(1956: 403)에 의한 것이다. 국명이명으로는 석주명(1947: 9)의 '꼬마메팔랑나비'가 있다. 근연종인 *Erynnis tages* (Linnaeus, 1758)는 C.Europe, S.Europe, Russia, Siberia, C.Asia, China, Amur 등지에 광역 분포하므로 한반도 북부지방에 출현할 가능성이 있다.

Wingspan. ♂ 29㎜.
Distribution. Korea (N), Ussuri region, China, Mongolia, Europe.
North Korean name. Jak-eun-mes-hui-rong-na-bi (작은멧희롱나비).

Male. [Mongolia] Helanshan (Mt), Autonomous Region, 26. VI. 2010 (ex coll. Han hwilim-HHL)

9 흰점팔랑나비 *Pyrgus maculatus* (Bremer et Grey, 1853)

Huin-jeom-pal-rang-na-bi

한반도에서는 산지의 숲 가장자리나 숲길 주변 풀밭을 중심으로 국지적 분포하나, 울릉도에서는 관찰 기록이 없다. 개체수가 적은 편이나, 강원도 영월 지역에서는 쉽게 볼 수 있으며, 농경지 주변 풀밭뿐만 아니라 산간 도로변 조경지의 풀밭에서도 종종 관찰된다. 연 2회 발생하며, 4월부터 8월에 걸쳐 나타난다. 1887년 Fixsen이 *Syrichthus maculatus*로 처음 기록했으며, 현재의 국명은 석주명(1947: 10)에 의한 것이다.

Wingspan. Spring form: ♂♀ 24~25㎜, Summer form: ♂♀ 27~30㎜.
Distribution. Korea (N·C·S), S.Siberia (Altai-Ussuri), Japan.
North Korean name. Al-rak-hui-rong-na-bi (알락희롱나비).

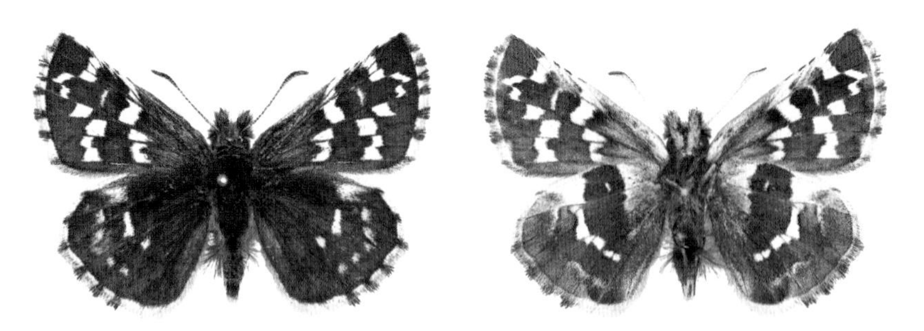

Male. [GW] Ssangryong-ri, Yeongwol-gun, 15. IV. 2011 (ex coll. Paek Munki-KPIC)

Female. [GB] Bohyeonsan (Mt.), Yeongcheon-si, 29. IV. 2009 (ex coll. Paek Munki-KPIC)

Male. [GW] Changwon-ri, Yeongwol-gun, 18. VII. 2010 (ex coll. Paek Munki-KPIC)

Female. [GW] Ssangryong-ri, Yeongwol-gun, 29. VII. 2010 (ex coll. Park Dongha-PDH)

Female. [CB] Annae-myeon, Okcheon-gun, 18. VII. 1986 (ex coll. Jeong Yeongwon-HUNHM)

10 꼬마흰점팔랑나비 *Pyrgus malvae* (Linnaeus, 1758)

Kko-ma-huin-jeom-pal-rang-na-bi

한반도에서는 제주도, 울릉도 및 남부 일부 지역을 제외하고 국지적으로 분포한다. 남한에서는 개체수가 적으며, 강원도와 경상북도 산지의 숲 가장자리나 임도 주변 풀밭을 중심으로 관찰된다. 연 1회 발생하며, 4월부터 5월에 걸쳐 나타난다. 북한에서는 연 2회 발생하며, 5월 초부터 8월 말에 걸쳐 나타난다. 1923년 Okamoto가 *Hesperia malvae*로 처음 기록했으며, 현재의 국명은 석주명(1947: 10)에 의한 것이다.

Wingspan. ♂♀ 22~24㎜.
Distribution. Korea (N·C), Amur region, Japan, Asia Minor, Mongolia, Europe.
North Korean name. Kko-ma-al-rak-hui-rong-na-bi (꼬마알락희롱나비).

Male. [GW] Ssangryong-ri, Yeongwol-gun, 18. IV. 1989 (ex coll. Shin Yoohang-KUNHM)

Female. [GB] Ilwolsan (Mt.), Yeongyang-gun, 28. IV. 2012 (ex coll. Paek Munki-KPIC)

11 혜산진흰점팔랑나비 *Pyrgus alveus* (Hübner, 1802)

Hye-san-jin-huin-jeom-pal-rang-na-bi

한반도에는 북부지방의 높은 산지 풀밭을 중심으로 국지적 분포한다. 연 1회 발생하며, 6월 중순부터 7월 중순에 걸쳐 나타난다. 1933년 Doi가 함경북도 무산령 표본을 사용해 *Hesperia alveus*로 처음 기록했으며, 현재의 국명은 석주명(1947: 10)에 의한 것이다. 석주명(1947: 10), 조복성(1959: 86), 김창환(1976)과 이영준(2005)은 본 종을 '혜산진흰점팔랑나비'이라 했고, *speyeri*를 '북방흰점팔랑나비'로 취급했다. 국명 적용은 이에 따랐다.

Wingspan. ♂♀ 27~32㎜.
Distribution. Korea (N), Siberia, Altai, Europe, N.Africa.
North Korean name. Huin-jeom-al-rak-hui-rong-na-bi (흰점알락희롱나비).

Male. [YG] Hyesan-si, 10~15. VII. 2003 (ex coll. Unknown-PDH)

Male. [Mongolia] Bayanchandman, Töv, 10. VII. 2010 (ex coll. Yoshimi Oshima-OY)

12 북방흰점팔랑나비 *Pyrgus speyeri* (Staudinger, 1887)

Buk-bang-huin-jeom-pal-rang-na-bi

한반도에는 북부지방의 산지 중심으로 국지적 분포한다. 연 1회 발생하며, 7월 중순부터 8월 중순에 걸쳐 나타난다. 1923년 Okamoto가 *Hesperia speyeri*로 처음 기록했으며, 현재의 국명은 조복성(1959: 88)에 의한 것이다. 국명이명으로는 석주명(1947: 10), 김헌규와 미승우(1956: 404), 김헌규(1960: 260)의 '북선흰점팔랑나비'가 있다.

Wingspan. ♂ 27㎜.
Distribution. Korea (N), Amur and Ussuri region, Sayan, Transbaikal.
North Korean name. Buk-bang-al-rak-hui-rong-na-bi (북방알락희롱나비).

Male. [China] Hwaryong-si, Jilin, 3. VIII. 2012 (ex coll. Sohn Sangkyu-SSK)

13 대왕팔랑나비 *Satarupa nymphalis* (Speyer, 1879)

Dae-wang-pal-rang-na-bi

한반도산 팔랑나비 무리 중에서 가장 크다. 남한에서는 지리산 일대 등 남부지역에서도 기록이 있으나 경기도, 강원도의 중부지역이 주요 분포지이며, 산지를 중심으로 국지적 분포한다. 연 1회 발생하고, 6월 말부터 8월에 걸쳐 나타난다. 7월 말 큰까치수염 꽃에 잘 모이나 개체수가 적다. 1926년 Okamoto가 강원도 금강산 표본을 사용해 *Satarupa sugitanii* 로 처음 기록했으며, 현재의 국명은 석주명(1947: 10)에 의한 것이다.

Wingspan. ♂♀ 59~65㎜.
Distribution. Korea (N·C), Amur and Ussuri region, Sayan, Transbaikal.
North Korean name. Geum-gang-hui-rong-na-bi (금강희롱나비).

Male. [GW] Bokjusan (Mt.), Cheolwon-gun, 13. VII. 2000 (ex coll. Paek Munki et al.-UIB)

Female. [GW] Gwangdeoksan (Mt.), Hwacheon-gun, 24. VII. 2010 (ex coll. Paek Munki-KPIC)

14 왕자팔랑나비 *Daimio tethys* (Ménétriès, 1857)

Wang-ja-pal-rang-na-bi

한반도에서는 섬 지역을 포함해 폭넓게 분포하며, 개체수가 많다. 연 2회 발생하며, 5월부터 9월에 걸쳐 나타난다. 개망초 꽃에 잘 모이며, 한낮에 햇볕을 쬐며 쉬는 모습을 자주 볼 수 있다. 뒷날개 중앙부의 흰 띠는 지역에 따라 다르게 나타나는 경우가 많고, 특히 제주도산은 폭이 넓다. 1887년 Fixsen이 *Daimio tethys*로 처음 기록했으며, 현재의 국명은 석주명(1947: 9)에 의한 것이다.

Wingspan. ♂ 33~35㎜, ♀ 36~38㎜.
Distribution. Korea (N·C·S), Amur region, S.Ussuri region, E.Siberia, Japan, Taiwan.
North Korean name. Kko-ma-geum-gang-hui-rong-na-bi (꼬마금강희롱나비).

Male. [JN] Maraesan (Mt.), Yeosu-si, 21. VIII. 2008 (ex coll. Paek Munki-KPIC)

Female. [GG] Daebusan (Mt.), Yangpyeong-gun, 28. VII. 2007 (ex coll. Paek Munki-KPIC)

15 북방알락팔랑나비 *Carterocephalus palaemon* (Pallas, 1771)

Buk-bang-al-rak-pal-rang-na-bi

한반도에서는 북부지방 아고산지대의 풀밭을 중심으로 국지적 분포한다. 남한에서는 설악산, 오대산, 태백산 일대에 관찰 기록이 있는 희소종이며, 자생하지는 않는다. 연 1회 발생하며, 6월 말부터 8월에 걸쳐 나타난다. 1923년 Okamoto가 함경북도 차령지역 표본을 사용해 *Pamphila abax*로 처음 기록했으며, 현재의 국명은 석주명(1947: 9)에 의한 것이다.

Wingspan. ♀ 26~27㎜.
Distribution. Korea (N), Japan, Temperate Asia, Europe.
North Korean name. Buk-bang-no-rang-jeom-hui-rong-na-bi (북방노랑점희롱나비).

Female. [YG] Hyesan-si, 10~15. VII. 2003 (ex coll. Unknown-AHG)

16 수풀알락팔랑나비 *Carterocephalus silvicola* (Meigen, 1829)

Su-pul-al-rak-pal-rang-na-bi

한반도에서는 지리산 이북지역에 국지적으로 분포하며, 해안지역에서는 관찰되지 않는다. 연 1회 발생하며, 5월부터 7월에 걸쳐 나타난다. 남한에서는 강원도 산지의 풀밭 또는 산길 주변의 여러 가지 꽃에서 쉽게 관찰되며, 5월 말~6월 초에 개체수가 많다. 1923년 Okamoto가 *Pamphila silvius*로 처음 기록했으며, 현재의 국명은 석주명(1947: 9)에 의한 것이다.

Wingspan. ♂♀ 26~29㎜.
Distribution. Korea (N·C), Kamschatka, Siberia, Amur region, Japan, Europe.
North Korean name. Su-pul-al-rak-jeom-hui-rong-na-bi (수풀알락점희롱나비).

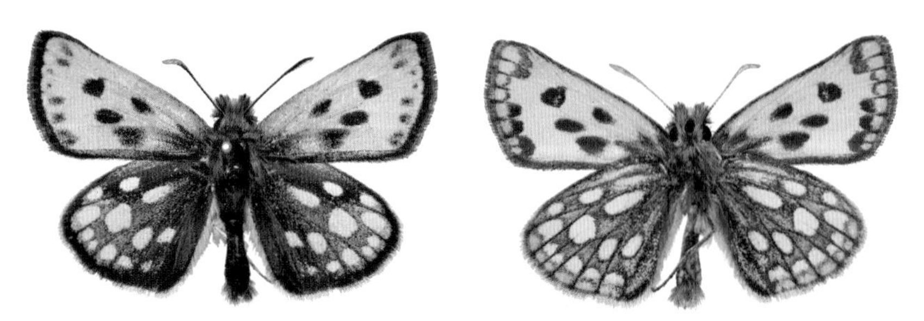

Male. [GW] Gwangdeoksan (Mt.), Hwacheon-gun, 21. V. 1992 (ex coll. Paek Munki-KPIC)

Female. [GW] Gyebangsan (Mt.), Pyeongchang-gun, 4. VI. 2009 (ex coll. Paek Munki-KPIC)

17 은점박이알락팔랑나비

Carterocephalus argyrostigma Eversmann, 1851

Eun-jeom-bak-i-al-rak-pal-rang-na-bi

한반도에는 관모봉 일대 등 동북부 높은 산지의 풀밭에 국지적으로 분포하며, 개체수가 적다. 연 1회 발생하며, 5월 말부터 6월에 걸쳐 나타난다. 1936년 Doi가 함경북도 길주 지역 표본을 사용해 *Pamphila argyrostigma*로 처음 기록했으며, 현재의 국명은 석주명(1947: 9)에 의한 것이다.

Wingspan. ♂ 25~27㎜.
Distribution. Korea (N), S.Siberia, Mongolia.
North Korean name. Eun-al-rak-jeom-hui-rong-na-bi (은알락점희롱나비).

Male. [Mongolia] Helanshan (Mt.), Autonomous Region, 26. VI. 2010 (ex coll. Han hwilim-HHL)

18 참알락팔랑나비 *Carterocephalus dieckmanni* Graeser, 1888

Cham-al-rak-pal-rang-na-bi

한반도에는 지리산 이북지역의 산지 중심으로 국지적 분포하며, 개체수가 적다. 남한에서는 강원도가 주요 서식지이며, 중남부지방에서는 백두대간 산지를 중심으로 볼 수 있다. 연 1회 발생하며, 5월부터 6월에 걸쳐 나타난다. 햇볕이 잘 드는 숲길 가장자리나 꽃에서 만날 수 있다. 1919년 Doi가 서울지역 표본을 사용해 *Isoteinon* sp.로 처음 기록했으며, 현재의 국명은 김헌규와 미승우(1956: 403)에 의한 것이다. 국명이명으로는 석주명(1947: 9)의 '조선알락팔랑나비'가 있다.

Wingspan. ♂♀ 25~28㎜.
Distribution. Korea (N·C·S), Amur region, Ussuri-N.Burma, NE.China-S.China.
North Korean name. Al-rak-jeom-hui-rong-na-bi (알락점희롱나비).

Male. [GW] Baekamsan (Mt.), Hwacheon-gun, 13. VI. 2000 (ex coll. Paek Munki-UIB)

Female. [GW] Gwangdeoksan (Mt.), Hwacheon-gun, 1. VI. 1987 (ex coll. Min Wanki-UIB)

19 돈무늬팔랑나비 *Heteropterus morpheus* (Pallas, 1771)

Don-mu-nui-pal-rang-na-bi

한반도에서는 지리산 이북지역의 산지 풀밭을 중심으로 국지적 분포한다. 중남부지방에서는 연 2회 발생하며, 5월부터 8월까지 볼 수 있다. 북부지방에서는 연 1회 발생하며, 6월 말부터 8월 중순에 걸쳐 나타난다. 남한지역에서는 최근 관찰 지역 및 개체수가 감소하고 있다. 1887년 Fixsen이 *Cyclopides morpheus*로 처음 기록했으며, 현재의 국명은 석주명(1947: 10)에 의한 것이다.

Wingspan. ♂ 29~34㎜, ♀ 36~38㎜.
Distribution. Korea (N·C·S), Amur region, C.Asia, S.Europe, C.Europe.
North Korean name. No-rang-byeol-hui-rong-na-bi (노랑별희롱나비).

Male. [GG] Gwangreung, Namyangju-si, 6. VI. 1961 (ex coll. Shin Yoohang-KUNHM)

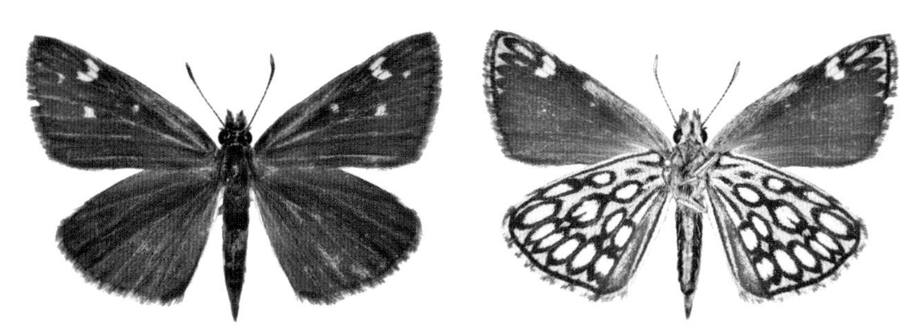

Female. [GG] Jugeumsan (Mt.), Gapyeong-gun, 14. VI. 1992 (ex coll. Paek Munki-KPIC)

20 은줄팔랑나비 *Leptalina unicolor* (Bremer et Grey, 1853)

Eun-jul-pal-rang-na-bi

한반도에서는 국지적 분포하나, 남한에서는 최근 확인된 서식지가 매우 적어 보호가 필요하다. 연 1~2회 발생하며, 제1화는 5월, 제2화는 7월 중순~8월 중순에 산지 풀밭에서 볼 수 있다. 1887년 Fixsen이 *Cyclopides ornatus*로 처음 기록했으며, 현재의 국명은 석주명(1947: 10)에 의한 것이다. 국명이명으로는 조복성(1959: 83), 김헌규와 미승우(1956: 403), 김헌규(1960: 281), 고제호(1969: 189), 김창환(1976: 12)의 '은점팔랑나비'가 있다.

Wingspan. ♂ 26~28㎜, ♀ 30~32㎜.
Distribution. Korea (N·C·S), Amur region, Japan, E.China.
North Korean name. Eun-jul-hui-rong-na-bi (은줄희롱나비).

Male. [Ulsan] Sinbulsan (Mt.), Ulju-gun, 11. V. 2007 (ex coll. Park Dongha-PDH)

Female. [GG] Imjingak, Paju-si, 24. V. 1987 (ex coll. Min Wanki-MWK)

21 두만강꼬마팔랑나비 *Thymelicus lineola* (Ochsenheimer, 1808)

Du-man-gang-kko-ma-pal-rang-na-bi

한반도에서는 북부지방의 산지에 국지적으로 분포하며, 대부분 혼합림 주변 풀밭에서 관찰된다. 연 1회 발생하며, 6월 중순부터 7월에 걸쳐 나타난다. 1936년 Sugitani가 북한의 회령 표본을 사용해 *Adopaea lineola*로 처음 기록했으며, 현재의 국명은 석주명(1947: 9)에 의한 것이다. 국명이명으로는 이승모(1982: 101)의 '두만강팔랑나비'가 있다.

Wingspan. ♂♀ 24~25㎜.
Distribution. Korea (N), Amur region, C.Asia, N.Africa, Europe, North America.
North Korean name. Du-man-gang-geom-eun-jul-hui-rong-na-bi (두만강검은줄희롱나비).

Male. [YG] Hyesan-si, 10~15. VII. 2003 (ex coll. Unknown-AHG)

Female. [China] Taibaishan (Mt.), Shaanxi, Gaojiao, 20. VII. 2010 (ex coll. Han hwilim-HHL)

22 줄꼬마팔랑나비 *Thymelicus leoninus* (Butler, 1878)

Jul-kko-ma-pal-rang-na-bi

한반도에서는 지리산 이북지역을 중심으로 폭넓게 분포하며, 개체수가 많다. 연 1회 발생하며, 6월 중순부터 8월에 걸쳐 나타난다. 활발하고 민첩하게 날아다니며, 숲 가장자리의 여러 가지 꽃에서 쉽게 관찰된다. 1894년 Leech가 북한의 원산 표본을 사용해 *Adopaea leonina*로 처음 기록했으며, 현재의 국명은 석주명(1947: 9)에 의한 것이다.

Wingspan. ♂♀ 26~30㎜.
Distribution. Korea (N·C·S), Amur and Ussuri region, S.China, Japan.
North Korean name. Geom-eun-jul-hui-rong-na-bi (검은줄희롱나비).

Male. [GW] Gwangdeoksan (Mt.), Hwacheon-gun, 24. VII. 2010 (ex coll. Paek Munki-KPIC)

Female. [GG] Naebang-ri, Namyangju-si, 6. VII. 1989 (ex coll. Paek Munki-KPIC)

23 수풀꼬마팔랑나비 *Thymelicus sylvatica* (Bremer, 1861)

Su-pul-kko-ma-pal-rang-na-bi

한반도에서는 산지 중심으로 폭넓게 분포하나, 제주도에서는 관찰되지 않는다. 연 1회 발생하며, 6월 말부터 8월에 걸쳐 나타난다. 활발하고 민첩하게 날아다니며, 숲 가장자리의 여러 가지 꽃에서 쉽게 관찰되나 줄꼬마팔랑나비보다 개체수가 적다. 1882년 Butler가 *Pamphila sylvatica*로 처음 기록했으며, 현재의 국명은 석주명(1947: 9)에 의한 것이다.

Wingspan. ♂♀ 25~28㎜.
Distribution. Korea (N·C·S), Amur and Ussuri region, Japan, SW.China.
North Korean name. Su-pul-geom-eun-jul-hui-rong-na-bi (수풀검은줄희롱나비).

Male. [Incheon] Daecheongdo (Is.), Ongjin-gun, 6. VIII. 2010 (ex coll. Paek Munki-KPIC)

Female. [GW] Changwon-ri, Yeongwol-gun, 18. VII. 2010 (ex coll. Paek Munki-KPIC)

24 꽃팔랑나비 *Hesperia florinda* (Butler, 1878)

Kkot-pal-rang-na-bi

한반도에는 국지적으로 분포하며, 제주도에서도 관찰된다. 연 1회 발생하며, 7월부터 8월에 걸쳐 나타난다. 높은 산지의 풀밭에서 관찰되며, 개체수가 적다. 1887년 Fixsen이 *Hesperia comma*로 처음 기록했으며, 현재의 국명은 석주명(1947: 10)에 의한 것이다. 국명 이명으로는 석주명(1947: 9), 김헌규와 미승우(1956: 403), 조복성(1959: 81), 김헌규(1960: 260)의 '은점박이꽃팔랑나비' 그리고 조복성과 김창환(1956: 2)의 '은점백이꽃팔랑나비'가 있다.

Wingspan. ♂ 29~32㎜, ♀ 34~36㎜.
Distribution. Korea (N·C·S), Amur and Ussuri region, Japan, China.
North Korean name. Eun-jeom-kkot-hui-rong-na-bi (은점꽃희롱나비).

Male. [GW] Ssangryong-ri, Yeongwol-gun, 14. VIII. 2008 (ex coll. Park Dongha-PDH)

Female. [GW] Changwon-ri, Yeongwol-gun, 17. VIII. 2010 (ex coll. Paek Munki-KPIC)

25 산수풀떠들썩팔랑나비 *Ochlodes sylvanus* (Esper, 1777)

San-su-pul-tteo-deul-sseok-pal-rang-na-bi

한반도에서는 중북부지방의 산지에 분포한다. 연 1회 발생하며, 6월 말부터 8월에 걸쳐 나타난다. 남한에서는 강원도 산지가 주요 분포지다. 활발하고 민첩하게 날아다니며, 7월에 큰까치수염 꽃에 잘 모인다. 1887년 Leech가 북한의 원산 표본을 사용해 *Hesperia sylvanus*로 처음 기록했으며, 그간 종명 적용에 대한 논란이 많았던 종이다. 현재의 국명은 이영준(2005: 18)에 의한 것이며, 석주명(1947)은 본 종의 국명을 '수풀떠들썩팔랑'으로 적용했다.

Wingspan. ♂♀ 30~34㎜.
Distribution. Korea (N·C), Kuriles Isls, Central Asia to Siberia, Asia Minor to Syria and Iran, Mongolia.
North Korean name. There is no North Korean name.

Male. [GW] Gwangdeoksan (Mt.), Hwacheon-gun, 24. VII. 2010 (ex coll. Paek Munki-KPIC)

Female. [GW] Gwangdeoksan (Mt.), Hwacheon-gun, 24. VII. 2010 (ex coll. Paek Munki-KPIC)

26 수풀떠들썩팔랑나비 *Ochlodes venatus* (Bremer et Grey, 1853)

Su-pul-tteo-deul-sseok-pal-rang-na-bi

한반도에서는 서해안과 경상남도 해안지역을 제외하고 폭넓게 분포한다. 연 1회 발생하며, 6월부터 8월에 걸쳐 나타난다. 숲 가장자리와 풀밭의 개화식물에서 볼 수 있으며, 개체수가 적은 편이다. 1882년 Butler가 *Pamphila venata*로 처음 기록했으며, 현재의 국명은 석주명(1947: 10=*O. sylvanus*)에 의한 것이다.

Wingspan. ♂ 31~34㎜, ♀ 36~37㎜.
Distribution. Korea (N·C·S), Amur-SE.China, Japan, Europe.
North Korean name. Su-pul-no-rang-hui-rong-na-bi (수풀노랑희롱나비).

Male. [GW] Gwangdeoksan (Mt.), Hwacheon-gun, 24. VII. 2010 (ex coll. Paek Munki-KPIC)

Female. [GW] Taebaeksan (Mt.), Taebaek-si, 29. VI. 1990 (ex coll. Paek Munki-KPIC)

27 검은테떠들썩팔랑나비 *Ochlodes ochraceus* (Bremer, 1861)

Geom-eun-te-tteo-deul-sseok-pal-rang-na-bi

한반도에는 내륙 산지를 중심으로 폭넓게 분포하며, 제주도에서도 관찰된다. 연 1~2회 발생하며, 6월 중순부터 8월 초에 걸쳐 나타난다. 활발하고 민첩하게 날아다니며, 숲 가장자리 및 풀밭의 다양한 꽃에서 볼 수 있다. 1887년 Leech가 북한의 원산 표본을 사용해 *Hesperia ochracea*로 처음 기록했으며, 현재의 국명은 석주명(1947: 10)에 의한 것이다.

Wingspan. ♂♀ 29~32㎜.
Distribution. Korea (N·C·S), Amur region, Japan, SE.China.
North Korean name. Geom-eun-te-no-rang-hui-rong-na-bi (검은테노랑희롱나비).

Male. [GW] Jaeansan (Mt.), Hwacheon-gun, 10. VII. 2009 (ex coll. Paek Munki-KPIC)

Female. [GW] Gwangdeoksan (Mt.), Hwacheon-gun, 24. VII. 2010 (ex coll. Paek Munki-KPIC)

28 유리창떠들썩팔랑나비

Ochlodes subhyalinus (Bremer et Grey, 1853)

Yu-ri-chang-tteo-deul-sseok-pal-rang-na-bi

한반도 전역에 분포하며, 늦여름에 개체수가 많다. 연 1회 발생하며, 6월 말부터 8월에 걸쳐 나타난다. 이동성이 커 숲 가장자리, 하천변, 농경지 주변, 도시 공원, 풀밭 등 다양한 곳에서 쉽게 관찰된다. 1887년 Fixsen이 *Hesperia subhyalina*로 처음 기록했으며, 현재의 국명은 석주명(1947: 10)에 의한 것이다.

Wingspan. ♂ 33~35㎜, ♀ 36~39㎜.
Distribution. Korea (N·C·S), Japan, Mongolia, E.India-N.Burma.
North Korean name. Yu-ri-chang-no-rang-hui-rong-na-bi (유리창노랑희롱나비).

Male. [JB] Daega-ri, Sunchang-gun, 25. VI. 2009 (ex coll. Paek Munki-KPIC)

Female. [GG] Daebudo (Is.), Ansan-si, 29. VI. 1997 (ex coll. Paek Munki-KPIC)

29 황알락팔랑나비 *Potanthus flavus* (Murray, 1875)

Hwang-al-rak-pal-rang-na-bi

한반도에서는 국지적으로 분포하며, 울릉도에서는 관찰 기록이 없다. 연 1회 발생하며, 6월 말부터 8월에 걸쳐 나타난다. 숲 가장자리나 풀밭에서 활발하고 민첩하게 날아다닌다. 개망초 꽃 등 다양한 꽃에 모이며, 수풀알락팔랑나비보다는 개체수가 적은 편이다. 1887년 Fixsen이 *Hesperia dara flava*로 처음 기록했으며, 현재의 국명은 석주명(1947: 10)에 의한 것이다.

Wingspan. ♂ 24~28㎜, ♀ 29~30㎜.
Distribution. Korea (N·C·S), Amur region-Japan, China, Thailand, Philippines.
North Korean name. No-rang-al-rak-hui-rong-na-bi (노랑알락희롱나비).

Male. [GG] Soyosan (Mt.), Dongducheon-si, 4. VII. 1993 (ex coll. Paek Munki-KPIC)

Female. [GW] Gwangdeoksan (Mt.), Hwacheon-gun, 24. VII. 2010 (ex coll. Paek Munki-KPIC)

30 줄점팔랑나비 *Parnara guttatus* (Bremer et Grey, 1853)

Jul-jeom-pal-rang-na-bi

한반도 전역에 분포하나, 북동부의 높은 산지에서는 기록이 없다. 연 2~3회 발생하고, 5월 말부터 11월에 걸쳐 나타나며, 특히 가을에 꽃밭에서 많은 개체를 볼 수 있다. 숲 가장자리, 하천변, 농경지 주변, 도시 공원, 풀밭 등 다양한 곳에서 쉽게 관찰된다. 1887년 Leech가 북한의 원산 표본을 사용해 *Pamphila guttata*로 처음 기록했으며, 현재의 국명은 석주명(1947: 10)에 의한 것이다. 국명이명으로는 이영준(2005: 24)의 '벼줄점팔랑나비'가 있다.

Wingspan. ♂♀ 33~40㎜.
Distribution. Korea (N·C·S), Amur region-Japan, China, Taiwan, Philippines.
North Korean name. Han-jul-kkot-hui-rong-na-bi (한줄꽃희롱나비).

Male. [GB] Oknyeobong, Yeongju-si, 1. IX. 2010 (ex coll. Paek Munki-KPIC)

Female. [Incheon] Silmido (Is.), Jung-gu, 19. VIII. 2010 (ex coll. Paek Munki-KPIC)

31 제주꼬마팔랑나비 *Pelopidas mathias* (Fabricius, 1798)

Je-ju-kko-ma-pal-rang-na-bi

한반도에서는 북위 약 35° 이하의 남부지방에 폭넓게 분포하며, 제주도와 전라남도 남해안 일대가 주서식지다. 연 2~3회 발생하며, 5월 말부터 10월에 걸쳐 나타난다. 가을에 개체수가 많은 편이다. 1906년 Ichikawa가 제주도 표본을 사용해 *Parnara mathias*로 처음 기록했으며, 현재의 국명은 조복성(1959: 85)에 의한 것이다. 국명이명으로는 석주명(1947: 10), 김헌규와 미승우(1956: 393), 김헌규(1960: 276)의 '제주도꼬마팔랑나비'가 있다.

Wingspan. ♂♀ 28~36㎜.
Distribution. Korea (S), Japan, China, Taiwan, Burma, India, Arabia, Tropical Africa.
North Korean name. Je-ju-kkot-hui-rong-na-bi (제주꽃희롱나비).

Male. [JJ] Cheonji-dong, Seogwipo-si, 7. XI. 2010 (ex coll. Paek Munki-KPIC)

Female. [JN] Huiyeosan (Mt.), Jindo-gun, 19. X. 2009 (ex coll. Paek Munki-KPIC)

32 산줄점팔랑나비 *Pelopidas jansonis* (Butler, 1878)

San-jul-jeom-pal-rang-na-bi

한반도에서는 폭넓게 분포하나, 북동부의 높은 산지에서는 기록이 없다. 연 2회 발생하며, 제1화는 4~5월, 제2화는 7~8월에 발생해 가을까지 관찰되며, 개체수는 적은 편이다. 대부분 산지 내 풀밭이나 꽃에서 볼 수 있다. 1887년 Leech가 북한의 원산 표본을 사용해 *Pamphila jansonis*로 처음 기록했으며, 현재의 국명은 석주명(1947: 10)에 의한 것이다.

Wingspan. ♂♀ 26~35㎜.
Distribution. Korea (N·C·S), E.Siberia, Japan, China.
North Korean name. Mes-kkot-hui-rong-na-bi (멧꽃희롱나비).

Male. [GW] Changwon-ri, Yeongwol-gun, 18. VII. 2010 (ex coll. Paek Munki-KPIC)

Female. [GW] Chiaksan (Mt.), Wonju-si, 1. VI. 1974 (ex coll. Shin Yoohang-KUNHM)

33 흰줄점팔랑나비 *Pelopidas sinensis* (Mabille, 1877)

Huin-jul-jeom-pal-rang-na-bi

한반도에는 경기도, 강원도, 경상북도 일부 지역에 국지적으로 분포하며, 개체수가 적다. 연 2회 발생하며, 4월 말부터 9월 초에 걸쳐 나타난다. 2007년 주재성이 경기도 화야산 표본을 사용해 처음 기록했으며, 현재의 국명은 주재성(2007: 45~46)에 의한 것이다.

Wingspan. ♂ 32~33㎜, ♀ 39~41㎜.
Distribution. Korea (C·S), Taiwan, Nilgiris, Coorg, N.Kanara, Kangra-Assam, S.Shan States, Bengal.
North Korean name. There is no North Korean name.

Male. [GG] Uman-dong, Suwon-si, 6. IX. 2009 (ex coll. Park Dongha-PDH)

Female. [GB] Bohyeonsan (Mt.), Yeongcheon-si, 29. IV. 2009 (ex coll. Paek Munki-KPIC)

34 직작줄점팔랑나비 *Polytremis pellucida* (Murray, 1875)

Jik-jak-jul-jeom-pal-rang-na-bi

한반도에서는 1887년 Leech가 북한의 원산에서 *Pamphila pellucida*로 처음 기록했으나, 학명 적용에 있어 산팔랑나비와 혼용된 기록이 많아 한반도 분포가 명확하지 않다. 남한에서는 표본을 확인하지 못했으며, 주요 분포지가 일본 전역 및 북한과 연접한 우수리, 아무르, 사할린이므로 한반도 동북부지방의 현지조사가 필요하다. 국명은 조복성(1959: 85) 이후 '직각줄점팔랑나비' 또는 '직각팔랑나비'로 사용되어 왔으나, 석주명(1947: 10)은 '지그재그줄점팔랑나비'의 줄임말로 '직작줄점팔랑나비'로 기록 한바 있다. 현재의 국명은 석주명(1947: 10)을 따랐다.

Wingspan. ♂ 38㎜, ♀ 40㎜.
Distribution. Korea (N?), Amur and Ussuri region, Sakhalin, Japan, China.
North Korean name. Unknown.

Male. [JAPAN] Kawataya, Okegawa City, 24. IV. 1984 (ex coll. Hiroaki Onodera-SYH)

Female. [JAPAN] Kamihideya, Okegawa City, 27. IV. 1984 (ex coll. Hiroaki Onodera-SYH)

35 산팔랑나비 *Polytremis zina* (Evans, 1932)

San-pal-rang-na-bi

한반도에는 제주도를 제외한 지역에 국지적으로 분포하며, 개체수가 적다. 연 1회 발생하며, 7월부터 8월에 걸쳐 나타난다. 대부분 산지 능선 또는 정상 주변 풀밭에서 관찰된다. 1973년 이승모가 설악산 표본을 사용해 *Polytremis zina*로 처음 기록했으며, 현재의 국명은 이승모(1973: 3)에 의한 것이다.

Wingspan. ♂♀ 33~38㎜.
Distribution. Korea (N·C·S), S.China-E.China-Ussuri.
North Korean name. Keun-han-jul-kkot-hui-rong-na-bi (큰한줄꽃희롱나비).

Male. [GG] Daebusan (Mt.), Yangpyeong-gun, 6. VIII. 2007 (ex coll. Paek Munki-KPIC)

Female. [CB] Boseoksa (Temp.), Geumsan-gun, 8. VIII. 1996 (ex coll. Park Sangkyu-PSK)

36 지리산팔랑나비 *Isoteinon lamprospilus* C. Felder et R. Felder, 1862

Ji-ri-san-pal-rang-na-bi

한반도에서는 중남부지방에 국지적으로 분포하며, 개체수가 적다. 제주도, 울릉도에서는 관찰 기록이 없으나 서해안 섬에서는 대청도에 분포한다. 연 1회 발생하며, 7월부터 8월까지 산지의 풀밭이나 산길 주변에서 볼 수 있다. 1936년 석주명이 지리산 표본을 사용해 *Isoteinon lamprospilus*로 처음 기록했으며, 현재의 국명은 이승모(1973: 2)에 의한 것이다. 국명이명으로는 석주명(1947: 10), 김헌규와 미승우(1956: 403), 조복성(1959: 82), 김헌규(1960: 282)의 '지이산팔랑나비'가 있다.

Wingspan. ♂ 30~33㎜, ♀ 35~37㎜.
Distribution. Korea (C·S), China, Japan, Taiwan.
North Korean name. Ga-neun-nal-gae-hui-rong-na-bi (가는날개희롱나비).

Male. [Incheon] Daecheongdo (Is.), Ongjin-gun, 6. VIII. 2010 (ex coll. Paek Munki-KPIC)

Female. [GG] Sinbok-ri, Yangpyeong-gun, 21. VII. 2005 (ex coll. Shin Yoohang-SYH)

37 파리팔랑나비 *Aeromachus inachus* (Ménétriès, 1859)

Pa-ri-pal-rang-na-bi

한반도에는 제주도와 울릉도를 제외한 지역에 국지적으로 분포한다. 연 2회 발생하며, 제1화는 5~6월, 제2화는 8~9월에 나타난다. 오후 늦게 숲 가장자리나 풀밭에서 활발하고 민첩하게 날아다닌다. 1887년 Fixsen이 *Syrichthus inachus*로 처음 기록했으며, 현재의 국명은 이승모(1973: 2)에 의한 것이다. 국명이명으로는 석주명(1947: 9), 조복성과 김창환(1956: 60), 김헌규와 미승우(1956: 403), 조복성(1959: 78), 김헌규(1960: 272)의 '글라이더-팔랑나비', 이승모(1971: 4)와 신유항(1975: 42, 43)의 '그라이다-팔랑나비' 그리고 신유항(1983: 100)의 '글라이다팔랑나비'가 있다.

Wingspan. ♂♀ 20~26㎜.
Distribution. Korea (C·S), China, Japan, Taiwan.
North Korean name. Byeol-hui-rong-na-bi (별희롱나비).

Male. [JN] Hoamsan (Mt.), Naju-si, 27. VI. 2009 (ex coll. Paek Munki-KPIC)

Female. [JN] Gosanbong, Hampyeong-gun, 21. VI. 2012 (ex coll. Paek Munki-KPIC)

나비목 호랑나비상과

호랑나비과

PAPILIONIDAE Latreille, 1809

Ho-rang-na-bi-gwa

세계에 약 570종 이상이 알려지며, 열대지방에 많다. 극동 아시아 일대에는 20여 종이 알려지며, 날개 무늬가 호랑이 무늬를 닮았다 해서 호랑나비란 이름이 붙었다. 대부분 크기가 매우 크며 날개 색이 화려하고 띠무늬가 발달한다. 또 모시나비 무리 등 일부 종을 제외하고는 뒷날개에 꼬리모양돌기가 잘 발달한다. 앞날개 기부의 2A(Second anal vein)가 후연까지 뻗고, 1A(First anal vein)와 분리되어 다른 과와 구별된다. 한반도에는 2아과 16종이 알려졌으며, 북한 과명은 '범나비과'다.

애벌레의 먹이식물은 나자식물인 소나무과, 피자식물인 운향과, 쥐방울덩굴과, 피나무과, 현호색과, 돌나물과, 마편초과, 방기과, 녹나무과, 콩과, 산형과, 층층나무과, 박주가리과, 쥐꼬리망초과, 꼭두서니과 식물이다. 제비나비는 특이하게 침엽수인 소나무과 식물(분비나무)을 다른 먹이식물과 함께 이용한다. 이 중 7종이 운향과 식물을 먹이식물로 이용하고 있어 운향과 식물에 기주 특이성이 가장 높다. 대부분 번데기로 겨울을 난다. 어른벌레 암수 모두 꽃 꿀을 빨며, 수컷은 축축한 땅바닥에 모여 물

을 빨아먹기도 한다. 들판부터 높은 산지까지 다양한 곳에서 관찰되며, 이른 봄부터 늦가을까지 볼 수 있다.

모시나비아과 PARNASSIINAE Duponchel, [1835]

Mo-si-na-bi-a-gwa

유라시아 대륙 중심으로 약 20종이 알려졌으며, 지역적 특이성이 높은 종들이 많다. 한반도에는 3속 6종이 알려졌으며, 이 중 붉은점모시나비는 멸종위기야생생물 II급, 황모시나비(북한명: 노랑홍모시범나비)는 북한에서 천연기념물(제110호)로 지정된 보호종이며(나명하, 2007: 131), 꼬리명주나비는 국외반출승인대상 생물종이다. 모시나비아과에 속한 종들은 앞날개 중실부에 있는 횡맥(discocellular) 중간부가 안쪽으로 크게 굽고, 아랫입술수염(하순수염, labial palpus)의 세 번째 마디가 길게 늘어져 호랑나비아과와 구별된다. 모시나비 무리는 호랑나비과 나비 중 중간 크기이며, 날개가 반투명하며 외연이 둥그렇다. 대부분 봄에만 나타나며, 짝짓기가 끝난 암컷은 배 끝 부분에 수태낭(sphragis)이 생긴다. 애벌레는 대체로 어두운 바탕에 밝은 색 점 또는 줄무늬가 있으며, 돌나물과나 현호색과 식물을 먹는다.

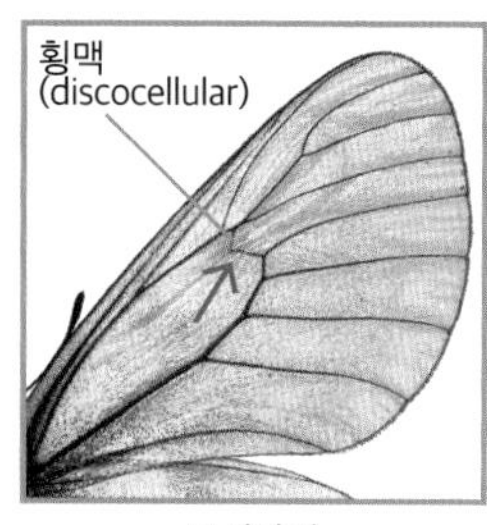

모시나비

꼬리명주나비

애호랑나비

알 또는 어린 애벌레로 겨울을 난다. 어른벌레 암수 모두 꽃 꿀을 빨며, 산지의 풀밭이나 숲 가장자리에서 천천히 날아다닌다. 그 외 꼬리명주나비와 애호랑나비는 날개 바탕색이 황색 또는 황백색이며 검정색 또는 붉은색의 복잡한 무늬가 발달한다. 애벌레는 쥐방울덩굴과 식물을 먹으며, 번데기로 겨울을 난다.

호랑나비아과 PAPILIONINAE Latreille, 1802

Ho-rang-na-bi-a-gwa

세계에 약 550종이 알려졌으며, 유라시아와 아프리카에 많은 종이 산다. 한반도에는 3속 10종이 알려졌으며, 이 중 무늬박이제비나비는 국가기후변화생물지표종이다. 수컷 배의 제8절 배판에 덮개판자루(peduncus)가 있고, 뒷날개 아랫면의 2A맥에 털 뭉치가 있으며, 앞날개 중실부에 있는 횡맥(discocellular) 중간부가 안쪽으로 굽지 않아 모시나비아과와 구별된다. 애벌레 머리와 앞가슴 사이에 취각(osmeterium)이 발달해 위협을 받거나 놀라면 앞으로 내어 악취를 풍긴다. 애벌레의 먹이식물은 다양하며, 대부분 번데기로 겨울을 난다. 어른벌레 암수 모두 다양한 꽃 꿀을 빨며, 축축한 땅바닥에 모여 물을 빨아먹기도 한다. 들판부터 높은 산지까지 다양한 곳에서 관찰되며, 이른 봄부터 가을까지 볼 수 있다.

호랑나비

횡맥
(discocellular)

제비나비

38 모시나비 *Parnassius stubbendorfii* Ménétriès, 1849

Mo-si-na-bi

한반도에서는 제주도와 울릉도를 제외한 지역에 폭넓게 분포하나, 최근 도시 주변에서는 개체수가 줄고 있는 곳이 많다. 연 1회 발생한다. 중남부지방에서는 대부분 5월에 관찰되며, 높은 산지에서는 6월 중순까지 관찰된다. 그리고 함경도 등 북부지방에서는 6월 중순부터 7월 초에 걸쳐 나타난다. 산지 내 풀밭이나 숲 가장자리에서 무리지어 천천히 날아다닌다. 1887년 Fixsen이 *Parnassius stubbendorfi*로 처음 기록했으며, 현재의 국명은 석주명(1947: 9)에 의한 것이다.

Wingspan. ♂♀ 43~60㎜.
Distribution. Korea (N·C·S), Kurile Islands, S.Siberia-Sakhalin, Japan, Altai-C.Siberia, Mongolia-N.China-Amur region.
North Korean name. Mo-si-beom-na-bi (모시범나비).

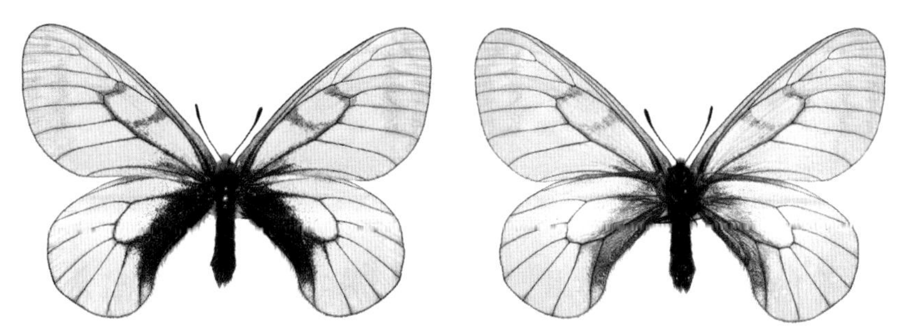

Male. [GG] Gwangreung, Namyangju-si, 16. V. 2004 (ex coll. Paek Munki-KPIC)

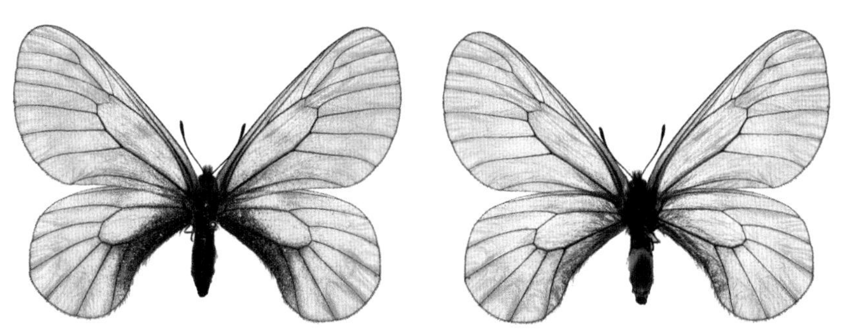

Female. [GW] Taebaeksan (Mt.), Taebaek-si, 18. VI. 1987 (ex coll. Min Wanki-MWK)

39 붉은점모시나비 *Parnassius bremeri* Bremer, 1864

Bulk-eun-jeom-mo-si-na-bi

한반도에는 국지적으로 분포한다. 남한에서는 멸종위기야생생물 II급으로 지정된 보호종이며, 1990년대에 들어 절멸된 지역이 많다. 중남부지방에서는 대부분 5월에 관찰되며, 북한의 동북부 높은 산지에서는 6월 말부터 7월 말에 걸쳐 나타난다. 숲 가장자리나 풀밭에서 무리지어 천천히 날아다닌다. 1919년 Nire가 평안북도 영변군 구장리 표본을 사용해 *Parnassius bremeri*로 처음 기록했으며, 현재의 국명은 석주명(1947: 9)에 의한 것이다.

Wingspan. ♂♀ 60~65㎜.
Distribution. Korea (N·C·S), Lake Baikal-Ussuri, NE.China.
North Korean name. Bulk-eun-jeom-mo-si-beom-na-bi (붉은점모시범나비).

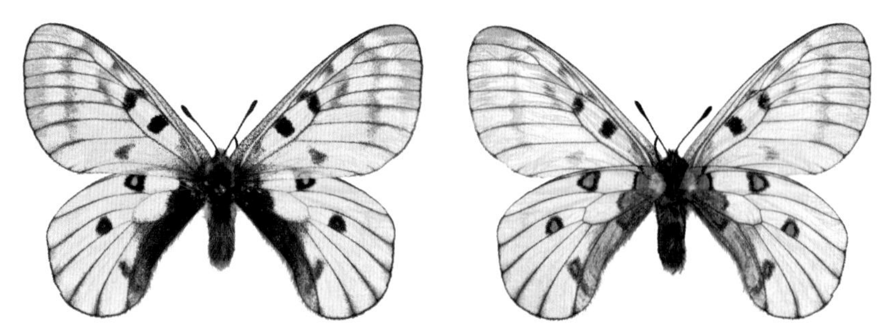

Male. [GN] Namhae-eup, Namhae-gun, 21. V. 1988 (ex coll. Min Wanki-UIB)

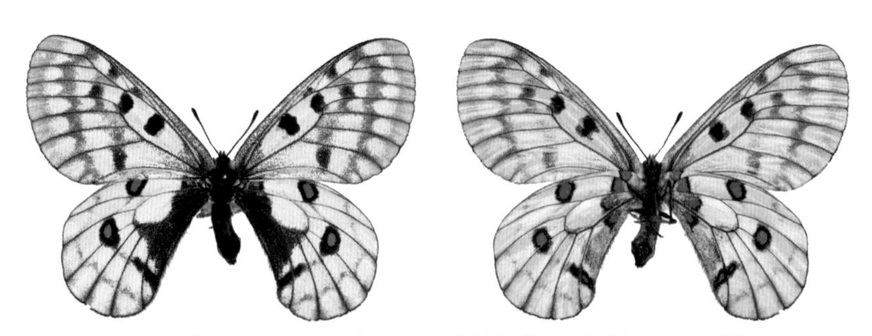

Female. [CN] Joryeong-ri, Okcheon-gun, 28. V. 1989 (ex coll. Shin Yoohang-SYH)

40 왕붉은점모시나비 *Parnassius nomion* Fischer de Waldheim, 1823

Wang-bulk-eun-jeom-mo-si-na-bi

한반도에서는 북부지방의 높은 산지에 국지적으로 분포한다. 연 1회 발생하며, 낭림산맥과 백두산 일대에서는 7월 말부터 8월 중순에 걸쳐 나타난다. 백두산 일대 1,300~1,400m 고지대 풀밭에서 천천히 날아다닌다. 1917년 Aoyama가 *Parnassius smintheus*로 처음 기록했으며, 현재의 국명은 석주명(1947: 9)에 의한 것이다.

Wingspan. ♂♀ 62~68㎜.
Distribution. Korea (N), S.Siberia-Ussuri, Amur region, China, Mongolia. Altai, Urals.
North Korean name. Keun-bulk-eun-jeom-mo-si-beom-na-bi (큰붉은점모시범나비).

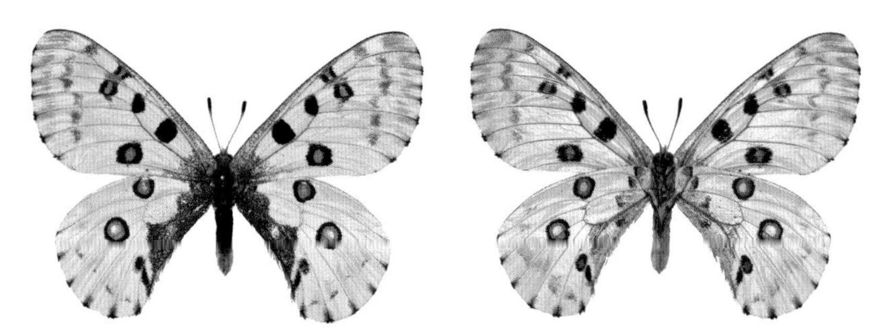

Male. [YG] Hyesan-si, 20~25. VII. 2004 (ex coll. Unknown-PDH)

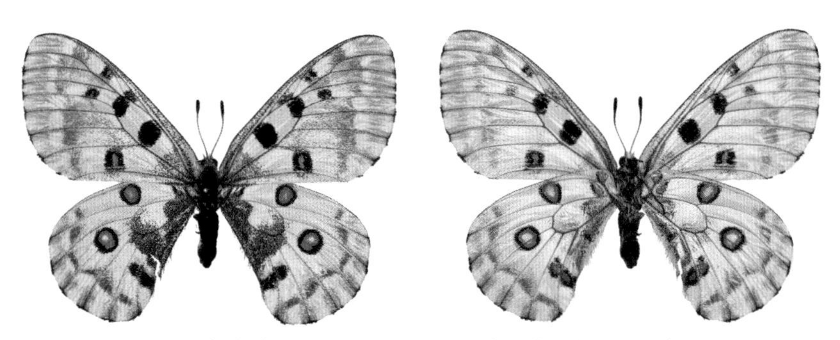

Female. [YG] Hyesan-si, 20~25. VII. 2004 (ex coll. Unknown-PDH)

41 황모시나비 *Parnassius eversmanni* Ménétriès, 1849

Hwang-mo-si-na-bi

한반도에서는 북부지방의 산지 풀밭에 국지적으로 분포하며, 개체수가 적다. 연 1회 발생하며, 6월 중순부터 8월에 걸쳐 나타난다. 알에서 어른벌레가 될 때까지 2년이 걸리는데, 첫 번째 겨울은 알로 지내고 이듬해 늦여름에 번데기가 되어 그대로 겨울을 난다. 그리고 3년째 초여름에 날개돋이를 해 높은 산지의 풀밭에서 천천히 날아다닌다. 1935년 Doi가 함경남도 유인령 표본을 사용해 *Parnassius eversmanni sasai*로 처음 기록했으며, 현재의 국명은 석주명(1947: 9)에 의한 것이다. 한반도산 황모시나비의 종명적용은 *P. felderi*를 *P. eversmanni*의 동물이명(synonym)으로 취급하는 Haeuser *et al.* (2006) 등에 따랐다.

Wingspan. ♂♀ 57~63㎜.
Distribution. Korea (N), Alaska, S.Siberia, NE.Yakutia, Chukot, Japan.
North Korean name. No-rang-hong-mo-si-beom-na-bi (노랑홍모시범나비).

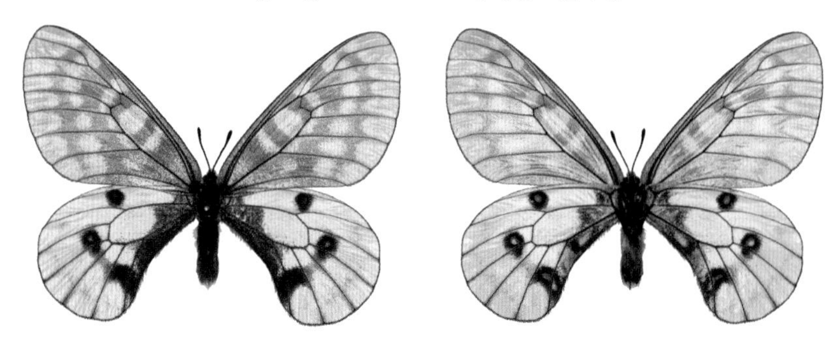

Male. [YG] Gaemagowon, Unknown (ex coll. Unknown-AHG)

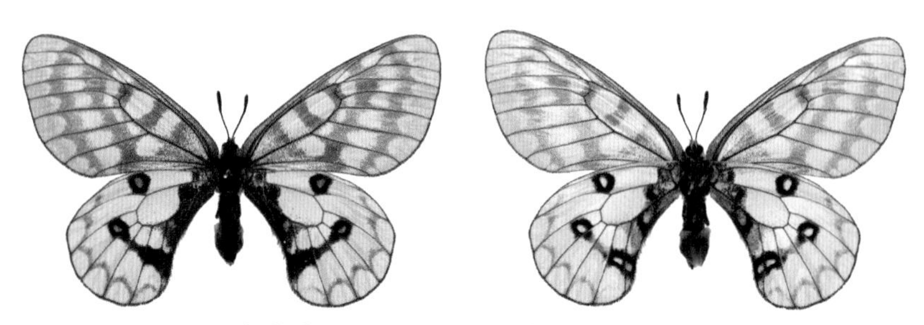

Female. [YG] Gaemagowon, Unknown (ex coll. Unknown-AHG)

42 꼬리명주나비 *Sericinus montela* Gray, 1852

Kko-ri-myeong-ju-na-bi

한반도에서는 제주도와 울릉도를 제외한 지역에 폭넓게 분포한다. 연 2~3회 발생하며, 4월부터 9월에 걸쳐 숲 가장자리나 풀밭에서 천천히 날아다닌다. 경기도 섬 지역의 땅콩밭에서는 수백 마리씩 무리지어 나는 것이 관찰되기도 한다. 1887년 Fixsen이 *Sericinus telamon greyi*로 처음 기록했으며, 현재의 국명은 석주명(1947: 9)에 의한 것이다.

Wingspan. Spring form: ♂♀ 42~54㎜, Summer form: ♂♀ 52~58㎜.
Distribution. Korea (N·C·S), Amur and Ussuri region, Japan.
North Korean name. Kko-ri-beom-na-bi (꼬리범나비).

Male. [GG] Geumgok-ri, Paju-si, 11. V. 2007 (ex coll. Paek Munki-KPIC)

Female. [GG] Hwayasan (Mt.), Gapyeong-gun, 11. V. 2003 (ex coll. Paek Munki-KPIC)

Male. [GG] Cheonmasan (Mt.), Namyangju-si, 28. IV. 1989 (ex coll. Paek Munki-KPIC)

Male. [GB] Oknyeobong, Yeongju-si, 1. IX. 2010 (ex coll. Paek Munki-KPIC)

Female. [GB] Oknyeobong, Yeongju-si, 1. IX. 2010 (ex coll. Paek Munki-KPIC)

43 애호랑나비 *Luehdorfia puziloi* (Erschoff, 1872)

Ae-ho-rang-na-bi

한반도에서는 제주도와 울릉도를 제외한 지역에 폭넓게 분포한다. 연 1회 발생한다. 초봄부터 5월 중순에 걸쳐 산지에서 관찰되며, 지리산 능선부 등 높은 산지에서는 5월 말까지 볼 수 있다. 1919년 Matsumura가 *Luehdorfia puziloi*로 처음 기록했으며, 현재의 국명은 이승모(1971: 4)에 의한 것이다. 국명이명으로는 석주명(1947: 8)과 조복성(1959: 3) 등의 '이른봄애호랑나비', 조복성과 김창환(1956: 2)의 '이른봄범나비', 김헌규와 미승우(1956: 402), 김헌규(1960: 273)의 '이른봄애호랑이'가 있다.

Wingspan. ♂♀ 39~49㎜.
Distribution. Korea (N·C·S), Manchurian Plain, Ussuri region, Japan.
North Korean name. Ae-gi-beom-na-bi (애기범나비).

Male. [GB] Joryeongsan (Mt.), Mungyeong-si, 8. IV. 2008 (ex coll. Paek Munki-KPIC)

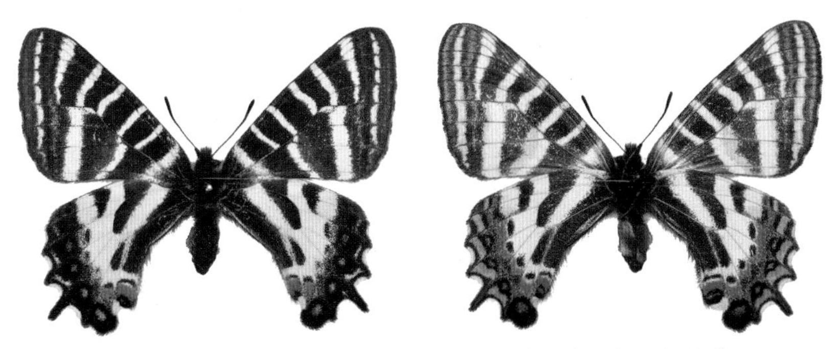

Female. [Seoul] U-i-dong, Gangbuk-gu, 16. IV. 2003 (ex coll. Paek Munki-KPIC)

44 청띠제비나비 *Graphium sarpedon* (Linnaeus, 1758)

Cheong-tti-je-bi-na-bi

한반도에서는 남부지방 섬 및 연안 지역, 그리고 울릉도에 분포한다. 서해안 중부지역의 섬(외연도, 불모도, 울도)들에서도 관찰되며, 서해안의 최북단 지역은 경기도 옹진군 울도다. 연 2~3회 발생하며, 대부분 5월부터 8월에 나타나나 제주도에서는 11월 초까지 관찰되기도 한다. 앞으로 서해안 중부지방으로 분포 범위가 넓어질 가능성이 높아 기후변화 탐지 또는 감시 측면에서 장기 관찰이 필요하다. 1905년 Matsumura가 *Graphium sarpedon*으로 처음 기록했으며, 현재의 국명은 석주명(1947: 8)에 의한 것이다.

Wingspan. ♂♀ 57~79㎜.
Distribution. Korea (S), China, Taiwan, S.India, Kashmir-Assam, Burma, Australia.
North Korean name. Pa-ran-jul-beom-na-bi (파란줄범나비).

Male. [JN] Daejangdo (Is.), Sinan-gun, 21. VII. 2007 (ex coll. Paek Munki-KPIC)

Female. [JN] Maraesan (Mt.), Yeosu-si, 21. VIII. 2008 (ex coll. Paek Munki-KPIC)

45 산호랑나비 *Papilio machaon* Linnaeus, 1758

San-ho-rang-na-bi

한반도 전역에 분포하며, 개체수는 보통이다. 연 2~3회 발생하며, 4월부터 10월에 걸쳐 나타난다. 봄에는 낮은 지대보다 산 능선이나 정상부에서 쉽게 볼 수 있으며, 여름에는 산지뿐만 아니라 농경지 및 하천 주변 꽃밭 등 다양한 곳에서 관찰된다. 1883년 Butler가 *Papilio hippocrates*로 처음 기록했으며, 현재의 국명은 석주명(1947: 9)에 의한 것이다.

Wingspan. Spring form: ♂♀ 65~75㎜, Summer form: ♂♀ 85~95㎜.
Distribution. Korea (N·C·S), Temperate Asia, Taiwan, Europe, N.Africa.
North Korean name. No-rang-beom-na-bi (노랑범나비).

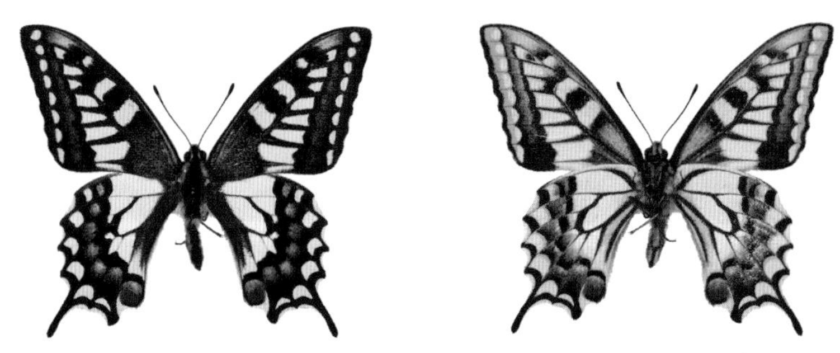

Male. [JN] Daejangdo (Is.), Sinan-gun, 4. V. 2007 (ex coll. Paek Munki-KPIC)

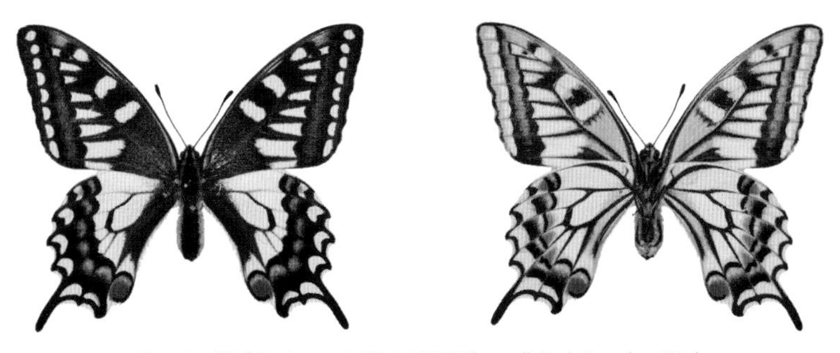

Female. [GN] Sacheon-si, 26. IV. 2007 (ex coll. Park Dongha-PDH)

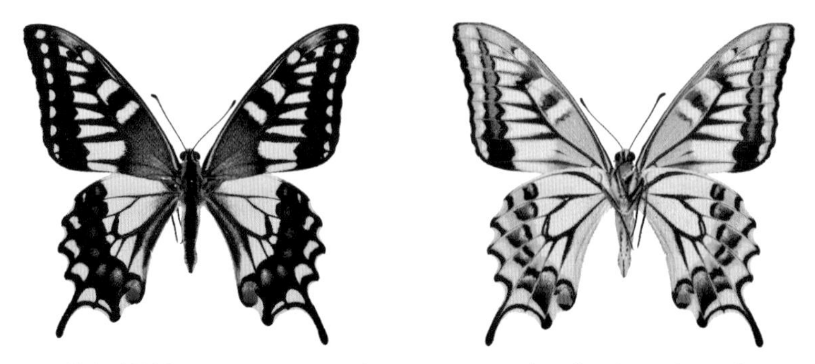

Male. [GW] Ssangryong-ri, Yeongwol-gun, 14. VIII. 2008 (ex coll. Park Dongha-PDH)

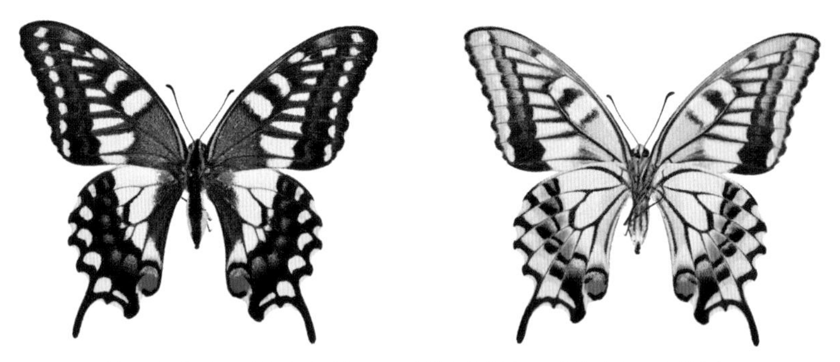

Female. [Incheon] Hodo (Is.), Seo-gu, 17. IX. 2010 (ex coll. Paek Munki-KPIC)

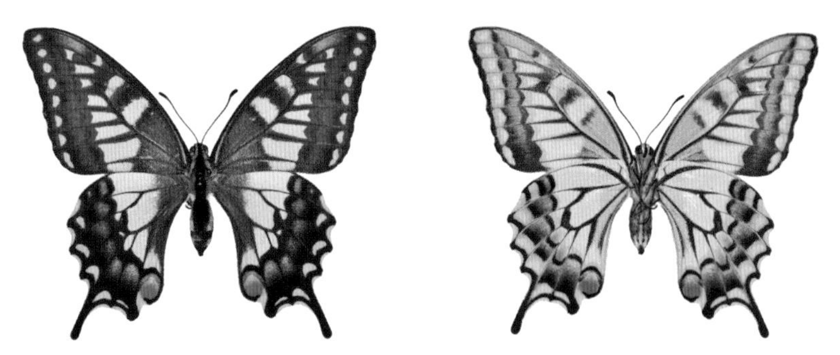

Female. [Daejeon] Geumbyeongsan (Mt.), Yuseong-gu, 9. VII. 1996 (ex coll. Park G.C.-HUNHM)

46 호랑나비 *Papilio xuthus* Linnaeus, 1767

Ho-rang-na-bi

한반도 전역에 분포하며, 개체수가 많다. 연 2~3회 발생하며, 3월 말부터 11월에 걸쳐 나타난다. 봄에는 산길을 따라 능선부로 올라오는 개체를 쉽게 볼 수 있으며, 여름에는 산지뿐만 아니라 숲 가장자리 및 도시 공원 꽃밭 등 다양한 곳에서 관찰된다. 1883년 Butler가 인천 지역의 표본을 사용해 *Papilio xuthulus*로 처음 기록했으며, 현재의 국명은 석주명(1947: 9)에 의한 것이다. 국명이명으로는 조복성과 김창환(1956: 5)의 '범나비'가 있다.

Wingspan. Spring form: ♂♀ 56~66㎜, Summer form: ♂♀ 75~97㎜.
Distribution. Korea (N·C·S), E.China-Taiwan, Ussuri region, Amur region, Japan.
North Korean name. Beom-na-bi (범나비).

Male. [JN] Daejangdo (Is.), Sinan-gun, 4. V. 2007 (ex coll. Paek Munki-KPIC)

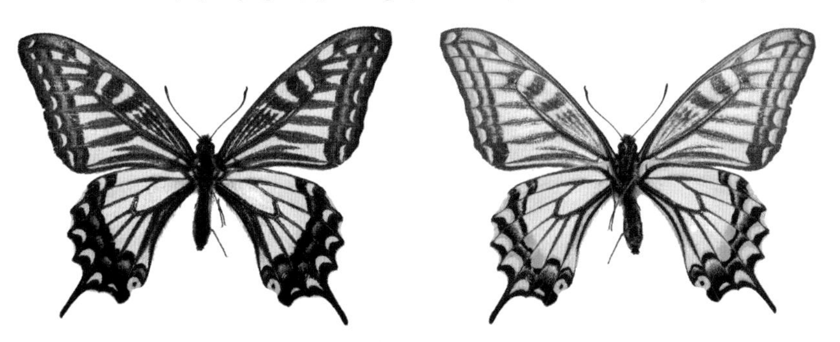

Female. [GG] Cheonmasan (Mt.), Namyangju-si, 1. V. 1989 (ex coll. Paek Munki-KPIC)

Male. [JN] Geomundo (Is.), Yeosu-si, 31. VII. 2009 (ex coll. Paek Munki-KPIC)

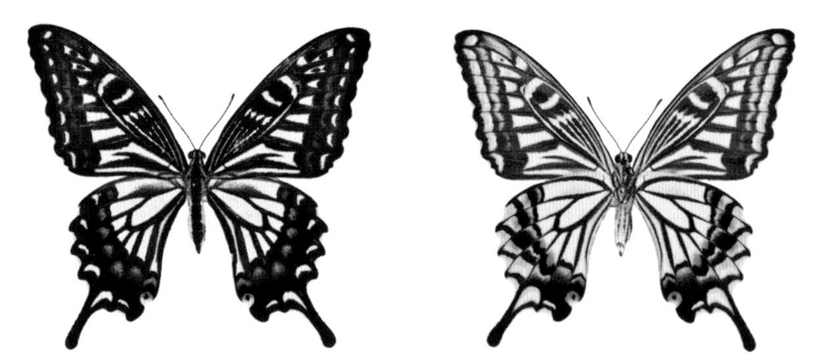

Female. [Incheon] Hodo (Is.), Seo-gu, 17. IX. 2009 (ex coll. Paek Munki-KPIC)

Female. [JJ] Cheonji-dong, Seogwipo-si, 4. XI. 2010 (ex coll. Paek Munki-KPIC)

47 긴꼬리제비나비 *Papilio macilentus* Janson, 1877

Gin-kko-ri-je-bi-na-bi

한반도에서는 북부지방을 제외하고 폭넓게 분포하며, 개체수는 보통이다. 연 2회 발생하며, 4월 말부터 9월에 걸쳐 나타난다. 높은 산지보다는 낮은 산지의 숲 가장자리에서 쉽게 볼 수 있다. 1923년 Okamoto가 *Papilio macilentus*로 처음 기록했으며, 현재의 국명은 석주명(1947: 9)에 의한 것이다.

Wingspan. Spring form: ♂♀ 60~80㎜, Summer form: ♂♀ 102~120㎜.
Distribution. Korea (N·C·S), E.China, E.Siberia, Japan.
North Korean name. Gin-kko-ri-beom-na-bi (긴꼬리범나비).

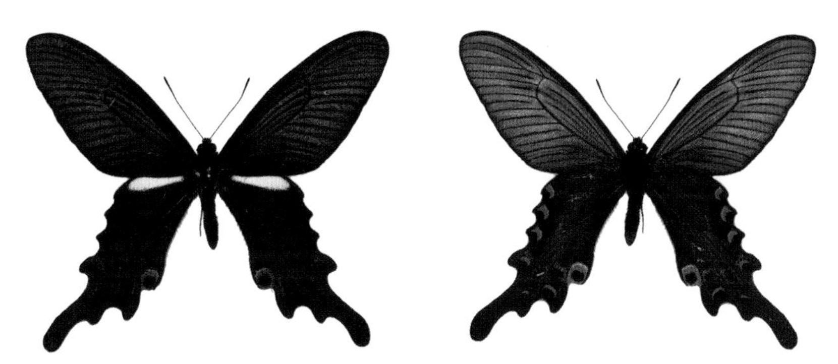

Male. [CN] Sangsin-ri, Gongju-si, 23. IV. 2004 (ex coll. Paek Munki-KPIC)

Female. [GG] Cheonmasan (Mt.), Namyangju-si, 2. V. 1997 (ex coll. Paek Munki-KPIC)

Male. [CB] Munjeong-ri, Okcheon-gun, 1. VIII. 1992 (ex coll. Kim Doseong-HUNHM)

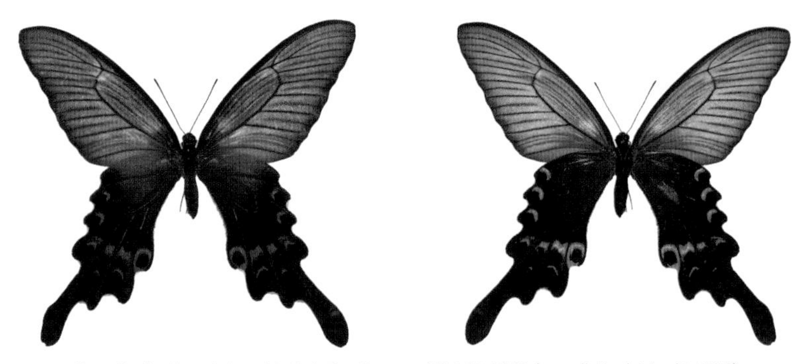

Female. [Incheon] Jawoldo (Is.), Ongjin-gun, 20. VIII. 1993 (ex coll. Paek Munki-KPIC)

Female. [GG] Ujeong-ri, Yeoncheon-gun, 18. IX. 2008 (ex coll. Paek Munki-KPIC)

48 무늬박이제비나비 *Papilio helenus* Linnaeus, 1758

Mu-nui-bak-i-je-bi-na-bi

한반도에서는 제주도 및 남해안 지방에서 5월부터 9월까지 볼 수 있다. 한반도에 자생하고 있는 지는 불분명하나, 최근 거문도, 오동도, 거제도, 동도, 부산 등 남해안지역을 중심으로 관찰되는 지역이 증가하며, 지역에 따라 많은 개체가 관찰되어 정착종으로 취급하기도 한다. Chou Io (Ed.) (1994: 138)는 '朝鮮南部'에 분포하는 것으로 기록했다. 1883년 Butler가 *Papilio nicconicolens*로 처음 기록했으며, 현재의 국명은 석주명(1947: 8)에 의한 것이다. 국명이명으로는 조복성과 김창환(1956: 3)의 '무늬백이제비나비'가 있다.

Wingspan. Summer form: ♂♀ 120~130㎜.
Distribution. Korea (S: Immigrant species?), Japan, W.China, Taiwan, W.Ghats, Nilgiris, Palnis, Shevaroys, Coorg, Bangalore, Mussoorie-Assam, Burma.
North Korean name. No-rang-mu-nui-beom-na-bi (노랑무늬범나비).

Male. [GN] Jisepo-ri, Geoje-si, 5. VIII. 2008 (ex coll. Kim Kiwon-KKW)

Female. [JN] Geomundo (Is.), Yeosu-si, 31. VII. 2009 (ex coll. Paek Munki-KPIC)

49 멤논제비나비 *Papilio memnon* Linnaeus, 1758

Mem-non-je-bi-na-bi

한반도에서는 길잃은나비(미접)로 취급된다. 2004년에 박동하가 전라남도 완도에서 채집해 2006년에 처음 기록했다. 그 후 관찰 기록은 없다. 현재의 국명은 박동하(2006: 43)에 의한 것이다.

Wingspan. ♂ 106㎜.
Distribution. Korea (S: Immigrant species), China, Taiwan, Sikkim-Assam, Burma, Japan.
North Korean name. There is no North Korean name.

Male. [JN] Wando-eup, Wando-gun, 23. VI. 2004 (ex coll. Park Dongha-PDH)

50 남방제비나비 *Papilio protenor* Cramer, 1775

Nam-bang-je-bi-na-bi

한반도에서는 남부지방에 분포하며, 간혹 서해안 중부 해안가나 인근 내륙 지역에서도 이동해온 개체가 관찰된다. 서해안에서 관찰된 최북단 지역은 영종도 일대이며, 중부 내륙에서는 경기도 명지산이다. 연 2~3회 발생하며, 4월부터 9월에 걸쳐 나타난다. 1905년 Matsumura가 *Papilio demetrius*로 처음 기록했으며, 현재의 국명은 석주명(1947: 8)에 의한 것이다. 국명이명으로는 조복성과 김창환(1956: 2), 김헌규와 미승우(1956: 402)의 '민남방제비나비'가 있다.

Wingspan. Spring form: ♂♀ 100~105㎜, Summer form: ♂♀ 108~118㎜.
Distribution. Korea (S), NW.India, Kashmir-Sikkim, Assam, Burma, China, Taiwan, Japan.
North Korean name. Meok-beom-na-bi (먹범나비).

Male. [JN] Dorim-ri, Muan-gun, 16. V. 2001 (ex coll. Choi Seiwoong-SYH)

Female. [GG] Myeongjisan (Mt.), Gapyeong-gun, 27. V. 1991 (ex coll. Shin Yoohang-KUNHM)

Male. [JJ] Saekdal-dong (Jungmun), Seogwipo-si, 23. VII. 2009 (ex coll. Park Dongha-PDH)

Female. [JN] Maraesan (Mt.), Yeosu-si, 21. VIII. 2008 (ex coll. Paek Munki-KPIC)

Female. [JN] Duryunsan (Mt.), Haenam-gun, 27. VII. 2002 (ex coll. Choi C.Y. & Choi W.H.-MC)

51 제비나비 *Papilio bianor* Cramer, 1777
Je-bi-na-bi

한반도 전역에 분포하며, 개체수가 많다. 연 2~3회 발생하며 4월부터 9월에 걸쳐 나타난다. 산제비나비에 비해 낮은 산지나 평지에서 관찰된다. 봄에는 산길을 따라 능선부로 올라오는 개체를 쉽게 볼 수 있으며, 여름에는 산지뿐만 아니라 숲 가장자리 및 도시 공원 꽃밭 등 다양한 곳에서 관찰된다. 1883년 Butler가 인천지역의 표본을 사용해 *Papilio dehaanii* 로 처음 기록했으며, 현재의 국명은 석주명(1947: 8)에 의한 것이다.

Wingspan. Spring form: ♂♀ 85~90㎜, Summer form: ♂♀ 105~120㎜.
Distribution. Korea (N·C·S), Sakhalin, Japan, SE.China.
North Korean name. Geom-eun-beom-na-bi (검은범나비).

Male. [GB] Sobaeksan (Mt.), Yeongju-si, 28. V. 2007 (ex coll. Paek Munki-KPIC)

Female. [JN] Gosanbong, Hampyeong-gun, 15. V. 2012 (ex coll. Paek Munki-KPIC)

Male. [Incheon] Jawoldo (Is.), Ongjin-gun, 20. VIII. 1993 (ex coll. Paek Munki-KPIC)

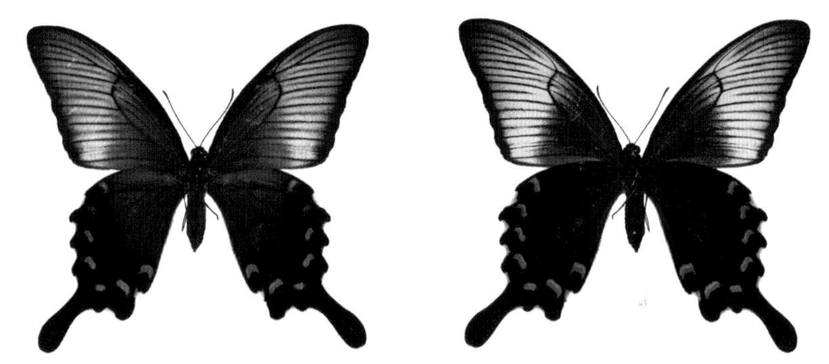

Female. [GB] Bohyeonsan (Mt.), Yeongcheon-si, 23. VII. 2009 (ex coll. Paek Munki-KPIC)

Female. [GW] Odaesan (Mt.), Pyeongchang-gun, 3. VI. 2004 (ex coll. Paek Munki-KPIC)

52 산제비나비 *Papilio maackii* (Ménétriès, 1859)
San-je-bi-na-bi

한반도에서는 산지 중심으로 폭넓게 분포하며, 개체수가 많다. 연 2회 발생하며, 4월부터 9월에 걸쳐 나타난다. 7월 초에 산지의 축축한 땅에서 수백 마리씩 무리지어 물을 빠는 모습을 종종 볼 수 있다. 1887년 Fixsen이 *Papilio maackii maackii*로 처음 기록했으며, 현재의 국명은 석주명(1947: 8)에 의한 것이다.

Wingspan. Spring form: ♂♀ 63~93㎜, Summer form: ♂♀ 95~118㎜.
Distribution. Korea (N·C·S), E.China, Amur and Ussuri region, Japan.
North Korean name. San-geom-eun-beom-na-bi (산검은범나비).

Male. [GW] Gyebangsan (Mt.), Pyeongchang-gun, 26. V. 1996 (ex coll. Paek Munki-KPIC)

Female. [GG] Gwangreung, Namyangju-si, 16. V. 2004 (ex coll. Paek Munki-KPIC)

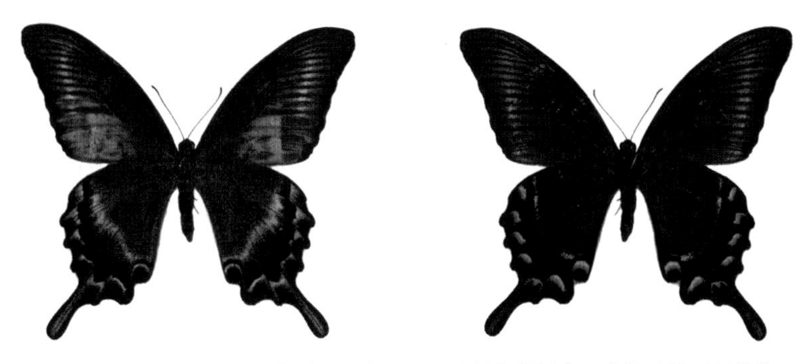

Male. [GW] Gwangdeoksan (Mt.), Hwacheon-gun, 24. VII. 2010 (ex coll. Paek Munki-KPIC)

Female. [GB] Ugok-ri, Mungyeong-si, 15. VIII. 2011 (ex coll. Paek Munki-KPIC)

Male. [Incheon] Seokmodo (Is.), Ganghwa-gun, 8. VII. 2007 (ex coll. Paek Munki-KPIC)

53 사향제비나비 *Atrophaneura alcinous* (Klug, 1836)

Sa-hyang-je-bi-na-bi

한반도 전역에 분포하나, 제주도와 울릉도에서는 관찰 기록이 없다. 연 2회 발생하며, 4월 말부터 9월에 걸쳐 나타난다. 산지 정상 또는 능선보다는 낮은 지역에서 볼 수 있다. 1887년 Fixsen이 *Papilio alcinous*로 처음 기록했으며, 현재의 국명은 석주명(1947: 9)에 의한 것이다.

Wingspan. Spring form: ♂♀ 65~71㎜, Summer form: ♂♀ 75~90㎜.
Distribution. Korea (N·C·S), Japan, W.China, Taiwan.
North Korean name. Sa-hyang-beom-na-bi (사향범나비).

Male. [GG] Haeryongsan (Mt.), Dongducheon-si, 17. V. 2010 (ex coll. Paek Munki-KPIC)

Female. [GB] Bohyeonsan (Mt.), Yeongcheon-si, 29. IV. 2009 (ex coll. Paek Munki-KPIC)

Male. [Incheon] Insan-ri, Ganghwa-gun, 9. VII. 2007 (ex coll. Paek Munki-KPIC)

Female. [GW] Taebaeksan (Mt.), Taebaek-si, 29. VI. 1990 (ex coll. Paek Munki-KPIC)

Female. [GW] Baekdeoksan (Mt.), Yeongwol-gun, 26. V. 1996 (ex coll. Paek Munki-KPIC)

나비목 호랑나비상과

흰나비과

PIERIDAE Duponchel, 1832

Huin-na-bi-gwa

세계에 1,000종 이상 알려졌으며, 대부분 아프리카와 아시아에 분포한다. 나비 무리 중에서 작은 크기 또는 보통 크기에 속하며, 대부분 흰색 또는 황색 바탕에 검은색 무늬가 있다. 날개가 흰색인 *Pieris*속을 기준으로 했기 때문에 흰나비과란 이름이 붙었다. 흰나비과 종들은 앞날개의 경맥(radial vein)이 3개 또는 4개로 갈라지고, 드물게는 5개로도 갈라지며, 암수 모두 앞다리가 잘 발달해 네발나비과와 구별된다. 앞날개 기부의 2A(Second anal vein)가 없고, 앞발마디 발톱(tarsal claws)이 2개로 갈라져 호랑나비과와 구별된다. 한반도에서는 3아과 22종이 알려졌으며, 북한 과명도 '흰나비과'다.

알은 장타원형이며, 유백색을 띤다. 애벌레는 가늘고 긴 원통모양으로 대부분 녹색을 띠며, 종종 가로 줄무늬가 있다. 애벌레의 먹이식물은 피자식물인 십자화과, 콩과, 장미과, 가래나무과, 갈매나무과, 진달래과 식물이다. 이 중 십자화과 및 콩과 식물을 각각 6종이 먹이식물로 이용하고 있어 십자화과 및 콩과 식물에 기주 특이성이 가장 높다. 어른벌레 암수 모두 여러 가지 꽃 꿀을 빨며, 수컷은 축축한 땅바닥에 잘 앉는다. 들판부터 산지까지

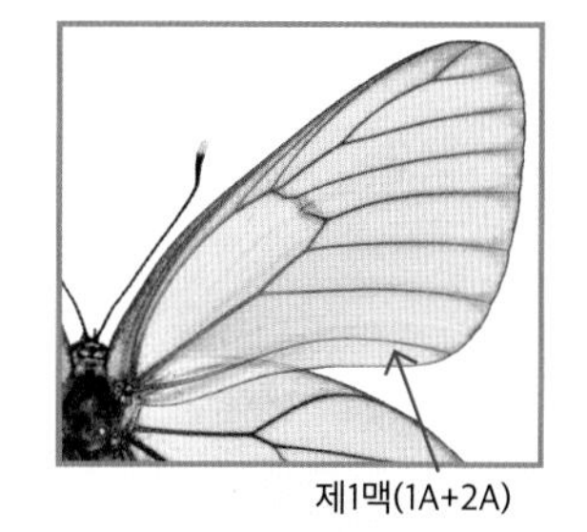

제1맥(1A+2A)

다양한 곳에서 이른 봄부터 늦가을까지 관찰된다. 각시멧노랑나비, 멧노랑나비, 극남노랑나비, 남방노랑나비는 어른벌레로 겨울을 나며, 나머지 대부분은 번데기로 겨울을 난다.

기생나비아과 DISMORPHIINAE Schatz, 1887
Gi-saeng-na-bi-a-gwa

세계에 약 50종이 알려졌으며, 대부분 신열대구(Neotropical region)에 분포한다. 한반도에서는 *Leptidea*속의 2종이 알려졌다. 날개가 가냘프고, 몸통은 가느랗다. 앞날개의 경맥이 5개(11맥(R_1)-7맥(R_5)) 있어 3, 4개 있는 흰나비과의 다른 아과들과 구별된다. 애벌레의 먹이식물은 콩과 식물이며, 번데기로 겨울을 난다. 어른벌레 암수 모두 다양한 꽃 꿀을 빨며, 축축한 땅바닥에서 물을 빨아먹기도 한다. 산지의 풀밭이나 숲 가장자리에서 천천히 날아다닌다.

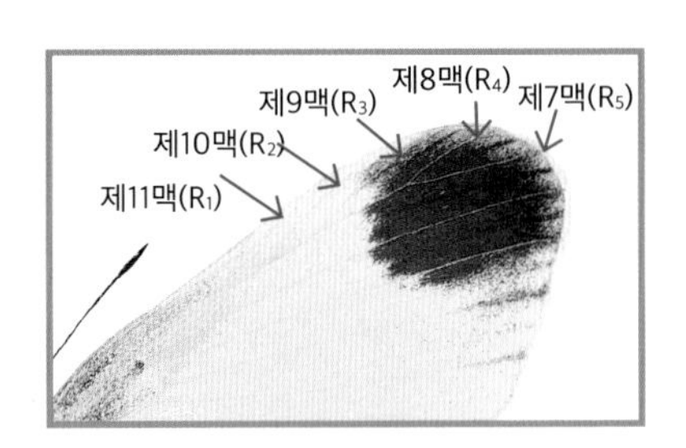

노랑나비아과 COLIADINAE Swainson, 1820
No-rang-na-bi-a-gwa

세계에 200종 이상이 알려졌으며, 한반도에서는 *Eurema* 등 4속 11종이 알려졌다. 이 중 남방노랑나비는 국가기후변화생물지표종이며, 연주노랑나비(북한명: 연지노랑나비)는 북한에서 천연기념물(제333호)이다(나명하, 2007: 131). 대부분 날개 바탕이 황색을 띠나, 수컷과 암컷의 날개 바탕이 다른 경우가 많다. 뒷날개 기부의 어깨맥(humeral vein)이 없거나, 흔적만 있어 흰나비과와 구별된다. 애벌레의 먹이식물은 콩과, 갈매나무과 식물이며, 번데기 또는 어른벌레로 겨울을 난다. 어른벌레 암수 모두 다양한 꽃 꿀을 빨며, 이른 봄부터 늦가을에 걸쳐 다양한 지역에서 관찰된다.

흰나비아과 COLIADINAE Swainson, 1820

Huin-na-bi-a-gwa

세계에 700종 이상이 알려졌다. 한반도에서는 *Aporia* 등 4속 9종이 알려졌으며, 이 중 상제나비는 멸종위기야생생물 I급으로 지정된 보호종이다. 대부분 흰색 바탕에 검은색 무늬가 있다. 뒷날개 기부의 어깨맥(humeral vein)이 길고 뚜렷해 노랑나비아과와 구별된다. 대부분 애벌레는 십자화과 식물을 먹으며, 상제나비는 장미과 식물을 먹는다. 애벌레 또는 번데기로 겨울을 난다. 어른벌레 암수 모두 다양한 꽃 꿀을 빨며, 이른 봄부터 늦가을에 걸쳐 다양한 지역에서 관찰된다.

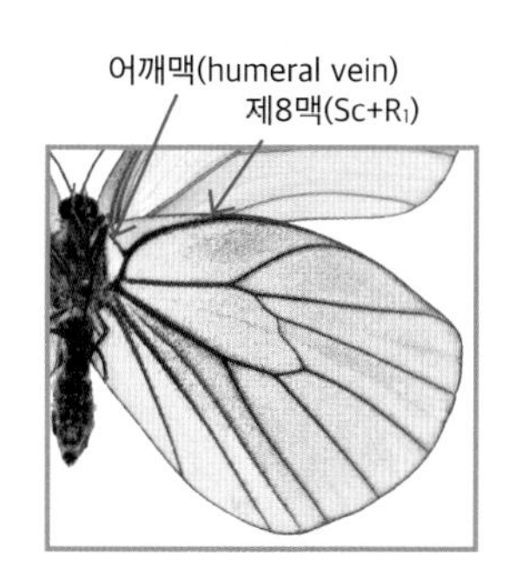

54 북방기생나비 *Leptidea morsei* Fenton, 1881

Buk-bang-gi-saeng-na-bi

한반도에서는 중북부지방에 국지적으로 분포한다. 연 2~3회 발생하며, 4월 말부터 9월에 걸쳐 숲 또는 농경지 가장자리나 산지 내 햇볕이 잘 드는 풀밭에서 볼 수 있다. 남한에서는 강원도 북부지역이 주요 분포지이며, 개체수가 적다. 1887년 Fixsen이 *Leptidea sinapis*로 처음 기록했으며, 현재의 국명은 석주명(1947: 8)에 의한 것이다.

Wingspan. ♂♀ 42~51㎜.
Distribution. Korea (N·C), Japan, C.Europe-Siberia-Ussuri, N.China.
North Korean name. Buk-bang-ae-gi-huin-na-bi (북방애기흰나비).

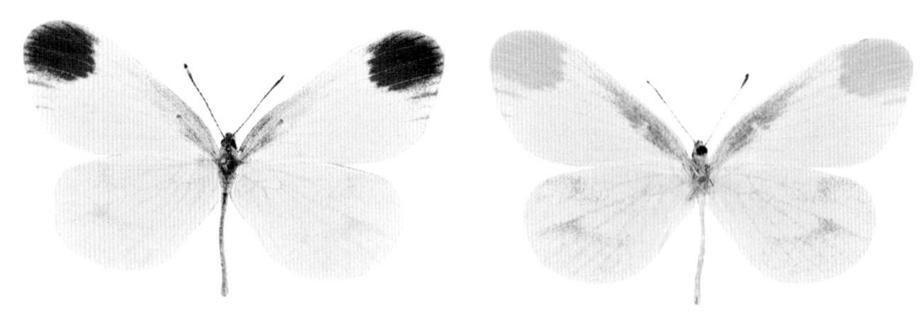

Male. [GW] Gaojak-ri, Yanggu-gun, 28. VI. 2011 (ex coll. Paek Munki-KPIC)

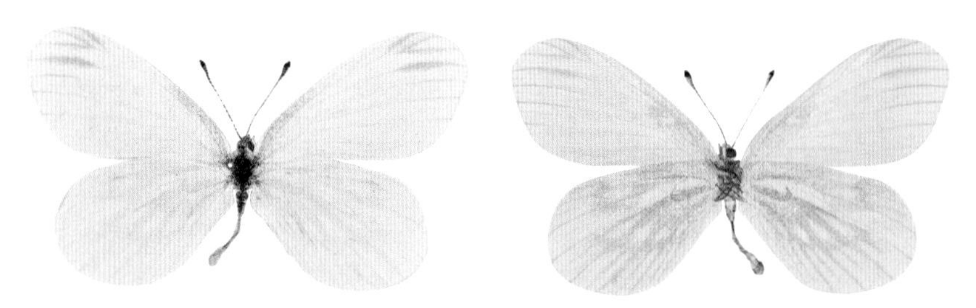

Female. [GW] Jeokgeunsan (Mt.), Cheolwon-gun, 24. V. 2000 (ex coll. Paek Munki et al.-UIB)

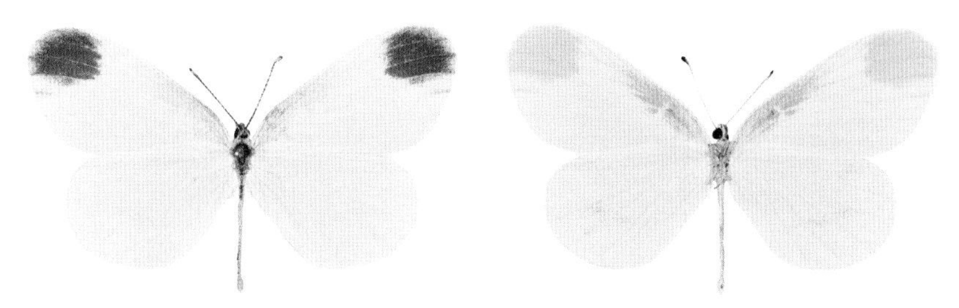

Male. [GW] Jeokgeunsan (Mt.), Cheolwon-gun, 24. VIII. 2000 (ex coll. Paek Munki-KPIC)

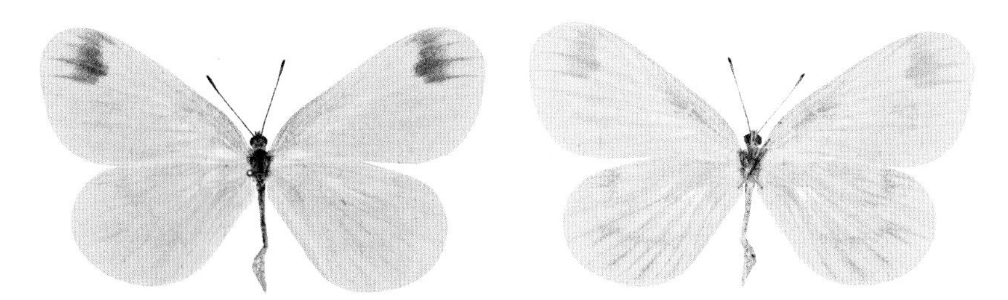

Female. [GW] Yongso Valley, Hongcheon-gun, 21. VII. 2010 (ex coll. Shin Yoohang-SYH)

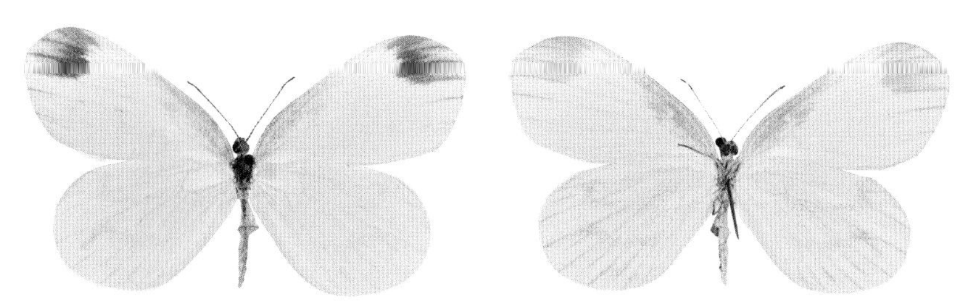

Female. [GG] Gwangreung, Namyangju-si, 27. VI. 1970 (ex coll. Shin Yoohang-KUNHM)

55 기생나비 *Leptidea amurensis* Ménétriès, 1859

Gi-saeng-na-bi

한반도에서는 내륙에 국지적 분포하나, 최근에 관찰되는 지역이나 개체수가 적어지고 있다. 연 2회 발생하며, 봄형은 4~5월, 여름형은 6~9월에 걸쳐 나타난다. 숲 가장자리나 농경지 주변의 햇볕이 잘 드는 풀밭에서 천천히 날아다닌다. 1882년 Butler가 *Leptidea amurensis*로 처음 기록했으며, 현재의 국명은 석주명(1947: 8)에 의한 것이다.

Wingspan. ♂♀ 34~44㎜.
Distribution. Korea (N·C·S), Siberia, Japan, China.
North Korean name. Ae-gi-huin-na-bi (애기흰나비).

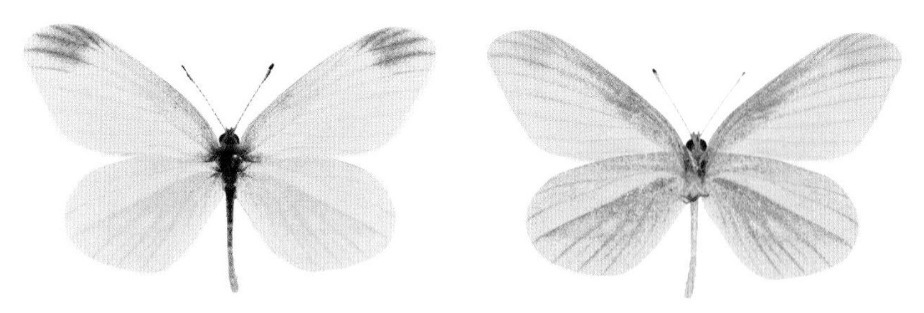

Male. [GW] Ssangryong-ri, Yeongwol-gun 15. IV. 2011 (ex coll. Paek Munki-KPIC)

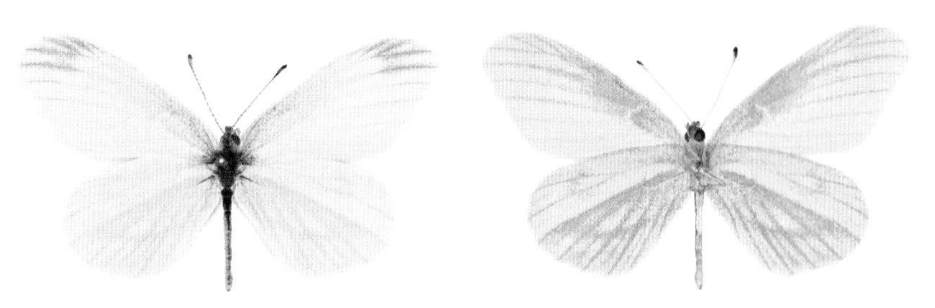

Female. [Daegu] Sinseo-dong, Dong-gu, 6. IV. 2007 (ex coll. Paek Munki-KPIC)

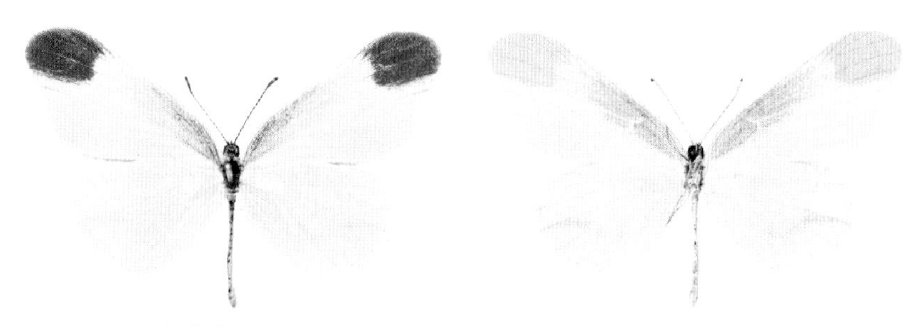

Male. [JB] Jangansan (Mt.), Jangsu-gun, 2. IX. 2012 (ex coll. Paek Munki-KPIC)

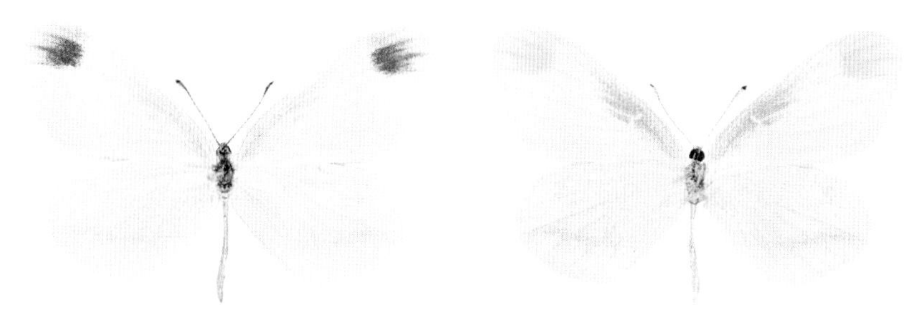

Female. [GW] Hyeoncheon-ri, Hoengseong-gun 9. VIII. 2012 (ex coll. Paek Munki-KPIC)

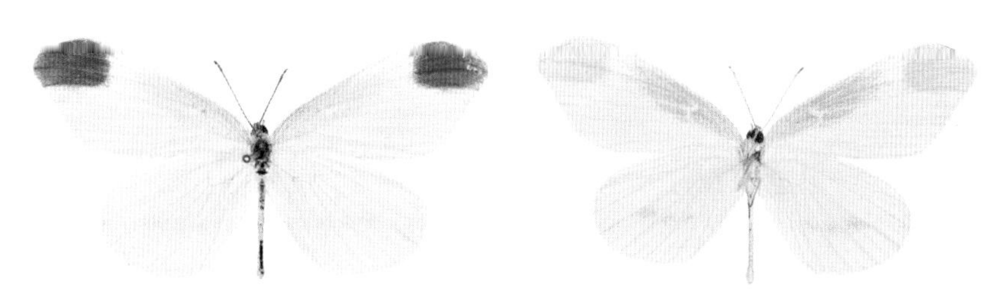

Male. [GG] Cheonmasan (Mt.), Namyangju-si, 27. VI. 1987 (ex coll. Paek Munki-KPIC)

56 검은테노랑나비 *Eurema brigitta* (Stoll, 1780)

Geom-eun-te-no-rang-na-bi

한반도에서는 길잃은나비(미접)로 취급되며, 2002년 8월 초에 주재성이 전남 진도의 첨찰산에서 채집해 2002년에 처음 기록했다. 그 후 서해안 중부 도서에서도 채집기록이 있다. 일본에서도 길잃은나비로 취급한다. 현재의 국명은 주재성(2002: 13)에 의한 것이다.

Wingspan. ♀ 40㎜.
Distribution. Korea (C·S: Immigrant species), S.Asia, Australia, Tropical Africa.
North Korean name. There is no North Korean name.

Female. [Incheon] Daeijakdo (Is.), Ongjin-gun, 6. VIII. 1989 (ex coll. Kim Sungsoo-KSS)

57 남방노랑나비 *Eurema mandarina* (de l'Orza, 1869)

Nam-bang-no-rang-na-bi

한반도에서는 남부지방에 분포하며, 개체수가 많다. 남부지방에서 북상하면서 연 3~4회 발생하며, 어른벌레로 겨울을 난다. 여름형은 5월 중순~9월, 가을형은 10~11월에 걸쳐 나타난다. 늦여름이나 가을에는 경기도 도서지방 일대와 강원도 동해안지역에서도 관찰되나, 이곳에서는 겨울을 나지 못한다. 서해안에서 관찰된 최북단 지역은 영종도이며, 동해안에서는 동해시 묵호지역이다. 1883년 Butler가 *Terias mariesii*로 처음 기록했으며, 현재의 국명은 석주명(1947: 8)에 의한 것이다. 국명이명으로는 조복성(1963: 193)의 '남노란나비'가 있다. 한반도에 분포하는 남방노랑나비의 종명 적용은 Kato (2006: 7)를 따랐다.

Wingspan. ♂♀ 32~47㎜.
Distribution. Korea (S), Taiwan, Australia, Africa.
North Korean name. Ae-gi-no-rang-na-bi (애기노랑나비).

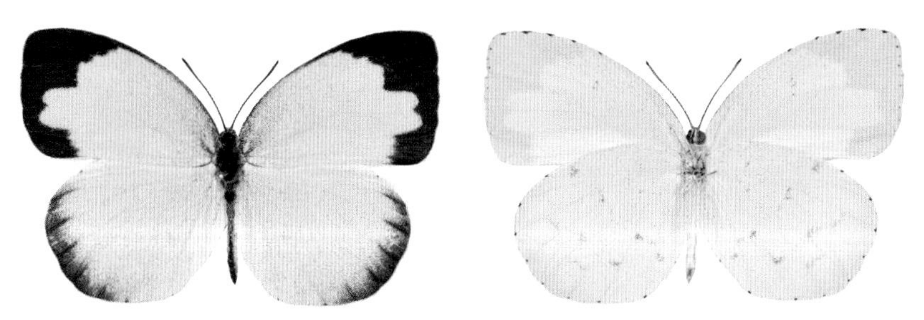

Female. [GB] Bohyeonsan (Mt.), Yeongcheon-si, 29. IV. 2009 (ex coll. Paek Munki-KPIC)

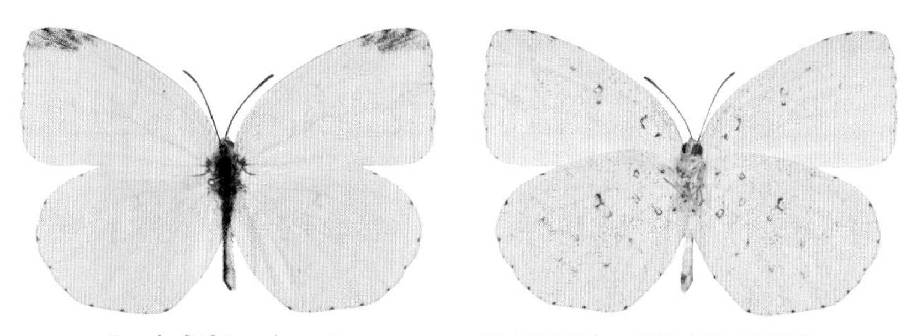

Female. [JN] Gosanbong, Hampyeong-gun, 23. IV. 2009 (ex coll. Paek Munki-KPIC)

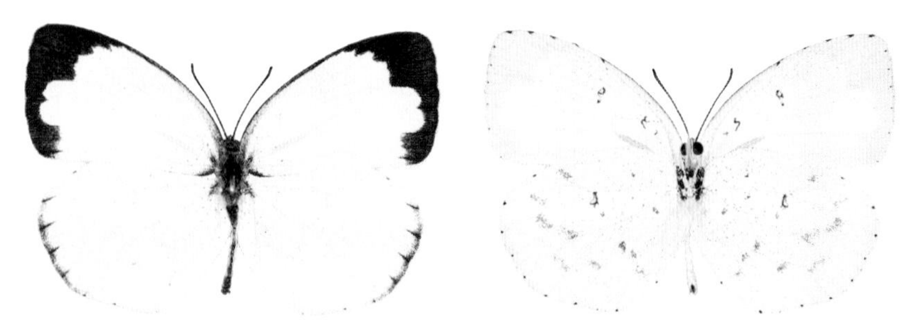

Male. [GN] Sinjeon-ri, Tongyeong-si, 16. VII. 2011 (ex coll. Paek Munki-KPIC)

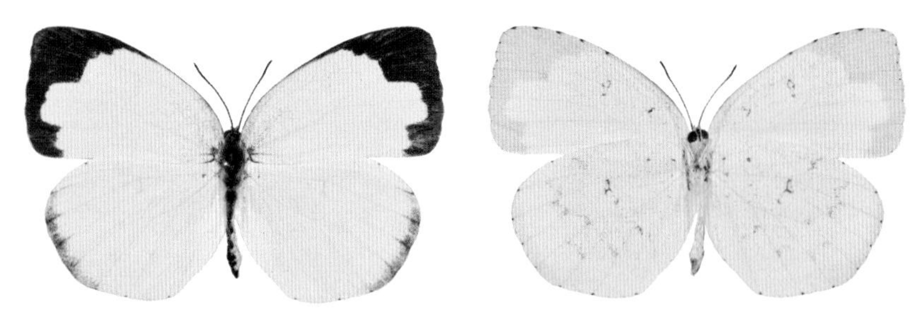

Female. [JB] Daega-ri, Sunchang-gun, 25. VI. 2009 (ex coll. Paek Munki-KPIC)

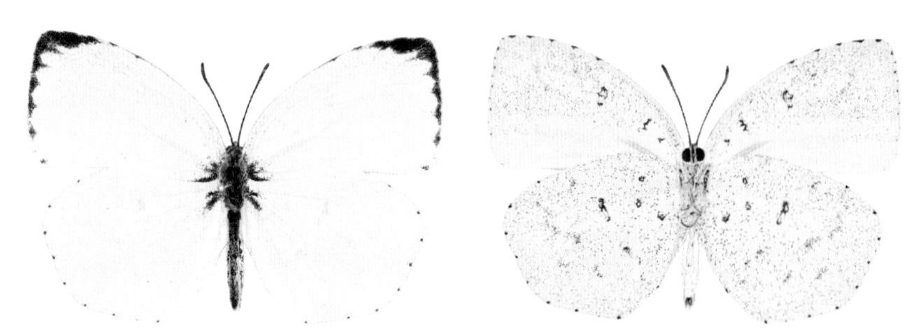

Female. [GW] Gomok-ri, Uljin-gun, 16. XI. 2011 (ex coll. Paek Munki-KPIC)

58 극남노랑나비 *Eurema laeta* (Boisduval, 1836)

Geuk-nam-no-rang-na-bi

한반도에서는 전라도, 경상도, 제주도 등 남부지방에 주로 분포하나, 최근 강원도 삼척시 가곡면 탕곡리에서 겨울나기를 한 개체가 확인되는 등 분포 범위가 넓어지고 있다. 연 3~4회 발생하며, 어른벌레로 겨울을 난다. 여름형은 5~9월, 가을형은 10~11월에 나타나며, 계절에 따라 앞날개 모양이 다르게 나타난다. 가을에 관찰된 최북단 지역은 강원도 동해시 천곡동 지역이며, 서해 쪽으로는 충남 공주 일대다. 1883년 Butler가 경남 거제도 표본을 사용해 *Terias subfervens*로 처음 기록했으며, 현재의 국명은 석주명(1947: 8)에 의한 것이다.

Wingspan. ♂♀ 29~40㎜.
Distribution. Korea (S), Japan, Taiwan, Burma, Australia, India.
North Korean name. Nam-bang-ae-gi-no-rang-na-bi (남방애기노랑나비).

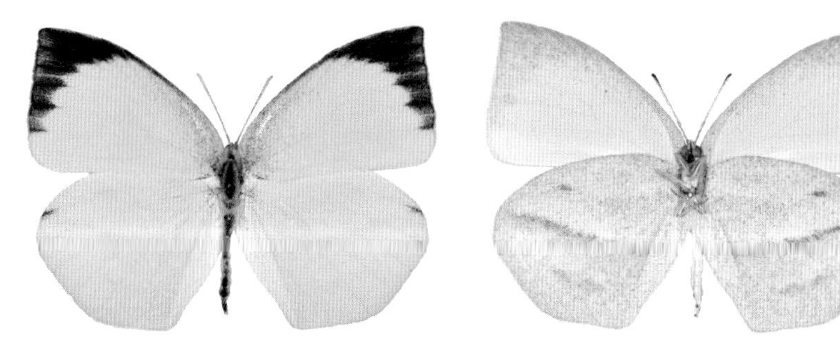

Female. [JN] Gosanbong, Hampyeong-gun, 23. IV. 2009 (ex coll. Paek Munki-KPIC)

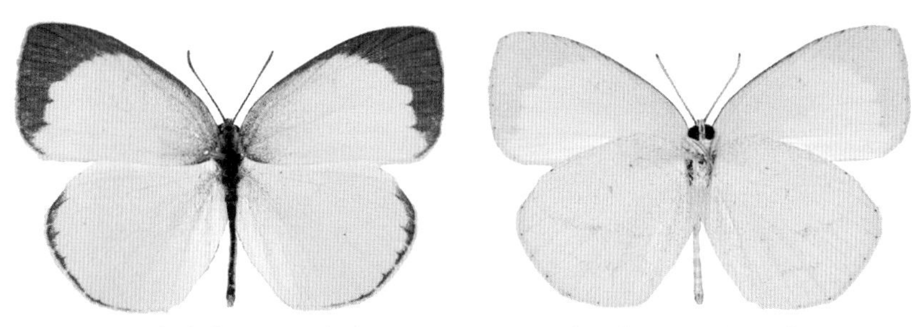

Male. [JN] Baekunsan (Mt.), Gwang-si, 19. VII. 1998 (ex coll. Paek Munki-KPIC)

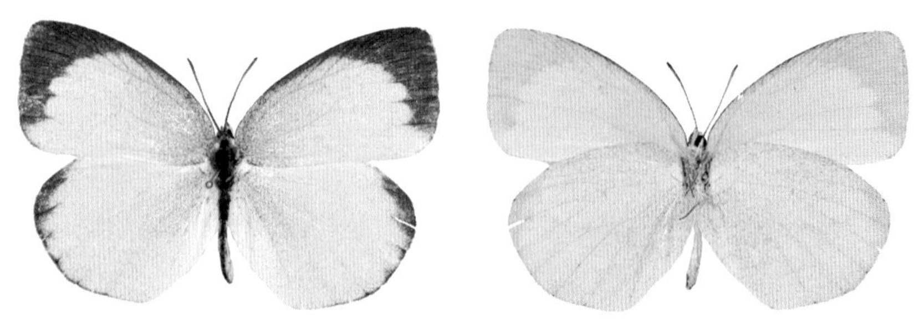

Female. [JN] Geumseongsan (Mt.), Naju-si, 29. VII. 2008 (ex coll. Paek Munki-KPIC)

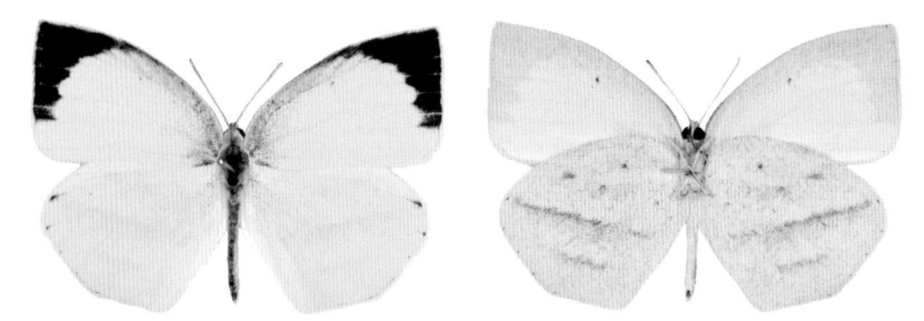

Male. [JJ] Sogil-ri, Aewol-eup, Jeju-si, 7. X. 2010 (ex coll. Paek Munki-KPIC)

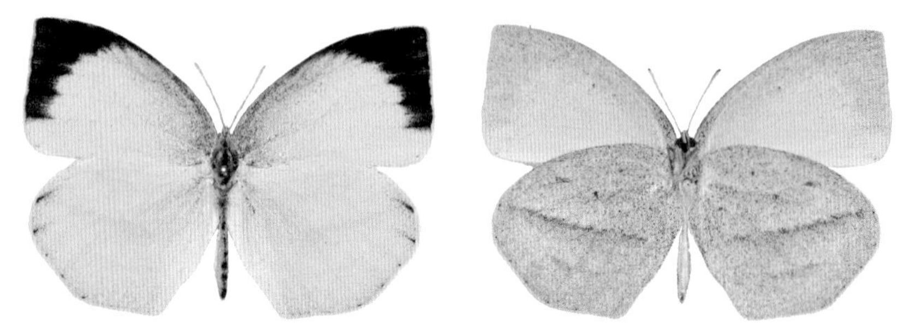

Female. [GW] Cheongok-dong, Donghae-si, 19. IX. 2009 (ex coll. Paek Munki-KPIC)

59 멧노랑나비 *Gonepteryx maxima* Butler, 1885

Mes-no-rang-na-bi

한반도에서는 내륙 산지를 중심으로 국지적 분포한다. 남한에서는 경기도 북부 및 강원도 지역이 주요 분포지이며, 개체수가 적다. 연 1회 발생하며, 어른벌레로 겨울을 난다. 이듬해 새로 날개돋이 한 어른벌레는 6월 중순부터 7월 중순까지 잠시 활동하다가 여름잠에 들어간 후 초가을에 다시 활동한다. 여름보다는 9월 초에 꽃밭을 찾아가 관찰하는 것이 쉽다. 1887년 Fixsen이 강원도 김화 표본을 사용해 *Rhodocera rhamni nepalensis*로 처음 기록했으며, 현재의 국명은 석주명(1947: 8)에 의한 것이다. 국명이명으로는 이승모(1971: 5)의 '멋노랑나비'가 있다.

Wingspan. ♂♀ 58~62㎜.
Distribution. Korea (N·C·S), Amur and Ussuri region, NE.China, Japan.
North Korean name. Gal-gu-ri-no-rang-na-bi (갈구리노랑나비).

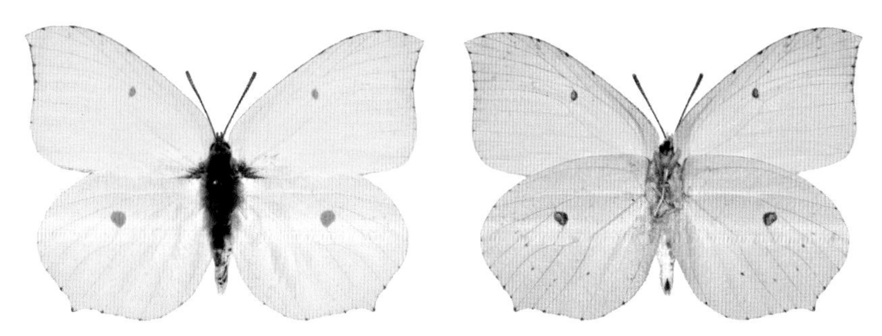

Male. [GW] Changwon-ri, Yeongwol-gun, 29. IV. 2011 (ex coll. Paek Munki-KPIC)

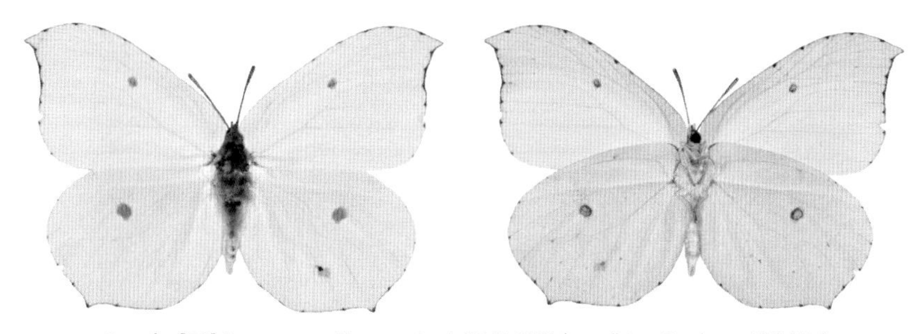

Female. [GG] Gwangreung, Namyangju-si, 27. IV. 1974 (ex coll. Lee Samhwan-KUNHM)

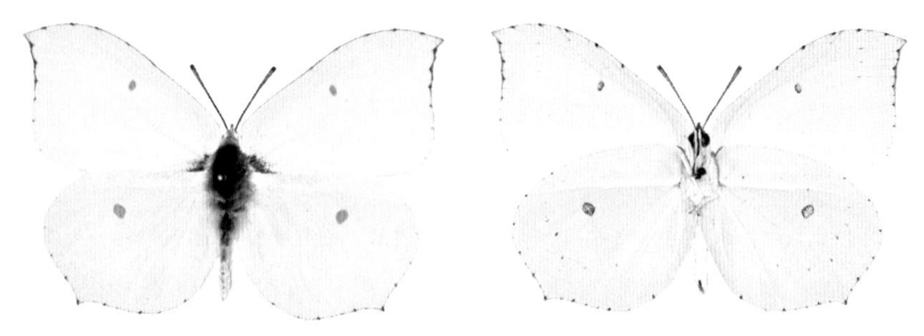

Male. [GW] Hyeoncheon-ri, Hoengseong-gun 7. IX. 2012 (ex coll. Paek Munki-KPIC)

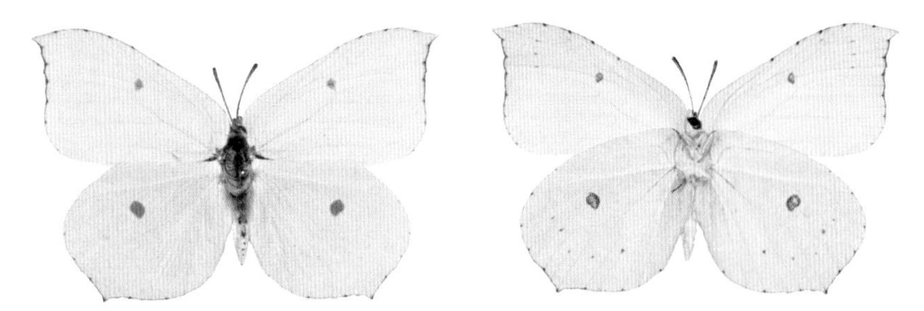

Female. [GW] Ssangryong-ri, Yeongwol-gun, 14. V. 1987 (ex coll. Min Wanki-MWK)

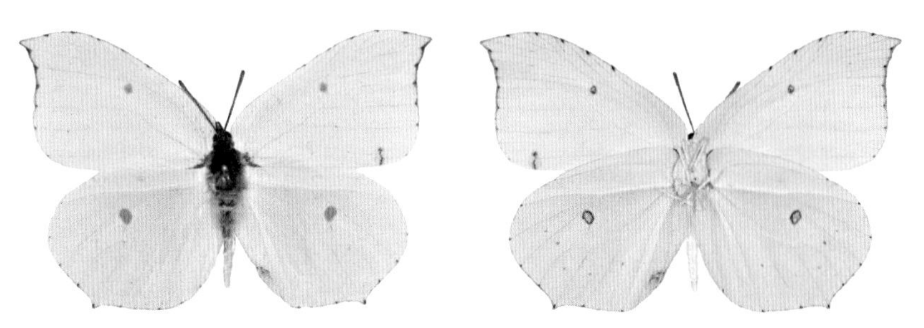

Female. [GW] Yongso Valley, Hongcheon-gun, 21. VII. 2010 (ex coll. Shin Yoohang-SYH)

60 각시멧노랑나비 *Gonepteryx aspasia* Ménétriès, 1859

Gak-si-mes-no-rang-na-bi

한반도에서는 내륙 산지를 중심으로 국지적 분포한다. 연 1회 발생하며, 어른벌레로 겨울을 난다. 6월 중순부터 7월 중순까지 날개돋이를 해 활동하다가 여름잠을 잔다. 그리고 8월 말부터 9월 말까지 다시 나타나 활동한다. 관찰지가 줄고 있으나, 발생지에서는 개체수가 많은 편이다. 1887년 Fixsen이 *Rhodocera aspasia*로 처음 기록했으며, 현재의 국명은 이승모(1973: 4)에 의한 것이다. 국명이명으로는 석주명(1947: 8), 김헌규와 미승우(1956: 401), 조복성(1959: 12), 신유항과 구태회(1974: 129), 신유항(1975: 44) 등의 '각씨멧노랑나비' 그리고 이승모(1971: 5)의 '각시멋노랑나비'가 있다.

Wingspan. ♂♀ 56~59㎜.
Distribution. Korea (N·C·S), Japan, E.China, Kashmir-Kumaon.
North Korean name. Bom-gal-gu-ri-no-rang-na-bi (봄갈구리노랑나비).

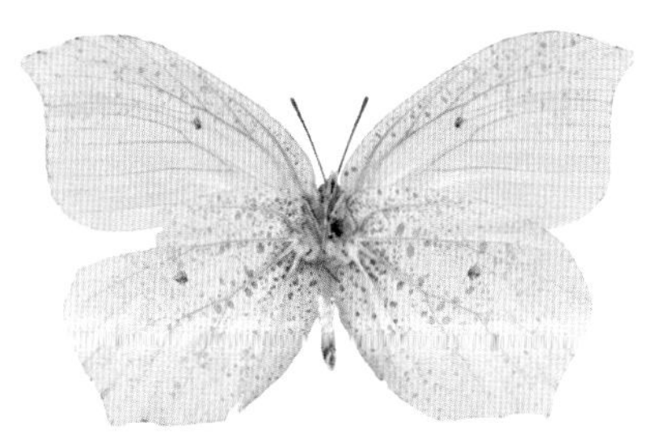

Male. [GG] Gwangreung, Namyangju-si, 14. IV. 1991 (ex coll. Shin Yoohang-KUNHM)

Female. [GG] Gwangreung, Namyangju-si, 11. IV. 1990 (ex coll. Shin Yoohang-SYH)

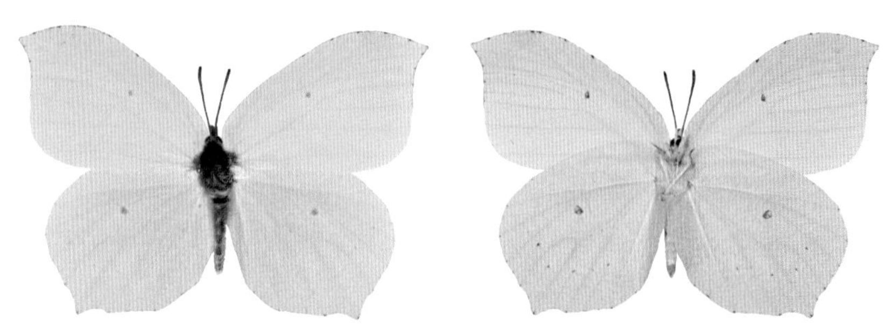

Male. [GB] Sobaeksan (Mt.), Yeongju-si, 29. VII. 1995 (ex coll. Paek Munki-KPIC)

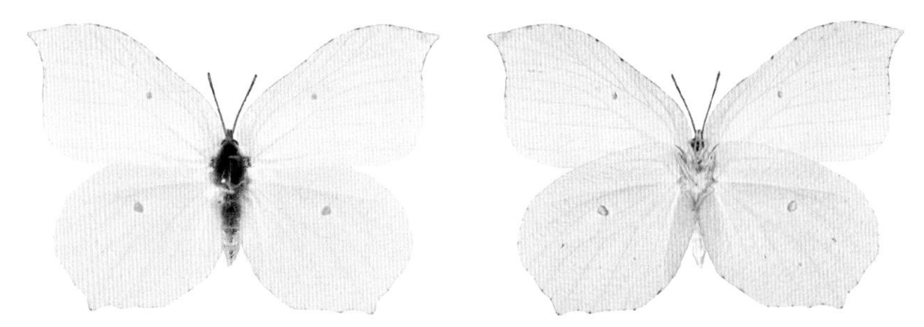

Female. [GW] Hyeoncheon-ri, Hoengseong-gun 7. IX. 2012 (ex coll. Paek Munki-KPIC)

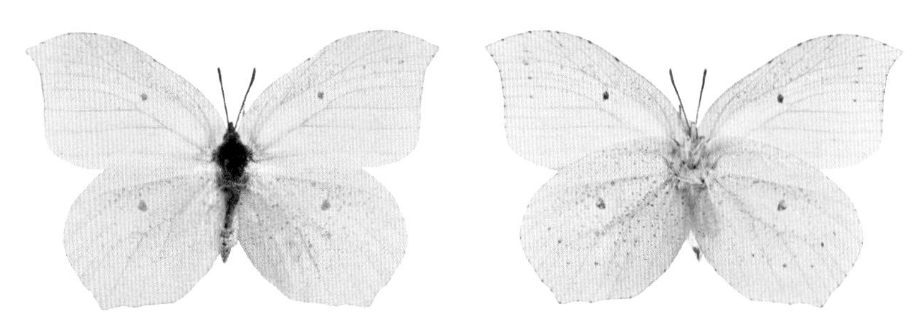

Female. [GG] Gwangreung, Namyangju-si, 11. IV. 1970 (ex coll. Hong J.W.-KUNHM)

61 연노랑흰나비 *Catopsilia pomona* (Fabricius, 1775)

Yeon-no-rang-huin-na-bi

한반도에서는 길잃은나비(미접)로 취급되며, 1991년 8월에 백정길이 거제도에서 채집한 것을 윤인호와 김성수가 1992년에 처음 기록했다. 남부 도서지역이나 해안가에서 가끔 관찰된다. 현재의 국명은 윤인호와 김성수(1992: 34)에 의한 것이다.

Wingspan. ♂♀ 60~64㎜.
Distribution. Korea (S: Immigrant species), Japan, Taiwan, Burma, Malaya, New Guinea, Australia, India.
North Korean name. There is no North Korean name.

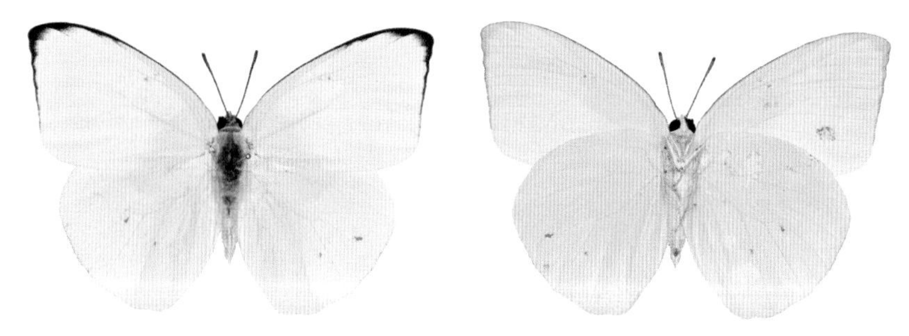

Male. [GN] Geojedo (Is.), Geoje-si, 10. IX. 1992 (ex coll. Park Dongha-PDH)

Female. [GN] Gukdo (Is.), Tongyeong-si, 14. VII. 2011 (ex coll. Paek Munki-KPIC)

62 노랑나비 *Colias erate* (Esper, 1805)

No-rang-na-bi

한반도 전역에 분포하며, 개체수가 많다. 연 3~4회 발생하며, 3월부터 11월에 걸쳐 나타난다. 수컷은 대부분 황색을 띠나, 유백색을 띠는 경우가 가끔 있으며, 경기도 섬이나 해안가에서는 황적색을 띠는 개체도 종종 볼 수 있다. 암컷의 날개 바탕색은 유백색이다. 1887년 Fixsen이 *Colias hyale polyographus*로 처음 기록했으며, 현재의 국명은 석주명(1947: 8)에 의한 것이다.

Wingspan. ♂♀ 38~50㎜.
Distribution. Korea (N·C·S), Primor Territory, Japan, China, Taiwan, Eastern Europe-india, Himalaya.
North Korean name. No-rang-na-bi (노랑나비).

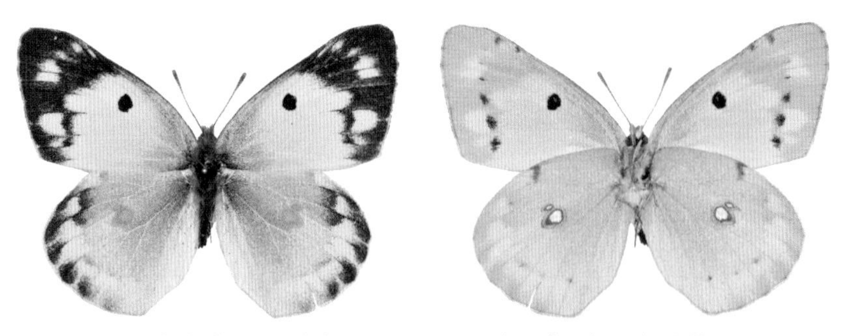

Male. [GG] Daebudo (Is.), Ansan-si, 12. X. 1997 (ex coll. Paek Munki-KPIC)

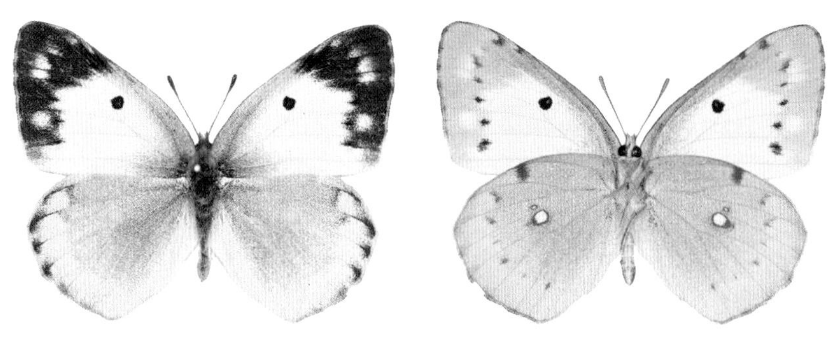

Female. [GN] Hwangseoksan (Mt.), Hamyang-gun, 9. VI. 2012 (ex coll. Paek Munki-KPIC)

63 북방노랑나비 *Colias tyche* (Böber, 1812)

Buk-bang-no-rang-na-bi

한반도에서는 동북부 산지에 국지적 분포하는 종으로 알려져 있는데, 임홍안(1987: 38)의 함경북도 연사군 기록 외에 알지 못한다. 향후 분포 범위에 대한 재조사가 필요하다. 러시아에서는 5월 말부터 8월에 걸쳐 나타난다. 1987년 임홍안(북한)이 *Colias melinos*로 처음 기록했으며, 현재의 국명은 임홍안(1987: 38)에 의한 것이다. 그간 북방노랑나비의 종명으로 사용된 *melinos*는 *tyche*의 동물이명(synonym)이다.

Wingspan. ♂♀ 45~53㎜.
Distribution. Korea (N), The polar regions of Eurasia and Alaska, Taiwan.
North Korean name. Buk-bang-no-rang-na-bi (북방노랑나비).

Male. [Mongolia] Bayanchandman, Töv, 6. VI. 1999 (ex coll. Yoshimi Oshima-OY)

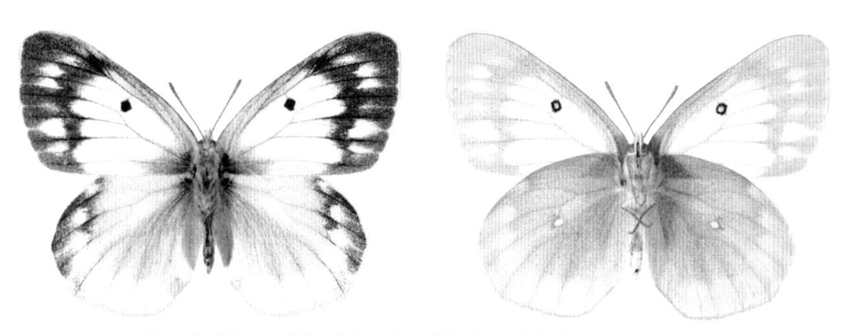

Female. [Mongolia] Terelj, Töv, 7. VI. 1999 (ex coll. Yoshimi Oshima-OY)

64 높은산노랑나비 *Colias palaeno* (Linnaeus, 1761)

Nop-eun-san-no-rang-na-bi

한반도에서는 동북부의 높은 산지를 중심으로 국지적 분포한다. 연 1회 발생하며, 7월부터 8월 중순에 걸쳐 나타난다. 1925년 Mori가 함경남도 대덕산 표본 등을 사용해 *Colias palaeno orientalis*로 처음 기록했으며, 현재의 국명은 석주명(1947: 8)에 의한 것이다. 석주명(1947: 8), 조복성과 김창환(1956: 8), 김헌규와 미승우(1956: 401), 조복성(1959: 10, pl. 11, fig. 8), 김헌규(1960: 259)가 기록한 *Colias marcopolo* Grum-Grshimailo, 1888 (=*Colias marcopolo nicolopolo* (백두산노랑나비))은 현재 아프가니스탄, 타지키스탄 일대의 고산지에만 분포하는 종으로 알려져 있어(Grieshuber & Lamas, 2007; Heiner, 2009) 한반도에 분포하기 어렵다.

Wingspan. ♂ 39㎜.
Distribution. Korea (N), E.Russia, E.China, Japan, E.Europe.
North Korean name. Nop-eun-san-no-rang-na-bi (높은산노랑나비).

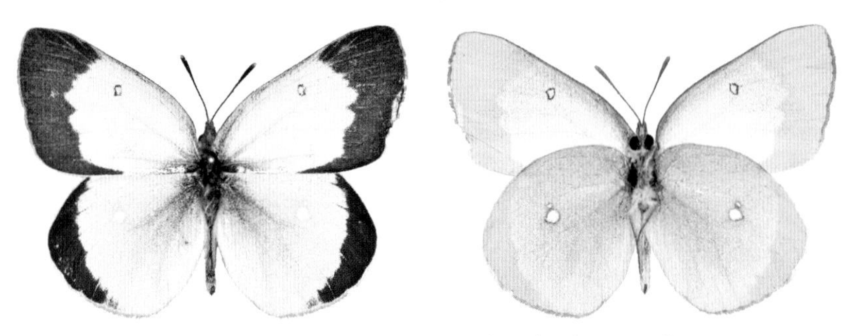

Male. [YG] Hyesan-si, 10~15. VII. 2003 (ex coll. Unknown-AHG)

65 연주노랑나비 *Colias heos* (Herbst, 1792)

Yeon-ju-no-rang-na-bi

한반도에서는 동북부 높은 산지의 마른 풀밭에 국지적으로 분포하며, 개체수가 적다. 연 1회 발생하며, 6월부터 7월에 걸쳐 나타난다. 암컷의 경우 황적색을 띠거나 회백색을 띤다. 1919년 Nire가 함경북도 회령 표본 등을 사용해 *Colias aurora*로 처음 기록했으며, 현재의 국명은 석주명(1947: 7)에 의한 것이다.

Wingspan. ♂♀ 50~55㎜.
Distribution. Korea (N), Altai-S.Siberia, Mongolia-Ussuri, SE.China.
North Korean name. Yeon-ji-no-rang-na-bi (연지노랑나비).

Male. [YG] Hyesan-si, 10~15. VII. 2003 (ex coll. Unknown-PDH)

Female. [YG] Hyesan-si, 10~15. VII. 2003 (ex coll. Unknown-PDH)

66 새연주노랑나비 *Colias fieldii* Ménétriès, 1855

Sae-yeon-ju--no-rang-na-bi

이영준(2005: 19)에 의해 한반도 분포종으로 편입된 종이다. 남한에서는 근래에 전남 함평, 전북 고창, 강원도 해산령에서 관찰 기록이 있으나 자생하지 않는다. 앞으로 한반도의 분포 및 생태적 특성에 대해 지속적인 관심이 필요하다. 현재의 국명은 이영준(2005: 19)에 의한 것이다.

Wingspan. ♂♀ 48~52㎜.
Distribution. Korea (N), Ussuri region, S.Iran-India-S.China.
North Korean name. There is no North Korean name.

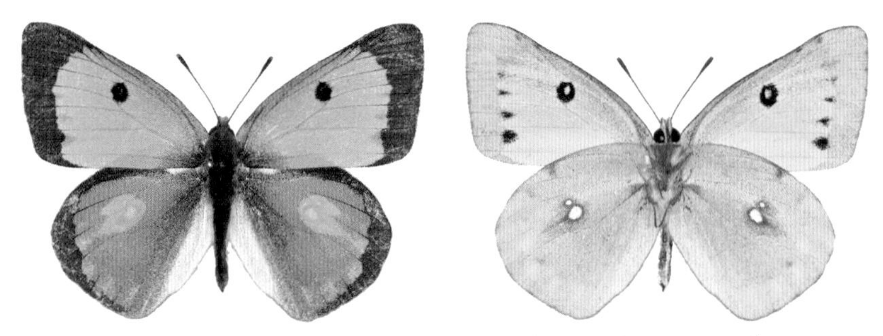

Male. [JB] Jukrim-ri, Gochang-gun, 20. IV. 2008 (ex coll. Park Jinyeong-KPIC)

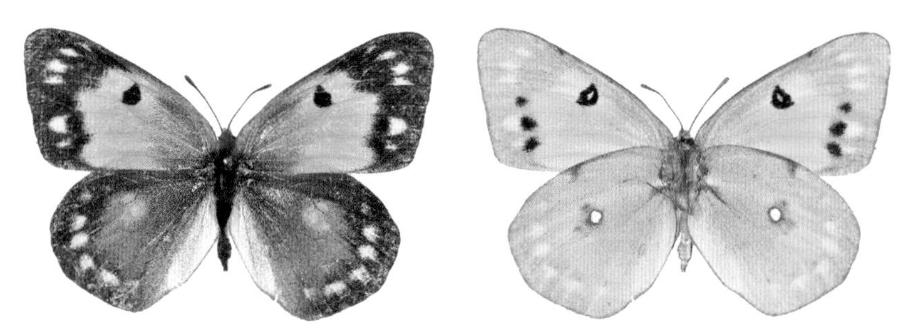

Female. [China] Kilien Shan (Mts.), Gansu, 5. VII. 2003 (ex coll. Unknown-PDH)

67 상제나비 *Aporia crataegi* (Linnaeus, 1758)

Sang-je-na-bi

우리나라 중부지방이 전 세계 남방분포 한계지역이다. 연 1회 발생한다. 남한에서는 5월 중순부터 6월 중순에 걸쳐 나타나고, 북한에서는 6월 중순부터 8월 초에 걸쳐 나타난다. 남한에서는 멸종위기야생생물 I급으로 지정된 보호종이며, 충청북도와 강원도 일부 지역에서 관찰되었으나 최근 관찰된 개체수와 지역이 매우 적어 향후 절멸될 가능성이 매우 높다. 1919년 Nire가 함경북도 회령 표본 등을 사용해 *Aporia crataegi*로 처음 기록했으며, 현재의 국명은 석주명(1947: 8)에 의한 것이다.

Wingspan. ♂ 54~59㎜, ♀ 65~68㎜.
Distribution. Korea (N·C), Japan, Temperate Asia, Europe, N.Africa.
North Korean name. San-huin-na-bi (산흰나비).

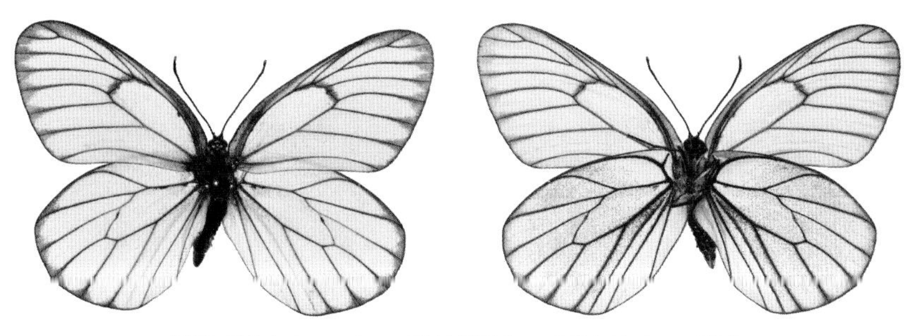

Male. [CB] Jecheon-si, em. 23. V. 1990 (ex coll. Shin Yoohang-SYH)

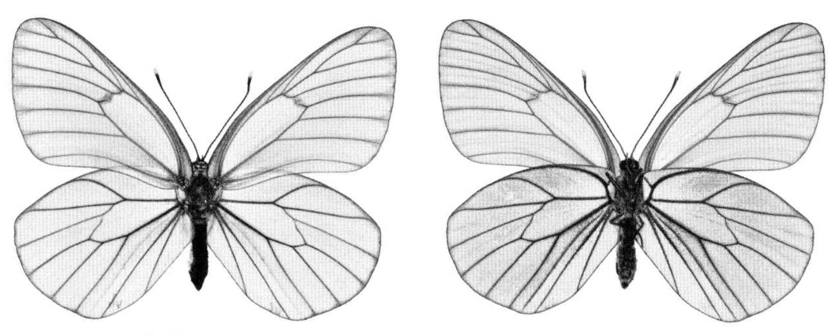

Female. [GW] Ssangryong-ri, Yeongwol-gun, 28. V. 1987 (ex coll. Min Wanki-UIB)

68 눈나비 *Aporia hippia* (Bremer, 1861)

Nun-na-bi

한반도에서는 동북부의 높은 산지 풀밭을 중심으로 국지적 분포한다. 연 1회 발생하며, 6월 말부터 8월 초에 걸쳐 나타난다. 1919년 Nire가 함경북도 김책시 청진 표본 등을 사용해 *Aporia hippia*로 처음 기록했으며, 현재의 국명은 석주명(1947: 7)에 의한 것이다. 국명이명으로는 조복성과 김창환(1956: 7)의 '눈먼나비'가 있다.

Wingspan. ♂♀ 52~65㎜.
Distribution. Korea (N), Amur and Ussuri region, Japan.
North Korean name. Nop-eun-san-huin-na-bi (높은산흰나비).

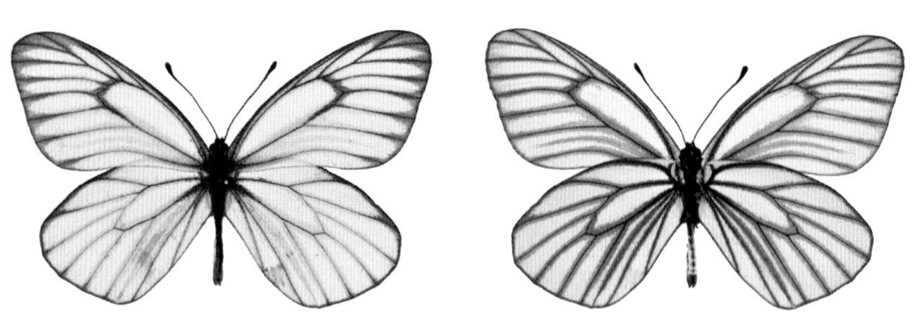

Male. [YG] Hyesan-si, 10~15. VII. 2003 (ex coll. Unknown-AHG)

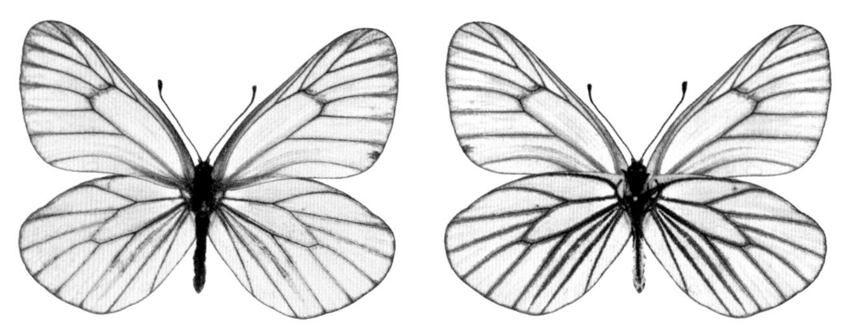

Female. [China] Duremaeul, Yanji, Jilin, 17. VII. 2010 (ex coll. Park Dongha-PDH)

69 줄흰나비 *Pieris dulcinea* Butler, 1882
Jul-huin-na-bi

한반도의 중남부지방에서는 경기도 동북부, 강원도, 경상북도, 지리산, 제주도의 높은 산지 중심으로 국지적 분포하며, 북부지방에서는 산지를 중심으로 폭넓게 분포한다. 연 2~3회 발생하며, 봄형은 4~5월, 여름형은 6~9월에 걸쳐 나타난다. 1882년 Butler가 *Ganois dulcinea*로 처음 기록했으며, 현재의 국명은 석주명(1947: 8=*Pieris napi*)에 의한 것이다. *P. napi* (Linnaeus, 1758)는 현재 북아프리카, 유럽, 아메리카, 중앙 및 북부 아시아에 분포하는 종으로 알려졌다(Savela, 2008 (ditto)).

Wingspan. Spring form: ♂♀ 39~43㎜, Summer form: ♂♀ 51~54㎜.
Distribution. Korea (N·C·S), NE.China, Amur and Ussuri region, Far East Asia.
North Korean name. Jul-huin-na-bi (줄흰나비).

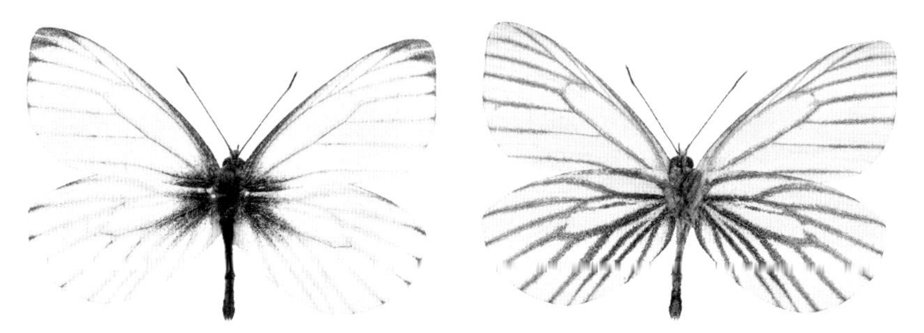

Male. [GW] Gyebangsan (Mt.), Pyeongchang-gun, 26. V. 1996 (ex coll. Paek Munki-KPIC)

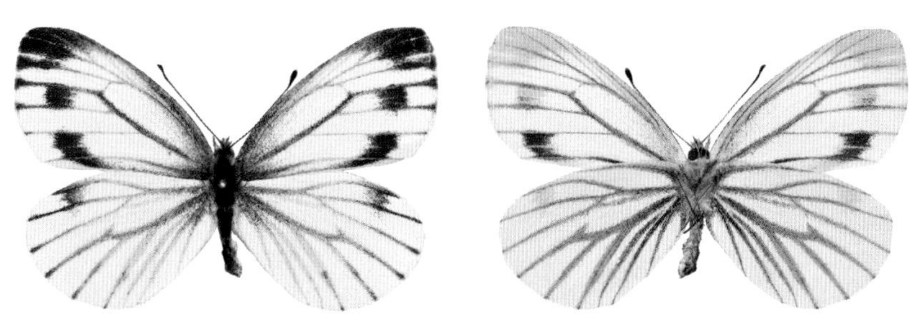

Female. [JJ] Hallasan (Mt.), 5. V. 2004 (ex coll. Park Dongha-PDH)

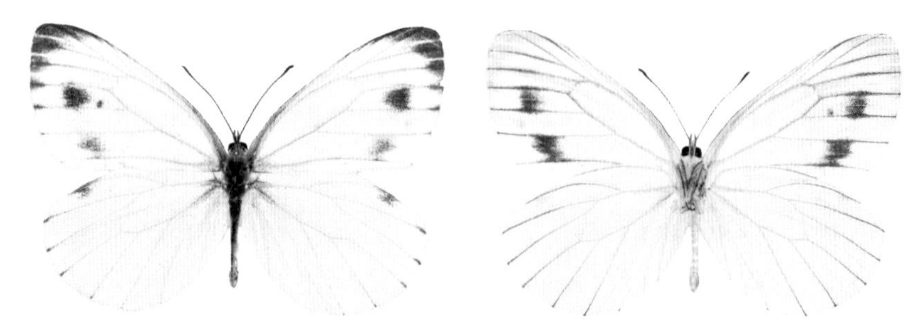

Male. [GW] Gwangdeoksan (Mt.), Hwacheon-gun, 11. VII. 2006 (ex coll. Paek Munki-KPIC)

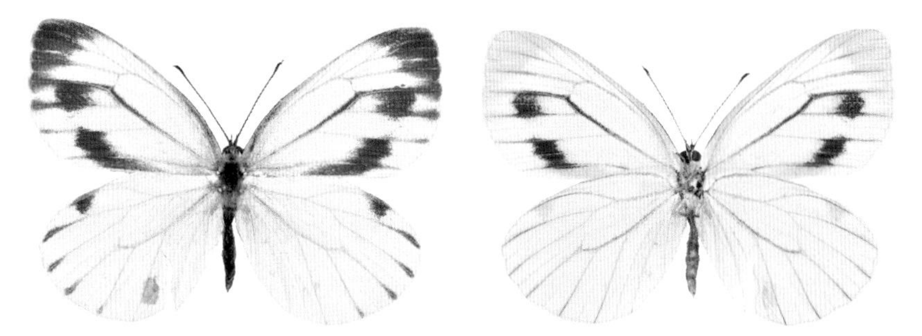

Female. [GW] Gwangdeoksan (Mt.), Hwacheon-gun, 14. VII. 1989 (ex coll. Paek Munki-KPIC)

Male. [GG] Yeoninsan (Mt.), Gapyeong-gun, 12. IV. 2004 (ex coll. Paek Munki-KPIC)

70 큰줄흰나비 *Pieris melete* Ménétriès, 1857

Keun-jul-huin-na-bi

한반도 전역에 분포하며, 낮은 산지에서 볼 수 있는 흰나비 무리 중 우점종이다. 연 2~3회 발생하며, 봄형은 4~5월, 여름형은 6~10월에 걸쳐 나타난다. 개체마다 무늬가 다양하게 나타난다. 1887년 Fixsen이 *Pieris melete*로 처음 기록했으며, 현재의 국명은 이승모(1971: 5)에 의한 것이다.

Wingspan. Spring form: ♂♀ 41~48㎜, Summer form: ♂♀ 52~55㎜.
Distribution. Korea (N·C·S), Manchurian Plain, Amur and Ussuri region, Japan, China, N.India.
North Korean name. Keun-jul-huin-na-bi (큰줄흰나비).

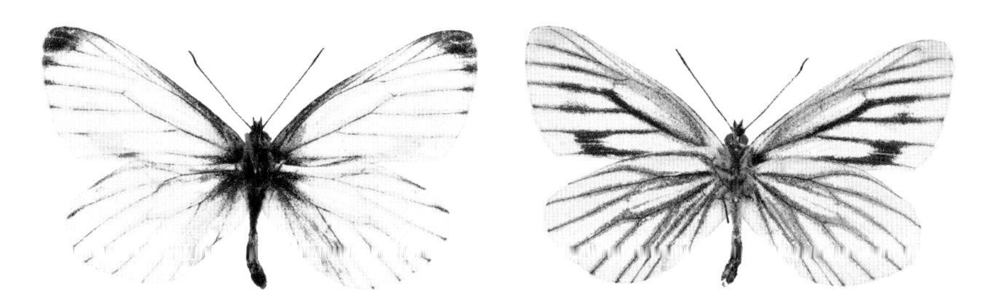

Male. [JN] Gosanbong, Hampyeong-gun, 23. IV. 2009 (ex coll. Paek Munki-KPIC)

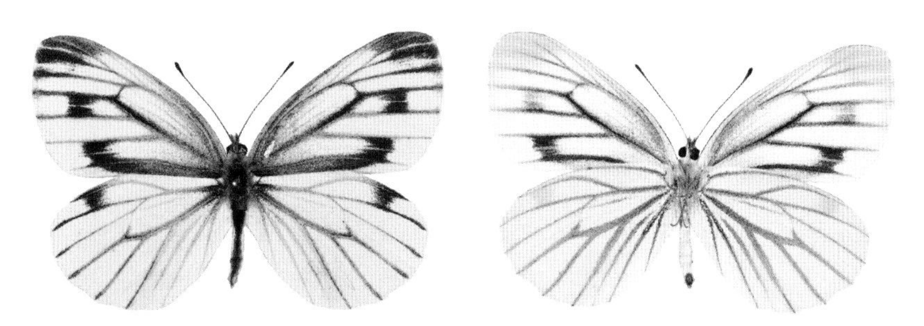

Female. [Incheon] Socheongdo (Is.), Ongjin-gun, 5. V. 2009 (ex coll. Paek Munki-KPIC)

Male. [CN] Bansong-ri, Gongju-si, 14. VI. 2011 (ex coll. Paek Munki-KPIC)

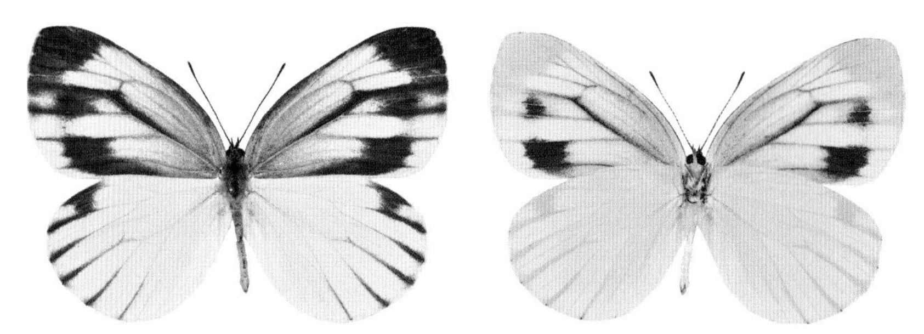

Female. [GB] Oknyeobong, Yeongju-si, 1. IX. 2010 (ex coll. Paek Munki-KPIC)

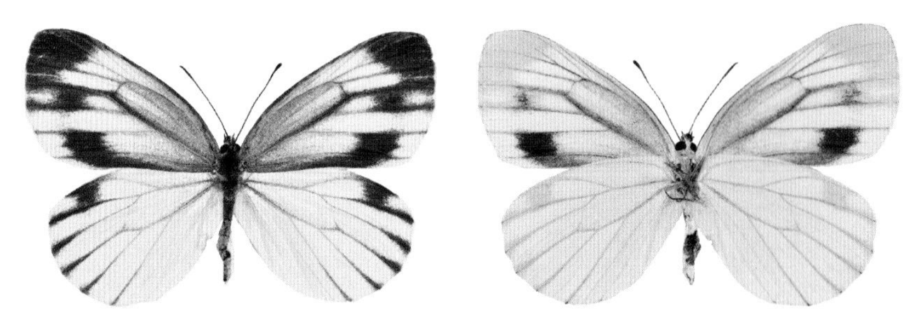

Female. [JJ] Sogil-ri, Aewol-eup, Jeju-si, 7. X. 2010 (ex coll. Paek Munki-KPIC)

71 대만흰나비 *Pieris canidia* (Linnaeus, 1768)

Dae-man-huin-na-bi

한반도 전역에 분포하나, 제주도에서는 관찰 기록이 없다. 연 3~4회 발생하며, 봄형은 4~5월 초, 여름형은 5월 말~10월에 걸쳐 나타난다. 낮은 산지나 농경지 주변 풀밭에서 볼 수 있으며, 개체수는 보통이다. 1887년 Fixsen이 *Pieris canidia*로 처음 기록했으며, 현재의 국명은 석주명(1947: 8)에 의한 것이다.

Wingspan. Spring form: ♂♀ 37~43㎜, Summer form: ♂♀ 44~46㎜.
Distribution. Korea (N·C·S), Japan, W.China, Taiwan, N.W.India, Himalayas, Assam (hills), Burma, Nilgiris, Palnis, Travancore (hills), Cochin, Tibet.
North Korean name. Jak-eun-huin-na-bi (작은흰나비).

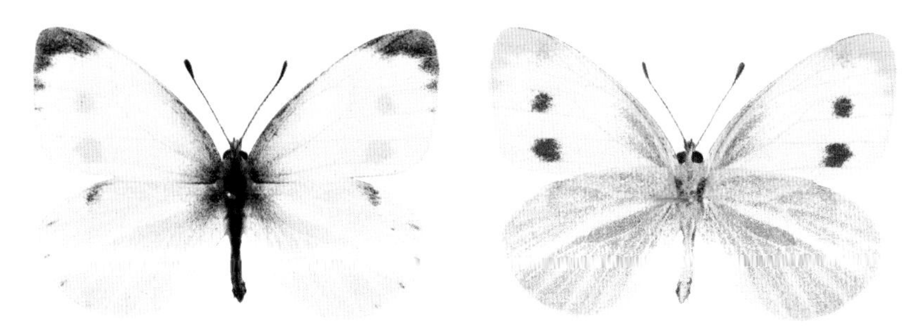

Male. [GW] Changwon-ri, Yeongwol-gun, 16. IV. 2011 (ex coll. Paek Munki-KPIC)

Female. [Incheon] Jawoldo (Is.), Ongjin-gun, 7. V. 2012 (ex coll. Paek Munki-KPIC)

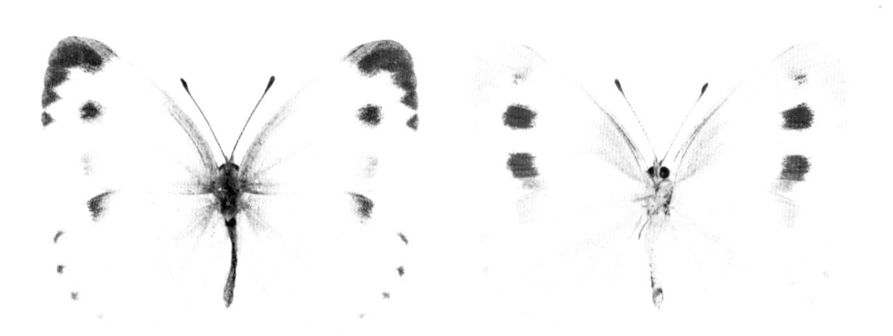

Male. [GW] Gwangdeoksan (Mt.), Hwacheon-gun, 7. VII. 1995 (ex coll. Paek Munki-KPIC)

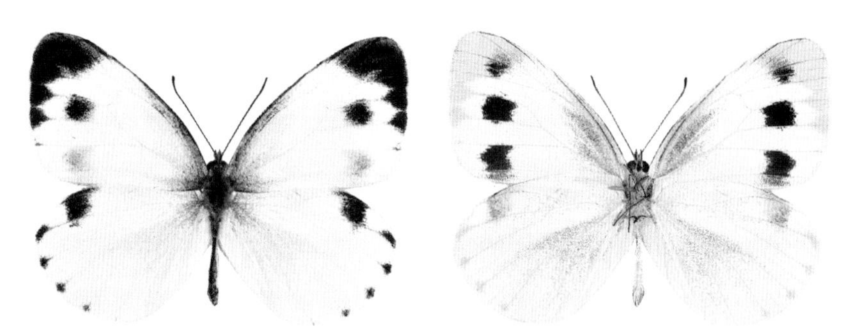

Male. [Seoul] Sinjeongsan (Mt.), Yangcheon-gu, 6. VII. 2011 (ex coll. Paek Munki-KPIC)

Female. [CN] Maam-ri, Gongju-si, 14. VI. 2011 (ex coll. Paek Munki-KPIC)

72 배추흰나비 *Pieris rapae* (Linnaeus, 1758)

Bae-chu-huin-na-bi

한반도 전역에 분포하며, 흰나비 무리 중 우점종이다. 연 4~5회 발생하며, 3월 중순부터 11월에 걸쳐 나타난다. 산지보다는 농경지 주변, 하천 주변, 공원 등에서 쉽게 볼 수 있다. 1883년 Butler가 인천 표본 등을 사용해 *Canonis crucivora*로 처음 기록했으며, 현재의 국명은 석주명(1947: 8)에 의한 것이다.

Wingspan. ♂♀ 39~52㎜.
Distribution. Korea (N·C·S), Palearctic region, Taiwan, Australia.
North Korean name. Huin-na-bi (흰나비).

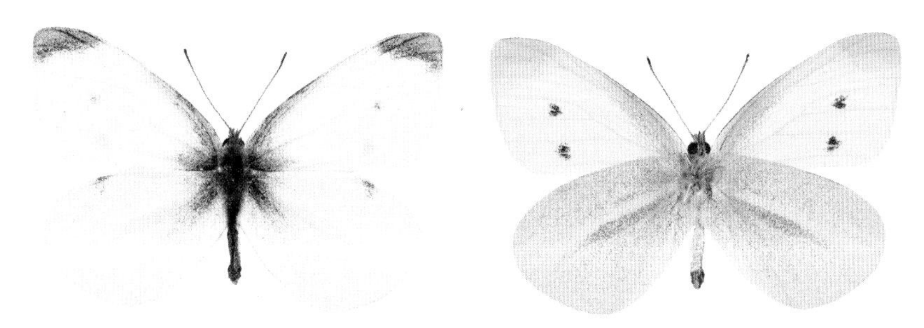

Male. [GG] Bongmisan (Mt.), Yeoju-gun, 27. IV. 2010 (ex coll. Paek Munki-KPIC)

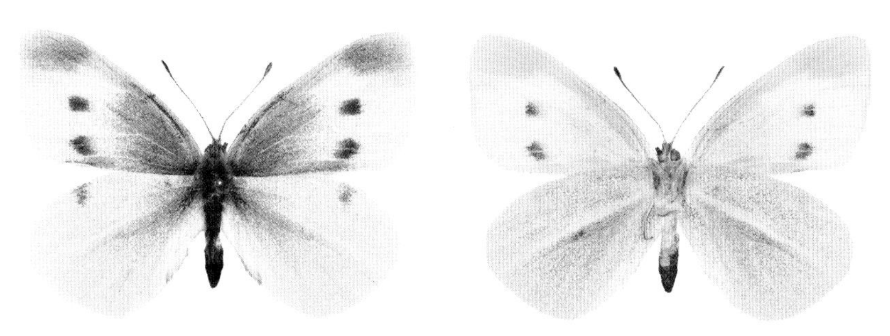

Female. [JN] Usan-ri, Naju-si, 18. III. 2010 (ex coll. Paek Munki-KPIC)

Male. [CN] Bulmodo (Is.), Boryeong-si, 17. VI. 2012 (ex coll. Paek Munki-KPIC)

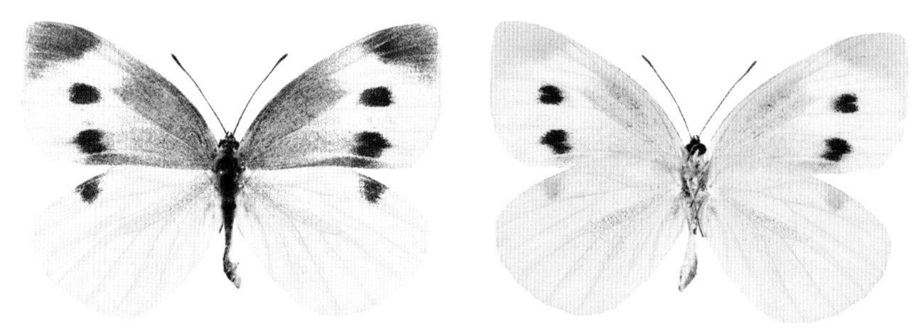

Female. [JN] Seokjeokmaksan (Mt.), Jindo-gun, 6. VI. 2010 (ex coll. Paek Munki-KPIC)

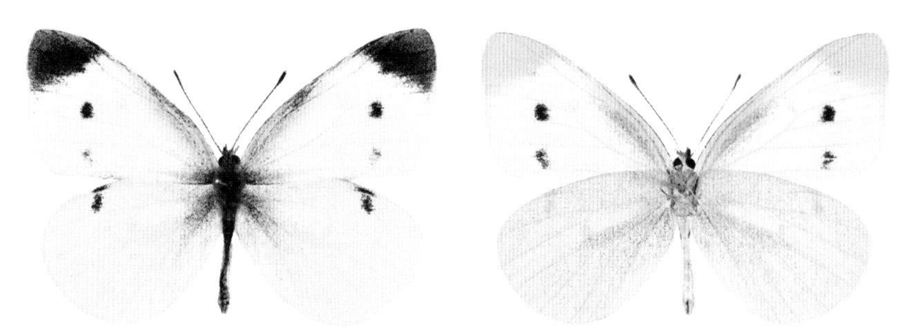

Male. [JJ] Daepo-dong, Seogwipo-si, 6. X. 2010 (ex coll. Paek Munki-KPIC)

73 풀흰나비 *Pontia edusa* (Fabricius, 1777)

Pul-huin-na-bi

한반도에서는 남해안 지역을 제외한 지역에 국지적으로 분포하며, 강, 호수 및 습지 주변의 풀밭에서 관찰된다. 연 2회 발생하며, 봄형은 4~5월, 여름형은 8~10월에 걸쳐 나타난다. 다른 흰나비 무리에 비해 발생지역이나 개체수가 적다. 1887년 Fixsen이 *Pieris daplidice* 로 처음 기록했으며, 현재의 국명은 석주명(1947: 8)에 의한 것이다.

Wingspan. ♂♀ 37~42㎜.
Distribution. Korea (N·C·S), Temperate Siberia, Temperate Europe.
North Korean name. Al-rak-huin-na-bi (알락흰나비).

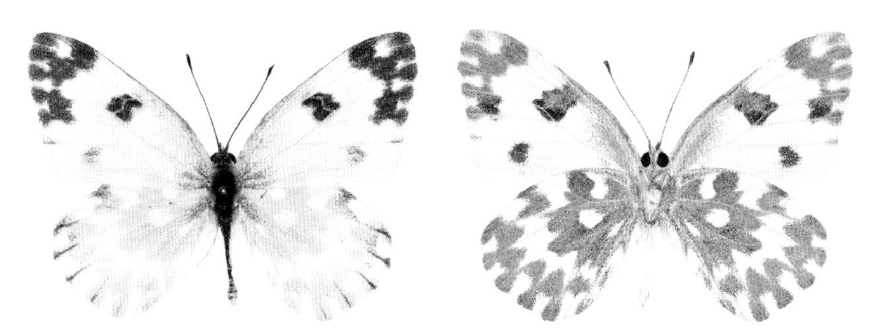

Male. [JB] Jangdeok-ri, Muju-gun, 27. VIII. 1994 (ex coll. Shin Yoohang-SYH)

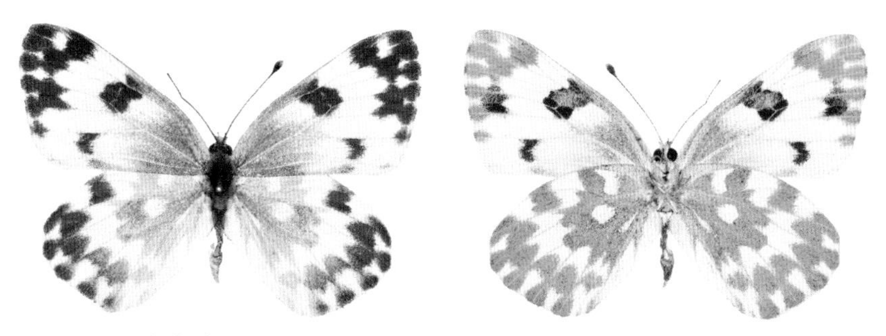

Female. [GG] Janghang Wetlands, Goyang-si, 22. VII. 2002 (ex coll. Paek Munki-KPIC)

74 북방풀흰나비 *Pontia chloridice* (Hübner, 1803~1818)

Buk-bang-pul-huin-na-bi

한반도에서는 북부지방에 국지적으로 분포하며, 강 및 습지 주변의 풀밭에서 관찰된다. 연 2회 발생하며, 5월 중순부터 9월에 걸쳐 나타난다. 1982년 이승모가 개마고원지역 표본 등을 사용해 *Pontia chloridice*로 처음 기록했으며, 현재의 국명은 이승모(1982: 15)에 의한 것이다.

Wingspan. ♂♀ 33~36㎜.
Distribution. Korea (N), Mongolia, M.Asia, Iraq, Europe.
North Korean name. Unknown.

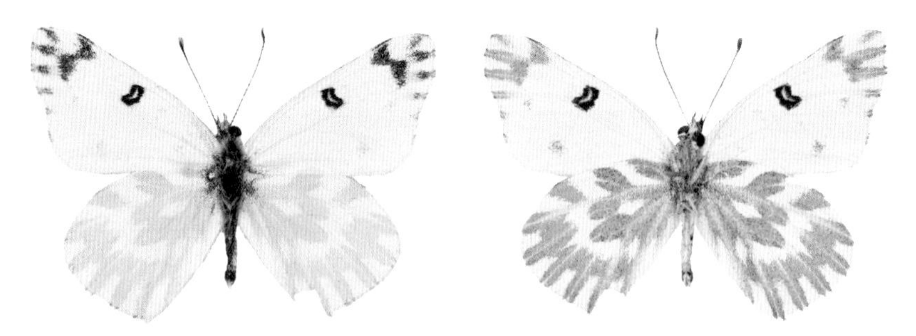

Male. [China] Karlik (Mts.), Hami, Xinjiangi, 19. VII. 2002 (ex coll. Ramo & Westphal-PDH)

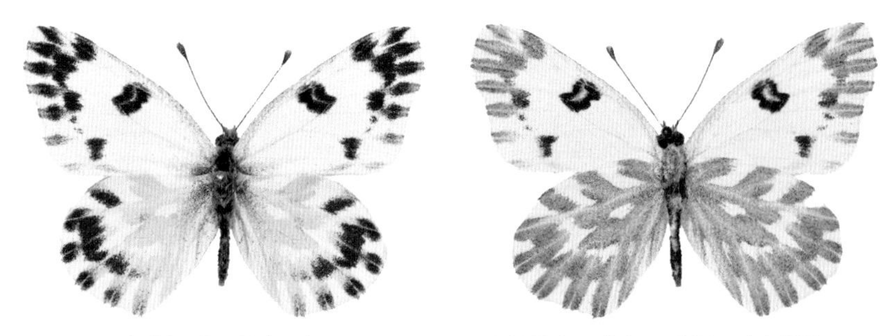

Female. [China] Karlik (Mts.), Hami, Xinjiangi, 19. VII. 2002 (ex coll. Ramo & Westphal-PDH)

75 갈구리나비 *Anthocharis scolymus* Butler, 1866

Gal-gu-ri-na-bi

한반도 전역에 분포하며, 개체수가 많다. 연 1회 발생하며, 4월부터 5월까지 봄에만 볼 수 있다. 낮은 산지나 농경지 및 하천 주변 풀밭에서 쉽게 볼 수 있다. 1917년 Nire가 *Anthocharis scolymus*로 처음 기록했으며, 현재의 국명은 석주명(1947: 8)에 의한 것이다. 국명이명으로는 조복성(1963: 193), 조복성 등(1968: 256)의 '갈고리나비'가 있다.

Wingspan. ♂♀ 43~47㎜.
Distribution. Korea (N·C·S), Ussuri region, Japan, E.China.
North Korean name. Gal-gu-ri-huin-na-bi (갈구리흰나비).

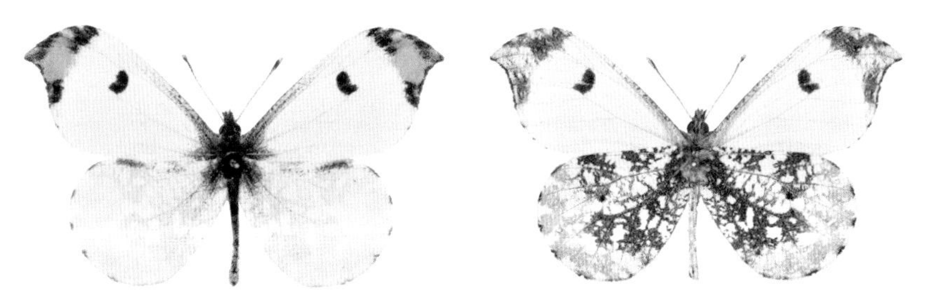

Male. [GG] Cheonmasan (Mt.), Namyangju-si, 9. V. 1997 (ex coll. Paek Munki-KPIC)

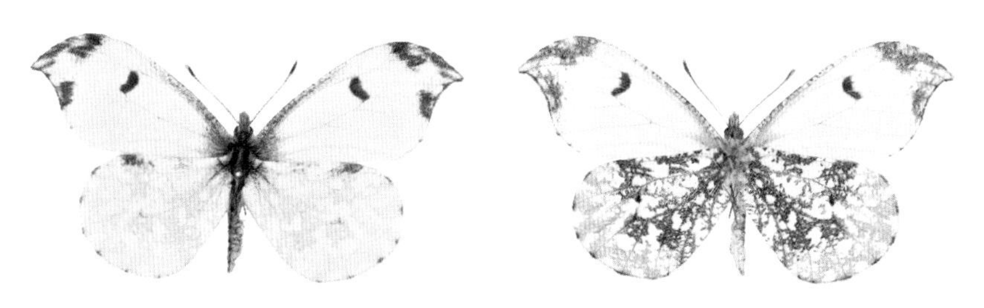

Female. [CN] Sangsin-ri, Gongju-si, 23. IV. 2004 (ex coll. Paek Munki-KPIC)

나비목 호랑나비상과

부전나비과

LYCAENIDAE Leach, [1815]

Bu-jeon-na-bi-gwa

세계에 약 7,000종이 알려져 있으며, 나비 무리 중에서 작은 크기에 속한다. 부전이라는 것은 옛날 여자아이들이 차던 작고 귀여운 노리개를 말하며, 이와 모습이 비슷하다 해서 부전나비란 이름이 붙었다. 일반적으로 날개 편 길이 30㎜ 내외의 소형이며, 겹눈 주변은 밝은 색 비늘가루로 둘러져 있다. 그리고 입 부분의 아랫입술수염(하순수염, labial palp)은 위쪽으로 향하며 돌출되어 다른 과와 구별된다. 날개 색은 다양하며, 대부분 금속성을 띤 청람색 또는 녹색, 그리고 황색, 갈색을 띤다. 수컷과 암컷의 날개 색 및 무늬가 매우 다른 동종이형 현상이 나타나는 종들이 많다. 한반도에서는 5아과 79종이 알려졌으며, 북한 과명은 '숫돌나비과'다. 부전나비과에 속한 아과(subfamily) 및 족(tribe)의 분류학적 위치에 대해 Ackery *et al.* (1999) 및 Shirôzu (2006)은 주홍부전나비아과 및 녹색부전나비아과를 부전나비아과의 족으로 취급하는 등 다양한 견해가 있다. 여기에서는 Eliot (1973), Corbet *et al.* (1992), Ackery *et al.* (1999), Wahlberg *et al.* (2005)의 부전나비과 주요 연구 동향을 정리한 Brower (2008)와 Vane-Wright & Jong (2003), Lamas (2004), Williams (2008), Pelham (2008), Greg *et al.* (2010)의 나비 목록 그리고 나비 관련 주요 데이터베이스(data base)인 Beccaloni *et al.*

(2005), Savela (2008), Opler *et al*. (2013)에 따라 한반도의 부전나비 무리를 5개 아과로 취급했다.

애벌레는 길쭉한 원형 모양으로 배 쪽은 편평하고 등 쪽은 볼록하게 부풀었다. 애벌레의 먹이식물은 참나무과, 장미과, 콩과, 물푸레나무과, 갈매나무과, 진달래과, 버드나무과, 가래나무과, 인동과, 마디풀과, 돌나물과, 느릅나무과, 자작나무과, 쐐기풀과, 쇠비름과, 범의귀과, 괭이밥과, 고추나무과, 층층나무과, 노린재나무과, 꿀풀과, 질경이과, 국화과 식물 등으로 매우 다양하다. 그리고 소철꼬리부전나비는 특이하게 침엽수인 나자식물강의 소철과 식물(소철)을 먹이식물로 이용한다. 또한 일부 종들은 개미류와 공생한다. 이 중 20종이 참나무과 식물을 먹이식물로 이용하고 있어 참나무과 식물에 기주 특이성이 가장 높다. 알 또는 번데기로 겨울을 난다. 어른벌레는 대부분 낮에 나무 높은 곳에서 활발히 활동하나, 검정녹색부전나비 등과 같이 흐린 날이나 늦은 오후에 활발한 종도 있다. 어른벌레 암수 대부분은 꽃 꿀을 빨며, 수컷은 축축한 땅바닥에 모여 물을 빨아먹기도 한다. 들판부터 높은 산지까지 다양한 곳에서 관찰되며, 이른 봄부터 늦가을까지 볼 수 있다.

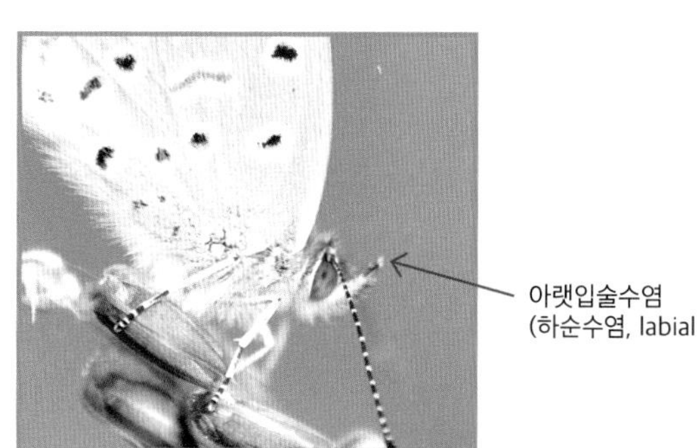

뾧족부전나비아과 CURETINAE Distant, 1884

Ppyo-jok-bu-jeon-na-bi-a-gwa

세계에 *Curetis*속만 포함된 작은 아과로 약 20종이 알려졌으며, 대부분 동남아시아에 분포한다. 날개 윗면 중앙부에는 주홍색, 파란색 무늬가 발달하고, 아랫면은 대부분 은백색 또는 회백색을 띤다. 그리고 애벌레의 배 끝부분에는 채찍마디(lagellae)의 말단부가 뒤집혀 장미꽃 모양으로 변하는 큰 돌기 모양의 복부결절(abdominal tubercles)이 한 쌍 있어 부전나비과의 다른 아과들과 구별된다. 한반도에서는 *Curetis*속 1종이 알려졌으며, 어른벌레는 가을에 남부 해안가의 칡꽃이나 칡밭에서 주로 관찰된다.

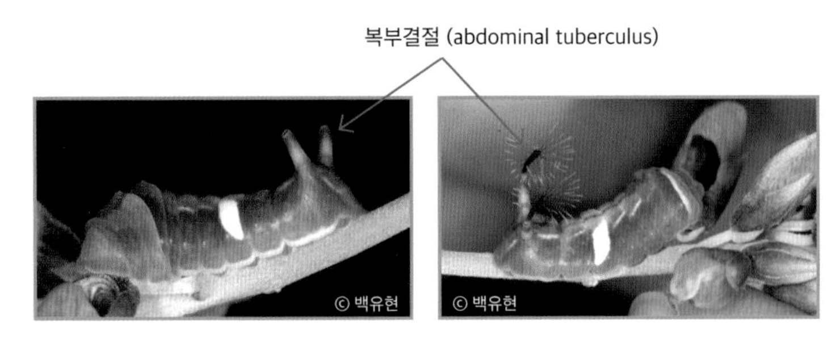

바둑돌부전나비아과 MILETINAE Reuter, 1896

Ba-duk-dol-bu-jeon-na-bi-a-gwa

세계에 13속 160종 이상이 알려졌으며, 대부분 유라시아와 아프리카에 분포한다. 한반도에서는 *Taraka*속 1종이 알려졌다. 애벌레는 순육식성으로 대나무류에 기생하는 진딧물류를 잡아먹기 때문에 부전나비과의 다른 아과들과 구별된다. 어른벌레는 대나무 숲 중심으로 느리게 날아다니나, 꽃에는 모이지 않는다.

부전나비아과 POLYOMMATINAE Swainson, 1827
Bu-jeon-na-bi-a-gwa

세계에 광역 분포하며, 1,000종 이상이 알려졌다. 한반도에서는 *Niphanda* 등 18속 34종이 알려졌으며, 이 중 큰홍띠점박이푸른부전나비는 멸종위기야생생물 II급 및 국외반출승인대상생물종이며, 극남부전나비, 회령푸른부전나비, 큰점박이푸른부전나비, 고운점박이푸른부전나비, 북방점박이푸른부전나비, 산꼬마부전나비, 산부전나비는 국외반출승인대상생물종, 물결부전나비, 소철꼬리부전나비는 국가기후변화생물지표종이다. 수컷 날개 바탕색은 대부분 짙은 남색을 띠며, 날개 아랫면에는 검은 점이 발달한다. 그리고 더듬이의 곤봉부(antenna club)가 다소 편평해 부전나비과의 다른 아과들과 구별된다. 대부분 알로 겨울을 난다. 애벌레의 먹이식물은 콩과, 괭이밥과, 돌나물과, 쇠비름과, 장미과, 고추나무과, 소철과, 국화과, 진달래과 식물로 다양하며, 콩과 식물을 먹이로 이용하는 종이 많다. 어른벌레 암수 모두 다양한 꽃 꿀을 빨며, 산지성이 많다.

주홍부전나비아과 LYCAENINAE Leech, 1815

Ppyo-jok-bu-jeon-na-bi-a-gwa

세계에 6속 290종 이상이 알려졌으며, 대부분 유라시아에 분포한다. 한반도에서는 *Lycaena*속 5종이 알려졌으며, 이 중 큰주홍부전나비는 국외반출승인대상생물종이다. 대부분 날개 바탕색이 주홍색이며 검은색 점이 발달한다. 그리고 수컷 앞다리가 잘 발달되어 있어 부전나비과의 다른 아과들과 구별된다. 애벌레의 먹이식물은 마디풀과 식물이며, 애벌레로 겨울을 난다. 어른벌레 암수 모두 다양한 꽃 꿀을 빨며, 풀밭에서 볼 수 있다.

녹색부전나비아과 THECLINAE Swainson, 1831

Nok-saek-bu-jeon-na-bi-a-gwa

꼬리모양돌기

세계에 2,300종 이상이 알려졌으며, 한반도에서는 *Artopoetes* 등 19속 38종이 알려졌다. 이 중 깊은산부전나비와 쌍꼬리부전나비는 멸종위기야생생물 II급으로 지정된 보호종이며, 작은녹색부전나비, 검정부전나비, 우리부전나비, 남방녹색부전나비, 남방남색꼬리부전나비, 남방남색부전나비, 북방까마귀부전나비는 국외반출승인대상생물종이다. 수컷은 금속성 광택을 내는 종류가 많으며, 암컷은 흑갈색을 띤다. 일반적으로 뒷날개에 작고 가는 꼬리모양돌기가 1쌍 있어 부전나비과의 다른 아과들과 구별된다. 대부분 알로 겨울을 난다. 애벌레의 먹이식물은 물푸레나무과, 참나무과, 가래나무과, 자작나무과, 갈매나무과, 느릅나무과, 콩과, 장미과 식물로 다양하며, 참나무과와 장미과 식물을 먹이로 이용하는 종이 많다. 어른벌레는 대부분 산지성이다.

76 뾰족부전나비 *Curetis acuta* Moore, 1877

Ppyo-jok-bu-jeon-na-bi

한반도에서는 오랫동안에 관찰 기록이 없다가 2006년부터 거제도 지역을 중심으로 지속적으로 관찰되며, 앞으로 한반도 남부지방에 정착할 가능성이 있다. 대부분 9월에 칡꽃이나 칡밭에서 관찰된다. 1919년 Doi가 전남 광주지역 표본을 사용해 *Curetis acuta*로 처음 기록했으며, 현재의 국명은 김정환과 홍세선(1991: 389)이 석주명(1947: 5)의 '뾰죽부전나비'를 개칭한 것이다.

Wingspan. ♂♀ 33~34㎜.
Distribution. Korea (S: Immigrant species), Japan, China, Taiwan, India.
North Korean name. There is no North Korean name.

Male. [GN] Geoje-si, em. 22. X. 2012 (ex coll. Baek Yoohyeon-KPIC)

Female. [GN] Sadeung-myeon, Geoje-si, 9. IX. 2006 (ex coll. Park Sangkyu-PSK)

77 바둑돌부전나비 *Taraka hamada* (Druce, 1875)

Ba-duk-dol-bu-jeon-na-bi

한반도에서는 중부이남과 섬 지역(울릉도, 대부도, 송도(태안) 등)에 국지적으로 분포하며, 최근 서울시에서도 지속적으로 관찰되고 있다. 한해 여러 번 발생하며, 대부분 7~8월에 관찰되나, 지역마다 발생 횟수나 시기가 다르다. 한반도 나비 중 유일하게 애벌레 때에 일본납작진딧물을 포식하는 순육식성 나비다. 1929년 조복성이 경북 울릉도 표본을 사용해 *Taraka hamada*로 처음 기록했으며, 현재의 국명은 석주명(1947: 5)에 의한 것이다.

Wingspan. ♂♀ 21~24㎜.
Distribution. Korea (C·S), Japan, W.China, C.China, Taiwan, Sikkim-Assam, Burma.
North Korean name. Ba-duk-mu-nui-sus-dol-na-bi (바둑무늬숫돌나비).

Male. [GG] Daebudo (Is.), Ansan-si, 30. VIII. 1997 (ex coll. Hong Sangki-KPIC)

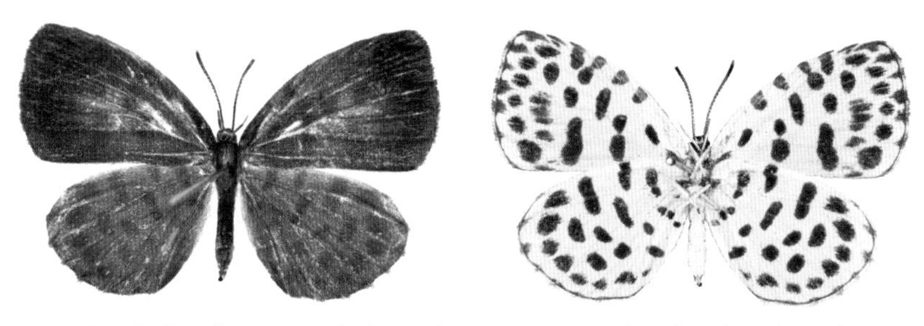

Female. [Seoul] Sinjeongsan (Mt.), Yangcheon-gu, 7. VIII. 2010 (ex coll. Paek Munki-KPIC)

78 담흑부전나비 *Niphanda fusca* (Bremer et Grey, 1853)

Dam-heuk-bu-jeon-na-bi

한반도 전역에 국지적 분포하나, 최근 관찰되는 지역이나 개체수가 급격히 줄고 있다. 연 1회 발생하며, 6월 말부터 7월까지 볼 수 있다. 1~2령 애벌레는 졸참나무와 떡갈나무 잎을 먹고 자라나, 3령 때 일본왕개미에 의해 개미집으로 옮겨져 공생하며, 진딧물류를 포식하는 것으로 알려졌다(장용준, 2007). 1882년 Butler가 *Niphanda fusca*로 처음 기록했으며, 현재의 국명은 석주명(1947: 6)에 의한 것이다. 국명이명으로는 현재선과 우건석(1969: 180), 한국인시류동호인회편(1986: 8)의 '담흙부전나비'가 있다.

Wingspan. ♂♀ 34~40㎜.
Distribution. Korea (N·C·S), Primor Territory, Manchurian Plain, Amur region, Japan, N.China, Taiwan.
North Korean name. Geom-eun-sus-dol-na-bi (검은숫돌나비).

Male. [CB] Gomyeong-ri, Jecheon-si, 26. VI. 2004 (ex coll. Park Dongha-PDH)

Female. [Incheon] Deokjeokdo (Is.), Ongjin-gun, 24. VII. 1997 (ex coll. Paek Munki-KPIC)

79 남색물결부전나비 *Jamides bochus* (Stoll, 1782)

Nam-saek-mul-gyeol-bu-jeon-na-bi

한반도에서는 길잃은나비(미접)로 취급되며, 2007년 9월에 김용식이 제주도 애월읍에서 채집해 2007년에 처음 기록했다. 최근 가을에 제주 서귀포시 외돌개 일대에서 가끔 관찰되며, 해안가 활엽수림 내 햇볕이 드는 곳에서 점유활동을 강하게 한다. 현재의 국명은 김용식(2007: 39)에 의한 것이다.

Wingspan. ♂♀ 23~24㎜.
Distribution. Korea (S: Immigrant species), India, Burma, Taiwan, Japan.
North Korean name. There is no North Korean name.

Male. [JJ] Oedolgae, Seogwipo-si, 10. X. 2009 (ex coll. Park Sangkyu-PSK)

Female. [JJ] Oedolgae, Seogwipo-si, 10. X. 2009 (ex coll. Park Sangkyu-PSK)

80 물결부전나비 *Lampides boeticus* (Linnaeus, 1767)

Mul-gyeol-bu-jeon-na-bi

한반도에서는 제주도와 남해안 섬 및 해안지역 일대에 분포하며, 자생지에서는 개체수가 많은 편이다. 한해 여러 번 발생하며, 대부분 7월부터 11월에 걸쳐 나타난다. 이동성이 커 가을에는 경기도 섬 지역, 서울 등 중부지방에서도 자주 볼 수 있으며, 내륙으로 관찰지가 확산되고 있다. 1923년 Okamoto가 *Polyommatus boeticus*로 처음 기록했으며, 현재의 국명은 석주명(1947: 6)에 의한 것이다.

Wingspan. ♂♀ 26~32㎜.
Distribution. Korea (S), M.Asia, Asia, Australia, S.Europe, C.Europe, Africa, Hawaii.
North Korean name. Mul-gyeol-sus-dol-na-bi (물결숫돌나비).

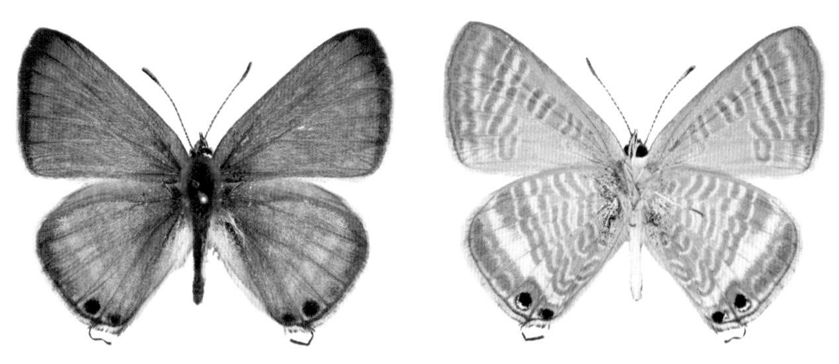

Male. [JN] Daejangdo (Is.), Sinan-gun, 5. X. 2007 (ex coll. Paek Munki-KPIC)

Female. [JN] Huiyeosan (Mt.), Jindo-gun, 19. X. 2009 (ex coll. Paek Munki-KPIC)

81 남방부전나비 *Pseudozizeeria maha* (Kollar, 1848)

Nam-bang-bu-jeon-na-bi

한반도에서는 중남부지방에 폭넓게 분포하며, 개체수가 매우 많다. 남부지방에서 북상하면서 연 3~4회 발생하며, 4월부터 11월에 걸쳐 나타난다. 중부지방에서는 늦여름부터 개체수가 많아지며, 늦가을까지 산지 내 풀밭뿐만 아니라 도시 공원에서도 쉽게 볼 수 있다. 1883년 Butler가 *Lycaena maha*로 처음 기록했으며, 현재의 국명은 석주명(1947: 7)에 의한 것이다.

Wingspan. ♂♀ 17~28㎜.
Distribution. Korea (C·S), Japan, China, Taiwan, Burma, Tibet, India, Iran.
North Korean name. Nam-bang-sus-dol-na-bi (남방숫돌나비).

Male. [GB] Oknyeobong, Yeongju-si, 28. X. 2010 (ex coll. Paek Munki-KPIC)

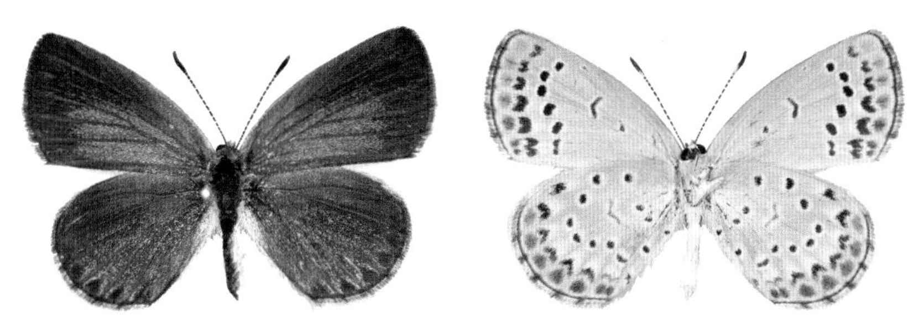

Female. [Incheon] Socheongdo (Is.), Ongjin-gun, 10. X. 2009 (ex coll. Paek Munki-KPIC)

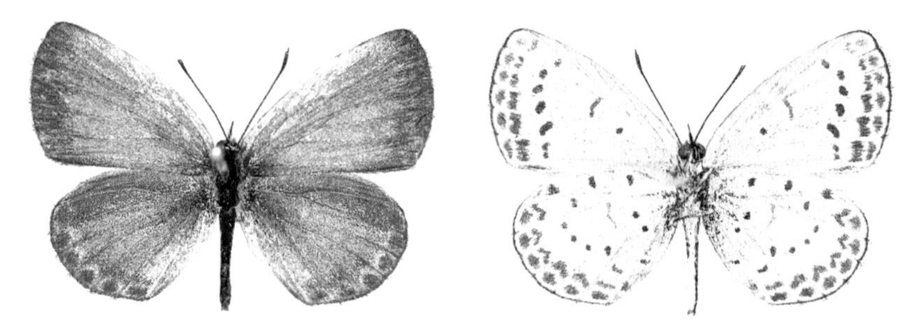

Male. [GN] Budo (Is.), Tongyeong-si, 12. VII. 2011 (ex coll. Paek Munki-KPIC)

Female. [JJ] Cheonjiyeon, Seogwipo-si, 7. XI. 2010 (ex coll. Paek Munki-KPIC)

Female.[JJ] Oedolgae, Seogwipo-si, 6. X. 2010 (ex coll. Paek Munki-KPIC)

82 극남부전나비 *Zizina emelina* (de l'Orza, 1869)

Geuk-nam-bu-jeon-na-bi

한반도에서는 제주도, 남해안 도서, 동해안의 울진 이남 지역, 서해안 충청도 지역의 극히 제한된 지역에 분포하며, 개체수가 적다. 연 2~3회 발생하며, 5월부터 10월에 걸쳐 나타난다. 1934년 석주명이 *Zizera maha japonica*로 처음 기록했으며, 현재의 국명은 석주명(1947: 7)에 의한 것이다. Yago *et al*., (2008: 32)의 분자계통학적 연구에 따라 한반도산 극남부전나비의 학명을 *Zizina emelina*로 적용했다.

Wingspan. ♂♀ 20~25㎜.
Distribution. Korea (C·S), Japan, Taiwan, Burma, Australia, India.
North Korean name. Keun-nam-bang-sus-dol-na-bi (큰남방숫돌나비).

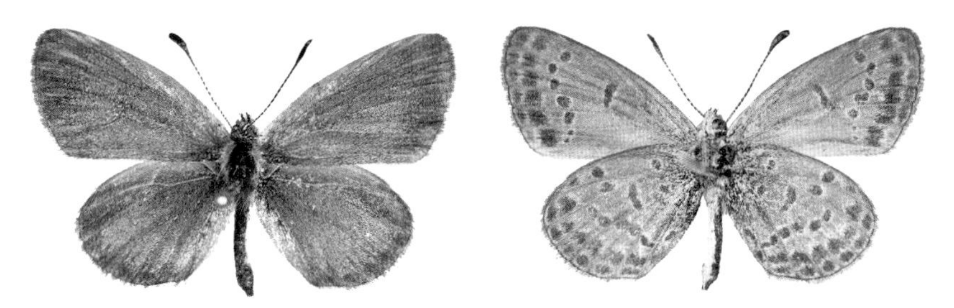

Male. [GB] Homigot, Imgok-ri, Pohang-si, 24. IX. 2009 (ex coll. Park Jinyeong-KPIC)

Female. [GB] Ganggu-ri, Yeongdeok-gun, 16. VIII. 1989 (ex coll. Woo Kyeongdong-KUNHM)

83 꼬마부전나비 *Cupido minimus* (Fuessly, 1775)

Kko-ma-bu-jeon-na-bi

한반도에서는 동북부의 산지 풀밭에 국지적으로 분포하며, 개체수가 적다. 연 1회 발생하며, 7월 초부터 8월 초에 걸쳐 나타난다. 1919년 Nire가 함경북도 무산령 표본을 사용해 *Zizera minimus*로 처음 기록했으며, 현재의 국명은 석주명(1947: 6)에 의한 것이다. 극동 러시아 지역에 유사종이 많다.

Wingspan. ♂♀ 20~23㎜.
Distribution. Korea (N), Siberia, Amur region, Kamchatka, Asia Minor, Mongolia, Transcaucasia, S.Europe, C.Europe.
North Korean name. Kko-ma-sus-dol-na-bi (꼬마숫돌나비).

Male. [YG] Hyesan-si, 10~15. VII. 2003 (ex coll. Unknown-PDH)

84 암먹부전나비 *Cupido argiades* (Pallas, 1771)

Am-meok-bu-jeon-na-bi

한반도 전역에 분포하며, 개체수가 많다. 연 3~4회 발생하며, 3월 말부터 10월에 걸쳐 나타난다. 숲 가장자리와 농경지 주변, 공원 주변 등 어디에서나 쉽게 볼 수 있으며, 애벌레는 다양한 콩과 식물을 먹는다. 1883년 Butler가 *Everes hollotia*로 처음 기록했으며, 현재의 국명은 석주명(1947: 6)에 의한 것이다.

Wingspan. ♂♀ 17~28㎜.
Distribution. Korea (N·C·S), Japan, C.Asia, Taiwan, Europe.
North Korean name. Je-bi-sus-dol-na-bi (제비숫돌나비).

Male. [GW] Simjeok-ri, Inje-gun, 22. V. 2011 (ex coll. Paek Munki-KPIC)

Female. [GW] Simjeok-ri, Inje-gun, 22. V. 2011 (ex coll. Paek Munki-KPIC)

85 먹부전나비 *Tongeia fischeri* (Eversmann, 1843)

Meok-bu-jeon-na-bi

한반도 전역에 분포하며, 개체수는 보통이다. 연 3~4회 발생하며, 4월부터 10월에 걸쳐 나타난다. 애벌레의 먹이식물인 돌나무과 식물을 관상용으로 키우기도 해, 숲 가장자리뿐만 아니라 대도시 한복판에서도 종종 관찰된다. 1887년 Fixsen이 서울지역 표본을 사용해 *Lycaena fischeri*로 처음 기록했으며, 현재의 국명은 석주명(1947: 6)에 의한 것이다.

Wingspan. ♂♀ 22~25㎜.
Distribution. Korea (N·C·S), Siberia, Primorye, Sakhalin, Japan, China, Kazakhstan, Mongolia, S.Ural, SE.Europe.
North Korean name. Geom-eun-je-bi-sus-dol-na-bi (검은제비숫돌나비).

Male. [Incheon] Boleumdo (Is.), Ganghwa-gun, 27. VIII. 2008 (ex coll. Paek Munki-KPIC)

Female. [JN] Gosanbong, Hampyeong-gun, 21. VI. 2012 (ex coll. Paek Munki-KPIC)

86 한라푸른부전나비 *Udara dilectus* (Moore, 1879)

Han-ra-pu-reun-bu-jeon-na-bi

한반도에서는 길잃은나비(미접)로 취급되며, 1996년 7월에 박경태가 제주도 한라산 정상부 초지에서 채집해 1996년에 처음 기록했다. 최근 관찰 기록은 없으며, 현재의 국명은 박경태(1996: 42)에 의한 것이다.

Wingspan. ♀ 26㎜.
Distribution. Korea (S: Immigrant species), India-W.China, C.China, Taiwan, Malaya.
North Korean name. There is no North Korean name.

Female. [JJ] Hallasan (Mt.), 23. VII. 1996 (ex coll. Kim Sungsoo-KYS)

87 남방푸른부전나비 *Udara albocaerulea* (Moore, 1879)

Nam-bang-pu-reun-bu-jeon-na-bi

한반도에서는 길잃은나비(미접)로 취급되며, 1967년 8월 3일에 박세욱이 제주도 한라산 용진각에서 수컷 1개체를 채집해 1969년에 처음 기록했다. 최근 관찰 기록은 없으며, 현재의 국명은 박세욱(1969: 12)에 의한 것이다.

Wingspan. ♀ 28㎜.
Distribution. Korea (S: Immigrant species), Japan, Hong Kong, Taiwan, Burma, Malaya.
North Korean name. Nam-bang-mul-bich-sus-dol-na-bi (남방물빛숫돌나비).

Female. [JJ] Hallasan (Mt.), 12. VII. 1973 (ex coll. Jeju Univ.-KYS)

88 푸른부전나비 *Celastrina argiolus* (Linnaeus, 1758)

Pu-reun-bu-jeon-na-bi

한반도 전역에 분포하며, 개체수가 많다. 연 수회 발생하며, 3월 중순부터 10월에 걸쳐 나타난다. 싸리 같은 콩과 식물이 많은 숲 가장자리와 하천변, 공원 주변 등에서 쉽게 볼 수 있다. 계곡이나 하천변의 축축한 땅에서 무리지어 앉아 물을 빠는 모습이 종종 관찰된다. 1887년 Fixsen이 *Lycaena argiolus* var. *huegeli*로 처음 기록했으며, 현재의 국명은 석주명(1947: 6)에 의한 것이다.

Wingspan. ♂♀ 26~32㎜.
Distribution. Korea (N·C·S), Siberia, Japan, Taiwan, C.Asia, Turkey, Europe, N.Africa.
North Korean name. Mul-bich-sus-dol-na-bi (물빛숫돌나비).

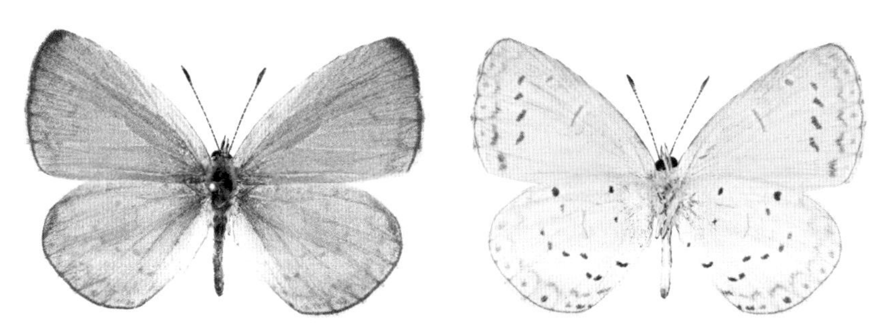

Male. [Incheon] Jawoldo (Is.), Ongjin-gun, 20. VIII. 1993 (ex coll. Paek Munki-KPIC)

Female. [GG] Gangcheon-ri, Yeoju-gun, 21. IV. 2011 (ex coll. Paek Munki-KPIC)

89 산푸른부전나비 *Celastrina sugitanii* (Matsumura, 1919)

San-pu-reun-bu-jeon-na-bi

한반도에서는 중북부지방에 국지적으로 분포하며, 남부지방에서는 장안산 등 금남호남정맥의 극히 제한된 지역에서만 관찰된다. 연 1회 발생하며, 4~5월에만 나타난다. 수컷은 축축한 땅에 무리지어 앉아 물을 빠는 모습이 종종 관찰되며, 암컷은 산 능선부의 잡목림 주변에서 주로 관찰된다. 1927년 Matsumura가 강원도 금강산 표본을 사용해 *Lycaena arionides sugitanii*로 처음 기록했으며, 현재의 국명은 김정환과 홍세선(1991: 387)에 의한 것이다.

Wingspan. ♂♀ 27~30㎜.
Distribution. Korea (N·C·S), Japan, Taiwan.
North Korean name. Jak-eun-mul-bich-sus-dol-na-bi (작은물빛숫돌나비).

Male. [JB] Jangansan (Mt.), Jangsu-gun, 23. IV. 2012 (ex coll. Paek Munki-KPIC)

Female. [GG] Sinbok-ri, Yangpyeong-gun, 1. V. 2000 (ex coll. Shin Yoohang-SYH)

90 주을푸른부전나비 *Celastrina filipjevi* (Riley, 1934)

Ju-eul-pu-reun-bu-jeon-na-bi

한반도에서는 39° 이북지역에 국지적으로 분포하며, 개체수가 적다. 연 1회 발생하며, 6월 말부터 8월에 걸쳐 나타난다. 1934년 석주명이 함경북도 주을 표본을 사용해 *Lycaenopsis levetti*로 처음 기록했으며, 현재의 국명은 이승모(1982: 36)에 의한 것이다. 극동 러시아 지역에 유사종이 많다.

Wingspan. ♂ 28㎜.
Distribution. Korea (N), Ussuri region, NE.China.
North Korean name. Gyeong-seong-mul-bich-sus-dol-na-bi (경성물빛숫돌나비).

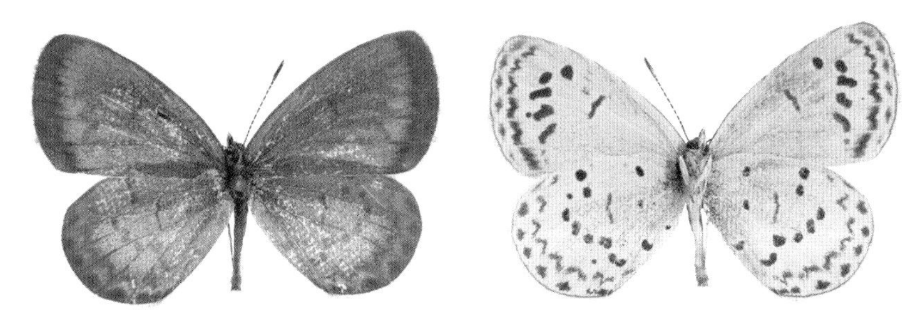

Male. [HB] Jueul-eup, Gyeongseong-gun, 30. VII. 1933 (ex coll. I. Sugitani-KSU)

91 회령푸른부전나비 *Celastrina oreas* (Leech, 1893)

Hoe-ryeong-pu-reun-bu-jeon-na-bi

북한에는 함경북도 회령, 남한에서는 경상북도와 강원도 남부의 극히 제한된 지역에 분포한다. 연 1회 발생하며, 남한에서는 5월 말부터 6월 중순에 걸쳐 관찰된다. 강원도 영월 지역에서는 수컷들이 수십 마리씩 무리지어 물을 빠는 모습을 종종 볼 수 있다. 1936년 Sugitani가 함경북도 회령 표본을 사용해 *Lycaenopsis mirificus*로 처음 기록했으며, 현재의 국명은 이승모(1982: 36)에 의한 것이다.

Wingspan. ♂♀ 27~30㎜.
Distribution. Korea (N·C), Ussuri region, China, Taiwan, Nepal, NE.India (Assam), Burma.
North Korean name. Hoe-ryeong-mul-bich-sus-dol-na-bi (회령물빛숫돌나비).

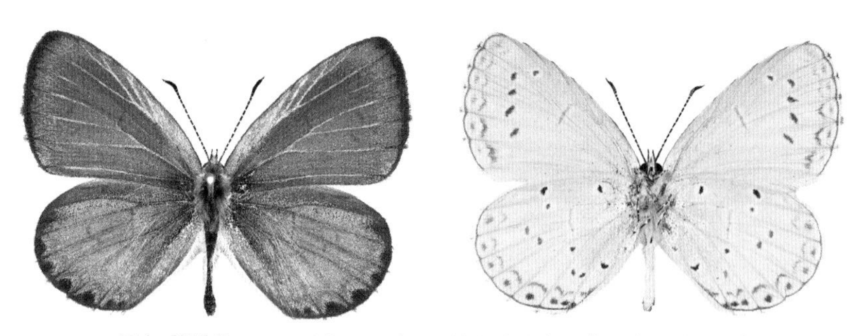

Male. [GW] Changwon-ri, Yeongwol-gun, 10. VI. 2011 (ex coll. Paek Munki-KPIC)

Female. [GW] Palgoe-ri, Yeongwol-gun, em. 20. V. 2004 (ex coll. Park Sangkyu-PSK)

92 작은홍띠점박이푸른부전나비

Scolitantides orion (Pallas, 1771)

Jak-eun-hong-tti-jeom-bak-i-pu-reun-bu-jeon-na-bi

한반도에서는 내륙 산지의 햇볕이 드는 계곡 주변을 중심으로 분포하며, 개체수가 적은 편이다. 연 2회 발생하며, 4월 중순부터 8월에 걸쳐 나타난다. 1887년 Fixsen이 *Lycaena orion*으로 처음 기록했으며, 현재의 국명은 이승모(1982: 36)에 의한 것이다.

Wingspan. ♂♀ 22~25㎜.
Distribution. Korea (N·C·S), Europe, C.Asia, S.Siberia, Japan.
North Korean name. Jak-eun-bulk-eun-tti-sus-dol-na-bi (작은붉은띠숫돌나비).

Male. [GG] Cheonmasan (Mt.), Namyangju-si, 9. V. 1997 (ex coll. Paek Munki-KPIC)

Female. [GG] Sinbok-ri, Yangpyeong-gun, 18. V. 1995 (ex coll. Shin Yoohang-SYH)

93 큰홍띠점박이푸른부전나비 *Sinia divina* (Fixsen, 1887)

Keun-hong-tti-jeom-bak-i-pu-reun-bu-jeon-na-bi

한반도에서는 중북부지방에 국지적으로 분포한다. 남한에서는 충청북도 및 강원도의 극히 제한된 지역에 분포하고, 개체수가 매우 적어 2012년 멸종위기야생생물 II급으로 지정된 보호종이다. 연 1회 발생하며, 5월 중순부터 6월 중순에 걸쳐 나타난다. 1887년 Fixsen이 강원도 김화 북점 표본을 사용해 *Lycaena divina*로 신종 기록했으며, 현재의 국명은 석주명(1947: 7)에 의한 것이다. 국명이명으로는 조복성과 김창환(1956: 53)의 '큰홍띠점백이푸른부전나비'와 이승모(1971: 8; 1973: 5)의 '큰홍띠점박이부전나비'가 있다.

Wingspan. ♂♀ 28~35㎜.
Distribution. Korea (N·C), Amur and Ussuri region, Japan.
North Korean name. Keun-bulk-eun-tti-sus-dol-na-bi (큰붉은띠숫돌나비).

Male. [GW] Yeongwol-gun, 20. V. 2004 (ex coll. Park Dongha-PDH)

Female. [CB] Gomyeong-ri, Jecheon-si, 31. V. 2011 (ex coll. Paek Munki-KPIC)

94 귀신부전나비 *Glaucopsyche lycormas* (Butler, 1866)

Gwi-sin-bu-jeon-na-bi

한반도에서는 39° 이북지역의 산지, 숲 가장자리 및 물가 주변 풀밭을 중심으로 국지적 분포한다. 연 1회 발생하며, 5월 중순부터 8월 중순에 걸쳐 나타난다. 1919년 Nire가 함경북도 회령 표본 등을 사용해 *Lycaena lycormas*로 처음 기록했으며, 현재의 국명은 석주명(1947: 6)에 의한 것이다.

Wingspan. ♂♀ 26~33㎜.
Distribution. Korea (N), S.Siberia, Sakhalin, Japan, NE.China, Mongolia.
North Korean name. Pu-reun-sus-dol-na-bi (푸른숫돌나비).

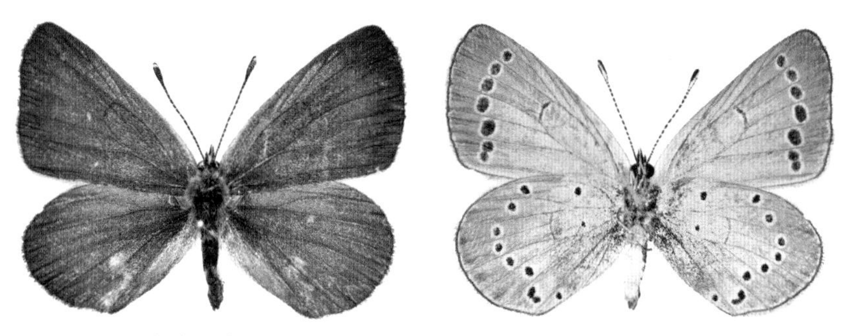

Male. [China] Duremaeul, Yanji, Jilin, 19. VII. 2010 (ex coll. Park Dongha-PDH)

Female. [China] Duremaeul, Yanji, Jilin, 19. VII. 2010 (ex coll. Park Dongha-PDH)

95 중점박이푸른부전나비 *Maculinea cyanecula* (Eversmann, 1848)

Jung-jeom-bak-i-pu-reun-bu-jeon-na-bi

한반도에서는 동북부의 산지 풀밭에 국지적으로 분포한다. 연 1회 발생하며, 7월 중순부터 8월 초에 걸쳐 나타난다. 1919년 Nire가 함경북도 회령 및 청진 표본을 사용해 *Lycaena arionides*로 처음 기록했으며, 현재의 국명은 석주명(1947: 6)에 의한 것이다. 국명이명으로는 조복성과 김창환(1956: 49)의 '중점백이푸른부전나비'가 있다.

Wingspan. ♂♀ 32~38㎜.
Distribution. Korea (N), Transbaikal, S.Siberia, Amur and Ussuri region, Alai.
North Korean name. Nop-eun-san-jeom-bae-gi-sus-dol-na-bi (높은산점배기숫돌나비).

Male. [YG] Hyesan-si, 10~15. VII. 2003 (ex coll. Unknown-PDH)

Female. [YG] Hyesan-si, 10~15. VII. 2003 (ex coll. Unknown-PDH)

96 큰점박이푸른부전나비 *Maculinea arionides* (Staudinger, 1887)

Keun-jeom-bak-i-pu-reun-bu-jeon-na-bi

한반도에서는 중북부지방의 백두대간 산지를 중심으로 분포한다. 연 1회 발생하며, 6월 말부터 8월에 걸쳐 나타난다. 남한에서는 8월 초에 강원도의 높은 산지를 찾아가면 암수 모두 여러 가지 꽃에서 꿀을 빠는 모습을 볼 수 있으나, 최근 개체수가 급감하고 있다. 1919년 Doi가 함경남도 산창령 표본을 사용해 *Lycaena arionides*로 처음 기록했으며, 현재의 국명은 석주명(1947: 6)에 의한 것이다. 국명이명으로는 조복성과 김창환(1956: 49)의 '큰점백이푸른부전나비'가 있다.

Wingspan. ♂♀ 39~47㎜.
Distribution. Korea (N·C), Amur region, Ussur, NE.China, Japan.
North Korean name. Jeom-bae-gi-sus-dol-na-bi (점배기숫돌나비).

Male. [GW] Gyebangsan (Mt.), Pyeongchang-gun, 7. VIII. 1991 (ex coll. Shin Yoohang-SYH)

Female. [GW] Gyebangsan (Mt.), Pyeongchang-gun, 7. VIII. 1991 (ex coll. Shin Yoohang-SYH)

97 잔점박이푸른부전나비

Maculinea alcon (Denis & Schiffermüller, 1776)
Jan-jeom-bak-i-pu-reun-bu-jeon-na-bi

한반도에서는 북부지방의 산지와 강가의 풀밭에 국지적으로 분포한다. 연 1회 발생하며, 6월 중순부터 7월에 걸쳐 나타난다. 1947년 석주명이 *Maculinea alcon monticola*로 처음 기록했으며, 현재의 국명은 조복성(1959:64)에 의한 것이다. 국명이명으로는 석주명(1947: 6), 김헌규와 미승우(1956: 400)의 '작은점박이푸른부전나비'가 있다.

Wingspan. ♂♀ 34~37㎜.
Distribution. Korea (N), Eurasia.
North Korean name. Buk-bang-jeom-bae-gi-sus-dol-na-bi (북방점배기숫돌나비).

Male. [YG] Hyesan-si, 10~15. VII. 2003 (ex coll. Unknown-PDH)

Female. [YG] Hyesan-si, 10~15. VII. 2003 (ex coll. Unknown-PDH)

98 고운점박이푸른부전나비 *Maculinea teleius* (Bergsträsser, 1779)

Go-un-jeom-bak-i-pu-reun-bu-jeon-na-bi

한반도에서는 중북부지방의 산지 풀밭에 분포한다. 남한에서는 현재 강원도 중북부지방의 극히 제한된 지역에서 관찰되며, 개체수가 매우 적다. 특히, 근래에 관찰지나 개체수가 급격히 줄고 있어 보호가 필요하다. 연 1회 발생하며, 7월 말부터 9월에 걸쳐 나타난다. 1887년 Fixsen이 *Lycaena euphemus*로 처음 기록했으며, 현재의 국명은 석주명(1947: 6)에 의한 것이다. 국명이명으로는 조복성과 김창환(1956: 50)의 '점백이푸른부전나비'가 있다.

Wingspan. ♂♀ 36~41㎜.
Distribution. Korea (N·C), Temperate belt of the Palaearctic region.
North Korean name. Go-un-jeom-bae-gi-sus-dol-na-bi (고운점배기숫돌나비).

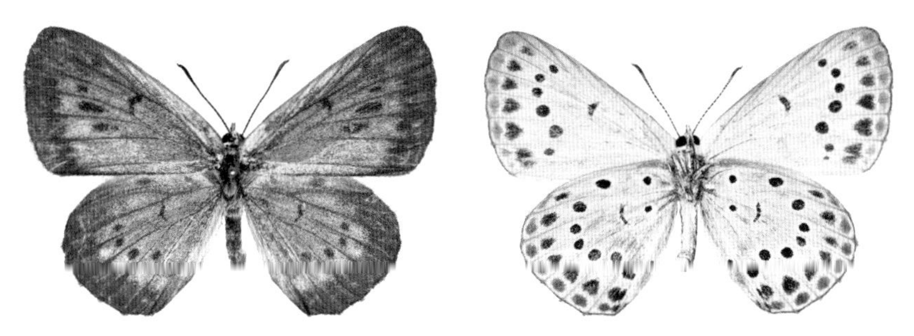

Male. [GG] Gwangreung, Namyangju-si, 6. VIII. 1978 (ex coll. Shin Yoohang-SYH)

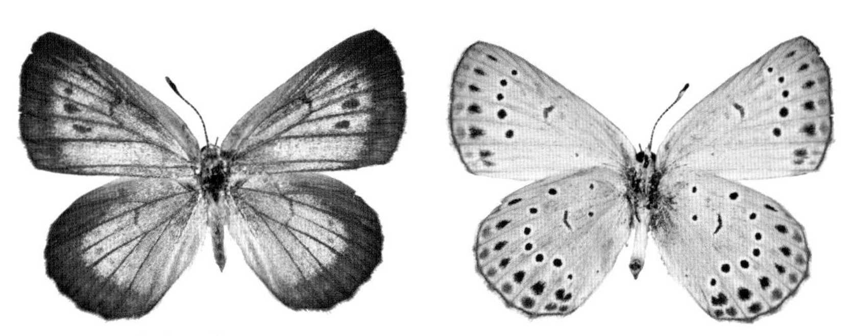

Female. [Seoul] U-i-dong, Gangbuk-gu, 21. VIII. 1977 (ex coll. Lee Seungmo-KUNHM)

99 북방점박이푸른부전나비

Maculinea kurentzovi Sibatani, Saigusa et Hirowatari, 1994

Buk-bang-jeom-bak-i-pu-reun-bu-jeon-na-bi

한반도에서는 함경북도와 강원도의 일부 지역에만 분포하며, 남한에서는 현재 절멸되었거나 앞으로 절멸될 가능성이 높다. 연 1회 발생하며, 7월 말부터 9월에 걸쳐 나타난다. 1994년 Sibatani 등이 함경남도 부전군 한대리 표본을 사용해 *Maculinea kurentzovi*로 신종 기록했으며, 현재의 국명은 김성수와 김용식(1994: 1)에 의한 것이다.

Wingspan. ♂ 34~37㎜.
Distribution. Korea (N·C), Transbaikalia-Ussuri region, N.E.China.
North Korean name. Unknown.

Male. [GW] Ssangryong-ri, Yeongwol-gun, 12. VIII. 1994 (ex coll. Lee Yeongjun-LYJ)

Female. [CB] Gomyeong-ri, Jecheon-si, 2. VIII. 2005 (ex coll. Park Dongha-PDH)

100 백두산부전나비 *Aricia artaxerxes* (Fabricius, 1793)

Baek-du-san-bu-jeon-na-bi

한반도에서는 동북부 1,000m 이상의 높은 산지에 국지적으로 분포한다. 연 1회 발생하며, 7월 중순부터 8월 중순에 걸쳐 나타난다. 1927년 Matsumura가 함경남도 풍산군 파발리 표본을 사용해 *Lycaena hakutozana*로 처음 기록했으며, 현재의 국명은 석주명(1947: 5)에 의한 것이다.

Wingspan. ♂♀ 25~26㎜.
Distribution. Korea (N), SW.Siberia, Altai-Amur and Ussuri region, Sakhalin, S.Urals, Alps, W.Europe.
North Korean name. Baek-du-san-sus-dol-na-bi (백두산숫돌나비).

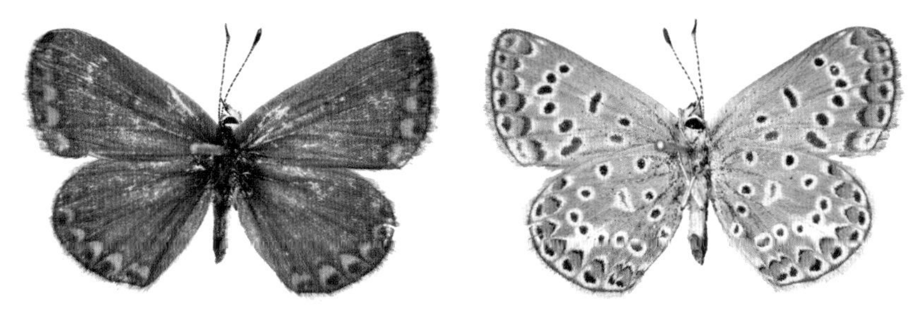

Male. [YG] Hyesan-si, 10~15. VII. 2003 (ex coll. Unknown-PDH)

Female. [YG] Hyesan-si, 10~15. VII. 2003 (ex coll. Unknown-PDH)

101 중국부전나비 *Aricia chinensis* (Murray, 1874)

Jung-guk-bu-jeon-na-bi

한반도에서는 북부지방에 분포하며, 회령과 무산의 기록(이승모, 1982: 42)이 알려졌다. 연 1회 발생하고, 6월 말부터 7월 말에 걸쳐 나타나며, 산지의 풀밭에서 볼 수 있다. 1933년 Sugitani가 함경북도 회령 표본을 사용해 *Lycaena chinensis*로 처음 기록했으며, 현재의 국명은 석주명(1947: 6)에 의한 것이다. 국명이명으로는 조복성과 김창환(1956: 51)의 '홍띠부전나비'가 있다.

Wingspan. ♂ 22㎜.
Distribution. Korea (N), Turan-Ussuri region, China, C.Asia, Mongolia.
North Korean name. Bulk-eun-tti-san-sus-dol-na-bi (붉은띠산숫돌나비).

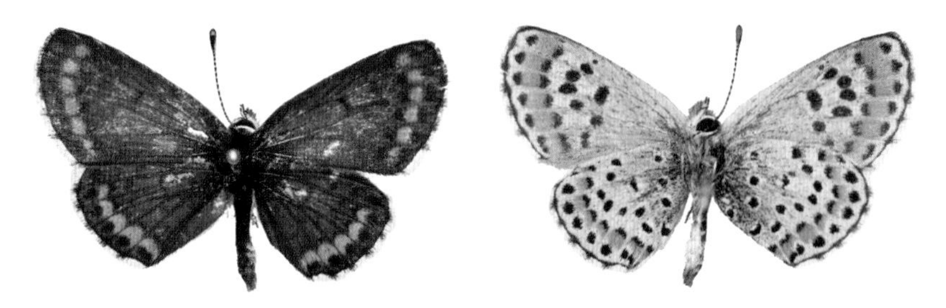

Male. [YG] Hyesan-si, 10~15. VII. 2003 (ex coll. Unknown-PDH)

102 대덕산부전나비 *Aricia eumedon* (Esper, 1780)

Dae-deok-san-bu-jeon-na-bi

한반도에서는 개마고원 등 북부지역의 높은 산지에 잎갈나무류가 식재된 지역을 중심으로 국지적 분포한다. 연 1회 발생하며, 6월 말부터 8월에 걸쳐 나타난다. 1933년 Doi가 함경남도 대덕산 표본을 사용해 *Lycaena eumedon antiqua*로 처음 기록했으며, 현재의 국명은 석주명(1947: 6)에 의한 것이다.

Wingspan. ♂♀ 25~27㎜.
Distribution. Korea (N), Eurasia.
North Korean name. Dae-deok-san-sus-dol-na-bi (대덕산숫돌나비).

Male. [YG] Hyesan-si, 10~15. VII. 2003 (ex coll. Unknown-PDH)

Female. [China] Erdaobaihe, Yanji, Jilin, 20. VII. 2010 (ex coll. Park Dongha-PDH)

103 소철꼬리부전나비 *Chilades pandava* (Horsfield, 1829)

So-cheol-kko-ri-bu-jeon-na-bi

한반도에서는 길잃은나비(미접)로 취급되며, 2005년 9월에 주홍재가 제주도 서귀포시 하예동에서 채집해 2006년에 처음 기록했다. 현재 7월 말~9월에는 제주도 서귀포 중심으로 관찰되다가 제2화는 10월부터 11월 초순까지 소철이 식재된 지역을 중심으로 제주도 전역에서 관찰된다. 애벌레의 먹이식물은 관상용 소철이며, 대량 발생하는 특성이 있다. 향후 제주도뿐만 아니라 남부 해안지역 등 내륙에도 정착할 가능성이 높다. 현재의 국명은 주홍재(2006: 41)에 의한 것이다.

Wingspan. ♂♀ 24~32㎜.
Distribution. Korea (S: Immigrant species), Taiwan, Burma, Java, Sumatra, India.
North Korean name. There is no North Korean name.

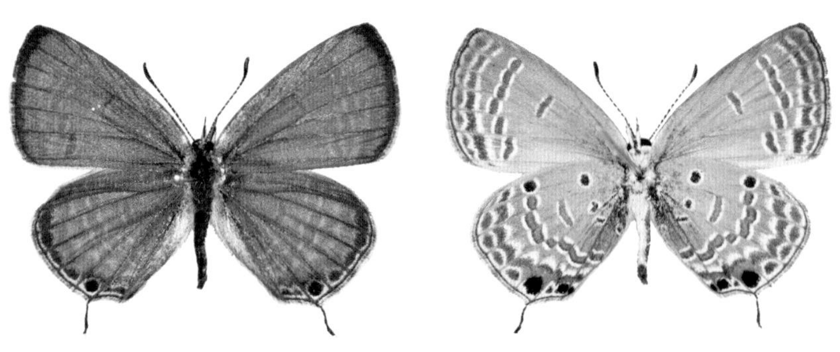

Male. [JJ] Oedolgae, Seogwipo-si, 6. X. 2010 (ex coll. Paek Munki-KPIC)

Female. [JJ] Oedolgae, Seogwipo-si, 6. X. 2010 (ex coll. Paek Munki-KPIC)

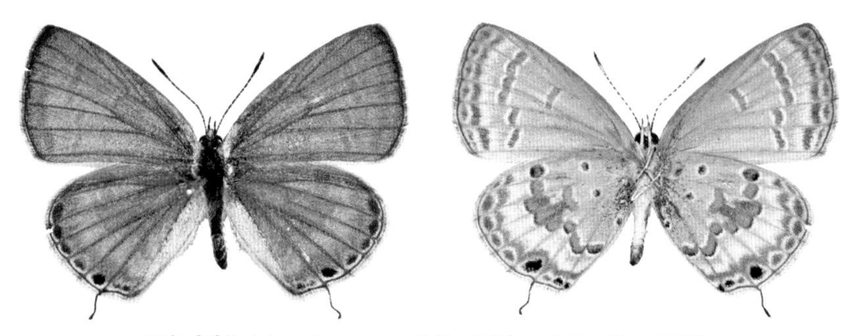

Male. [JJ] Oedolgae, Seogwipo-si, 6. XI. 2010 (ex coll. Paek Munki-KPIC)

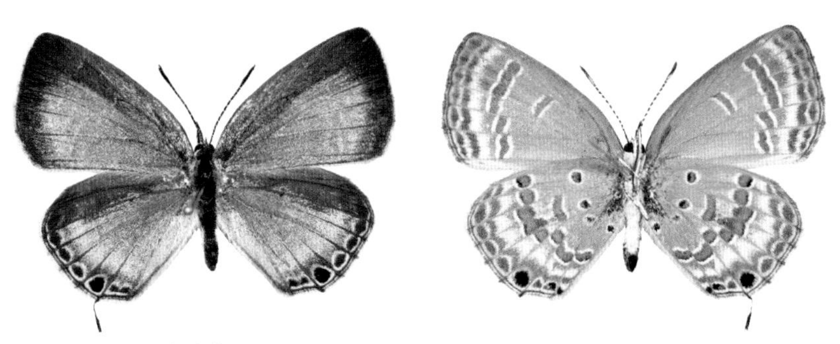

Female. [JJ] Oedolgae, Seogwipo-si, 6. XI. 2010 (ex coll. Paek Munki-KPIC)

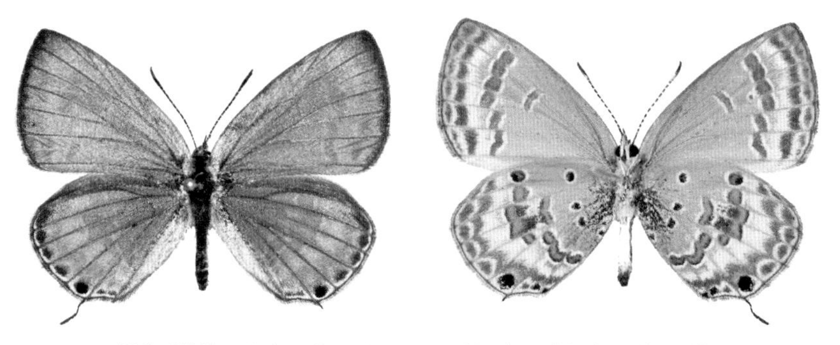

Male. [JJ] Cheonji-dong, Seogwipo-si, 7. XI. 2010 (ex coll. Paek Munki-KPIC)

104 산꼬마부전나비 *Plebejus argus* (Linnaeus, 1758)

San-kko-ma-bu-jeon-na-bi

한반도에서는 동북부의 높은 산지를 중심으로 분포한다. 남한에서는 제주도 한라산 고지대에서만 볼 수 있다. 연 1회 발생하며, 제주도에서는 7월 말에 가장 많다. 북한에서는 6월 중순부터 8월 중순에 걸쳐 나타난다. 1882년 Butler가 *Lycaena aegon*으로 처음 기록했으며, 현재의 국명은 신유항(1989: 171, 246)에 의한 것이다.

Wingspan. ♂♀ 23~27㎜.
Distribution. Korea (N·S(JJ)), Japan, Temperate Asia, Europe.
North Korean name. Sus-dol-na-bi (숫돌나비).

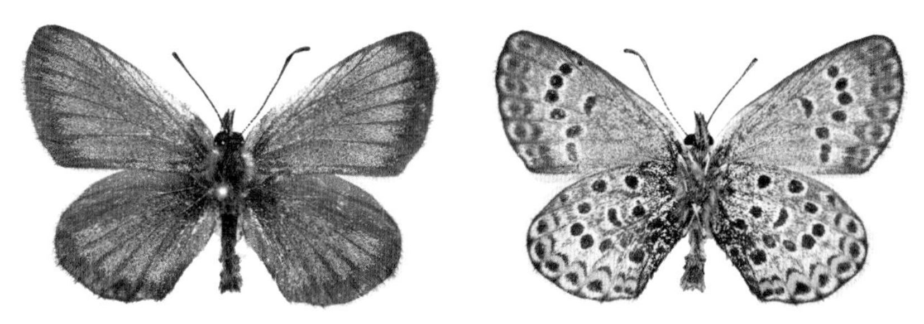

Male. [JJ] Witse-oreum, Hallasan (Mt.), 22. VII. 2008 (ex coll. Paek Munki-KPIC)

Female. [JJ] Witse-oreum, Hallasan (Mt.), 22. VII. 2008 (ex coll. Paek Munki-KPIC)

105 부전나비 *Plebejus argyrognomon* (Bergsträsser, 1779)

Bu-jeon-na-bi

한반도에서는 제주도를 제외한 지역에 폭넓게 분포한다. 한해 여러 번 발생하며, 5월 말부터 10월까지 햇볕이 잘 드는 논밭, 제방, 하천 주변에서 볼 수 있다. 1971년 이승모가 강원도 설악산 표본을 사용해 *Lycaeides argyrognomon*으로 처음 기록했으며, 현재의 국명은 신유항(1989: 244)에 의한 것이다. 국명이명으로는 이승모(1971: 8; 1973: 5)와 김창환(1976) 등의 '설악산부전나비'가 있다.

Wingspan. ♂♀ 26~32㎜.
Distribution. Korea (N·C·S), S.Siberia, Amur region, Mongolia, Europe.
North Korean name. Seol-ak-san-sus-dol-na-bi (설악산숫돌나비).

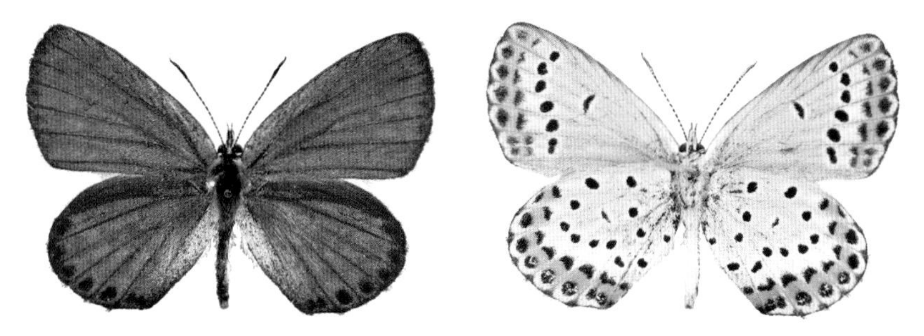

Male. [JB] Yocheon (Str.) Namwon-si, 24. VI. 2009 (ex coll. Paek Munki-KPIC)

Female. [JB] Yocheon (Str.) Namwon-si, 24. VI. 2009 (ex coll. Paek Munki-KPIC)

106 산부전나비 *Plebejus subsolanus* (Eversmann, 1851)

San-bu-jeon-na-bi

한반도에서는 산지를 중심으로 국지적 분포한다. 남한에서는 강원도 태백산과 제주도 한라산에서만 기록이 있으며, 현재 관찰되는 지역이 없어 절멸되었을 가능성이 높다. 연 1회 발생하며, 6월부터 8월에 걸쳐 나타난다. 아래 표본을 채집할 때는 이슬 내린 이른 아침에 태백산 백단사 인근의 산기슭 풀밭에 앉아 있었다. 1887년 Fixsen이 *Lycaena cleobis*로 처음 기록했으며, 현재의 국명은 석주명(1947: 6)에 의한 것이다.

Wingspan. ♂♀ 32~35㎜.
Distribution. Korea (N·C·S), Amur and Ussuri region, Japan, N.Mongolia.
North Korean name. San-sus-dol-na-bi (산숫돌나비).

Male. [GW] Taebaeksan (Mt.), Taebaek-si, 26. VII. 1990 (ex coll. Paek Munki-KPIC)

Female. [GW] Taebaeksan (Mt.), Taebaek-si, 25. VII. 1989 (ex coll. Paek Munki-KPIC)

107 높은산부전나비 *Albulina optilete* (Knoch, 1781)

Nop-eun-san-bu-jeon-na-bi

한반도에서는 동북부의 높은 산지에 국지적으로 분포한다. 연 1회 발생하고, 7월 초부터 8월 말에 걸쳐 나타나며, 눈잣나무 군락 주변 등에서 볼 수 있다. 1927년 Matsumura가 백두산 표본 등을 사용해 *Lycaena optilete shonis*로 처음 기록했으며, 현재의 국명은 신유항(1989: 246)에 의한 것이다. 국명이명으로는 석주명(1947: 7), 조복성과 김창환(1956: 59), 김헌규와 미승우(1956: 401), 조복성(1959: 76), 김헌규(1960: 258)의 '시베리아부전나비'와 이승모(1982: 43)의 '서백리아부전나비'가 있다.

Wingspan. ♂♀ 18~20㎜.
Distribution. Korea (N), Japan, N.Asia, Europe.
North Korean name. Buk-bang-sus-dol-na-bi (북방숫돌나비).

Male. [YG] Hyesan-si, 10~15. VII. 2003 (ex coll. Unknown-PDH)

Female. [YG] Hyesan-si, 10~15. VII. 2003 (ex coll. Unknown-PDH)

108 사랑부전나비 *Polyommatus tsvetaevi* Kurentzov, 1970

Sa-rang-bu-jeon-na-bi

한반도에서는 동북부의 높은 산지를 중심으로 국지적 분포한다. 연 1회 발생하며, 6월 말부터 8월 중순에 걸쳐 나타난다. 높은 산지의 풀밭, 숲 가장자리에서 관찰된다. 러시아 극동 남부지방에서는 연 2회 발생하며, 제1화는 6~7월 중순, 제2화는 9월 말에 관찰된다. 1919년 Nire가 함경북도 김책시 성진 표본을 사용해 *Lycaena eros erotides*로 처음 기록했으며, 현재의 국명은 석주명(1947: 6)에 의한 것이다. 근연종인 *Polyommatus eros* (Ochsenheimer, 1808)는 프랑스(피레네 산맥), 알프스, 이탈리아 등에 분포한다.

Wingspan. ♂♀ 31~35㎜.
Distribution. Korea (N), S.Ussuri region, China.
North Korean name. Cham-sus-dol-na-bi (참숫돌나비).

Male. [North Korea] Uncertain, 21. VI. 1933 (Det. Seok Jumyeong-KSU)

Male. [YG] Baekdusan (Mt.), Samjiyeon-gun, 20. VI. 1979 (ex coll. & Det. Lee Seungmo-HPEP)

Female. [YG] Baekdusan (Mt.), Samjiyeon-gun, 20. VI. 1979 (ex coll. & Det. Lee Seungmo-HPEP)

109 함경부전나비 *Polyommatus amandus* (Schneider, 1792)

Ham-gyeong-bu-jeon-na-bi

유라시아 대륙에 광역 분포하며, 한반도에서는 동북부 산지를 중심으로 국지적 분포한다. 연 1회 발생하며, 6월 말부터 8월 초에 걸쳐 나타나며, 높은 산지의 습한 풀밭에서 주로 관찰된다. 1925년 Mori가 함경남도 대덕산 표본 등을 사용해 *Lycaena amanda amurensis*로 처음 기록했으며, 현재의 국명은 석주명(1947: 6)에 의한 것이다.

Wingspan. ♂♀ 31~33㎜.
Distribution. Korea (N), Japan, Palearctic region, Europe.
North Korean name. A-mu-reu-sus-dol-na-bi (아무르숫돌나비).

Male. [YG] Hyesan-si, 10~15. VII. 2003 (ex coll. Unknown-PDH)

Female. [YG] Hyesan-si, 10~15. VII. 2003 (ex coll. Unknown-PDH)

110 연푸른부전나비 *Polyommatus icarus* (Rottemburg, 1775)

Yeon-pu-reun-bu-jeon-na-bi

한반도에서는 동북부지방 산지의 습한 풀밭에 국지적으로 분포한다. 연 1회 발생하며, 7월부터 8월 말에 걸쳐 나타난다. 러시아 극동지역에서는 연 1~2회 발생하며, 5월부터 10월에 걸쳐 나타난다. 1927년 Mori가 백두산 표본을 사용해 *Lycaena icarus*로 처음 기록했으며, 현재의 국명은 조복성과 김창환(1956)에 의한 것이다. 국명이명으로는 석주명(1947: 7), 김헌규와 미승우(1956: 400)의 '유-롭푸른부전나비', 조복성(1959: 69)과 김헌규(1960: 258)의 '유롭푸른부전나비', 이승모(1982: 43)의 '구라파푸른부전나비', 김정환과 홍세선(1991)의 '유럽푸른부전나비'가 있다.

Wingspan. ♂♀ 26~31㎜.
Distribution. Korea (N), Japan, Temperate Asia, Europe, N.Africa.
North Korean name. Yeon-han-mul-bich-sus-dol-na-bi (연한물빛숫돌나비).

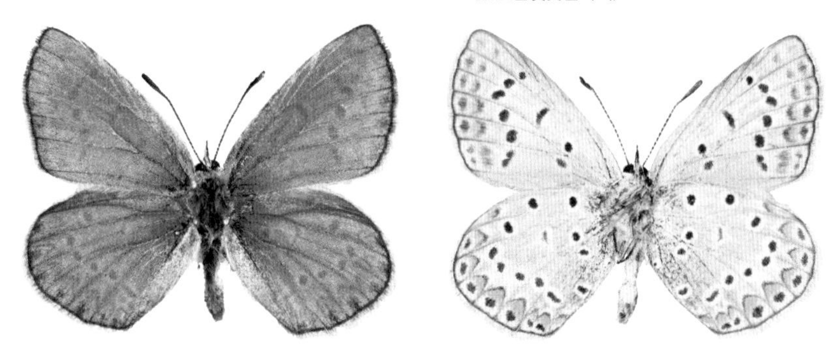

Male. [China] Duremaeul, Yanji, Jilin, 19. VII. 2010 (ex coll. Park Dongha-PDH)

Female. [YG] Hyesan-si, 10~15. VII. 2003 (ex coll. Unknown-PDH)

111 후치령부전나비 *Polyommatus semiargus* (Rottemburg, 1775)

Hu-chi-ryeong-bu-jeon-na-bi

한반도에서는 동북부의 높은 산지를 중심으로 국지적 분포한다. 연 1회 발생하며, 6월 말부터 7월 말에 걸쳐 나타난다. 백두산에서는 1,900m 일대의 풀밭에서 관찰된다. 러시아 극동지역에서는 연 1~2회 발생하며, 6월부터 8월에 걸쳐 나타난다. 1932년 Sugitani가 함경남도 후치령 표본 등을 사용해 *Lycaena semiargus*로 처음 기록했으며, 현재의 국명은 조복성(1959: 59)에 의한 것이다. 국명이명으로는 석주명(1947: 6)의 '후치령푸른부전나비'가 있다. 지역마다 무늬 차이가 커서 아래 표본에 대한 재검토가 필요하다.

Wingspan. ♂ 28㎜.
Distribution. Korea (N), Temperate Asia, Mongolia, Morocco, Europe.
North Korean name. Hu-chi-ryeong-sus-dol-na-bi (후치령숫돌나비).

Male. Male. [YG] Hyesan-si, 10~15. VII. 2003 (ex coll. Unknown-PDH)

112 작은주홍부전나비 *Lycaena phlaeas* (Linnaeus, 1761)

Jak-eun-ju-hong-bu-jeon-na-bi

한반도 전역에 분포하며, 개체수가 많다. 한해 여러 번 발생하며, 4월부터 10월에 걸쳐 나타난다. 산지 및 하천 주변의 풀밭과 농경지 주변에서 쉽게 볼 수 있다. 1883년 Butler가 인천 표본을 사용해 *Chrysophanus timaeus*로 처음 기록했으며, 현재의 국명은 석주명(1947: 6)에 의한 것이다.

Wingspan. ♂♀ 26~34㎜.
Distribution. Korea (N·C·S), Japan, Asia, N.Africa, Europe.
North Korean name. Bulk-eun-sus-dol-na-bi (붉은숫돌나비).

Male. [GN] Chuseong-ri, Hamyang-gun, 8. V. 2010 (ex coll. Paek Munki-KPIC)

Female. [JB] Daega-ri, Sunchang-gun, 25. VI. 2009 (ex coll. Paek Munki-KPIC)

113 남주홍부전나비 *Lycaena helle* (Denis et Schiffermüller, 1775)

Nam-ju-hong-bu-jeon-na-bi

한반도에서는 동북부의 산지 풀밭에 국지적으로 분포한다. 연 2회 발생하며, 제1화는 5월 말~6월, 제2화는 7월에 나타난다. 러시아 극동 북부지역에서는 연 1회 발생하고, 6월 말부터 7월 초에 걸쳐 나타난다. 1937년 Doi가 함경북도 무산군 표본을 사용해 *Chrysophanus amphidamas*로 처음 기록했으며, 현재의 국명은 석주명(1947: 6)에 의한 것이다.

Wingspan. ♂♀ 23~25㎜.
Distribution. Korea (N), Siberia, Amur region, Russia, C.Europe.
North Korean name. Nam-saek-bulk-eun-sus-dol-na-bi (남색붉은숫돌나비).

Male. [YG] Hyesan-si, 10~15. VII. 2003 (ex coll. Unknown-PDH)

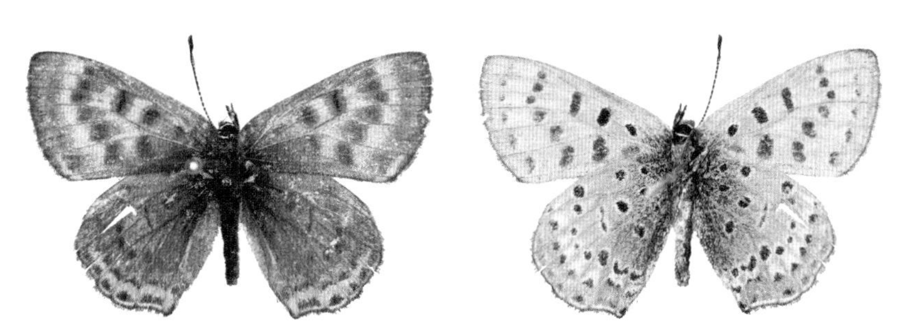

Female. [Russia] Altai, 11. VII. 1992 (ex coll. A.V. Timichenko-SYH)

114 큰주홍부전나비 *Lycaena dispar* (Haworth, 1803)

Keun-ju-hong-bu-jeon-na-bi

한반도에서는 중북부지방에 강, 하천 및 논 주변을 중심으로 국지적 분포한다. 남한에서는 경기도, 강원도와 충청남도 서해안 지역 중심으로 국지적 분포한다. 최근 하천 수변지역의 복원에 따라 새롭게 관찰되는 지역이 많아지고 있다. 남한의 발생지에서는 개체수가 많은 편이나, 북한에서는 개체수가 적다. 연 3회 발생하며, 5월부터 10월에 걸쳐 나타난다. 1887년 Fixsen이 *Polyommatus dispar rutilus*로 처음 기록했으며, 현재의 국명은 석주명(1947: 6)에 의한 것이다.

Wingspan. ♂♀ 26~41㎜.
Distribution. Korea (N·C), Siberia, Amur region, Europe.
North Korean name. Keun-bulk-eun-sus-dol-na-bi (큰붉은숫돌나비).

Male. [Incheon] Daecheongdo (Is.), Ongjin-gun, 5. VI. 2011 (ex coll. Paek Munki-KPIC)

Female. [GW] Omi-ri, Yanggu-gun, 1. VII. 2011 (ex coll. Paek Munki-KPIC)

115 검은테주홍부전나비 *Lycaena virgaureae* (Linnaeus, 1758)

Geom-eun-te-ju-hong-bu-jeon-na-bi

한반도에서는 동북부의 산지 풀밭에 국지적으로 분포한다. 연 1회 발생하며, 7월 중순부터 8월 중순에 걸쳐 나타난다. 러시아 극동 남부지방에서는 6월 말부터 8월 초에 걸쳐 나타난다. 1930년 Sugitani가 함경북도 회령 표본을 사용해 *Chrysophanus virgaureae*로 처음 기록했으며, 현재의 국명은 석주명(1947: 6)에 의한 것이다.

Wingspan. ♂♀ 27~29㎜.
Distribution. Korea (N), Siberia, Asia Minor, C.Asia, Mongolia, Europe.
North Korean name. Geom-jeong-te-bulk-eun-sus-dol-na-bi (검정테붉은숫돌나비).

Male. [YG] Hyesan-si, 10~15. VII. 2003 (ex coll. Unknown-PDH)

Female. [YG] Hyesan-si, 10~15. VII. 2003 (ex coll. Unknown-PDH)

116 암먹주홍부전나비 *Lycaena hippothoe* (Linnaeus, 1761)

Am-meok-ju-hong-bu-jeon-na-bi

한반도에서는 동북부의 산지 풀밭에 국지적으로 분포한다. 연 1회 발생하며, 7월 중순부터 8월 중순에 걸쳐 나타난다. 러시아 극동 남부지방에서는 6월부터 8월에 걸쳐 나타난다. 1930년 Sugitani가 함경북도 회령 표본을 사용해 *Chrysophanus hippothoe amurensis* 로 처음 기록했으며, 현재의 국명은 석주명(1947: 6)에 의한 것이다.

Wingspan. ♂♀ 30~31㎜.
Distribution. Korea (N), Siberia, Amur, Europe.
North Korean name. Am-geom-jeong-bulk-eun-sus-dol-na-bi (암검정붉은숫돌나비).

Male. [YG] Hyesan-si, 10~15. VII. 2003 (ex coll. Unknown-PDH)

Female. [YG] Hyesan-si, 10~15. VII. 2003 (ex coll. Unknown-PDH)

117 선녀부전나비 *Artopoetes pryeri* (Murray, 1873)

Seon-nyeo-bu-jeon-na-bi

한반도에서는 중북부 산지를 중심으로 국지적 분포한다. 연 1회 발생하며, 6월부터 8월에 걸쳐 나타난다. 한낮보다는 늦은 오후, 맑은 날보다는 흐린 날에 활발하게 날아다니며, 6월 말에 강원도 북부지역의 산지를 찾아가면 쉽게 만날 수 있다. 1923년 Okamoto가 *Lycaena pryeri*로 처음 기록했으며, 현재의 국명은 석주명(1947: 5)에 의한 것이다.

Wingspan. ♂♀ 34~39㎜.
Distribution. Korea (N·C), Amur and Ussuri region, NE.China, Japan.
North Korean name. Gip-eun-san-sus-dol-na-bi (깊은산숫돌나비).

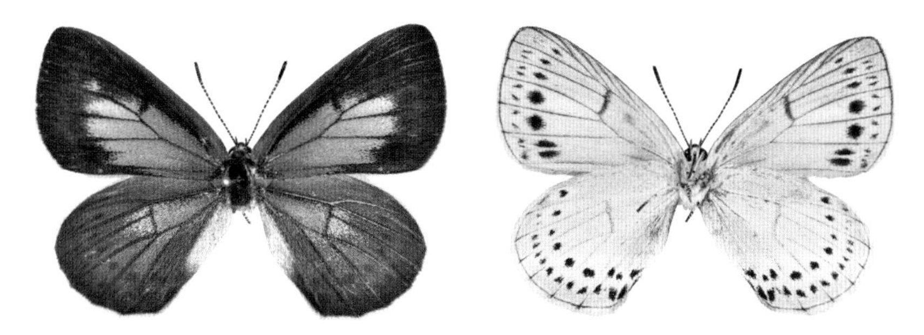

Male. [GW] Yongdae-ri, Inje-gun, 24. VI. 1999 (ex coll. Paek Munki-KPIC)

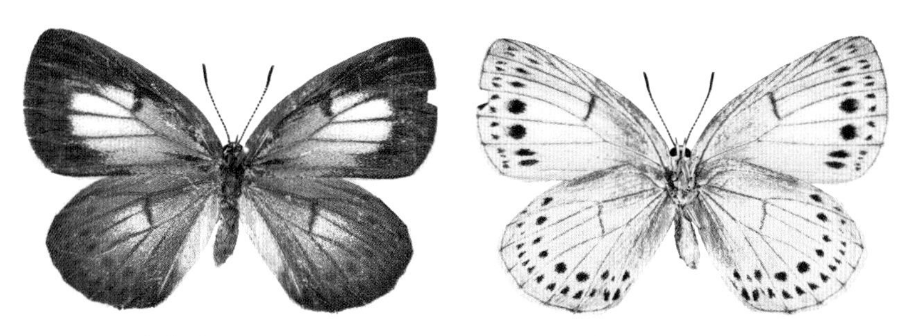

Female. [GG] Jugeumsan (Mt.), Gapyeong-gun, 16. VI. 1996 (ex coll. Shin Yoohang-SYH)

118 붉은띠귤빛부전나비 *Coreana raphaelis* (Oberthür, 1881)

Bulk-eun-tti-gyul-bich-bu-jeon-na-bi

한반도에서는 지리산과 중북부지방에 국지적으로 분포한다. 현재 경기도에 다산지가 있으나, 일반적으로 관찰되는 개체수가 적다. 연 1회 발생하며, 6월 중순부터 7월에 걸쳐 나타난다. 1887년 Fixsen이 *Thecla raphaelis*로 처음 기록했으며, 현재의 국명은 김헌규와 미승우(1956: 387)에 의한 것이다. 국명이명으로는 석주명(1947: 7), 조복성과 김창환(1956: 58), 조복성(1959: 57, 144) 그리고 고제호(1969: 202)의 '라파엘귤빛부전나비'가 있다.

Wingspan. ♀ 33~35㎜.
Distribution. Korea (N·C), Ussuri region, NW.China, Japan.
North Korean name. Cham-gyul-bich-sus-dol-na-bi (참귤빛숫돌나비).

Male. [GW] Haesanryeong, Hwacheon-gun, 26. VI. 2009 (ex coll. Sohn Sangkyu-SSK)

Female. [GW] Gajeong-ri, Chuncheon-si, 26. VI. 2008 (ex coll. Park Dongha-PDH)

119 금강산귤빛부전나비 *Ussuriana michaelis* (Oberthür, 1880)

Geum-gang-san-gyul-bich-bu-jeon-na-bi

한반도에서는 지리산 이북지역의 내륙 산지를 중심으로 국지적 분포한다. 연 1회 발생하며, 6월 중순부터 8월 중순에 걸쳐 나타난다. 7월 초 활엽수림이 울창한 산지를 찾아가면 볼 수 있으나, 개체수가 적은 편이다. 1926년 Okamoto가 강원도 금강산 표본을 사용해 *Zephyrus michaelis*로 처음 기록했으며, 현재의 국명은 석주명(1947: 7)에 의한 것이다.

Wingspan. ♂♀ 35~40㎜.
Distribution. Korea (N·C), S.Primorye, E.China, Taiwan.
North Korean name. Geum-gang-san-gyul-bich-sus-dol-na-bi (금강산귤빛숫돌나비).

Male. [GW] Gariwangsan (Mt.), Jeongseon-gun, 8. VII. 1998 (ex coll. Paek Munki-KPIC)

Female. [GW] Tonggosan (Mt.), Uljin-gun, 4. VII. 2012 (ex coll. Paek Munki-KPIC)

120 민무늬귤빛부전나비 *Shirozua jonasi* (Janson, 1877)

Min-mu-nui-gyul-bich-bu-jeon-na-bi

한반도에서는 중북부지방의 내륙 산지를 중심으로 국지적 분포한다. 최근 강원도의 높은 산지 몇몇 곳을 제외하면 지속적으로 관찰되는 지역이 알려지지 않았으며, 개체수가 매우 적어 보호가 필요하다. 연 1회 발생하며, 7월 말부터 9월 초에 걸쳐 나타난다. 1919년 Doi가 평양 표본을 사용해 *Zephyrus jonasi*로 처음 기록했으며, 현재의 국명은 석주명(1947: 7)에 의한 것이다.

Wingspan. ♂♀ 35~39㎜.
Distribution. Korea (N·C), Amur and Ussuri region, NE.China, Japan.
North Korean name. Min-mu-nui-gyul-bich-sus-dol-na-bi (민무늬귤빛숫돌나비).

Male. [Japan] Unomaru, Nagano, 17. VI. 2004 (ex coll. Unknown-PDH)

Female. [GB] Gukmangbong, Yeongju-si, 31. VIII. 1997 (ex coll. Shin Yoohang-KUNHM)

121 암고운부전나비 *Thecla betulae* (Linnaeus, 1758)

Am-go-un-bu-jeon-na-bi

한반도의 남부지방에서는 국지적 분포하나, 중북부지방에서는 폭넓게 분포한다. 연 1회 발생하며, 6월 중순부터 10월에 걸쳐 나타난다. 어른벌레는 날개돋이 후 얼마 안가서 여름잠에 들어가므로 쉽게 관찰되지 않으며, 가을에 다시 활동한다. 치악산에서는 10월 중순 능선에서 다수 관찰된바 있다. 1919년 Nire가 *Zephyrus betulae crassa*로 처음 기록했으며, 현재의 국명은 석주명(1947: 7)에 의한 것이다.

Wingspan. ♂♀ 39~42㎜.
Distribution. Korea (N·C·S), Europe-Far East (China, Russia).
North Korean name. Am-gyul-bich-kko-ri-sus-dol-na-bi (암귤빛꼬리숫돌나비).

Male. [GG] Jugeumsan (Mt.), Gapyeong-gun, 6. VII. 1980 (ex coll. Yun J.S.-KUNHM)

Female. [GW] Yeonyeopsan (Mt.), Chunchein-si, em. 2004 (ex coll. Sohn Sangkyu-SSK)

122 개마암고운부전나비 *Thecla betulina* Staudinger, 1887

Gae-ma-am-go-un-bu-jeon-na-bi

한반도에서는 북부지방의 높은 산지인 개마고원, 백두산 주변 지역, 함경산맥 산지를 중심으로 분포하며, 대부분 숲속에서 관찰된다. 연 1회 발생하며, 7월부터 8월 초에 걸쳐 나타난다. 1931년 Doi와 조복성이 함경남도 대덕산 표본 등을 사용해 *Zephyrus betulae gaimana*로 처음 기록했으며, 현재의 국명은 석주명(1947: 7)에 의한 것이다. 국명이명으로는 조복성과 김창환(1956: 56)의 '개마고원부전나비'가 있다.

Wingspan. ♂ 33~35㎜.
Distribution. Korea (N), Ussuri region, Amur region, NE.China.
North Korean name. Gae-ma-kko-ri-sus-dol-na-bi (개마꼬리숫돌나비).

Male. [PN] Nangrimsan (Mt.), Yeongwon-gun, 28. VII. 1981 (Det. Lee Seungmo-HPEP)

Male. [China] Domun-si, Jilin, 1. VIII. 2011 (ex coll. Ahn Honggyun-KPIC)

123 깊은산부전나비 *Protantigius superans* (Oberthür, 1913)

Gip-eun-san-bu-jeon-na-bi

한반도에서는 중북부 산지를 중심으로 국지적 분포하며, 남한에서는 멸종위기야생생물 II급으로 지정된 보호종이다. 근래 강원도 해산령 일대에서 자주 관찰되며, 글쓴이들이 최근에 관찰한 최남단 지역은 정선 일대다. 연 1회 발생하며, 6월부터 8월에 걸쳐 나타난다. 1936(a)년 석주명이 강원도 금강산 표본을 사용해 *Zephyrus ginzii*로 처음 기록했으며, 현재의 국명은 김헌규와 미승우(1956: 399)에 의한 것이다. 국명이명으로는 석주명(1947: 6)과 조복성(1959: 59, 144)의 '긴지부전나비'가 있다.

Wingspan. ♂♀ 35~39㎜.
Distribution. Korea (N·C), Ussuri region, NE.China, C.China.
North Korean name. Eun-bich-sus-dol-na-bi (은빛숫돌나비).

Male. [GW] Haesanryeong, Hwacheon-gun, 9. VII. 2010 (ex coll. Unknown-KPIC)

Female. [GW] Haesanryeong, Hwacheon-gun, 9. VII. 2010 (ex coll. Unknown-KPIC)

124 시가도귤빛부전나비 *Japonica saepestriata* (Hewitson, 1865)

Si-ga-do-gyul-bich-bu-jeon-na-bi

한반도에서는 중부지방의 내륙 산지와 경기만 섬 지역을 중심으로 국지적 분포한다. 연 1회 발생하며, 6월부터 7월에 걸쳐 나타난다. 흐린 날 또는 오후 늦게 활발하다. 1923년 Okamoto가 *Zephyrus saepestriata*로 처음 기록했으며, 현재의 국명은 석주명(1947: 7)에 의한 것이다.

Wingspan. ♂♀ 33~36㎜.
Distribution. Korea (C), Ussuri region, NE.China, Japan.
North Korean name. Mul-gyeol-gyul-bich-sus-dol-na-bi (물결귤빛숫돌나비).

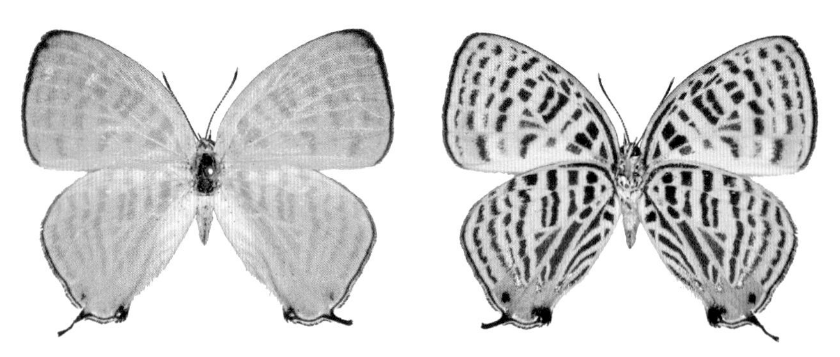

Male. [Incheon] Seokmodo (Is.), Ganghwa-gun, 22. VI. 1992 (ex coll. Shin Yoohang-SYH)

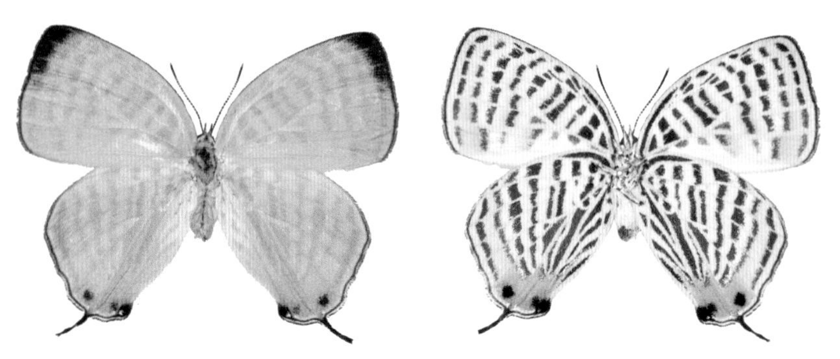

Female. [GG] Surisan (Mt.), Gunpo-si, 14. VI. 2009 (ex coll. Paek Munki-KPIC)

125 귤빛부전나비 *Japonica lutea* (Hewitson, 1865)

Gyul-bich-bu-jeon-na-bi

한반도에서는 산지를 중심으로 폭넓게 분포하며, 서해안 중부 섬들에서도 관찰된다. 연 1회 발생하며, 5월 말부터 8월에 걸쳐 나타난다. 귤빛부전나비 무리 중 개체수가 가장 많다. 1923년 Okamoto가 *Zephyrus lutea*로 처음 기록했으며, 현재의 국명은 석주명(1947: 7)에 의한 것이다.

Wingspan. ♂♀ 34~37㎜.
Distribution. Korea (N·C·S), Amur and Ussuri region, Japan, N.China, Taiwan.
North Korean name. Gyul-bich-sus-dol-na-bi (귤빛숫돌나비).

Male. [JB] Jangansan (Mt.), Jangsu-gun, 15. VI. 2012 (ex coll. Paek Munki-KPIC)

Female. [GG] Yebongsan (Mt.), Namyangju-si, 23. V. 1998 (ex coll. Kim Buhyeon et al.-UIB)

126 긴꼬리부전나비 *Araragi enthea* (Janson, 1877)

Gin-kko-ri-bu-jeon-na-bi

한반도에서는 중북부지방의 산지에 국지적으로 분포한다. 연 1회 발생하며, 6월 말부터 9월에 걸쳐 나타난다. 참나무 숲에서 관찰되며, 개체수가 매우 적다. 근래에 북한산국립공원 우이령 일대에서 관찰한 바 있다. 1926년 Okamoto가 강원도 금강산 표본을 사용해 *Zephyrus enthea*로 처음 기록했으며, 현재의 국명은 석주명(1947: 7)에 의한 것이다.

Wingspan. ♂♀ 29~30㎜.
Distribution. Korea (N·C), Amur and Ussuri region, Japan, NE.China, C.China, Taiwan.
North Korean name. Gin-kko-ri-sus-dol-na-bi (긴꼬리숫돌나비).

Male. [GW] Yeonyeopsan (Mt.), Chuncheon-si, 29. VII. 2003 (ex coll. Park Sangkyu-PSK)

Female. [GW] Bangtaesan (Mt.), Inje-gun, em. 2003 (ex coll. Sohn Sangkyu-SSK)

127 물빛긴꼬리부전나비 *Antigius attilia* (Bremer, 1861)

Mul-bich-gin-kko-ri-bu-jeon-na-bi

한반도에서는 산지를 중심으로 국지적 분포한다. 연 1회 발생하며, 6월부터 8월에 걸쳐 나타난다. 잡목림 주변에서 오전보다는 오후에 쉽게 관찰되며, 개체수가 적은 편이다. 1905년 Matsumura가 *Zephyrus attilia*로 처음 기록했으며, 현재의 국명은 석주명(1947: 7)에 의한 것이다.

Wingspan. ♂♀ 23~31㎜.
Distribution. Korea (N·C·S), Amur and Ussuri region, Japan, China, Taiwan, Burma.
North Korean name. Mul-bich-gin-kko-ri-sus-dol-na-bi (물빛긴꼬리숫돌나비).

Male. [Incheon] Manisan (Mt.), Ganghwa-gun, 4. VII. 2009 (ex coll. Paek Munki-KPIC)

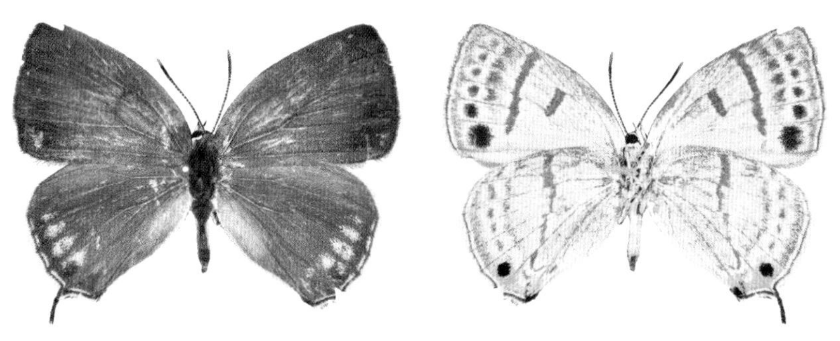

Female. [GN] Nojasan (Mt.), Geoje-si, 22. VI. 1998 (ex coll. Paek Munki-UIB)

128 담색긴꼬리부전나비 *Antigius butleri* (Fenton, 1881)

Dam-saek-gin-kko-ri-bu-jeon-na-bi

한반도에서는 내륙 산지를 중심으로 국지적 분포한다. 연 1회 발생하며, 6월부터 8월에 걸쳐 나타난다. 잡목림 주변에서 오전보다는 오후에 쉽게 관찰되며, 개체수가 적은 편이다. 1931년 Doi가 경기도 소요산 표본을 사용해 *Zephyrus butleri souyoensis*로 처음 기록했으며, 현재의 국명은 석주명(1947: 7)에 의한 것이다.

Wingspan. ♂♀ 26~28㎜.
Distribution. Korea (N·C·S), Amur and Ussuri region, Japan.
North Korean name. Yeon-han-saek-gin-kko-ri-sus-dol-na-bi (연한색긴꼬리숫돌나비).

Male. [GG] Jugeumsan (Mt.), Gapyeong-gun, 16. VI. 1991 (ex coll. Shin Yoohang-SYH)

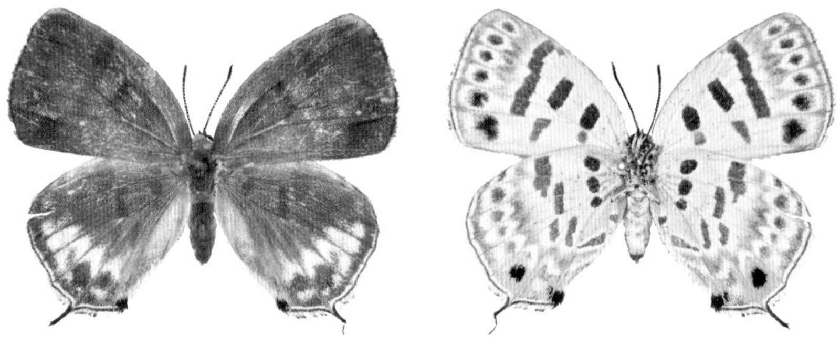

Female. [GG] Jugeumsan (Mt.), Gapyeong-gun, 4. VII. 1990 (ex coll. Paek Munki-KPIC)

129 참나무부전나비 *Wagimo signata* (Butler, 1881)

Cham-na-mu-bu-jeon-na-bi

한반도에서는 내륙 산지를 중심으로 국지적 분포하며, 개체수가 적다. 연 1회 발생하며, 6월 중순부터 7월에 걸쳐 나타난다. 참나무가 많은 숲에서 주로 관찰된다. 1934년 Esaki가 함경북도 무산령 표본을 사용해 *Zephyrus signata quercivora*로 처음 기록했으며, 현재의 국명은 석주명(1947: 7)에 의한 것이다.

Wingspan. ♂♀ 25~31㎜.
Distribution. Korea (N·C·S), Ussuri region, China, Japan.
North Korean name. Cham-na-mu-kko-ri-sus-dol-na-bi (참나무꼬리숫돌나비).

Male. [Incheon] Manisan (Mt.), Ganghwa-gun, 4. VII. 2009 (ex coll. Paek Munki-KPIC)

Female. [GG] Sinbok-ri, Yangpyeong-gun, 25. VI. 2010 (ex coll. Shin Yoohang-SYH)

130 작은녹색부전나비 *Neozephyrus japonicus* (Murray, 1875)

Jak-eun-nok-saek-bu-jeon-na-bi

한반도에서는 지리산 이북의 내륙 산지를 중심으로 국지적 분포하며, 개체수가 적은 편이다. 연 1회 발생하며, 6월부터 8월 초에 걸쳐 나타난다. 오리나무가 많은 산지 계곡에서 볼 수 있다. 1887년 Leech가 강원도 원산 표본을 사용해 *Thecla japonica*로 처음 기록했으며, 현재의 국명은 석주명(1947: 7)에 의한 것이다.

Wingspan. ♂♀ 32~34㎜.
Distribution. Korea (N·C·S), Amur and Ussuri region, NE.China, Japan, Taiwan.
North Korean name. Jak-eun-pu-reun-sus-dol-na-bi (작은푸른숫돌나비).

Male. [GG] Namhansanseong, Gwangju-si, 6. VII. 1986 (ex coll. Min Wanki-MWK)

Female. [GG] Gwanggyosan (Mt.), Suwon-si, 13. VI. 2008 (ex coll. Park Dongha-PDH)

131 큰녹색부전나비 *Favonius orientalis* (Murray, 1875)

Keun-nok-saek-bu-jeon-na-bi

한반도에서는 산지를 중심으로 국지적 분포한다. 연 1회 발생하며, 6월 중순부터 8월에 걸쳐 나타난다. 참나무가 많은 산지 계곡에서 쉽게 볼 수 있었으나, 최근 관찰되는 개체수가 적어 졌다. 1887년 Fixsen이 *Thecla orientalis*로 처음 기록했으며, 현재의 국명은 석주명(1947: 7)에 의한 것이다.

Wingspan. ♂♀ 33~37㎜.
Distribution. Korea (N·C·S), Amur and Ussuri region, NE.China, Japan.
North Korean name. Keun-pu-reun-sus-dol-na-bi (큰푸른숫돌나비).

Male. [GG] Wonjeoksan (Mt.), Icheon-si, 14. VI. 2008 (ex coll. Sohn Sangkyu-SSK)

Female. [GG] Wonjeoksan (Mt.), Icheon-si, 17. VII. 2008 (ex coll. Sohn Sangkyu-SSK)

132 깊은산녹색부전나비

Favonius korshunovi (Dubatolov et Sergeev, 1982)
Gip-eun-san-nok-saek-bu-jeon-na-bi

한반도에서는 내륙 산지 중심으로 국지적 분포하며, 남한에서는 강원도 산지가 주요 분포지다. 연 1회 발생하며, 6월 중순부터 8월에 걸쳐 나타난다. 1985년 Wakabayashi & Fukuda가 강원도 설악산 백담사 표본을 사용해 *Favonius macrocercus*로 처음 기록했으며, 현재의 국명은 신유항(1989: 244)에 의한 것이다. 국명이명으로는 김성수, 김용식(1993: 1)과 한국곤충명집(1994: 385)의 '높은산녹색부전나비(=*Favonius korshinovi*)'가 있다. 한반도산 깊은산녹색부전나비의 학명적용은 *F. macrocercus*를 *F. korshunovi*의 한 아종으로 취급한 Tuzov *et al.* (2000) 등에 따랐다.

Wingspan. ♂♀ 34~38㎜.
Distribution. Korea (N·C·S), Amur and Ussuri region, China.
North Korean name. Unknown.

Male. [GG] Wonjeoksan (Mt.), Icheon-si, 20. VI. 2008 (ex coll. Sohn Sangkyu-SSK)

Female. [GG] Wonjeoksan (Mt.), Icheon-si, 15. VII. 2008 (ex coll. Sohn Sangkyu-SSK)

133 금강산녹색부전나비 *Favonius ultramarinus* (Fixsen, 1887)

Geum-gang-san-nok-saek-bu-jeon-na-bi

한반도에서는 내륙 산지 중심으로 국지적 분포하며, 남한에서는 강원도 산지가 주요 분포지다. 연 1회 발생하며, 6월 중순부터 8월에 걸쳐 나타난다. 참나무가 많은 산지 계곡에서 볼 수 있으나, 개체수가 적은 편이다. 1887년 Fixsen이 강원도 김화 북점 표본을 사용해 *Thecla taxila ultramarina*로 신종 기록했으며, 현재의 국명은 조복성(1959: 60)에 의한 것이다. 국명이명으로는 석주명(1947: 7), 김헌규와 미승우(1956: 388)의 '금강석녹색부전나비'가 있다.

Wingspan. ♂♀ 33~37㎜.
Distribution. Korea (N·C·S), S.Ussuri region, Japan.
North Korean name. Geum-gang-pu-reun-sus-dol-na-bi (금강푸른숫돌나비).

Male. [GG] Wonjeoksan (Mt.), Icheon-si, em. 2007 (ex coll. Sohn Sangkyu-SSK)

Female. [GG] Wonjeoksan (Mt.), Icheon-si, em. 2008 (ex coll. Sohn Sangkyu-SSK)

134 은날개녹색부전나비 *Favonius saphirinus* (Staudinger, 1887)

Eun-nal-gae-nok-saek-bu-jeon-na-bi

한반도에서는 중북부지방의 내륙 산지를 중심으로 분포하나, 강원도 삼척시 해안가 참나무 숲이나 전라남도, 경상남도 지역에서도 국지적으로 관찰되며, 개체수가 적은 편이다. 연 1회 발생하고, 6월 중순부터 8월에 걸쳐 나타난다. 1887년 Fixsen이 *Thecla saphirina*로 처음 기록했으며, 현재의 국명은 이승모(1982: 23)에 의한 것이다. 국명이명으로는 석주명(1947: 7), 김헌규와 미승우(1956: 388), 조성복(1959: 60) 등의 '사파이어녹색부전나비'와 조복성과 김창환(1956: 59)의 '사파이녹색부전나비'가 있다.

Wingspan. ♂♀ 32~36㎜.
Distribution. Korea (N·C·S), Amur and Ussuri region, Japan.
North Korean name. Eun-mu-nui-pu-reun-sus-dol-na-bi (은무늬푸른숫돌나비).

Male. [GG] Wonjeoksan (Mt.), Icheon-si, em. 2008 (ex coll. Sohn Sangkyu-SSK)

Female. [GG] Jugeumsan (Mt.), Gapyeong-gun, 29. VI. 1987 (ex coll. Min Wanki-MWK)

135 넓은띠녹색부전나비 *Favonius cognatus* (Staudinger, 1892)

Neolb-eun-tti-nok-saek-bu-jeon-na-bi

한반도에서는 중북부지방의 산지를 중심으로 폭넓게 분포하며, 남부지방에서는 내륙 산지 중심으로 국지적 분포한다. 연 1회 발생하며, 6월 초부터 7월에 걸쳐 나타난다. 1930년 Matsuda가 황해도 장수산 표본을 사용해 *Zephyrus jezoensis*로 처음 기록했으며, 현재의 국명은 신유항(1989: 162)에 의한 것이다. 본 종의 국명에 대해 이승모(1971: 6; 1973: 5), 신유항과 구태회(1974: 130), 신유항(1975: 42), 김창환(1976: 69)은 '산녹색부전나비' 석주명(1947: 7), 조복성과 김창환(1956: 57), 김헌규와 미승우(1956: 387), 조복성(1959: 59), 이승모(1982: 25)와 한국인시류동호인회편(1986: 7)은 '에조녹색부전나비'를 적용한 바 있다.

Wingspan. ♂♀ 33~36㎜.
Distribution. Korea (N·C·S), NE.China, Japan.
North Korean name. Neolb-eun-tti-pu-reun-sus-dol-na-bi (넓은띠푸른숫돌나비).

Male. [GG] Wonjeoksan (Mt.), Icheon-si, 15. VI. 2008 (ex coll. Sohn Sangkyu-SSK)

Female. [GG] Gwanggyosan (Mt.), Suwon-si, 26. VI. 2009 (ex coll. Park Dongha-PDH)

136 산녹색부전나비 *Favonius taxila* (Bremer, 1861)

San-nok-saek-bu-jeon-na-bi

한반도에서는 중북부지방의 산지 중심으로 폭넓게 분포하나, 남부지방에서는 제주도와 지리산 일대, 부산 일대 등에 국지적으로 분포한다. 연 1회 발생하며, 6월 중순부터 8월에 걸쳐 나타난다. 1932년 Nakayama가 *Zephyrus jozana*로 처음 기록했으며, 현재의 국명은 이승모(1971: 6=*F. cognatus*)에 의한 것이다. 국명이명으로는 김헌규와 미승우(1956: 389), 조복성(1959: 66), 김헌규(1960: 258)의 '아이노녹색부전나비'가 있다. 이승모(1971: 6; 1973: 5)는 *Chrysozephyrus aurorinus*를 '아이노녹색부전나비'로 적용한 바 있다.

Wingspan. ♂♀ 31~37㎜.
Distribution. Korea (N·C·S), Amur and Ussuri region, NE.China, Japan.
North Korean name. Cham-pu-reun-sus-dol-na-bi (참푸른숫돌나비).

Male. [GG] Surisan (Mt.), Gunpo-si, 14. VI. 2009 (ex coll. Paek Munki-KPIC)

Female. [GW] Gyebangsan (Mt.), Pyeongchang-gun, 29. VII. 1990 (ex coll. Shin Yoohang-SYH)

137 검정녹색부전나비 *Favonius yuasai* (Shirôzu, 1947)

Geom-jeong-nok-saek-bu-jeon-na-bi

한반도에서는 중부 내륙과 섬 지역(경기도 굴업도, 강화도 등)을 중심으로 국지적 분포하며, 충청남도(진락산), 전라남도(함평) 등지에도 국지적으로 분포한다. 오후 늦게 활발히 활동하며, 암컷은 불빛에 잘 모인다. 연 1회 발생하며, 6월 중순부터 8월에 걸쳐 나타난다. 1963년 Murayama가 경기도 광릉 표본을 사용해 *Favonius yuasai coreensis*로 처음 기록했으며, 현재의 국명은 신유항(1975: 44)에 의한 것이다.

Wingspan. ♂♀ 32~37㎜.
Distribution. Korea (C·S), Japan.
North Korean name. Geom-eun-pu-reun-sus-dol-na-bi (검은푸른숫돌나비).

Male. [GG] Wonjeoksan (Mt.), Icheon-si, em. 1999 (ex coll. Sohn Sangkyu-SSK)

Female. [JN] Gosanbong, Hampyeong-gun, 21. VI. 2012 (ex coll. Paek Munki-KPIC)

138 우리녹색부전나비 *Favonius koreanus* Kim, 2006

U-ri-nok-saek-bu-jeon-na-bi

한반도에서는 중부지방 산지를 중심으로 국지적 분포한다. 연 1회 발생하며, 6월 중순부터 10월 초까지 관찰된다. 굴참나무가 많은 산지에서 산다. 2006년 김성수가 신종 기록했으며, 현재의 국명은 김성수(2006: 33)에 의한 것이다.

Wingspan. ♂♀ 35~37㎜.
Distribution. Korea (C).
North Korean name. There is no North Korean name.

Male. [GG] Wonjeoksan (Mt.), Icheon-si, 1. VII. 2008 (ex coll. Sohn Sangkyu-SSK)

Female. [GG] Wonjeoksan (Mt.), Icheon-si, 17. VII. 2008 (ex coll. Sohn Sangkyu-SSK)

139 암붉은점녹색부전나비

Chrysozephyrus smaragdinus (Bremer, 1861)

Am-bulk-eun-jeom-nok-saek-bu-jeon-na-bi

한반도에서는 내륙 산지를 중심으로 국지적 분포한다. 연 1회 발생하고, 6월 중순부터 8월에 걸쳐 나타난다. 벚나무가 많은 잡목림에서 볼 수 있으나, 개체수가 적은 편이다. 1907년 Takano가 *Zephyrus brillantina*로 처음 기록했으며, 현재의 국명은 이승모(1973: 5)에 의한 것이다. 국명이명으로는 석주명(1947: 7), 김헌규와 미승우(1956: 390), 이승모(1971; 6)의 '붉은점암녹색부전나비', 조복성(1959: 66)과 김헌규(1960: 258)의 '붉은점녹색부전나비'가 있다.

Wingspan. ♂♀ 34~37㎜.
Distribution. Korea (N·C·S), Ussuri region, Sakhalin, Japan, China.
North Korean name. Am-bulk-eun-jeom-pu-reun-kko-ri-sus-dol-na-bi (암붉은점푸른꼬리숫돌나비).

Male. [GW] Jaeansan (Mt.), Hwacheon-gun, 10. VII. 2009 (ex coll. Paek Munki-KPIC)

Female. [GW] Haesanryeong, Hwacheon-gun, 9. VII. 2010 (ex coll. Ahn Honggyun-KPIC)

140 북방녹색부전나비

Chrysozephyrus brillantinus (Staudinger, 1887)

Buk-bang-nok-saek-bu-jeon-na-bi

한반도에서는 지리산 이북지역의 내륙 산지 중심으로 국지적 분포하며, 개체수는 보통이다. 연 1회 발생하고, 6월 말부터 8월에 걸쳐 나타난다. 6월 말 강원도 참나무 숲을 찾아가면 쉽게 볼 수 있다. 1895년 Rühl & Heyen이 *Thecla brillantina*로 처음 기록했으며, 현재의 국명은 신유항(1989: 157)에 의한 것이다. 국명이명으로는 석주명(1947: 7), 조복성과 김창환(1956: 56)과 한국인시류동호인회편(1986: 6)의 '아이노녹색부전나비'가 있다.

Wingspan. ♂♀ 33~39㎜.
Distribution. Korea (N·C·S), Ussuri region, Manchurian Plain, Japan.
North Korean name. Buk-bang-pu-reun-kko-ri-sus-dol-na-bi (북방푸른꼬리숫돌나비).

Male. [GG] Wonjeoksan (Mt.), Icheon-si, 23. VI. 2008 (ex coll. Sohn Sangkyu-SSK)

Female.[GG] Jugeumsan (Mt.), Gapyeong-gun, 24. VI. 1987 (ex coll. Min Wanki-MWK)

141 남방녹색부전나비 *Thermozephyrus ataxus* (Westwood, 1851)

Nam-bang-nok-saek-bu-jeon-na-bi

한반도에서는 전라남도의 남해 일대, 두륜산과 대둔산 일대에만 국지적으로 분포한다. 연 1회 발생하며, 7월 중순부터 8월 초에 걸쳐 나타난다. 최근 개체수가 감소하고 있다. 1993년 김성수와 김용식이 처음 기록했으며, 현재의 국명은 김성수와 김용식(1993: 1)에 의한 것이다.

Wingspan. ♂♀ 33~34㎜.
Distribution. Korea (S), Japan, W.Himalayas-China, Taiwan.
North Korean name. There is no North Korean name.

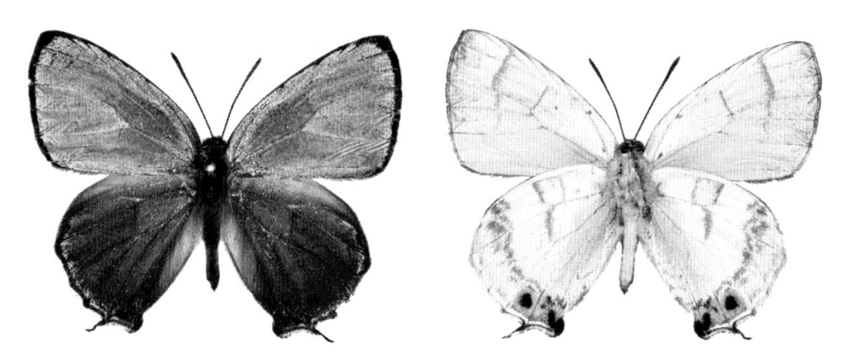

Male. [JB] Daedunsan (Mt.), Wanju-gun, 20. VII. 2002 (ex coll. Jeong Heoncheon-SYH)

Female. [JB] Daedunsan (Mt.), Wanju-gun, 14. VII. 2002 (ex coll. Jeong Heoncheon-SYH)

142 울릉범부전나비 *Rapala arata* (Bremer, 1861)

Ul-reung-beom-bu-jeon-na-bi

한반도에서는 울릉도와 제주도에만 국지적으로 분포한다. 연 2회 발생하며, 5월부터 8월에 걸쳐 나타난다. 그간 범부전나비와 혼용된 기록이 많으므로 본 종에 대한 내륙의 분포범위 및 분류학적 재검토가 필요하다. 1951년 Esaki & Shirozu가 경북 울릉도 표본을 사용해 *Rapala arata*로 처음 기록했으며, 현재의 국명은 이창언과 권용정(1981: 166)에 의한 것이다.

Wingspan. ♂♀ 29~32㎜.
Distribution. Korea (Ulleungdo (Is.), Jejudo (Is.)), Amur and Ussuri region, Sakhalin, S.Kuriles, Japan.
North Korean name. There is no North Korean name.

Male. [GB] Taeha-ri, Ulleung-gun, 27. V. 2008 (ex coll. Cho Yeongkwon-SYH)

Female. [GB] Taeha-ri, Ulleung-gun, 8. V. 2010 (ex coll. Sohn Sangkyu-SSK)

143 범부전나비 *Rapala caerulea* (Bremer et Grey, 1851)

Beom-bu-jeon-na-bi

한반도 전역에 분포한다. 중남부지방에서는 개체수가 많으나, 북부지방에서는 적은 편이다. 연 2회 발생하고, 4월부터 9월에 걸쳐 나타난다. 높은 산지보다는 콩과 식물이 많은 낮은 산지에서 쉽게 볼 수 있으며, 지역에 따라 무늬에 차이가 나타난다. 1882년 Butler가 *Setina micans*로 처음 기록했으며, 현재의 국명은 석주명(1947: 6)에 의한 것이다.

Wingspan. ♂♀ 26~33㎜.
Distribution. Korea (N·C·S), NE.China, C.China, Taiwan.
North Korean name. Beom-sus-dol-na-bi (범숫돌나비).

Male. [Incheon] Daecheongdo (Is.), Ongjin-gun, 6. VIII. 2010 (ex coll. Paek Munki-KPIC)

Female. [Incheon] Baekryeongdo (Is.), Ongjin-gun, 24. VII. 2007 (ex coll. Paek Munki-KPIC)

Male. [GB] Ilwolsan (Mt.), Yeongyang-gun, 28. IV. 2012 (ex coll. Paek Munki-KPIC)

Female. [GG] Gonong-ri, Yeoncheon-gun, 24. V. 2008 (ex coll. Paek Munki-KPIC)

Female. [GG] Geumamsan (Mt.), Hanam-si, 9. VII. 2010 (ex coll. Paek Munki-KPIC)

144 남방남색꼬리부전나비 *Arhopala bazalus* (Hewitson, 1862)

Nam-bang-nam-saek-kko-ri-bu-jeon-na-bi

한반도에서는 제주도와 경상남도 통영 일대에서 국지적으로 관찰되며, 개체수가 매우 적다. 남부지방에서는 2002년부터 채집기록이 있고, 현재까지 간혹 관찰되나, 정착했는지 불확실하다. 1894년 Leech가 *Arhopala turbata*로 처음 기록했으나, 채집지역이 강원도 원산으로 되어 있어 재검토가 필요하다. 현재의 국명은 석주명(1947: 5)에 의한 것이다.

Wingspan. ♂♀ 37~39㎜.
Distribution. Korea (S), W.China, Taiwan, Sikkim-Assam, N.Burma.
North Korean name. There is no North Korean name.

Male. [JJ] Seonheul-ri, Jochon-eup, Jeju-si, 27. VIII. 2005 (ex coll. Park Dongha-PDH)

Female. [JJ] Seonheul-ri, Jochon-eup, Jeju-si, 27. VIII. 2005 (ex coll. Park Dongha-PDH)

145 남방남색부전나비 *Arhopala japonica* (Murray, 1875)

Nam-bang-nam-saek-bu-jeon-na-bi

한반도에서는 제주도와 경상남도 통영 일대에서 국지적으로 관찰되며, 개체수가 매우 적다. 박상규의 2008~2009년 제주도 서귀포 천연난대림보호지역에서의 관찰 내용에 따르면 다음과 같다. [연 4회 발생하고, 어른벌레로 겨울을 나고 4월부터 11월까지 볼 수 있다. 암컷은 종가시나무의 새순이나 눈에 알을 낳고, 애벌레 기간 동안 개미와 생활한다. 어른벌레는 민첩하고, 햇빛을 좋아한다.] 1887년 Leech가 *Amblypodia japonica*로 처음 기록했으나, 채집지역이 강원도 원산으로 되어 있어 재검토가 필요하다. 현재의 국명은 석주명(1947: 5)에 의한 것이다. 국명이명으로는 고제호(1969: 204)의 '남색부전나비'가 있다.

Wingspan. ♂♀ 31~33㎜.
Distribution. Korea (S), Japan, Taiwan.
North Korean name. There is no North Korean name.

Male. [JJ] Seonheul-ri, Jochon-eup, Jeju-si, em. 14. V. 2009 (ex coll. Park Dongha-PDH)

Female. [JJ] Seonheul-ri, Jochon-eup, Jeju-si, 15. X. 2009 (ex coll. Park Sangkyu-PSK)

146 민꼬리까마귀부전나비 *Satyrium herzi* (Fixsen, 1887)

Min-kko-ri-kka-ma-gwi-bu-jeon-na-bi

한반도에서는 중북부지방에 국지적으로 분포하며, 경상북도와 충청북도의 일부 지역에서도 관찰 기록이 있다. 연 1회 발생하며, 남한에서는 5월 초~6월에 나타나고, 북한에서는 6월 말~7월 말에 나타난다. 낮은 산지의 잡목림 중심으로 관찰되며, 개체수가 적다. 1887년 Fixsen이 강원도 김화 북점 표본을 사용해 *Thecla herzi*로 신종 기록했으며, 현재의 국명은 김헌규와 미승우(1956: 400)에 의한 것이다. 국명이명으로는 석주명(1947: 7), 조복성과 김창환(1956: 54), 조복성(1959: 72, 148)의 '헤르쯔까마귀부전나비, 헤르츠까마귀부전나비'가 있다.

Wingspan. ♂♀ 29~31㎜.
Distribution. Korea (N·C), Amur and Ussuri region, NE.China.
North Korean name. Cham-meok-sus-dol-na-bi (참먹숫돌나비).

Male. [GW] Gangchon, Chuncheon-si, 23. V. 1981 (ex coll. Shin Yoohang-KUNHM)

Female. [GG] Jugeumsan (Mt.), Gapyeong-gun, 3. VI. 1985 (ex coll. Shin Yoohang-KUNHM)

147 벚나무까마귀부전나비 *Satyrium pruni* (Linnaeus, 1758)

Beoj-na-mu-kka-ma-gwi-bu-jeon-na-bi

한반도에서는 중북부지방에 국지적으로 분포하며, 충청북도의 일부 지역에서도 관찰 기록이 있다. 연 1회 발생하고, 중부지방에서는 5월 초부터 7월 초에 걸쳐 나타난다. 낮은 산지나 농촌 마을 주변의 숲 가장자리에서 활동하며, 개체수가 적은 편이다. 1887년 Fixsen이 *Thecla pruni*로 처음 기록했으며, 현재의 국명은 석주명(1947: 7)에 의한 것이다.

Wingspan. ♂♀ 32~35㎜.
Distribution. Korea (N·C), Siberia, Amur region, Japan, M.Asia, Europe.
North Korean name. Keun-sa-gwa-meok-sus-dol-na-bi (큰사과먹숫돌나비).

Male. [GG] Buyong-ri, Yangpyeong-gun, 27. V. 2011 (ex coll. Paek Munki-KPIC)

Female. [GG] Cheonmasan (Mt.), Namyangju-si, 6. VI. 1995 (ex coll. Min Wanki-UIB)

148 북방까마귀부전나비 *Satyrium latior* (Fixsen, 1887)

Buk-bang-kka-ma-gwi-bu-jeon-na-bi

한반도에서는 중북부 내륙에 국지적으로 분포하며, 남한에서는 강원도 영월 지역이 주요 분포지다. 연 1회 발생하며, 6월부터 7월에 걸쳐 나타난다. 산지의 숲 가장자리에서 활동하며, 개체수가 매우 적어 보호가 필요하다. 1887년 Fixsen이 강원도 김화 북점 표본을 사용해 *Thecla spini* var. *latior*로 신종 기록했으며, 현재의 국명은 석주명(1947: 7)에 의한 것이다.

Wingspan. ♂♀ 31~40㎜.
Distribution. Korea (N·C), Transbaikal, Amur and Ussuri region, N.China.
North Korean name. Buk-bang-meok-sus-dol-na-bi (북방먹숫돌나비).

Male. [GW] Ssangryong-ri, Yeongwol-gun, 15. VI. 2003 (ex coll. Choi C.Y. & Choi W.H.-MC)

Female. [GW] Ssangryong-ri, Yeongwol-gun, 23. VI. 1996 (ex coll. Shin Yoohang-SYH)

149 까마귀부전나비 *Satyrium w-album* (Knoch, 1782)

Kka-ma-gwi-bu-jeon-na-bi

한반도에서는 중북부 내륙에 국지적으로 분포한다. 연 1회 발생하고, 5월부터 7월에 걸쳐 나타난다. 산지의 숲 가장자리에서 활동하며, 꽃에 잘 모인다. 1887년 Leech가 강원도 원산 표본을 사용해 *Thecla fentoni*로 처음 기록했으며, 현재의 국명은 이승모(1982: 26)에 의한 것이다. 국명이명으로는 석주명(1947: 7), 김헌규와 미승우(1956: 400)의 '떠불류-알붐나비', 조복성(1959: 74)과 고제호(1969: 205)의 '떠불류알붐부전나비', 김창환(1976)의 '더불류알붐부전나비'가 있다.

Wingspan. ♂♀ 30~31㎜.
Distribution. Korea (N·C), NE.China, Japan, M.Asia, S.Ural, C.Europe, S.Europe.
North Korean name. Meok-sus-dol-na-bi (먹숫돌나비).

Male. [GW] Gaojak-ri, Yanggu-gun, 28. VI. 2011 (ex coll. Paek Munki-KPIC)

Female. [GW] Gaojak-ri, Yanggu-gun, 28. VI. 2011 (ex coll. Paek Munki-KPIC)

150 참까마귀부전나비 *Satyrium eximia* (Fixsen, 1887)

Cham-kka-ma-gwi-bu-jeon-na-bi

한반도에서는 중북부지방에 국지적으로 분포하며, 남부지방에는 지리산을 중심으로 분포한다. 경기도 섬에서는 굴업도에서 채집기록이 있다. 연 1회 발생하고, 6월 중순부터 8월 중순에 걸쳐 나타난다. 1887년 Fixsen이 강원도 김화 북점 표본을 사용해 *Thecla eximia*로 신종 기록했으며, 현재의 국명은 조복성(1959: 72)에 의한 것이다. 국명이명으로는 석주명(1947: 7)의 '조선까마귀부전나비'가 있다.

Wingspan. ♂♀ 31~34㎜.
Distribution. Korea (N·C·S), Ussuri region, E.Mongolia, NE.China, C.China.
North Korean name. Keun-meok-sus-dol-na-bi (큰먹숫돌나비).

Male. [GW] Changwon-ri, Yeongwol-gun, 18. VII. 2010 (ex coll. Paek Munki-KPIC)

Female. [GB] Bohyeonsan (Mt.), Yeongcheon-si, 27. VII. 1991 (ex coll. Shin Yoohang-SYH)

151 꼬마까마귀부전나비 *Satyrium prunoides* (Staudinger, 1887)

Kko-ma-kka-ma-gwi-bu-jeon-na-bi

한반도에서는 중북부지방에 국지적으로 분포하며, 남한에서는 강원도 산지가 주요 분포지다. 연 1회 발생하며, 6월 중순부터 7월에 걸쳐 나타난다. 꽃에 잘 모이며, 지역에 따라 개체수가 많다. 1887년 Fixsen이 강원도 김화 북점 표본을 사용해 *Thecla prunoides*로 처음 기록했으며, 현재의 국명은 석주명(1947: 7)에 의한 것이다.

Wingspan. ♂♀ 25~30㎜.
Distribution. Korea (N·C), Transbaikal, Amur-Ussuri region, NE.China, Mongolia.
North Korean name. Sa-gwa-meok-sus-dol-na-bi (사과먹숫돌나비).

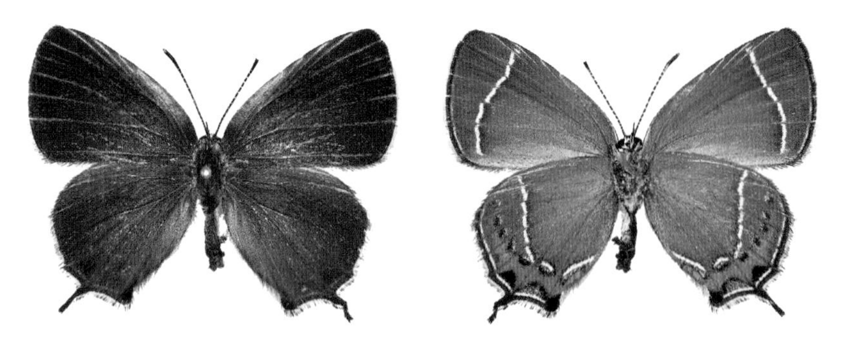

Male. [GW] Gaojak-ri, Yanggu-gun, 1. VII. 2011 (ex coll. Paek Munki-KPIC)

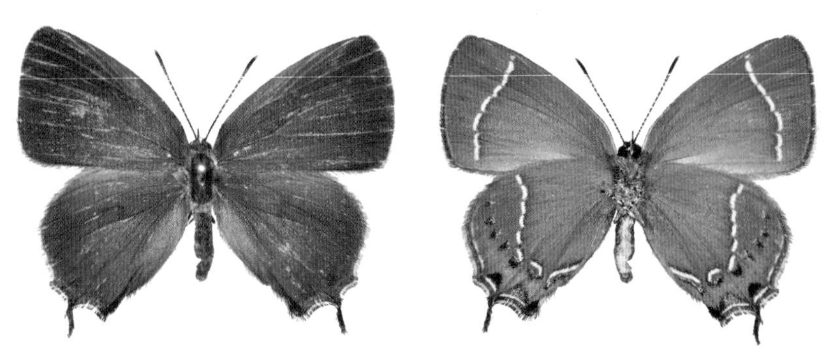

Female. [GW] Baekdamsa (Temp.), Inje-gun, 24. VI. 1999 (ex coll. Paek Munki-KPIC)

152 쇳빛부전나비 *Ahlbergia ferrea* (Butler, 1866)

Soes-bich-bu-jeon-na-bi

한반도에서는 제주도를 제외한 지역에 폭넓게 분포한다. 연 1회 발생하며, 4~5월에만 관찰된다. 활발하고 민첩하게 날아다니며, 숲 가장자리에서 활동한다. 맑은 날에는 축축한 땅에 무리지어 물을 빤다. 1909년 Seitz가 강원도 원산 표본을 사용해 *Satsuma frivaldskyi* [sic] *ferrea*로 처음 기록했으며, 현재의 국명은 석주명(1947: 7)에 의한 것이다. 국명이명으로는 이승모(1973: 4)와 신유항(1975: 44)의 '쇠빛부전나비'가 있다. 그간 학명 적용에 변동이 많았으며, 현재에도 연구자간 이견이 있다. 한반도산 쇳빛부전나비의 학명 적용은 Johnson (1992: 20)에 따랐다.

Wingspan. ♂♀ 25~27㎜.
Distribution. Korea (N·C·S), Amur and Ussuri region, NE.China, Japan.
North Korean name. Soes-bich-sus-dol-na-bi (쇳빛숫돌나비).

Male. [JB] Jangansan (Mt.), Jangsu-gun, 23. IV. 2012 (ex coll. Paek Munki-KPIC)

Female. [GB] Sobaeksan (Mt.), Yeongju-si, 26. IV. 2007 (ex coll. Paek Munki-KPIC)

153 북방쇳빛부전나비 *Ahlbergia frivaldszkyi* (Lederer, 1855)

Buk-bang-soes-bich-bu-jeon-na-bi

한반도에서는 중북부지방에 산지 중심으로 국지적 분포한다. 연 1회 발생하며, 대부분 4월부터 5월에 관찰되나, 오대산 같은 높은 산지에서는 6월 중순까지 볼 수 있다. 활발하고 민첩하게 날아다니며, 대부분 숲 가장자리나 산지 내 풀밭에서 활동한다. 1887년 Leech가 강원도 원산 표본을 사용해 *Thecla frivaldszkyi*로 처음 기록했으며, 현재의 국명은 주홍재 등(1997: 114)에 의한 것이다.

Wingspan. ♂♀ 25~26㎜.
Distribution. Korea (N·C), Altai-Ussuri, N.China, S.Yakutia, NE.Kazakhstan, Mongolia.
North Korean name. Unknown.

Male. [GW] Hoenggye-ri, Pyeongchang-gun, 8. VI. 2009 (ex coll. Paek Munki-KPIC)

Female. [GW] Hoenggye-ri, Pyeongchang-gun, 8. VI. 2009 (ex coll. Paek Munki-KPIC)

154 쌍꼬리부전나비 *Cigaritis takanonis* (Matsumura, 1906)

Ssang-kko-ri-bu-jeon-na-bi

한반도에서는 국지적으로 분포하며, 남한에서는 멸종위기야생생물 II급으로 지정된 보호종이다. 연 1회 발생하며, 6월 중순부터 8월 초에 걸쳐 나타난다. 6월 중순부터 7월 초까지 소나무, 신갈나무, 노간주나무 등에 산란하며, 먹이는 숙주와의 먹이교환 행동을 통하거나 개미 집안의 저장 먹이를 이용하는 것으로 알려졌다(장용준, 2006). 1929년 Matsuda가 황해도 장수산 표본을 사용해 *Aphnaeus takanonis*로 처음 기록했으며, 현재의 국명은 석주명(1947: 5)에 의한 것이다.

Wingspan. ♂♀ 32~33㎜.
Distribution. Korea (N·C·S), Japan.
North Korean name. Ssang-kko-ri-sus-dol-na-bi (쌍꼬리숫돌나비).

Male. [GG] Changu-dong, Hanam-si, 29. VI. 1986 (ex coll. Shin Yoohang-SYH)

Female. [GG] Namhansanseong, Gwangju-si, 6. VII. 1986 (ex coll. Min Wanki-MWK)

나비목 호랑나비상과

네발나비과

NYMPHALIDAE Swainson, 1827

Ne-bal-na-bi-gwa

세계에 광역 분포하며, 약 6,000종이 알려졌다. 어느 지역에서나 종 다양성이 높은 과(family)이기 때문에 지구 생태계를 연구하는데 있어 중요한 그룹으로 활용된다. 앞다리 1쌍이 작게 퇴화되어 몸에 붙어 있기 때문에 앉아 있을 때 다리가 4개밖에 보이지 않는다고 해서 '네발나비'란 이름이 붙었다. 일반적으로 날개의 윗면은 화려하고 아름다우며, 아랫면은 어두운 색을 띤다. 그리고 앞다리 1쌍이 작아 걷는 데 사용하지 않고, 더듬이 아랫면에 줄모양 홈이 있어서 다른 과와 구별된다. 한반도에서는 9아과 126종이 알려졌으며, 북한 과명은 '메나비과'다.

애벌레의 머리에는 돌기물이 있으며, 번데기에는 밝은 색 점무늬가 있다. 애벌레의 먹이식물은 벼과, 사초과, 백합과, 느릅나무과, 제비꽃과, 쐐기풀과, 인동과, 버드나무과, 장미과, 자작나무과, 참나무과, 국화과, 삼과, 콩과, 마편초과, 쥐방울덩굴과, 쇠비름과, 미나리아재비과, 단풍나무과, 갈매나무과, 포도과, 벽오동과, 산형과, 나도밤나무과, 박주가리과, 메꽃과, 현삼과, 쥐꼬리망초과, 질경이과, 마타리과, 산토끼꽃과 식물 등으로 매우 다양하다. 그리고 홍줄나비는 특이하게 침엽수인 소나무과 식물(잣나무)을 먹이식물로 이용한다. 한반도에 기록된 126종 중 느릅나무과 및 제비꽃과 식물을 각각 15종이 먹이식물로 이용하고 있어 느릅나무과 및 제비꽃과 식물에 기주 특이성이 높다. 어른벌레는 대부분 낮에 활발히 활동하며, 꽃 꿀을 빨거나 나무 진을 빨아먹는다. 축축한 땅바닥에 모여 물을 빨기도 하며, 왕오색나비, 어리세줄나비, 줄나비, 유리창나비 등은 동물배설물에 잘 모인다. 들판부터 높은 산지까지 다양한 곳에서 이른 봄부터 늦가을까지 관찰된다. 뿔나비, 네발나비, 산네발나비, 들신선나비, 청띠신선나비 등은 어른벌레로 겨울을 나며, 그 외에는 대부분 종령 애벌레 또는 번데기로 겨울을 난다.

뿔나비아과 LIBYTHEINAE Boisduval, 1833
Ppul-na-bi-a-gwa

뿔나비아과는 네발나비과 중 가장 원시적인 아과로, 이전에는 독립적인 과(Family, 科)로 취급되기도 했다. 세계에 약 20종이 알려졌으며, 우리나라에는 *Libythea* 속 1종이 알려졌다. 입 부분의 아랫입술수염(하순수염, labial palpus)이 뿔 모양으로 머리 앞쪽으로 돌출되어 네발나비과의 다른 아과들과 구별된다.

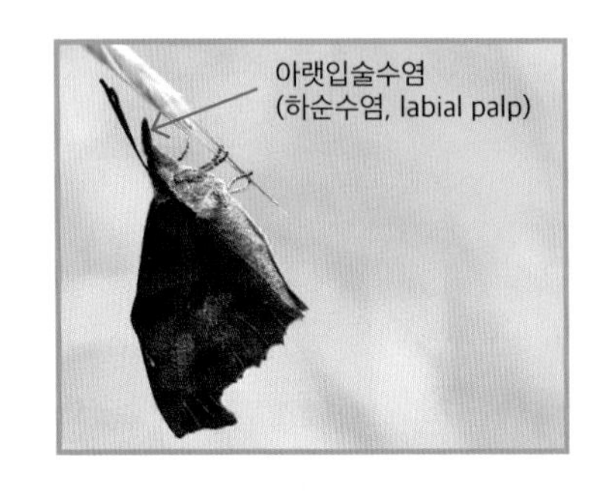

애벌레는 느릅나무과 식물을 먹는다. 어른벌레는 꽃 꿀을 빨며, 축축한 땅바닥에 수백 마리씩 무리지어 물을 빨아먹기도 한다. 산지 계곡을 중심으로 관찰되며, 이른 봄부터 늦가을까지 볼 수 있다.

왕나비아과 DANAINAE Boisduval, [1833]

Wang-na-bi-a-gwa

세계에 560종 이상이 알려졌으며, 한반도에서는 2속 4종이 알려졌다. 대형의 나비류로 대부분 날개의 무늬가 화려하며, 앞날개 1A(제1둔맥)와 2A(제2둔맥)이 제1맥(1A+2A)으로 합쳐져 있고, 제12맥(아전연맥, Sc)의 기부 부분만 부풀어 있어 뱀눈나비아과 및 네발나비아과와 구별된다. 애벌레는 박주가리과, 쥐방울덩굴과 식물을 먹는다. 북한에서는 알락나비과로 취급한다. 어른벌레는 이동성이 매우 크며, 중부지방에서는 여름에 높은 산지 능선에서 주로 관찰된다.

뱀눈나비아과 SATYRINAE Boisduval, [1833]

Baem-nun-na-bi-a-gwa

세계에 2,200종 이상이 알려졌다. 한반도에서는 15속 38종이 알려졌으며, 이 중 산굴뚝나비는 천연기념물(제458호) 및 멸종위기야생생물 I급으로 지정된 보호종이다. 봄처녀나비, 시골처녀나비는 국외반출승인대상생물종이다. 일반적으로 중간 크기이며, 날개 색은 대부분 갈색 또는 황토색을 띤다. 앞날개 제12맥(아전연맥, Sc)의 기부 부분이 크게 부풀어 있고, 앞날개 제1맥(1A+2A)과 제2맥(CuA_2)의 기부 부분이 부풀어 있어 네발나비아과와 구별된다. 애벌레는 벼과나 사초과 등 초본류를 먹는다. 어른벌레는 숲속이나 숲 가장자리에서 활동하는 종이 많으며, 평지부터 높은 산지까지 다양한 곳에서 관찰된다.

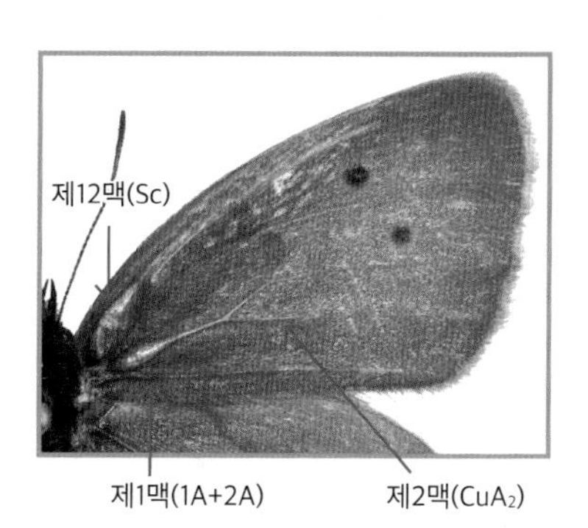

네발나비아과 NYMPHALINAE Swainson, 1827

Ne-bal-na-bi-a-gwa

세계에 약 600종이 알려졌다. 줄나비아과(Limenitidinae)가 본 아과에 포함되는 등 본 아과에 대한 다양한 분류학적인 견해가 있으나, 여기에서는 분자 수준의 계통분류학적 연구를 통해 본 아과를 6족으로 구분한 Wahlberg *et al.*

(2005a)을 따랐다. 한반도에서는 9속 27종이 알려졌으며, 이 중 금빛어리표범나비, 여름어리표범나비, 봄어리표범나비, 담색어리표범나비는 국외반출승인대상생물종이다. 그리고 본 아과에 속한 *Melitaea*속의 북한 분포종들은 인접 국가에 비슷한 종이 많고, 지역별로 무늬 차이가 있어 생식기 검경 등 원기재종과 비교 검토가 반드시 필요하다. 일반적으로 큰 나비류로 대부분 붉은색, 황갈색, 흑갈색을 띠며, 모양이 다양하다. 앞날개 제12맥(아전연맥, Sc)의 기부 부분이 부풀지 않아 뱀눈나비아과와 구별된다. 대부분 애벌레는 긴 돌기가 6~7개 있으며, 번데기의 머리, 가슴, 등의 윗면 쪽에는 뾰족한 돌기가 발달한다. 먹이식물은 쐐기풀과, 쥐꼬리망초과, 현삼과 식물이다. 어른벌레는 대부분 산지성이며, 신선나비 무리와 네발나비 무리 등 어른벌레로 겨울을 나는 종이 많다.

돌담무늬나비아과 CYRESTINAE Guenée, 1865

Dol-dam-mu-nui-na-bi-a-gwa

세계에 40종 이상이 알려졌으며, 대부분 남아시아에 분포한다. 한반도에서는 돌담무늬나비가 알려졌다. 본 아과의 분류학적 위치에 대해 Ackery *et al*. (1999)은 Cyrestini 족으로 취급해 줄나비아과(Limenitidinae)에 포함하는 등 다양한 견해가 있으나, 여기에서는 분자계통분류학적 연구를 통해 독립된 아과로 구분한

Wahlberg *et al.* (2005a) 및 Zhanga *et al*. (2008)을 따랐다. 최근 계통분류학 연구논문들뿐만 아니라, Beccaloni *et al*. (2005), Savela (2008), Wahlberg & Brower (2013) 등의 주요 데이터베이스(data base)에서 독립된 아과로 취급하고 있다.

먹그림나비아과(신칭) PSEUDERGOLINAE Jordan, 1898
Meok-geu-rim-na-bi-a-gwa

세계에 약 4속 7종이 알려진 작은 아과로, 대부분 동남아시아에 분포한다. 한반도에서는 국가기후변화생물지표종인 먹그림나비가 알려졌다. 먹이식물은 나도밤나무과, 벼과 식물이다. 본 아과의 분류학적 위치에 대해 Ackery *et al*. (1999)은 Pseudergolini 족으로 취급해 줄나비아과(Limenitidinae)에 포함했으며, 이와 달리 Vane-Wright & Jong (2003), Beccaloni *et al*. (2005) 및 Savela (2008)는 Pseudergolini족을 돌담무늬나비아과에 포함시키는 등 다양한 견해가 있다. 여기에서는 분자계통분류학적 연구를 통해 Pseudergolini족을 단계통군(monophyletic group)으로서 줄나비아과에서 독립된 아과로 구분한 Wahlberg *et al*. (2005a) 및 Zhanga *et al.* (2008)을 따랐다. 최근 계통분류학 연구들에서 독립된 아과로 취급하는 경향이 크며, 주요 데이터베이스(data base)인 The Tree of Life Web Project (Wahlberg & Brower, 2009)에서도 독립된 아과로 취급한다.

오색나비아과 APATURINAE Tutt, 1896

O-saek-na-bi-a-gwa

세계에 약 90종이 알려졌으며, 대부분 유라시아, 아프리카, 북아메리카에 분포한다. 본 아과는 때때로 네발나비아과(Nymphalinae)의 한 그룹으로 취급되기도 했으나, 전체적으로 보면 분류학적 위치가 큰 변동 없이 유지되어온 그룹이다. 한반도에서는 7속 11종이 알려졌으며, 이 중 번개오색나비, 오색나비, 밤오색나비, 수노랑나비, 유리창나비, 홍점나비, 왕오색나비, 대왕나비는 국외반출승인대상생물종이다. 일반적으로 큰 나비류로 대부분 색이 다양해 화려하게 보인다. 앞날개 중실이 짧고, 제4맥(M_3)과 제5맥(M_2) 사이에는 횡맥이 없어 중실이 열려 있다. 또한 수컷 생식기의 삽입기는 매우 길고 가늘어서 네발나비과의 다른 아과들과 구별된다. 먹이식물은 버드나무과, 느릅나무과, 참나무, 장미과 식물이며, 이 중 참나무과의 팽나무를 먹이로 이용하는 종이 많다. 대부분 번데기로 겨울을 난다. 어른벌레는 대부분 산지성이나, 마을 주변에서 관찰되는 종도 많다.

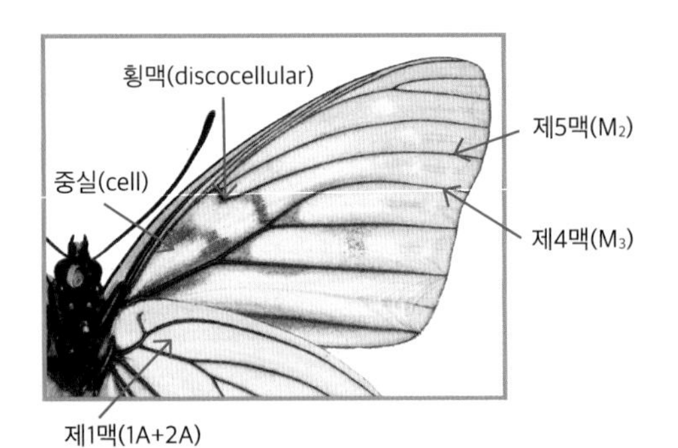

표범나비아과 HELICONIINAE Swainson, 1822

Pyo-beom-na-bi-a-gwa

세계에 광역 분포하며, 1,900종 이상이 알려졌다. 때로는 호랑나비상과(上科)의 독립된 과(科)로 취급되기도 했으며, Penz & Peggie (2003)는 분자계통분류학적 연구를 통해 본 아과를 4족으로 구분한 바 있다. 한반도에서는 8속 22종이 알려졌으며, 이 중 왕은점표범나비는 멸종위기야생생물 II급으로 지정된 보호종이고, 작은은점선표범나비, 산꼬마표범나비, 큰표범나비, 은점표범나비는 국외반출승인대상생물종, 암끝검은표범나비는 국가기후변화생물지표종이다. 날개의 바탕색은 일반적으로 포식자들이 경계하는 붉은색 또는 검정색을 띤다. 뒷날개의 1b와 1a맥은 기부가 붙어 있고, 수컷 앞날개 윗면의 제1맥~제3맥을 중심으로 2개 또는 3개의 굵은 검은색 줄로 된 성표가 있어 네발나비과의 다른 아과들과 구별된다. 대부분 콩과 식물을 먹으나, 열대의 일부 종들은 독성분이 있는 식물을 먹기도 한다. 어른벌레 암수 대부분은 꽃 꿀을 빨며, 들판부터 높은 산지까지 다양한 곳에서 관찰된다.

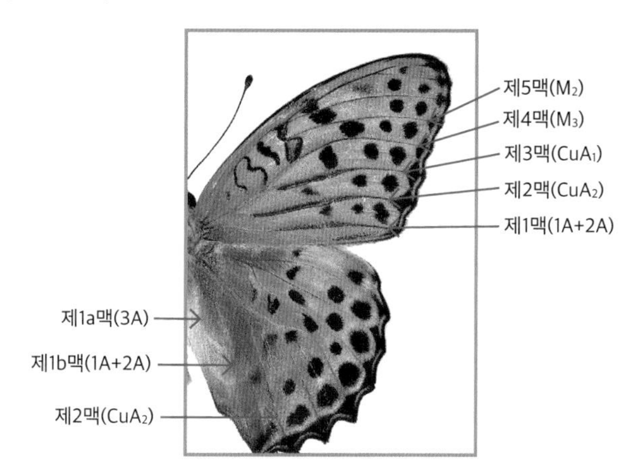

줄나비아과 LIMENITIDINAE Behr, 1864

Jul-na-bi-a-gwa

세계에 광역 분포하며, 1,000종 이상이 알려졌다. 한반도에서는 4속 21종이 알려졌으며, 이 중 홍줄나비, 어리세줄나비는 국외반출승인대상생물종이다. 대부분 날개를 펄럭인 후 활공하기를 반복하며 비행한다. 한반도산 줄나비아과 종 대부분의 날개는 검정색 바탕에 흰색 줄무늬가 있다. 표범나비아과와 비슷하나, 수컷 앞날개 윗면의 제1b맥~제4맥 상에 성표가 없어 구별된다. 먹이식물은 버드나무과, 인동과, 장미과, 마편초과, 콩과, 갈매나무과, 벽오동과, 단풍나무과, 자작나무과, 느릅나무과, 참나무과 식물이며, 이 중 인동과와 장미과 식물을 먹이로 이용하는 종이 많다. 대부분 번데기로 겨울을 난다. 어른벌레는 무리지어 물 또는 동물 배설물을 빠는 종이 많다. 숲 가장자리부터 높은 산지까지 다양한 곳에서 관찰된다.

155 뿔나비 *Libythea lepita* Moore, 1857

Ppul-na-bi

한반도에서는 산지 중심으로 폭넓게 분포한다. 연 1회 발생하며, 3월부터 11월에 걸쳐 나타난다. 6~11월까지 활동하다가 어른벌레로 겨울을 나고 이듬해 3~5월까지 나타난다. 6월 중순에는 계곡 주변 축축한 땅에서 수백 마리씩 무리지어 물을 빠는 모습을 쉽게 볼 수 있다. 1919년 Matsumura가 *Libythea celtis* var. *celtoides*로 처음 기록했으며, 현재의 국명은 석주명(1947: 5)에 의한 것이다. 한반도에 분포하는 뿔나비의 종명 적용은 Kawahara (2006: 23)에 따랐다.

Wingspan. ♂♀ 32~47㎜.
Distribution. Korea (N·C·S), Japan, Taiwan, Asia Minor, S.Europe, N.Africa.
North Korean name. Ppul-na-bi (뿔나비).

Male. [GB] Oknyeobong, Yeongju-si, 28. X. 2010 (ex coll. Paek Munki-KPIC)

Female. [JB] Jangansan (Mt.), Jangsu-gun, 14. VI. 2012 (ex coll. Paek Munki-KPIC)

156 왕나비 *Parantica sita* (Kollar, 1844)

Wang-na-bi

한반도에서는 봄에는 제주도 등 남부지방을 중심으로 출현하며, 이동성이 커 여름에는 한반도 중북부의 높은 산지에서도 관찰된다. 연 2~3회 발생하며, 봄형은 5~6월, 여름형은 7~9월에 볼 수 있다. 1906년 Ichikawa가 제주도 표본을 사용해 *Danais tytia*로 처음 기록했으며, 현재의 국명은 이승모(1982: 45)에 의한 것이다. 국명이명으로는 석주명(1947: 1), 조복성과 김창환(1956: 13), 조복성(1959: 14; 1963: 195), 김헌규(1960: 277), 조복성 등(1968: 256), 김창환 등(1972: 52), 신유항(1975: 45) 등의 '제주왕나비'가 있다.

Wingspan. ♂♀ 88~105㎜.
Distribution. Korea (S(JJ)), Ussuri region, Sakhalin, Japan, China, Taiwan, Indo-china, Kasmir, N.India.
North Korean name. Al-rak-na-bi (알락나비).

Male. [GW] Jungbongsan (Mt.), Jeongseon-gun, 8. VIII. 2013 (ex coll. Paek Munki-KPIC)

Female. [CB] Wolaksan (Mt.), Jecheon-si, 17. VIII. 1987 (ex coll. Paek Munki-KPIC)

157 대만왕나비 *Parantica melaneus* (Cramer, 1775)

Dae-man-wang-na-bi

한반도에서는 길잃은나비(미접)로 취급되며, 1988년에 백유현이 제주도에서 채집한 것을 주흥재와 김성수가 2002년에 처음 기록했다. 그 후 관찰 기록은 없다. 현재의 국명은 주흥재와 김성수(2002: 152)에 의한 것이다.

Wingspan. ♂ 78㎜.
Distribution. Korea (S: Immigrant species), China, Taiwan, India etc.
North Korean name. There is no North Korean name.

Male. [JJ] Hallasan (Mt.), 10. VIII. 1988 (ex coll. Baek Yoohyeon-KSS)

158 별선두리왕나비 *Danaus genutia* (Cramer, 1779)

Byeol-seon-du-ri-wang-na-bi

한반도에서는 길잃은나비(미접)로 취급되며, 1981년에 전라남도 신안군 홍도에서 채집된 개체로 이승모가 1982년에 처음 기록했다. 그 후 제주도, 홍도 등 남부 도서들에서 관찰 기록이 있으나 채집된 개체수가 적다. 현재의 국명은 이승모(1982: 44)에 의한 것이다.

Wingspan. ♂♀ 62~77㎜.
Distribution. Korea (S: Immigrant species), Afghanistan, Kashmir-China, Taiwan, Australia.
North Korean name. Byeol-mu-nui-du-ri-al-rak-na-bi (별무늬두리알락나비).

Male. [Indonesia] Sulawesi(=Celebes), Sunda (Is.), 15. VII. 2008 (ex coll. Unknown-KPIC)

Female. [Indonesia] Sulawesi(=Celebes), Sunda (Is.), 15. VII. 2008 (ex coll. Unknown-KPIC)

159 끝검은왕나비 *Danaus chrysippus* (Linnaeus, 1758)

Kkeut-geom-eun-wang-na-bi

한반도에서는 길잃은나비(미접)로 취급되며, 1978년에 경상남도 포항시 칠포해수욕장에서 채집된 개체로 이승모가 1982년에 처음 기록했다. 남해안 도서지방이나 해안가 일대에서 간혹 관찰되며, 충남 서산, 전남 여수, 전남 광양, 경남 사천, 삼천포, 진주, 부산 일대 등 관찰 지역이 많아지고 있다. 현재의 국명은 이승모(1982: 44)에 의한 것이다.

Wingspan. ♂♀ 55~70㎜.
Distribution. Korea (S: Immigrant species), Taiwan, Burma, Australia, India, Sri Lanka, Tropical Asia, Europe, Arabia, Africa.
North Korean name. Kkeut-geom-eun-al-rak-na-bi (끝검은알락나비).

Male. [Busan] Banyeo-dong, Haeundae-gu, 1. IX. 2013 (ex coll. Paek Munki-KPIC)

Female. [CN] Dokgot-ri, Seosan-gun, 8. IX. 1995 (ex coll. Kim Taeyun-SYH)

160 먹나비 *Melanitis leda* (Linnaeus, 1758)

Meok-na-bi

한반도에서는 길잃은나비(미접)로 취급된다. 제주도 및 경상도, 전라도 등 남부지방뿐만 아니라 이동성이 커 한여름에는 충청도, 강원도, 경기도 도서지방 및 서울 등 중부지방에서 간혹 관찰된다. 제주도 등 남해안 일대에 정착했을 가능성이 있다. 1894년 Leech가 *Melanitis leda*로 처음 기록했으며, 현재의 국명은 석주명(1947: 2)에 의한 것이다.

Wingspan. ♂♀ 62~72㎜.
Distribution. Korea (S,C: Immigrant species), Japan, S.China, Taiwan, Australia, S.Arabia, Tropical Africa, Pacific Islands.
North Korean name. Nam-bang-baem-nun-na-bi (남방뱀눈나비).

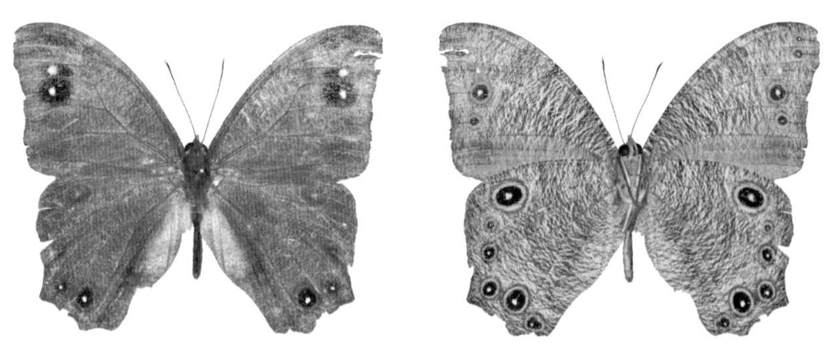

Male. [Daejeon] Bang-dong, Yuseong-gu, 25. VII. 2000 (ex coll. Paek Munki et al.-UIB)

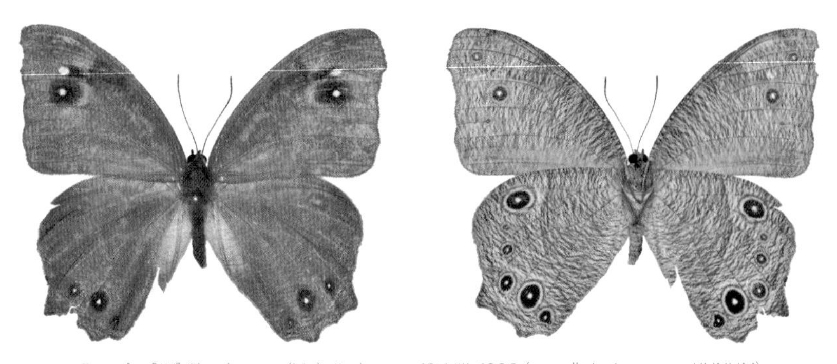

Female. [JN] Cheolmasan (Mt.), Jindo-gun, 13. VIII. 1990 (ex coll. Ju Jaeseong-KUNHM)

161 큰먹나비 *Melanitis phedima* (Cramer, 1780)

Keun-meok-na-bi

한반도에서는 길잃은나비(미접)로 취급되며, 1995년에 김용언이 부산에서 채집한 것을 오성환이 1996년에 처음 기록했다. 그 외에 제주도에서 관찰 기록(김용식, 2002: 274)이 있으나, 관찰된 개체수가 아주 적다. 현재의 국명은 오성환(1996: 44)에 의한 것이다. 김정환과 홍세선(1991: 399)은 본 종의 국명을 '먹나비사촌'이라 한 바 있으나, 한국 미기록종으로 기록한 것은 아니다.

Wingspan. ♂♀ 55~70㎜.
Distribution. Korea (S: Immigrant species), Japan, China, Taiwan, Burma, Kasmir-Assam, S.India.
North Korean name. There is no North Korean name.

Male. [Malaysia] Cameron Highland, 15. VII. 2010 (ex coll. Unknown-KPIC)

Female. [Malaysia] Cameron Highland, 15. VII. 2010 (ex coll. Unknown-KPIC)

162 먹그늘나비 *Lethe diana* (Butler, 1866)

Meok-geu-neul-na-bi

한반도 전역에 분포하며, 조릿대가 많은 산지에서 쉽게 볼 수 있다. 연 1~2회 발생하며, 6월 말부터 8월에 걸쳐 나타난다. 큰까치수염 꽃, 참나무 진, 썩은 과일뿐만 아니라 불빛에도 종종 모인다. 1887년 Leech가 강원도 원산 표본 등을 사용해 *Lethe diana*로 처음 기록했으며, 현재의 국명은 석주명(1947: 2)에 의한 것이다.

Wingspan. ♂♀ 45~53㎜.
Distribution. Korea (N·C·S), Kurile Is., S.Ussuri region, Sakhalin, E.China, Japan. Taiwan.
North Korean name. Meok-geu-neul-na-bi (먹그늘나비).

Male. [GW] Taebaeksan (Mt.), Taebaek-si, 1. VII. 1996 (ex coll. Paek Munki-KPIC)

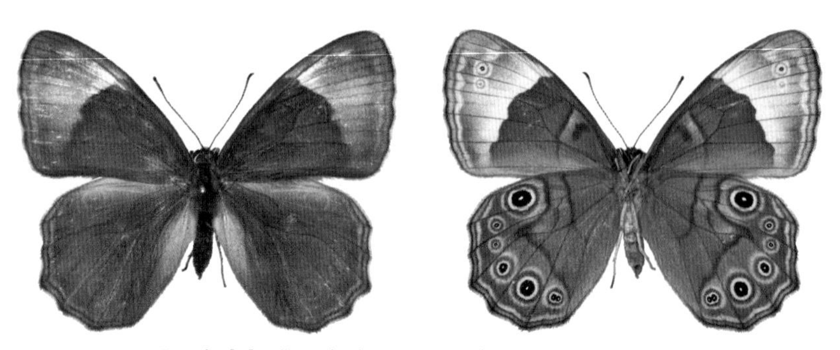

Female. [JJ] Hallasan (Mt.), 22. VII. 2008 (ex coll. Paek Munki-KPIC)

163 먹그늘나비붙이 *Lethe marginalis* (Motschulsky, 1860)

Meok-geu-neul-na-bi-but-i

한반도에서는 산지를 중심으로 국지적 분포하며, 먹그늘나비보다 개체수가 적다. 연 1회 발생하며, 6월 중순부터 8월에 걸쳐 나타난다. 1887년 Fixsen이 *Pararge maackii*로 처음 기록했으며, 현재의 국명은 이승모(1982: 88)에 의한 것이다. 국명이명으로는 석주명(1947: 2), 조복성과 김창환(1956: 18), 김헌규와 미승우(1956: 395), 조복성(1959: 20, pl. 17, fig. 6), 신유항(1975: 45)의 '먹그늘나비부치'와 이승모(1973: 9)의 '먹그늘부치나비', 김용식(2002)의 '먹그늘붙이나비'가 있다.

Wingspan. ♂♀ 54~58㎜.
Distribution. Korea (N·C·S), Amur region, E.China, Japan.
North Korean name. Geom-eun-geu-neul-na-bi (검은그늘나비).

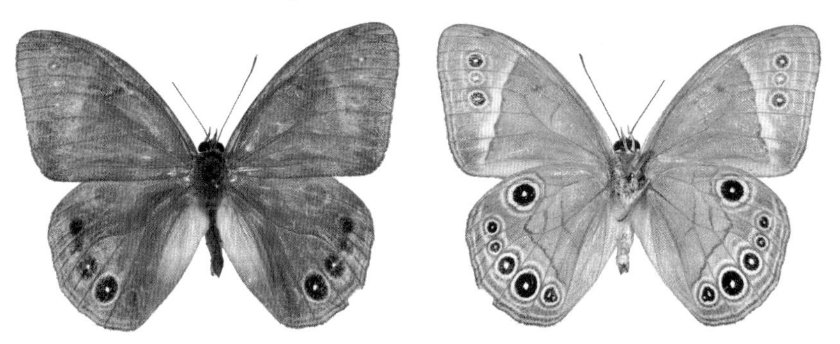

Male. [GG] Daebusan (Mt.), Yangpyeong-gun, 6. VIII. 2007 (ex coll. Paek Munki-KPIC)

Female. [GW] Gariwangsan (Mt.), Jeongseon-gun, 24. VII. 1998 (ex coll. Shin Yoohang-SYH)

164 왕그늘나비 *Ninguta schrenckii* (Ménétriès, 1858)

Wang-geu-neul-na-bi

한반도에서는 국지적으로 분포하며, 제주도에서는 관찰 기록이 없다. 남한에서는 경기도 및 강원도 중북부의 산지가 주요 분포지다. 연 1회 발생하며, 6월부터 9월에 걸쳐 나타난다. 가끔 동물 배설물에 모이나, 대부분 흐린 날 숲 가장자리에서 천천히 날아다니거나 숲속 어두운 곳에서 날아다닌다. 최근 관찰되는 지역이나 개체수가 적어지고 있다. 1887년 Fixsen이 *Pararge schrenckii*로 처음 기록했으며, 현재의 국명은 석주명(1947: 2)에 의한 것이다.

Wingspan. ♂♀ 62~72㎜.
Distribution. Korea (N·C·S), Amur and Ussuri region, Sakhalin, E.China.
North Korean name. Keun-baem-nun-na-bi (큰뱀눈나비).

Male. [GW] Gwangdeoksan (Mt.), Hwacheon-gun, 24. VII. 2010 (ex coll. Paek Munki-KPIC)

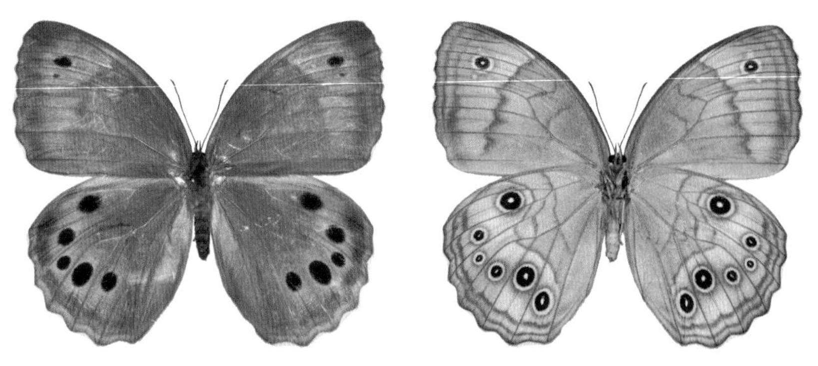

Female. [GW] Gwangdeoksan (Mt.), Hwacheon-gun, 24. VII. 2010 (ex coll. Paek Munki-KPIC)

165 알락그늘나비 *Kirinia epimenides* (Ménétriès, 1859)

Al-rak-geu-neul-na-bi

한반도에서는 중북부 산지를 중심으로 국지적 분포한다. 연 1회 발생하며, 6월부터 9월에 걸쳐 나타난다. 활엽수림의 그늘진 곳에 살며, 참나무 진에 잘 모인다. 황알락그늘나비보다 개체수가 적다. 1882년 Butler가 *Neope fentoni*로 처음 기록했으며, 현재의 국명은 석주명(1947: 2)에 의한 것이다. 국명이명으로는 신유항과 한상철(1981: 144)의 '북방알락그늘나비'가 있다.

Wingspan. ♂♀ 47~54㎜.
Distribution. Korea (N·C·S), Amur and Ussuri region, E.China, Japan.
North Korean name. Eol-reok-geu-neul-na-bi (얼럭그늘나비).

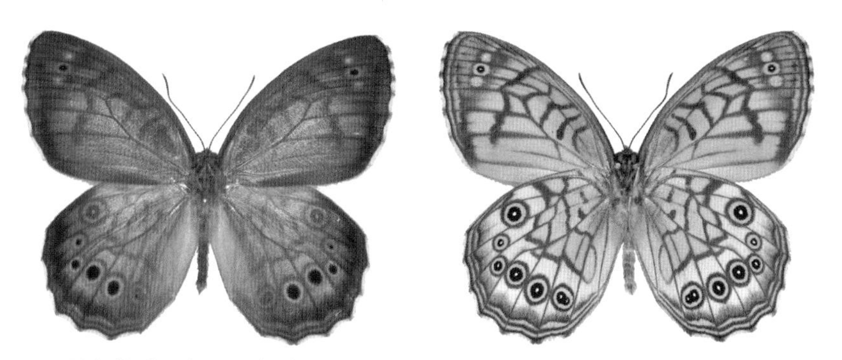

Male. [GW] Gyebangsan (Mt.), Pyeongchang-gun, 12. VIII. 2003 (ex coll. Park Dongha-PDH)

Female. [GW] Gyebangsan (Mt.), Pyeongchang-gun, 12. VIII. 2003 (ex coll. Park Dongha-PDH)

166 황알락그늘나비

Kirinia epaminondas (Staudinger, 1887)
Hwang-al-rak-geu-neul-na-bi

한반도에서는 낮은 산지를 중심으로 국지적 분포한다. 연 1회 발생하며, 6월부터 9월에 걸쳐 나타난다. 그늘진 잡목림에서 활동하며, 개체수는 보통이다. 8월 말~9월 초에 썩어가는 과일에 잘 모이므로 이 시기 산지 내 과수원을 찾아 가면 쉽게 볼 수 있다. 1894년 Leech가 *Lethe epimenides* var. *epaminondas*로 처음 기록했으며, 현재의 국명은 이승모(1971: 14)에 의한 것이다.

Wingspan. ♂♀ 47~60㎜.
Distribution. Korea (N·C·S), Amur region, E.China, Japan.
North Korean name. Unknown.

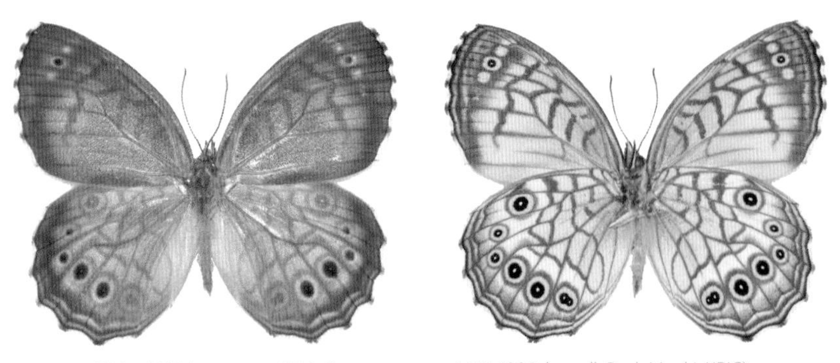

Male. [GG] Jugeumsan (Mt.), Gapyeong-gun, 4. VII. 1990 (ex coll. Paek Munki-KPIC)

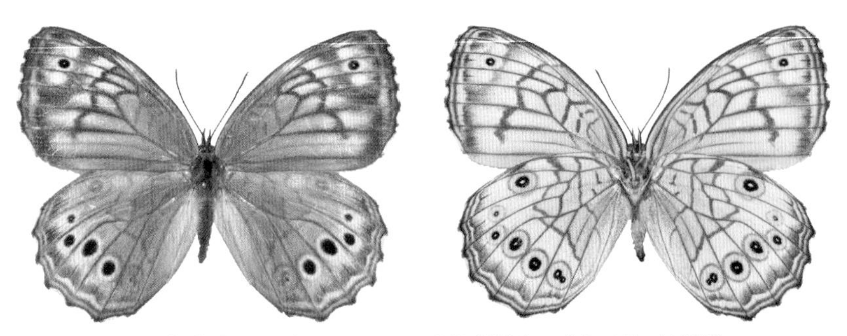

Female. [GB] Oknyeobong, Yeongju-si, 1. IX. 2010 (ex coll. Paek Munki-KPIC)

167 눈많은그늘나비 *Lopinga achine* (Scopoli, 1763)

Nun-manh-eun-geu-neul-na-bi

한반도에서는 산지를 중심으로 폭넓게 분포하나, 울릉도에서는 채집기록이 없다. 연 1회 발생하며, 5월 말부터 8월에 걸쳐 나타난다. 그늘진 숲 가장자리에서 주로 활동하며, 개체수는 보통이다. 간혹 불빛에도 모인다. 1887년 Fixsen이 *Pararge achine*로 처음 기록했으며, 현재의 국명은 석주명(1947: 2)에 의한 것이다. 국명이명으로는 조복성 등(1963: 199; 1968: 258), 현재선과 우건석(1969: 183)의 '눈많은뱀눈나비'가 있다.

Wingspan. ♂♀ 47~55㎜.
Distribution. Korea (N·C·S), Amur and Ussuri region, Russia, Japan, N.Asia, S.Scandinavia, C.Europe.
North Korean name. Am-baem-nun-na-bi (암뱀눈나비).

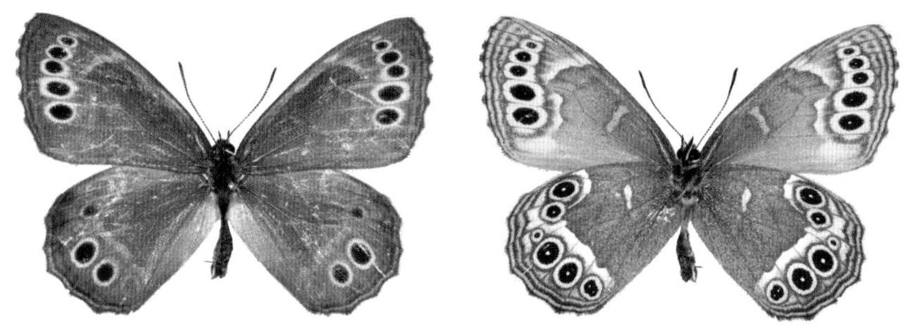

Male. [JJ] Hallasan (Mt.), 22. VII. 2008 (ex coll. Paek Munki-KPIC)

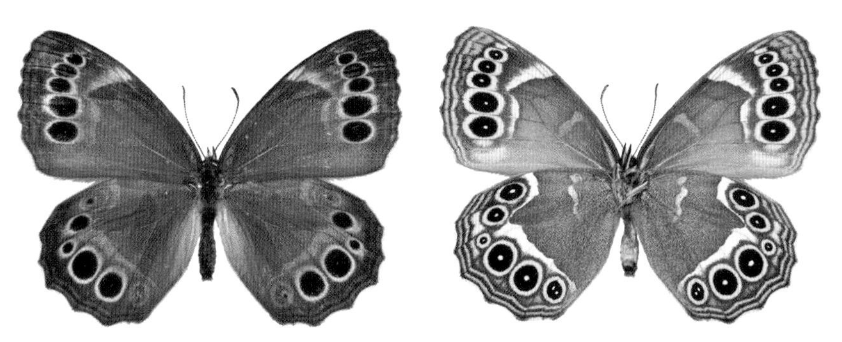

Female. [GW] Jabyeongsan (Mt.), Gangleung-si, 26. VI. 2007 (ex coll. Paek Munki-KPIC)

168 뱀눈그늘나비 *Lopinga deidamia* (Eversmann, 1851)

Baem-nun-geu-neul-na-bi

한반도에서는 산지를 중심으로 폭넓게 분포하나, 제주도와 남부 해안가에서는 관찰 기록이 없다. 연 2~3회 발생하며, 5월 말부터 9월에 걸쳐 나타난다. 그늘진 숲 가장자리에서 주로 활동하며, 개체수는 보통이다. 1882년 Butler가 *Pararge erebina*로 처음 기록했으며, 현재의 국명은 석주명(1947: 2)에 의한 것이다.

Wingspan. ♂♀ 37~55㎜.
Distribution. Korea (N·C·S), Urals-S.Siberia, Japan, China, Mongolia.
North Korean name. Am-huin-baem-nun-na-bi (암흰뱀눈나비).

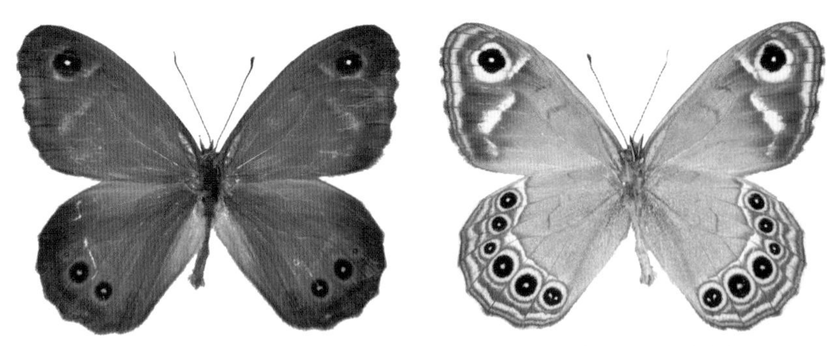

Male. [GW] Ssangryong-ri, Yeongwol-gun, 4. VI. 1990 (ex coll. Paek Munki-KPIC)

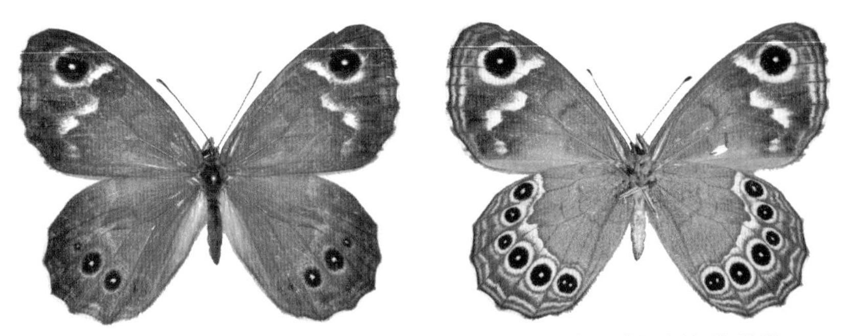

Female. [GW] Gwangdeoksan (Mt.), Hwacheon-gun, 9. VII. 1997 (ex coll. Paek Munki-KPIC)

169 부처사촌나비 *Mycalesis francisca* (Stoll, 1780)

Bu-cheo-sa-chon-na-bi

한반도 전역에 분포하나, 북동부의 높은 산지에서는 기록이 없다. 연 2회 발생하며, 5월부터 8월에 걸쳐 나타난다. 그늘진 숲 가장자리나 풀밭에서 주로 활동하며, 개체수가 많은 편이다. 1887년 Fixsen이 *Mycalesis perdiccas*로 처음 기록했으며, 현재의 국명은 석주명(1947: 2)에 의한 것이다. 국명이명으로는 조복성(1959: 138), 조복성과 김창환(1956: 19), 고제호(1969)의 '꼬마부처나비' 그리고 이승모(1971: 14; 1973: 9)의 '부쳐사촌나비'가 있다.

Wingspan. ♂♀ 38~47㎜.
Distribution. Korea (N·C·S), Japan, China, Taiwan, Kulu-Burma.
North Korean name. Ae-gi-baem-nun-na-bi (애기뱀눈나비).

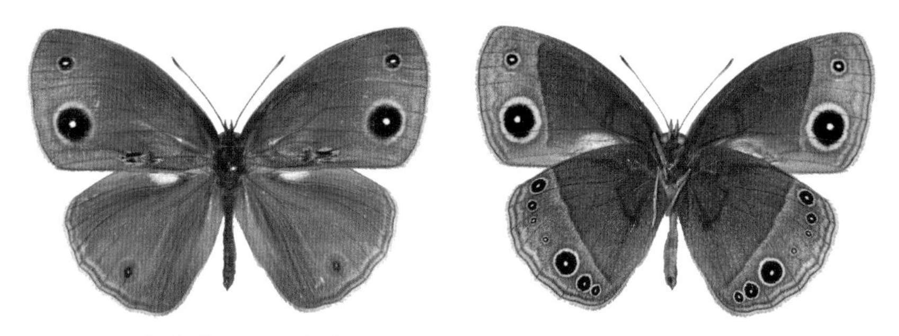

Male. [GG] Hwayasan (Mt.), Gapyeong-gun, 11. V. 2003 (ex coll. Paek Munki-KPIC)

Female. [CB] Gomyeong-ri, Jecheon-si, 31. V. 2011 (ex coll. Paek Munki-KPIC)

170 부처나비 *Mycalesis gotama* Moore, 1857

Bu-cheo-na-bi

한반도 전역에 분포하나, 북동부의 높은 산지에서는 관찰 기록이 없다. 연 2~3회 발생하며, 4월 중순부터 10월에 걸쳐 나타난다. 그늘진 숲 가장자리나 풀밭에서 주로 관찰되며, 부처사촌나비보다 개체수가 적다. 1909년 Seitz가 *Mycalesis gotama*로 처음 기록했으며, 현재의 국명은 석주명(1947: 2)에 의한 것이다. 국명이명으로는 이승모(1971: 14; 1973: 9)의 '부쳐나비'가 있다.

Wingspan. ♂♀ 37~48㎜.
Distribution. Korea (N·C·S), Japan, China, Taiwan, Assam-Burma, NE.Himalayas.
North Korean name. Keun-ae-gi-baem-nun-na-bi (큰애기뱀눈나비).

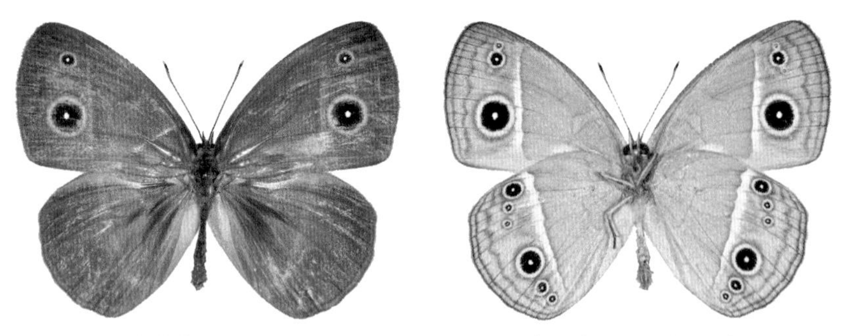

Male. [JB] Bunhwang-ri, Damyang-gun, 24. VIII. 2007 (ex coll. Paek Munki-KPIC)

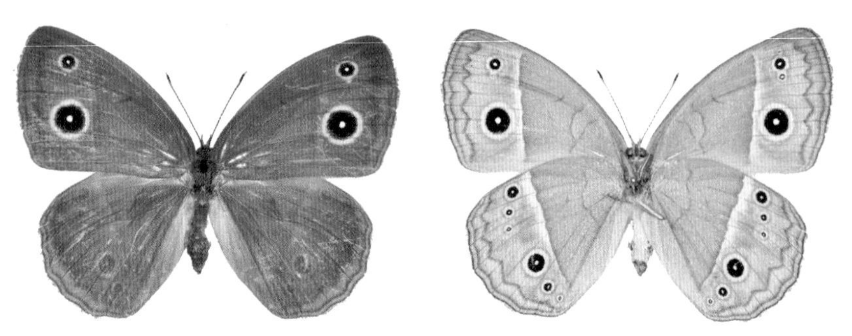

Female. [GG] Daebudo (Is.), Ansan-si, 29. VI. 1997 (ex coll. Paek Munki-KPIC)

171 도시처녀나비 *Coenonympha hero* (Linnaeus, 1761)

Do-si-cheo-nyeo-na-bi

한반도에서는 폭넓게 분포하나, 최근 남한에서는 서식지 및 개체수가 줄고 있다. 연 1회 발생하며, 중남부지방에서는 5~6월, 북부지방에는 6월 말~8월 말에 걸쳐 나타난다. 숲 가장자리나 풀밭에서 주로 관찰된다. 1887년 Leech가 강원도 원산 표본을 사용해 *Coenonympha hero*로 처음 기록했으며, 현재의 국명은 석주명(1947: 1)에 의한 것이다. 국명이명으로는 조복성과 김창환(1956: 14), 조복성(1959: 136)의 '흰줄어리지옥나비'가 있다.

Wingspan. ♂♀ 32~35㎜.
Distribution. Korea (N·C·S), Amur region, Japan, Temperate Asia, Europe.
North Korean name. Huin-tti-ae-gi-baem-nun-na-bi (흰띠애기뱀눈나비).

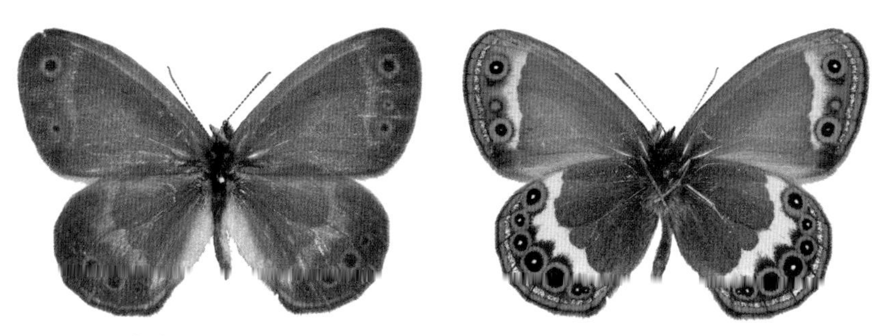

Male. [GG] Gwangreung, Namyangju-si, 8. V. 1972 (ex coll. Shin Yoohang-KUNHM)

Female. [GW] Changwon-ri, Yeongwol-gun, 10. VI. 2011 (ex coll. Paek Munki-KPIC)

172 북방처녀나비 *Coenonympha glycerion* (Borkhausen, 1788)

Buk-bang-cheo-nyeo-na-bi

한반도에서는 북부지방의 산지 풀밭에 분포하나, 생태는 잘 알려지지 않았다. 러시아 극동 남부지방에서는 연 1회 발생하며, 6월 중순부터 7월에 걸쳐 나타난다. 1987년 임홍안(북한)이 양강도 삼지연군 표본을 사용해 *Coenonympha glycerion*으로 처음 기록했으며, 현재의 국명은 신유항(1989: 253)에 의한 것이다.

Wingspan. ♂♀ 31~32㎜.
Distribution. Korea (N), S.Siberia, Japan, Europe.
North Korean name. Buk-bang-huin-tti-ae-gi-geu-neul-na-bi (북방흰띠애기그늘나비).

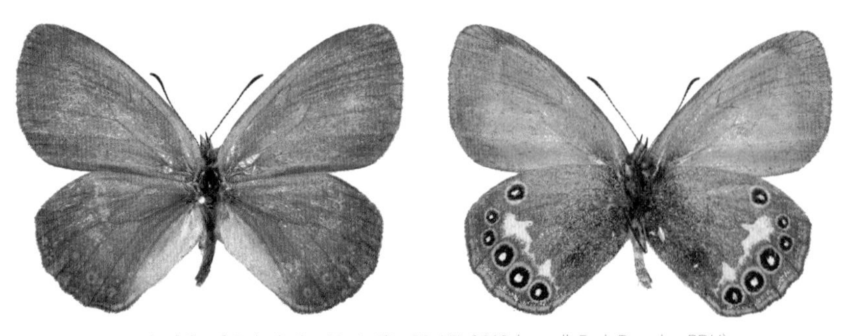

Male. [China] Erdaobaihe, Yanji, Jilin, 20. VII. 2010 (ex coll. Park Dongha-PDH)

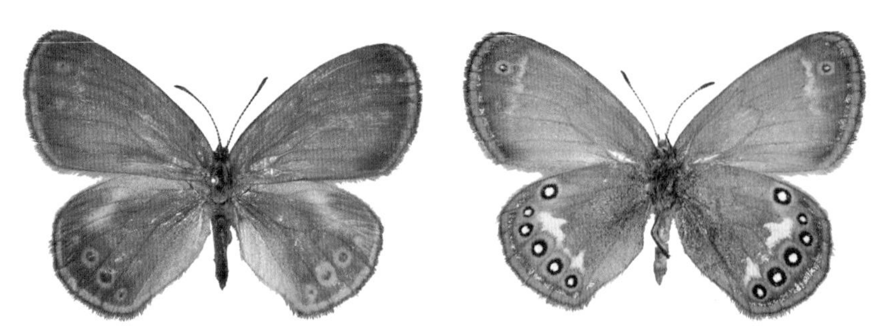

Female. [China] Erdaobaihe, Yanji, Jilin, 20. VII. 2010 (ex coll. Park Dongha-PDH)

173 봄처녀나비 *Coenonympha oedippus* (Fabricius, 1787)

Bom-cheo-nyeo-na-bi

한반도에서는 산지 풀밭을 중심으로 국지적 분포하며, 동해안, 남해안의 해안지역에서는 관찰 기록이 없다. 연 1회 발생하며, 6월부터 7월에 걸쳐 나타난다. 최근 남한에서는 서식지 및 개체수가 적어지고 있다. 1887년 Leech가 부산 표본을 사용해 *Coenonympha oedippus*로 처음 기록했으며, 현재의 국명은 석주명(1947: 1)에 의한 것이다. 국명이명으로는 조복성과 김창환(1956: 14), 조복성(1959: 136)의 '어리지옥나비'와 고제호(1969)의 '지옥나비붙이'가 있다.

Wingspan. ♂♀ 32~38㎜.
Distribution. Korea (N·C·S), C.Europe, S.Siberia-Ussuri region, China, Japan.
North Korean name. Ae-gi-geu-neul-na-bi (애기그늘나비).

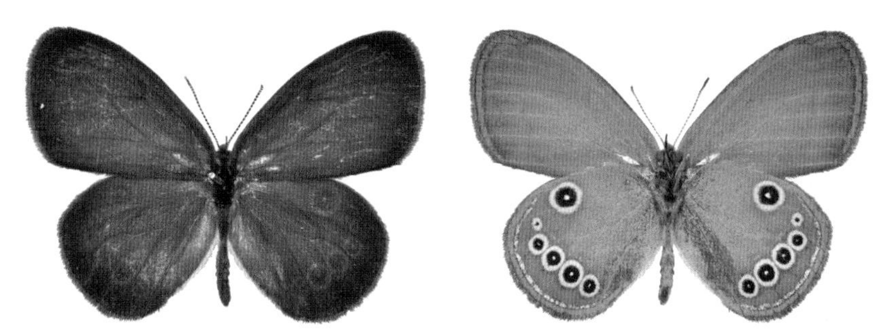

Male. [Incheon] Yeongjongdo (Is.), Jung-gu, 11. VI. 1998 (ex coll. Paek Munki-KPIC)

Female. [Incheon] Sido (Is.), Ongjin-gun, 23. VI. 1988 (ex coll. Paek Munki-KPIC)

174 시골처녀나비 *Coenonympha amaryllis* (Stoll, 1782)

Si-gol-cheo-nyeo-na-bi

한반도에서는 국지적으로 분포하며, 최근 관찰되는 지역이 적어져서 서식지 보호가 필요하다. 남부지방에서는 연 2회 발생하며, 제1화는 5~6월, 제2화는 8~9월에 걸쳐 나타난다. 북부지방에서는 연 1회 발생하며, 6월 초부터 7월 말에 걸쳐 나타난다. 1901년 Staudinger & Rebel이 *Coenonympha amaryllis accrescens*로 처음 기록했으며, 현재의 국명은 석주명(1947: 1)에 의한 것이다. 국명이명으로는 조복성과 김창환(1956: 13)의 '노랑머리지옥나비', 조복성(1959: 136)의 '노랑어리지옥나비'가 있다.

Wingspan. ♂♀ 30~32㎜.
Distribution. Korea (N·C·S), W.Siberia, E.Siberia, Amur and Ussuri region, China, Transbaikal, Mongolia, Altai Mts, S.Urals.
North Korean name. No-rang-ae-gi-baem-nun-na-bi (노랑애기뱀눈나비).

Male. [JN] Cheolmasan (Mt.), Jindo-gun, 20. V. 1990 (ex coll. Ju Jaeseong-KUNHM)

Female. [Ulsan] Ulsan-si, 11. V. 2007 (ex coll. Park Dongha-PDH)

175 줄그늘나비 *Triphysa albovenosa* Erschoff, 1885

Jul-geu-neul-na-bi

한반도에서는 북부지역의 높은 산지 풀밭에서 볼 수 있다. 1회 발생하며, 6월 초부터 7월에 걸쳐 나타난다. 러시아 극동 남부지방의 높은 산지에서는 연 1회 발생하며, 5월 중순부터 7월에 걸쳐 나타난다. 1930년 Kishida & Nakamura가 함경북도 회령 표본을 사용해 *Triphysa nervosa*로 처음 기록했으며, 현재의 국명은 석주명(1947: 2)에 의한 것이다. 그간 종명 적용에 대한 논란이 많았던 종이다. Tuzov *et al*. (1997: 198)의 T. *dohrnii*는 최근 분자수준의 계통분류학적 연구에 의해 *T. albovensa*의 동물이명(synonym)으로 취급된다 (Encyclopedia of life, http://eol.org/pages/146635/names/synonyms; etc).

Wingspan. ♂ 31~33㎜.
Distribution. Korea (N), N.Transuralia, S.Siberia, E.Siberia, Amur region, Far East, N.China, NE, China, Mongolia.
North Korean name. Yeon-han-no-rang-jul-geu-neul-na-bi (연한노랑줄그늘나비).

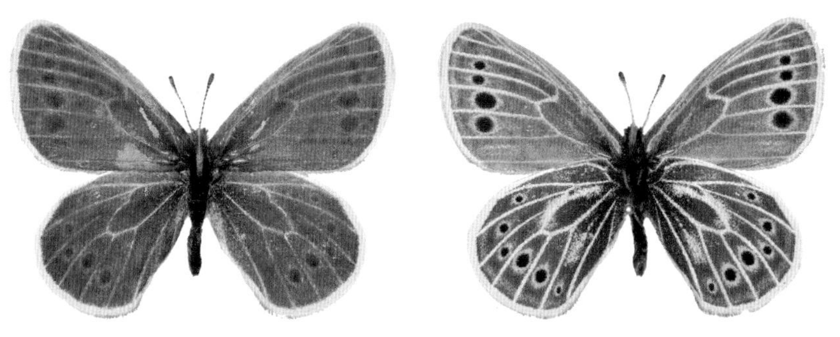

Male. [YG] Hyesan-si, 10~15. VII. 2003 (ex coll. Unknown-PDH)

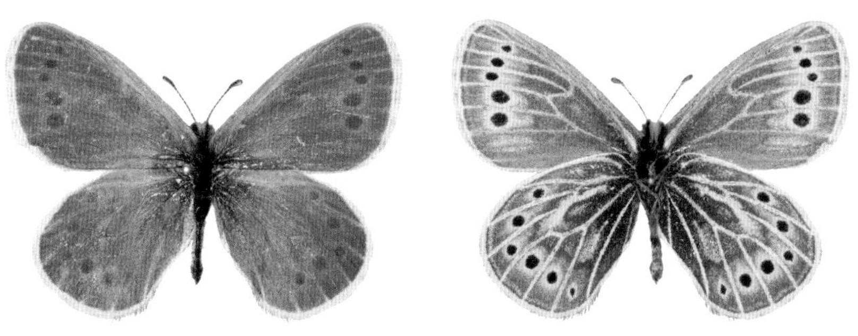

Male. [YG] Hyesan-si, 10~15. VII. 2003 (ex coll. Unknown-PDH)

176 높은산지옥나비 *Erebia ligea* (Linnaeus, 1758)

Nop-eun-san-ji-ok-na-bi

한반도에서는 개마고원 등 동북부 산지에 국지적으로 분포한다. 연 1회 발생하며, 7월 중순부터 8월 중순에 걸쳐 높은 산지의 풀밭을 중심으로 관찰된다. 알에서 어른벌레까지 3년이 걸리며, 첫해는 알 상태로 겨울을 나고, 이듬해에 애벌레로 깨어나 8월 말에서 9월 초에 애벌레 상태로 겨울을 난다. 그리고 3년째 되는 해 6월 중순경 번데기가 되어 7월 중순에 어른벌레로 날개돋이한다. 1919년 Doi가 함경북도 최하령 표본을 사용해 *Erebia ligea takanonis*로 처음 기록했으며, 현재의 국명은 석주명(1947: 1)에 의한 것이다.

Wingspan. ♂ 43~45㎜.
Distribution. Korea (N), Kamchatka, Japan, Asia, Europe.
North Korean name. Keun-bulk-eun-san-baem-nun-na-bi (큰붉은산뱀눈나비).

Male. [YG] Hyesan-si, 10~15. VII. 2003 (ex coll. Unknown-PDH)

Male. [YG] Hyesan-si, 10~15. VII. 2003 (ex coll. Unknown-PDH)

177 산지옥나비 *Erebia neriene* (Böber, 1809)

San-ji-ok-na-bi

한반도에서는 개마공원 등 북부 산지에 국지적으로 분포한다. 연 1회 발생하고, 6월 말부터 8월 말에 걸쳐 나타난다. 극동 러시아 지방에서는 혼합림의 숲 가장자리나 풀밭에서 7월부터 8월에 걸쳐 나타난다. 1919년 Doi가 평안북도 낭림산 표본 등을 사용해 *Erebia sedakovii niphonica*로 처음 기록했으며, 현재의 국명은 석주명(1947: 1)에 의한 것이다.

Wingspan. ♂ 36~39㎜.
Distribution. Korea (N), S.Altai-S.Siberia-Ussuri region, N.China.
North Korean name. Bulk-eun-san-baem-nun-na-bi (붉은산뱀눈나비).

Male. [YG] Hyesan-si, 10~15. VII. 2003 (ex coll. Unknown-PDH)

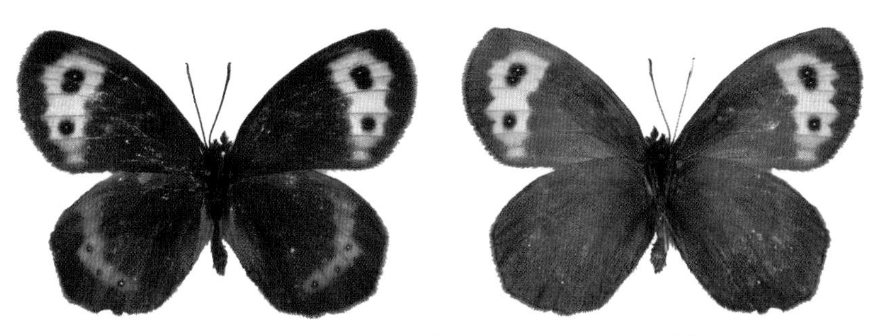

Male. [YG] Hyesan-si, 10~15. VII. 2003 (ex coll. Unknown-PDH)

178 관모산지옥나비 *Erebia rossii* Curtis, 1835

Gwan-mo-san-ji-ok-na-bi

한반도에서는 함경북도에 위치한 관모봉 일대를 중심으로 국지적 분포한다. 연 1회 발생하며, 6월 중순부터 7월 말에 걸쳐 나타난다. 러시아 극동 남부지방에서는 연 1회 발생하며, 6월 중순부터 8월에 걸쳐 나타난다. 1934년 Doi와 조복성이 함경북도 관모산 표본(1932년 7월 19일 조복성 채집)을 사용해 *Erebia kwanbozana*로 처음 기록했으며, 현재의 국명은 석주명(1947: 2)에 의한 것이다. 국명이명으로는 조복성과 김창환(1956: 16)의 '관모봉지옥나비'가 있다.

Wingspan. ♂ 41~43㎜.
Distribution. Korea (N), Altai, N.Mongolia-Transbaikal-N.Eurasia, Arctic America (Canada).
North Korean name. Gwan-mo-san-baem-nun-na-bi (관모산뱀눈나비).

Male. [YG] Hyesan-si, 10~15. VII. 2003 (ex coll. Unknown-PDH)

Male. [YG] Hyesan-si, 10~15. VII. 2003 (ex coll. Unknown-PDH)

179 노랑지옥나비 *Erebia embla* (Thunberg, 1791)

No-rang-ji-ok-na-bi

한반도에서는 북부지방의 높은 산지에 국지적으로 분포한다. 연 1회 발생하며, 6월 중순부터 7월 중순에 걸쳐 나타난다. 백두산 일대의 전나무 숲 주변이 주요 분포지다. 1938년 Sugitani가 함경남도 대덕산 표본을 사용해 *Erebia embla succulenta*로 처음 기록했으며, 현재의 국명은 석주명(1947: 1)에 의한 것이다.

Wingspan. ♂ 42~44㎜.
Distribution. Korea (N), Kamschatka, Chukot Peninsula, Ussuri region, Siberia, Altai, N.Mongolia, Europe.
North Korean name. No-rang-mu-nui-san-baem-nun-na-bi (노랑무늬산뱀눈나비).

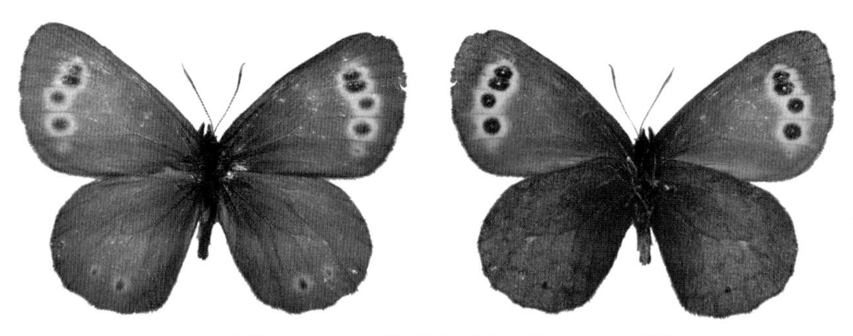

Male. [YG] Hyesan-si, 10~15. VII. 2003 (ex coll. Unknown-PDH)

Male. [YG] Hyesan-si, 10~15. VII. 2003 (ex coll. Unknown-PDH)

180 외눈이지옥나비 *Erebia cyclopius* (Eversmann, 1844)

Oe-nun-i-ji-ok-na-bi

한반도에서는 백두대간 산지를 중심으로 국지적 분포하며, 개체수가 적다. 남한에서는 강원도 동북부지방과 중남부의 백두대간 고산지를 중심으로 국지적 분포하며, 글쓴이들이 확인한 최남단 지역은 김천 수도산 일대다. 연 1회 발생하며, 중부지방에서는 5월 말부터 6월에 걸쳐 나타나며, 북부지방에서는 5월 말부터 7월 초에 걸쳐 볼 수 있다. 1925년 Mori가 함경남도 대덕산 표본을 사용해 *Erebia edda*로 처음 기록했으며, 현재의 국명은 석주명(1947: 1)에 의한 것이다.

Wingspan. ♂♀ 46~56㎜.
Distribution. Korea (N·C), Urals-Siberia-N.Mongolia, N.China.
North Korean name. No-rang-nop-eun-san-baem-nun-na-bi (노랑높은산뱀눈나비).

Male. [GW] Bangdaesan (Mt.), Inje-gun, 21. V. 1989 (ex coll. Shin Yoohang-SYH)

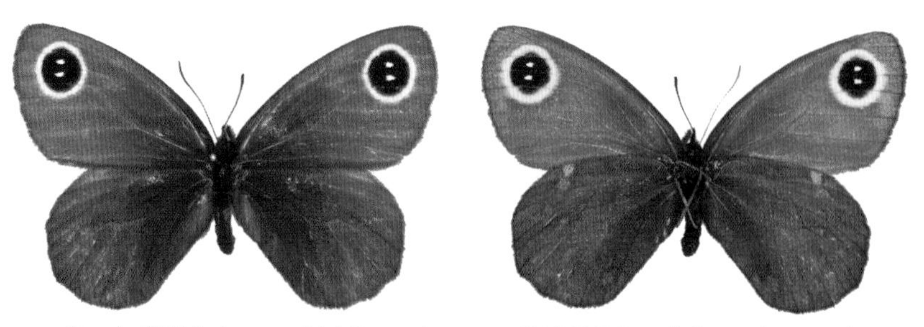

Female. [GW] Gyebangsan (Mt.), Pyeongchang-gun, 12. VI. 1995 (ex coll. Shin Yoohang-SYH)

181 외눈이지옥사촌나비 *Erebia wanga* Bremer, 1864

Oe-nun-i-ji-ok-sa-chon-na-bi

한반도에서는 지리산 이북지역의 산지를 중심으로 국지적 분포한다. 연 1회 발생하며, 4월 말부터 6월에 걸쳐 나타난다. 지역에 따라 차이는 있지만 개체수가 많은 편이다. 1923년 Okamoto가 *Erebia tristis*로 처음 기록했으며, 현재의 국명은 신유항(1989: 203)에 의한 것이다. 국명이명으로는 석주명(1947: 2), 김헌규와 미승우(1956: 395)의 '외눈이사촌', 이승모(1973: 9)의 '외눈이지옥사촌나비', 조복성과 김창환(1956: 16)의 '어리외눈나비' 그리고 한국인시류동호인회편(1986: 16)의 '외눈이사촌나비'가 있다.

Wingspan. ♂♀ 46~57㎜.
Distribution. Korea (N·C·S), Amur region.
North Korean name. Oe-nun-i-san-baem-nun-na-bi (외눈이산뱀눈나비).

Male. [GW] Gyebangsan (Mt.), Pyeongchang-gun, 26. V. 1996 (ex coll. Paek Munki-KPIC)

Female. [Incheon] Yongyudo (Is.), Jung-gu, 26. VI. 1997 (ex coll. Paek Munki-KPIC)

182 분홍지옥나비 *Erebia edda* Ménétriès, 1858

Bun-hong-ji-ok-na-bi

한반도에서는 북부지역의 높은 산지에 국지적으로 분포한다. 연 1회 발생하며, 5월 말부터 7월 초에 걸쳐 나타난다. 대부분 높은 산지의 잎갈나무 군락지 주변에서 관찰되나, 개체수가 적다. 1925년 Mori가 함경남도 대덕산 표본을 사용해 *Erebia edda*로 처음 기록했으며, 현재의 국명은 신유항(1989: 252)에 의한 것이다. 국명이명으로는 석주명(1947: 1), 김헌규와 미승우(1956: 394), 조복성(1959: 17), 김헌규(1960: 257)의 '엘다지옥나비'와 이승모(1982: 82)의 '엣다지옥나비'가 있다.

Wingspan. ♂ 41~43㎜.
Distribution. Korea (N), S.Siberia, Yakutia, Ussuri region, W.Chukot Peninsula, Mongolia, Urals, Altai.
North Korean name. Bulk-eun-mu-nui-san-baem-nun-na-bi (붉은무늬산뱀눈나비).

Male. [YG] Hyesan-si, 10~15. VII. 2003 (ex coll. Unknown-PDH)

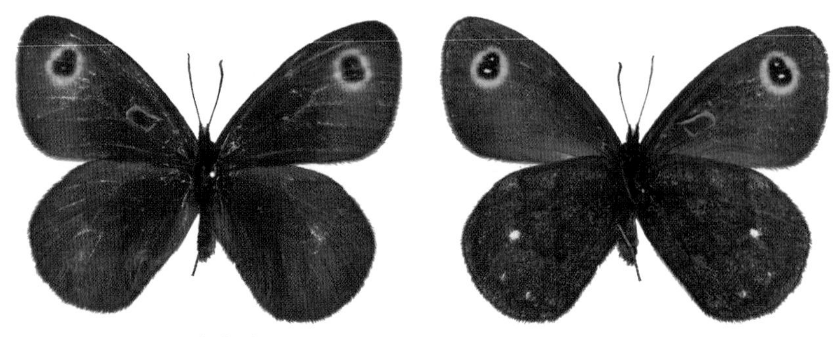

Male. [YG] Hyesan-si, 10~15. VII. 2003 (ex coll. Unknown-PDH)

183 민무늬지옥나비 *Erebia radians* Staudinger, 1886

Min-mu-nui-ji-ok-na-bi

한반도에서는 함경북도 청진 등 동북부 높은 산지에 국지적으로 분포하며, 생태가 잘 알려져 있지 않다. 러시아에서는 높은 산지의 습한 풀밭에서 6월부터 8월에 걸쳐 나타난다. 1935년 Goltz가 함경북도 청진 표본을 사용해 *Erebia radians koreana*로 처음 기록했으며, 현재의 국명은 이승모(1982: 83)에 의한 것이다. 국명이명으로는 석주명(1947: 1), 김헌규와 미승우(1956: 395), 조복성(1959: 19)과 김헌규(1960: 257)의 '뱀눈없는지옥나비'가 있다.

Wingspan. ♂ 39~42㎜.
Distribution. Korea (N), Tien-Shan, Alai, Tajikistan, Kirghizstan.
North Korean name. Unknown.

Male. [YG] Hyesan-si, 10~15. VII. 2003 (ex coll. Unknown-PDH)

Male. [YG] Hyesan-si, 10~15. VII. 2003 (ex coll. Unknown-PDH)

184 차일봉지옥나비 *Erebia theano* (Tauscher, 1809)

Cha-il-bong-ji-ok-na-bi

한반도에서는 동북부의 높은 산지인 차일봉 일대(개마고원)를 중심으로 국지적 분포하며, 개체수가 적다. 연 1회 발생하며, 6월 말부터 7월 말에 걸쳐 나타난다. 1935년 Mori와 조복성이 함경남도 차일봉 표본을 사용해 *Erebia shajitsuzanensis*로 처음 기록했으며, 현재의 국명은 이승모(1982: 81)에 의한 것이다. 국명이명으로는 석주명(1947: 2), 조복성과 김창환(1956: 16), 김헌규와 미승우(1956: 395), 조복성(1959: 19)의 '채일봉지옥나비'가 있다.

Wingspan. ♂♀ 36~38㎜.
Distribution. Korea (N), S.Siberia, Mongolia.
North Korean name. Cha-il-bong-baem-nun-na-bi (차일봉뱀눈나비).

Male. [YG] Hyesan-si, 10~15. VII. 2003 (ex coll. Unknown-PDH)

Female. [YG] Hyesan-si, 10~15. VII. 2003 (ex coll. Unknown-PDH)

185 재순이지옥나비 *Erebia kozhantshikovi* Sheljuzhko, 1925

Jae-sun-i-ji-ok-na-bi

한반도에서는 함경북도의 높은 산지인 관모봉 일대에만 국지적으로 분포한다. 연 1회 발생하며, 7월 초부터 8월 초에 걸쳐 나타난다. 극동 러시아의 남부지방에서는 높은 산지를 중심으로 연 1회 발생하며, 6~7월 중순에 볼 수 있다. 1941년 석주명이 함경북도 관모산 표본을 사용해 *Erebia kozhantshikovi*로 처음 기록했으며, 현재의 국명은 조복성(1959: 18)에 의한 것이다. 국명이명으로는 석주명(1947: 1), 김헌규와 미승우(1956: 394)의 '재순지옥나비'가 있다.

Wingspan. ♂♀ 37~41㎜.
Distribution. Korea (N), Transbaikal-Chukot Peninsula, N.Mongolia.
North Korean name. Seol-ryeong-baem-nun-na-bi (설령뱀눈나비).

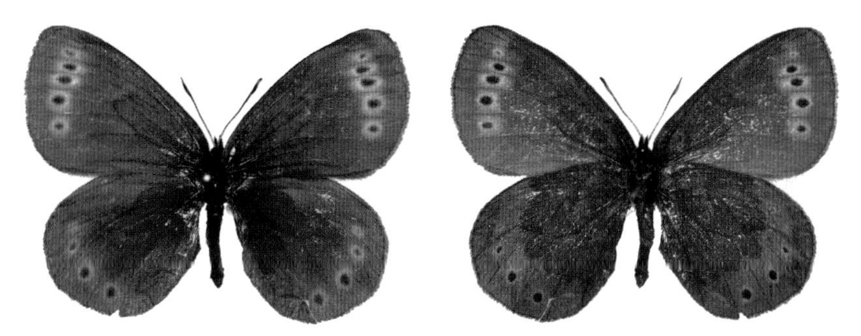

Male. [Russia] Kodar Mt. N.Chita region, SE,Siberia, 6. VII. 2001 (ex coll. Unknown-KPIC)

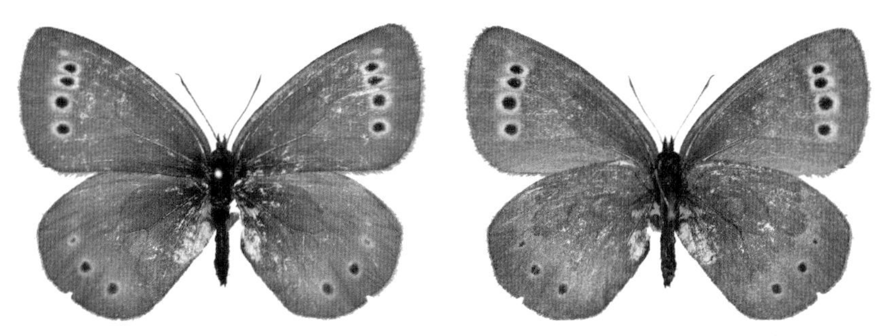

Female. [Russia] C.Yakutia region, NE,Siberia, 25. VI. 2008 (ex coll. Unknown-KPIC)

186 가락지나비 *Aphantopus hyperantus* (Linnaeus, 1758)

Ga-rak-ji-na-bi

한반도에서는 동북부지방 중심으로 분포하며, 남한에서는 제주도 한라산의 높은 지대에서만 볼 수 있다. 연 1회 발생하고, 6월 중순부터 8월에 걸쳐 나타나며, 한라산에서는 7월 말에 가장 많다. 한반도 북부지역 개체는 아랫면의 원형 무늬가 한라산 개체보다 매우 크다. 1882년 Butler가 *Satyrus hyperantus*로 처음 기록했으며, 현재의 국명은 김헌규와 미승우(1956: 394)에 의한 것이다. 국명이명으로는 석주명(1947: 1)의 '가락지장사'가 있다.

Wingspan. ♂♀ 36~41㎜.
Distribution. Korea (N·S(JJ)), Ussuri region, Temperate Asia, Europe.
North Korean name. Cham-san-baem-nun-na-bi (참산뱀눈나비).

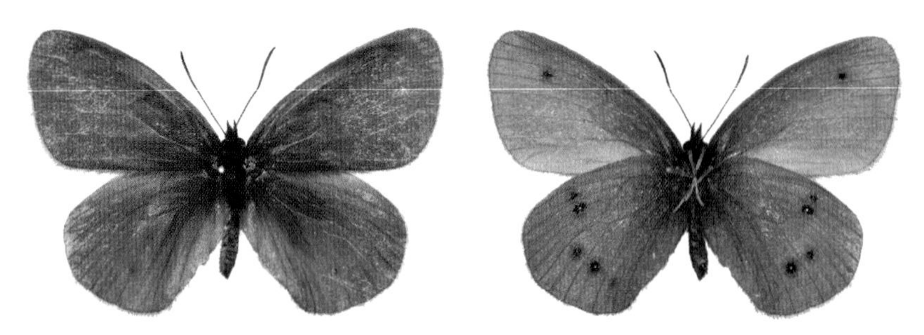

Male. [JJ] Hallasan (Mt.), 22. VII. 2008 (ex coll. Paek Munki-KPIC)

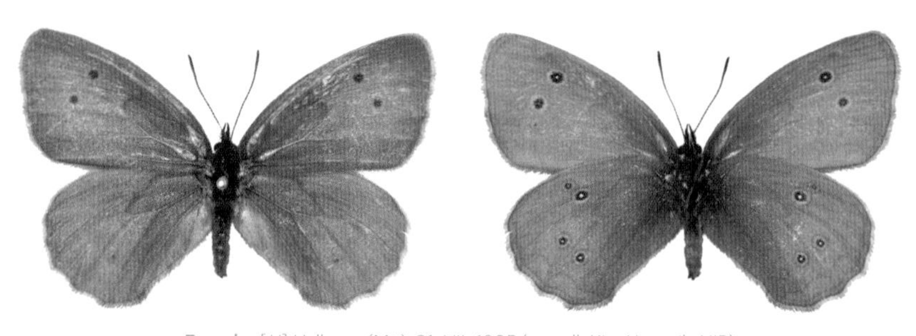

Female. [JJ] Hallasan (Mt.), 31. VII. 1985 (ex coll. Kim Yongsik-UIB)

187 흰뱀눈나비 *Melanargia halimede* (Ménétriès, 1858)

Huin-baem-nun-na-bi

한반도에서는 동북부지방과 남부지방에 국지적으로 분포한다. 남한에서는 제주도, 전라도, 경상도의 해안가 및 섬들을 중심으로 분포하며, 지역에 따라 개체수가 많다. 연 1회 발생하며, 6월 중순부터 8월에 걸쳐 나타나고, 7월 중순에 많이 볼 수 있다. 산지 풀밭에서 천천히 날아다닌다. 1882년 Butler가 *Melanargia halimede*로 처음 기록했으며, 현재의 국명은 석주명(1947: 2)에 의한 것이다.

Wingspan. ♂♀ 51~60㎜.
Distribution. Korea (N·S), Transbaikal, E.Mongolia-NE.China.
North Korean name. Huin-baem-nun-na-bi (흰뱀눈나비).

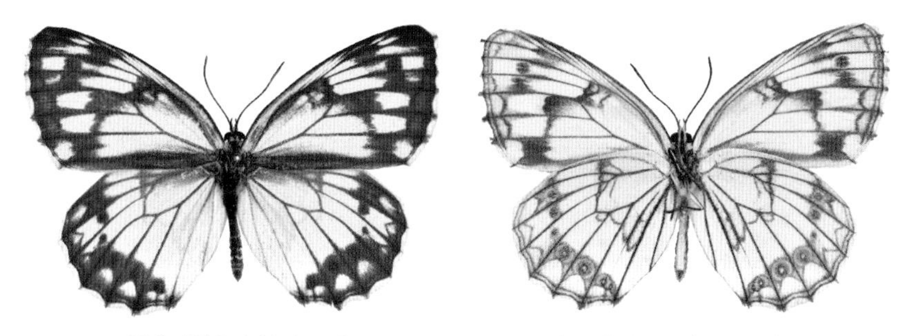

Male. [JJ] Saekdal-dong, Seogwipo-si, 18. VII. 1978 (ex coll. Shin Yoohang-SYH)

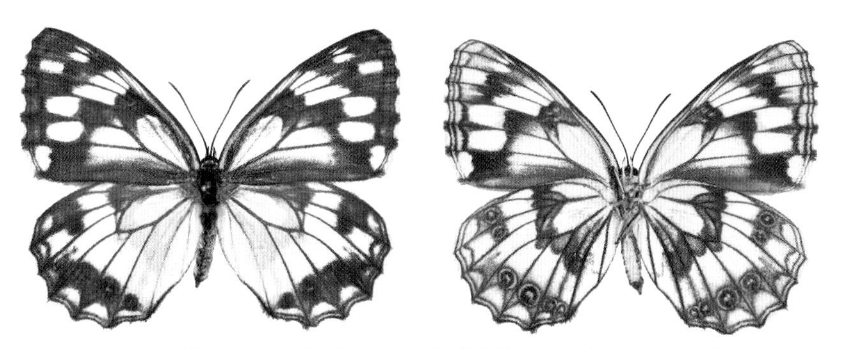

Female. [JN] Daejangdo (Is.), Sinan-gun, 21. VII. 2007 (ex coll. Paek Munki-KPIC)

188 조흰뱀눈나비 *Melanargia epimede* Staudinger, 1887

Jo-huin-baem-nun-na-bi

한반도에서는 낮은 산지부터 높은 산지까지 폭넓게 분포한다. 연 1회 발생하며, 6월 중순부터 8월에 걸쳐 나타난다. 7월 중순에 개체수가 많으며, 지역에 따라 무늬 변화가 크다. 1887년 Fixsen이 *Melanargia halimede* var. *meridionalis*로 처음 기록했으며, 현재의 국명은 이승모(1973: 9)에 의한 것이다. 국명이명으로는 신유항(1975: 45)의 '산흰뱀눈나비'가 있다. 조흰뱀눈나비의 '조'는 우리나라 나비연구에 큰 업적을 남긴 조복성 박사의 성(姓)을 딴 것이다.

Wingspan. ♂♀ 44~62㎜.
Distribution. Korea (N·C·S), E.Mongolia-NE.China.
North Korean name. Cham-huin-baem-nun-na-bi (참흰뱀눈나비).

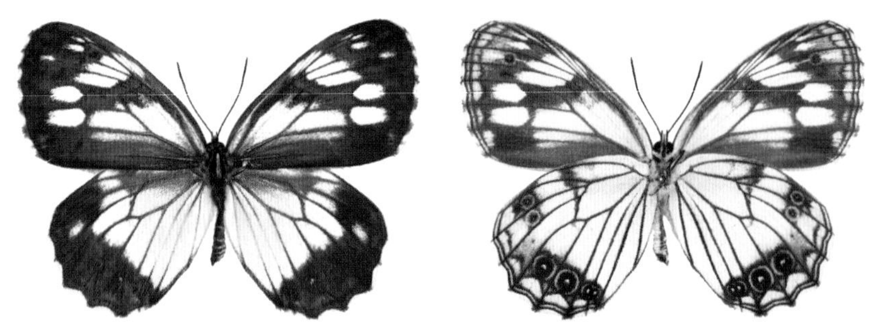

Male. [GN] Cheonseongsan (Mt.), Yangsan-si, 16. VII. 2008 (ex coll. Paek Munki-KPIC)

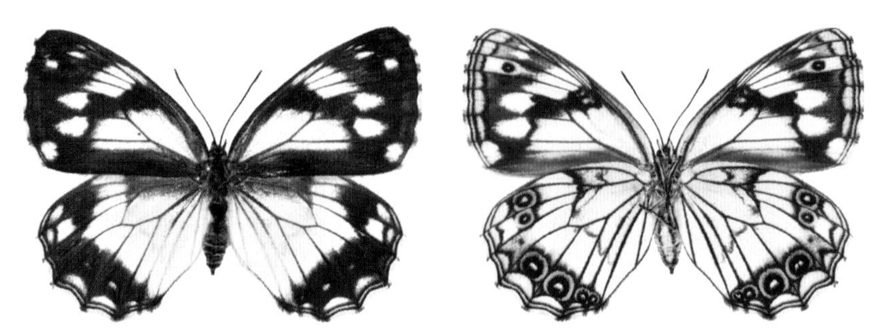

Female. [Incheon] Hagonggyeongdo (Is.), Ongjin-gun, 5. VII. 2009 (ex coll. Paek Munki-KPIC)

189 산굴뚝나비 *Hipparchia autonoe* (Esper, 1783)

San-gul-ttuk-na-bi

한반도에서는 북부지방의 높은 산지와 제주도 한라산 1,300m 이상의 높은 지대에 국지적으로 분포한다. 특히, 남한에서는 천연기념물(제458호) 및 멸종위기야생생물 I급으로 지정된 보호종이다. 연 1회 발생하며, 5월부터 9월 초에 걸쳐 나타난다. 제주도 한라산에서는 7월 말에 가장 많이 볼 수 있다. 1933년 Doi가 제주도 한라산 표본을 사용해 *Satyrus alcyone vandalusica*로 처음 기록했으며, 현재의 국명은 석주명(1947: 2)에 의한 것이다. 국명이명으로는 조복성과 김창환(1956: 17)의 '산굴둑나비'가 있다.

Wingspan. ♂♀ 51~55㎜.
Distribution. Korea (N·S(JJ)), SE.Europe-N.Caucasus-S.Siberia-Amur region, NW.China, Tibet.
North Korean name. Ssi-bil-ri-baem-nun-na-bi (씨비리뱀눈나비).

Male. [JJ] Hallasan (Mt.), 22. VII. 2008 (ex coll. Paek Munki-KPIC)

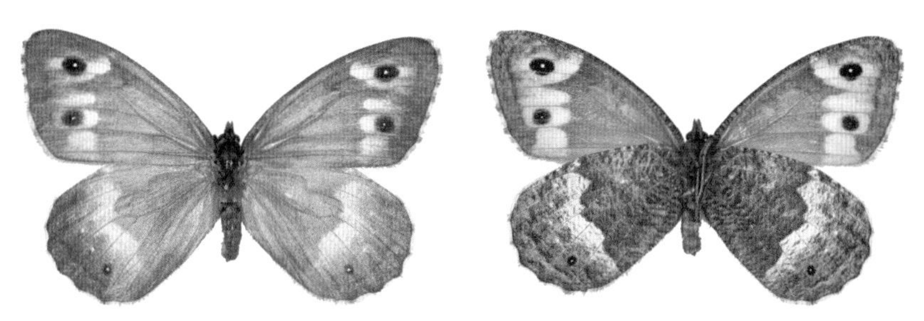

Female. [JJ] Hallasan (Mt.), 3. VIII. 1970 (ex coll. Shin Yoohang-KUNHM)

190 굴뚝나비 *Minois dryas* (Scopoli, 1763)
Gul-ttuk-na-bi

한반도에서는 평지부터 산지까지 폭넓게 분포하며, 개체수가 많다. 연 1회 발생하며, 6월 말부터 9월에 걸쳐 나타난다. 햇볕이 잘 드는 숲 가장자리나 풀밭에서 쉽게 볼 수 있다. 1882년 Butler가 *Satyrus dryas*로 처음 기록했으며, 현재의 국명은 석주명(1947: 2)에 의한 것이다. 국명이명으로는 조복성과 김창환(1956: 17)의 '굴둑나비'가 있다.

Wingspan. ♂ 50~55㎜, ♀ 67~71㎜.
Distribution. Korea (N·C·S), S.Siberia-Ussuri, Japan, Asia Minor, S.Kazakhstan, Spain, C.Europe, SE.Europe.
North Korean name. Baem-nun-na-bi (뱀눈나비).

Male. [JN] Ganmun-ri, Gurye-gun, 24. VI. 2009 (ex coll. Paek Munki-KPIC)

Female. [GG] Daebusan (Mt.), Yangpyeong-gun, 6. VIII. 2007 (ex coll. Paek Munki-KPIC)

191 높은산뱀눈나비 *Oeneis jutta* (Hübner, 1806)

Nop-eun-san-baem-nun-na-bi

한반도에서는 북부지방의 높은 산지를 중심으로 국지적 분포한다. 연 1회 발생하며, 6월 말부터 8월에 걸쳐 나타난다. 백두산 정상부에서는 7월 말부터 8월 초에 걸쳐 나타난다. 1927년 Mori가 백두산 표본을 사용해 *Oeneis jutta*로 처음 기록했으며, 현재의 국명은 석주명(1947: 2)에 의한 것이다. 국명이명으로는 조복성(1959: 23)의 '화태산뱀눈나비(=*Oeneis jutta sachalinensis*)'가 있다.

Wingspan. ♂ 46~48㎜.
Distribution. Korea (N), Northern Eurasia, Northwest Territories (Canada).
North Korean name. Nop-eun-san-baem-nun-na-bi (높은산뱀눈나비).

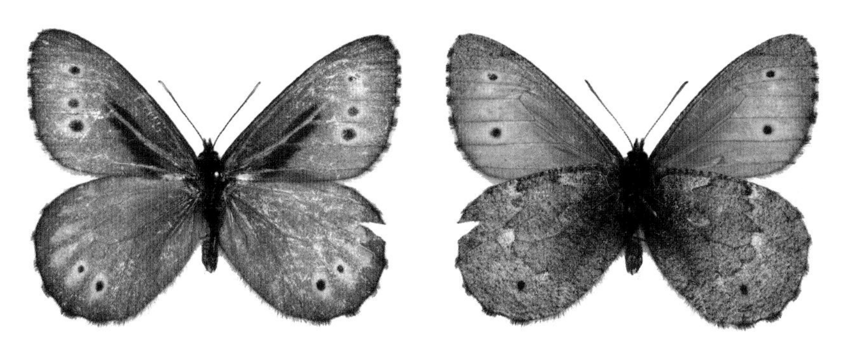

Male. [YG] Hyesan-si, 10~15. VII. 2003 (ex coll. Unknown-PDH)

Male. [YG] Hyesan-si, 10~15. VII. 2003 (ex coll. Unknown-PDH)

192 큰산뱀눈나비 *Oeneis magna* Graeser, 1888

Keun-san-baem-nun-na-bi

한반도에서는 북부지방의 높은 산지를 중심으로 국지적 분포한다. 연 1회 발생하며, 6월 말부터 8월에 걸쳐 나타난다. 백두산 정상부에서는 7월 말부터 8월 초에 걸쳐 나타난다. 1934년 조복성이 함경북도 관모산 표본을 사용해 *Oeneis jutta magna*로 처음 기록했으며, 현재의 국명은 석주명(1947: 2)에 의한 것이다.

Wingspan. ♂ 46~48㎜.
Distribution. Korea (N), Altai-S.Siberia-Far East, Amur region, Mongolia, N.China.
North Korean name. Keun-san-baem-nun-na-bi (큰산뱀눈나비).

Male. [YG] Hyesan-si, 10~15. VII. 2003 (ex coll. Unknown-PDH)

Male. [YG] Hyesan-si, 10~15. VII. 2003 (ex coll. Unknown-PDH)

193 함경산뱀눈나비 *Oeneis urda* (Eversmann, 1847)

Ham-gyeong-san-baem-nun-na-bi

한반도에서는 제주도와 중북부지방의 산지를 중심으로 국지적 분포한다. 남한에서는 강원도 동북부의 높은 산지와 제주도 한라산 1,500m 이상의 높은 지대가 주요 분포지이며, 개체수가 적다. 연 1회 발생하며, 중부지방에서는 5월부터 6월, 북부지방에서는 6월 초부터 7월 중순에 걸쳐 나타난다. 1925년 Mori가 함경남도 대덕산 표본을 사용해 *Oeneis nanna walkyria*로 처음 기록했으며, 현재의 국명은 석주명(1947: 2)에 의한 것이다. 최근 남한지역 개체에 대한 분류학적 이견이 있어 생식기 비교 등 모식종과의 검토가 필요하다.

Wingspan. ♂♀ 40~47㎜.
Distribution. Korea (N·C·S), Amur and Ussuri region.
North Korean name. Ham-gyeong-san-baem-nun-na-bi (함경산뱀눈나비).

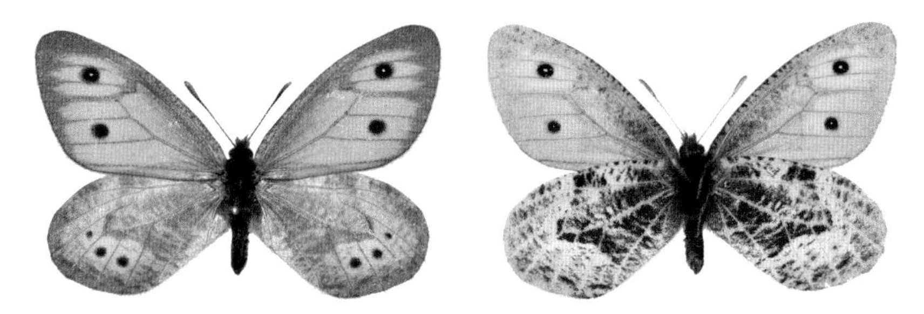

Male. [JJ] Hallasan (Mt.), 14. V. 2009 (ex coll. Park Dongha-PDH)

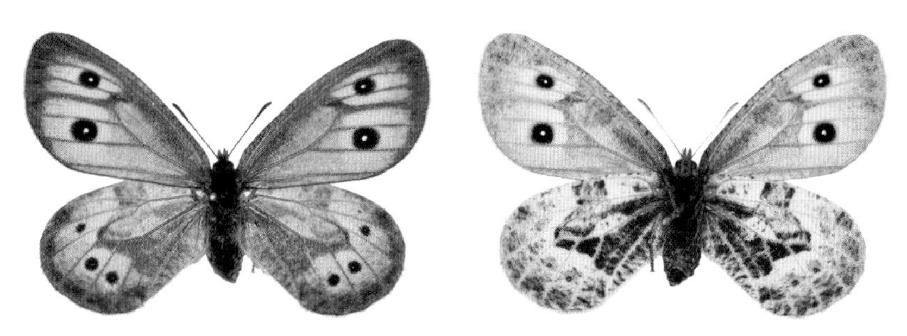

Female. [JJ] Hallasan (Mt.), 14. V. 2009 (ex coll. Park Dongha-PDH)

194 참산뱀눈나비 *Oeneis mongolica* (Oberthür, 1876)

Cham-san-baem-nun-na-bi

한반도에서는 산지를 중심으로 국지적 분포한다. 지역마다 개체변이가 심하며, 최근 서식지 및 개체수가 줄고 있다. 연 1회 발생하며, 중남부지방은 4월부터 5월, 북부지방에서는 6월 중순부터 7월 초에 걸쳐 나타난다. 서해안 지역에서는 대부분 산지의 능선부나 정상부에서 관찰된다. 1887년 Fixsen이 강원도 김화 북점 표본을 사용해 *Oeneis walkyria*로 처음 기록했으며, 현재의 국명은 김헌규와 미승우(1956: 395)에 의한 것이다. 국명이명으로는 석주명(1947: 2)의 '조선산뱀눈나비', 조복성과 김창환(1956: 20)의 '산뱀눈나비'가 있다.

Wingspan. ♂♀ 41~50㎜.
Distribution. Korea (N·C·S), N.China, Inner Mongolia.
North Korean name. San-baem-nun-na-bi (산뱀눈나비).

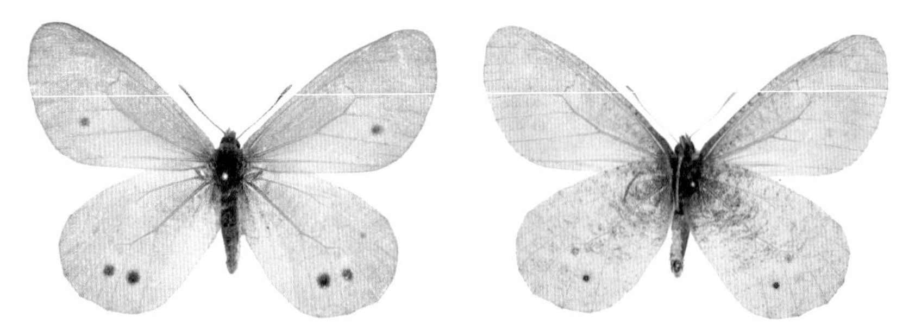

Male. [Incheon] Yeongjongdo (Is.), Jung-gu, 5. V. 1990 (ex coll. Paek Munki-KPIC)

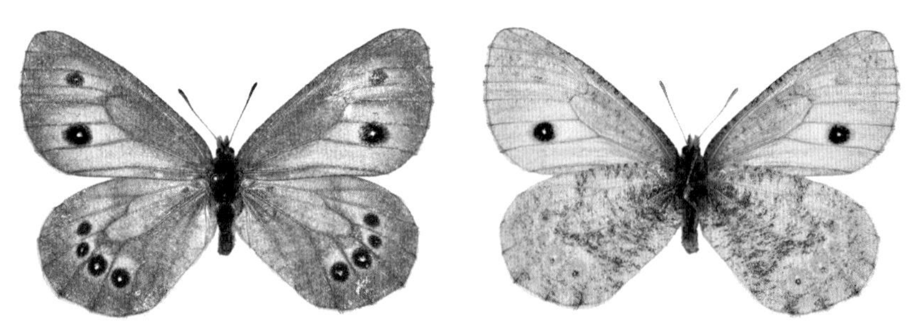

Female. [GN] Namhae-eup, Namhae-gun, 17. V. 1988 (ex coll. Min Wanki-MWK)

195 애물결나비 *Ypthima baldus* (Fabricius, 1775)

Ae-mul-gyeol-na-bi

한반도 전역에 분포한다. 연 2~3회 발생하며, 5월 초부터 9월에 걸쳐 나타난다. 낮은 산지의 숲 가장자리나 풀밭에서 쉽게 볼 수 있으며, 개체수가 많다. 1887년 Fixsen이 *Ypthima philomela*로 처음 기록했으며, 현재의 국명은 석주명(1947: 2)에 의한 것이다. 그간 연구자에 따라 애물결나비의 종명으로 사용된 *argus*는 *baldus*의 동물이명(synonym)으로 취급된다(Savela, 2008 (ditto); etc.).

Wingspan. ♂♀ 31~36㎜.
Distribution. Korea (N·C·S), Ussuri region, Kuriles, Japan, China, Taiwan, Burma, Himalayas (Chamba-Assam), India.
North Korean name. Jak-eun-mul-gyeol-baem-nun-na-bi (작은물결뱀눈나비).

Male. [GB] Gohang-ri, Yecheon-gun, 31. V. 2011 (ex coll. Paek Munki-KPIC)

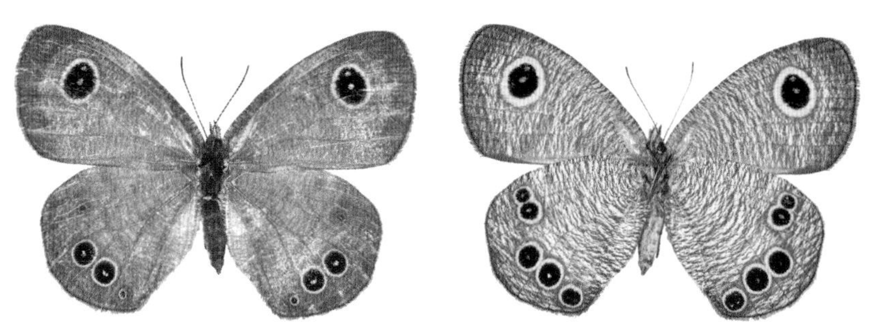

Female. [JN] Baekunsan (Mt.), Gwangyang-si, 19. VII. 1998 (ex coll. Paek Munki-KPIC)

196 석물결나비 *Ypthima motschulskyi* (Bremer et Grey, 1853)

Seok-mul-gyeol-na-bi

한반도에서는 국지적으로 분포하며, 물결나비보다 개체수가 적다. 연 1~2회 발생하며, 6월 중순부터 8월에 걸쳐 나타난다. 낮은 산지와 주변의 풀밭에서 볼 수 있다. 1893년 Elwes & Edwards가 *Ypthima obscura*로 처음 기록했으며, 현재의 국명은 이승모(1973: 8=*Ypthima obscura*)에 의한 것이다. 국명이명으로는 신유항(1975: 42, 45)의 '산물결나비'가 있다. 석물결나비의 '석'은 우리나라 나비연구에 큰 업적을 남긴 석주명 선생의 성(姓)을 딴 것이다.

Wingspan. ♂♀ 38~44㎜.
Distribution. Korea (N·C·S), Amur region, Japan, E.China, Hong Kong, Taiwan.
North Korean name. Cham-mul-gyeol-baem-nun-na-bi (참물결뱀눈나비).

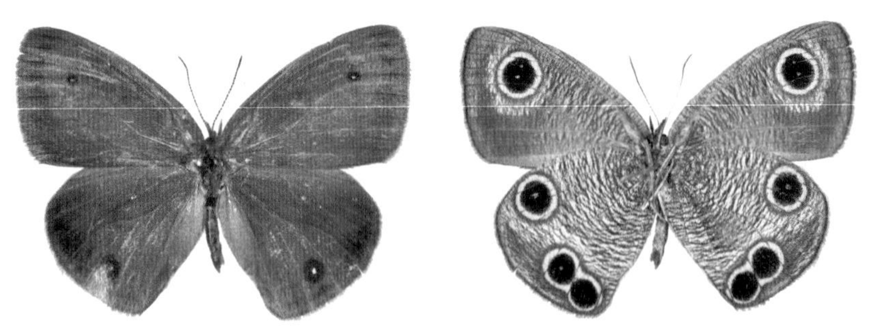

Male. [Incheon] Sindo (Is.), Ongjin-gun, 10. VII. 1990 (ex coll. Paek Munki-KPIC)

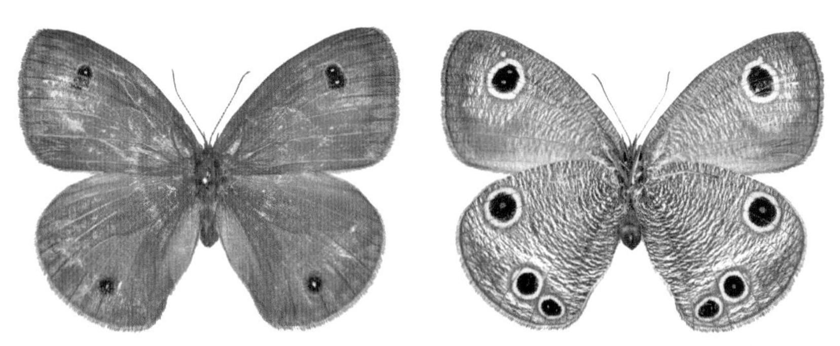

Female. [GG] Jugeumsan (Mt.), Gapyeong-gun, 4. VII. 1990 (ex coll. Paek Munki-KPIC)

197 물결나비 *Ypthima multistriata* Butler, 1883
Mul-gyeol-na-bi

한반도 전역에 분포한다. 연 2~3회 발생하며, 5월 중순부터 9월에 걸쳐 나타난다. 낮은 산지의 풀밭이나 숲 가장자리에서 쉽게 볼 수 있다. 1887년 Fixsen이 *Ypthima motschulskyi*로 처음 기록했으며, 현재의 국명은 석주명(1947: 2=*Y. motschulskyi*)에 의한 것이다. Dubatolov & Lvovsky (1997)의 *Y. m. koreana* (TL: Korea; Loc. Korea)는 *Y. m. ganus*의 동물이명(synonym)이다(Huang, 2001).

Wingspan. ♂♀ 33~42㎜.
Distribution. Korea (N·C·S), China, Taiwan.
North Korean name. Mul-gyeol-baem-nun-na-bi (물결뱀눈나비).

Male. [GN] Hwangsan-ri, Hapcheon-gun, 8. VI. 2012 (ex coll. Paek Munki-KPIC)

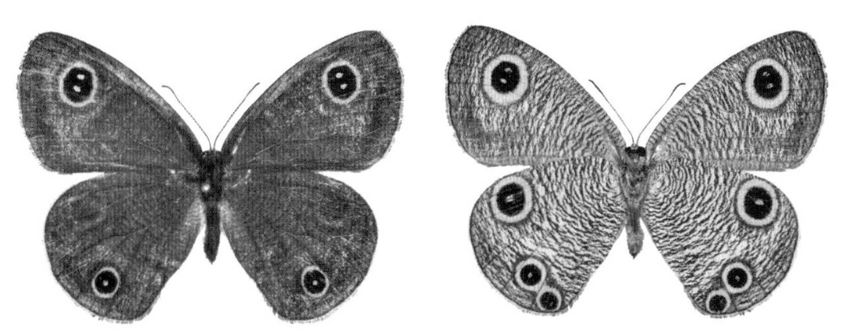

Female. [JJ] Oedolgae, Seogwipo-si, 5. IX. 2010 (ex coll. Paek Munki-KPIC)

198 북방거꾸로여덟팔나비 *Araschnia levana* (Linnaeus, 1758)

Buk-bang-geo-kku-ro-yeo-deolb-pal-na-bi

한반도에서는 중북부지방의 높은 산지를 중심으로 분포하며, 남부지방에서는 지리산에서 기록이 있다. 연 2회 발생하며, 봄형은 4월 말~6월, 여름형은 7~9월에 걸쳐 나타난다. 대부분 산지 계곡 주변이나 숲 가장자리에서 활동한다. 1887년 Leech가 강원도 원산 표본을 사용해 *Vanessa levana prorsa*로 처음 기록했으며, 현재의 국명은 석주명(1947: 3)에 의한 것이다. 국명이명으로는 조복성과 김창환(1956: 25), 조복성(1959: 138)의 '어리팔자나비'와 이승모(1973: 6)의 '북방꺼꾸로여덟팔나비'가 있다.

Wingspan. Spring form: ♂♀ 29~32㎜, Summer form: ♂♀ 35~38㎜.
Distribution. Korea (N·C), Russia, Japan, Temperate Asia, C.Europe.
North Korean name. Jak-eun-pal-ja-na-bi (작은팔자나비).

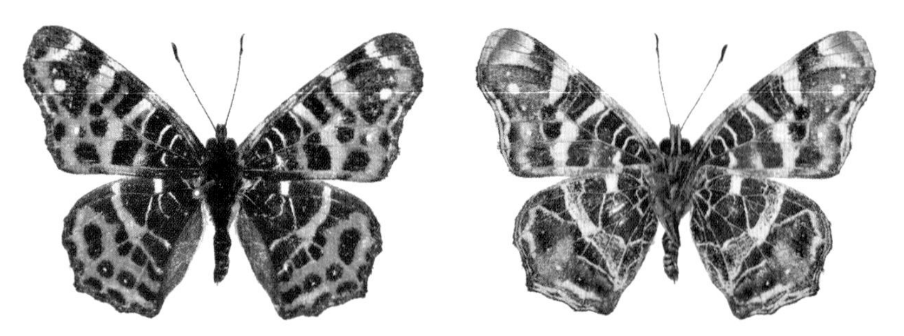

Male. [GW] Odaesan (Mt.), Pyeongchang-gun, 30. IV. 2004 (ex coll. Paek Munki-KPIC)

Female. [GW] Myeonggae-ri, Hongcheon-gun, 21. V. 2009 (ex coll. Park Dongha-PDH)

Male. [GB] Sobaeksan (Mt.), Yeongju-si, 29. VII. 1995 (ex coll. Paek Munki-KPIC)

Female. [GW] Gyebangsan (Mt.), Pyeongchang-gun, 9. VIII. 2007 (ex coll. Park Dongha-PDH)

Female. [China] Erdaobaihe, Yanji, Jilin, 19. VII. 2010 (ex coll. Ahn Honggyun-KPIC)

199 거꾸로여덟팔나비 *Araschnia burejana* Bremer, 1861

Geo-kku-ro-yeo-deolb-pal-na-bi

한반도에서는 산지를 중심으로 폭넓게 분포하나, 제주도 같은 섬 지역에서는 관찰 기록이 없다. 연 2회 발생하며, 봄형은 4월 말~6월, 여름형은 7~9월에 걸쳐 나타난다. 대부분 산지의 계곡 주변이나 숲 가장자리에서 활동한다. 1887년 Leech가 강원도 원산 표본을 사용해 *Vanessa burejana*로 처음 기록했으며, 현재의 국명은 석주명(1947: 3)에 의한 것이다. 국명 이명으로는 조복성과 김창환(1956: 25), 조복성(1959: 138)의 '팔자나비'와 이승모(1973: 6)와 신유항(1975: 45)의 '꺼꾸로여덟팔나비'가 있다.

Wingspan. Spring form: ♂♀ 35~40㎜, Summer form: ♂♀ 40~46㎜.
Distribution. Korea (N·C·S), Amur and Ussuri region, Japan, China, Tibet.
North Korean name. Pal-ja-na-bi (팔자나비).

Male. [GG] Hwayasan (Mt.), Gapyeong-gun, 9. V. 1995 (ex coll. Shin Yoohang-SYH)

Female. [CN] Sangsin-ri, Gongju-si, 23. IV. 2004 (ex coll. Paek Munki-KPIC)

Male. [GN] Gayasan (Mt.), Hapcheon-gun, 26. VII. 2012 (ex coll. Paek Munki-KPIC)

Female. [GG] Daebusan (Mt.), Yangpyeong-gun, 28. VII. 2007 (ex coll. Paek Munki-KPIC)

Male. [China] Duremaeul, Yanji, Jilin, 17. VII. 2010 (ex coll. Park Dongha-PDH)

200 큰멋쟁이나비 *Vanessa indica* (Herbst, 1794)

Keun-meos-jaeng-i-na-bi

한반도에서는 폭넓게 분포하며, 개체수는 보통이다. 연 2~4회 발생하며, 3월 말부터 11월에 걸쳐 나타난다. 이동성이 크며, 축축한 땅에 잘 내려앉는다. 참나무 진, 썩은 과일뿐만 아니라 엉겅퀴 같은 꽃에도 잘 모인다. 1887년 Fixsen이 *Vanessa callirrhoë* (=*calliroe*)로 처음 기록했으며, 현재의 국명은 이승모(1982: 70)에 의한 것이다. 국명이명으로는 석주명(1947: 5) 등의 '큰멋장이나비' 그리고 조복성과 김창환(1956: 43), 조복성(1959: 144; 1965: 182), 고제호(1969)의 '까불나비'가 있다.

Wingspan. ♂♀ 47~65㎜.
Distribution. Korea (N·C·S), Taiwan, N.Burma, Himalayas-Kashmir, India.
North Korean name. Bulk-eun-su-du-na-bi (붉은수두나비).

Male. [CN] Hwangdo (Is.), Boryeong-si, 27. V. 2012 (ex coll. Paek Munki-KPIC)

Female. [JJ] Sogil-ri, Aewol-eup, Jeju-si, 7. X. 2010 (ex coll. Paek Munki-KPIC)

201 작은멋쟁이나비 *Vanessa cardui* (Linnaeus, 1758)

Jak-eun-meos-jaeng-i-na-bi

한반도뿐만 아니라 세계에 광역 분포하며, 장거리 이동하는 것으로 잘 알려졌다. 연 수회 발생하며, 4월부터 11월에 걸쳐 나타난다. 산지, 농경지, 도시 공원, 수변지역 등 어디서나 볼 수 있으며, 가을에 개체수가 많다. 1883년 Butler가 강원도 원산 표본을 사용해 *Pyrameis cardui*로 처음 기록했으며, 현재의 국명은 이승모(1982: 70)에 의한 것이다. 국명이명으로는 석주명(1947: 5)의 '작은멋장이나비', 조복성(1959: 144)의 '어리까불나비', 조복성과 김창환(1956: 43), 조복성(1965: 182)의 '애까불나비'가 있다.

Wingspan. ♂♀ 43~59㎜.
Distribution. Korea (N·C·S), Asia, Australia, Africa, Europe, Hawaii etc.
North Korean name. Ae-gi-bulk-eun-su-du-na-bi (애기붉은수두나비).

Male. [GW] Gaojak-ri, Yanggu-gun, 28. VI. 2011 (ex coll. Paek Munki-KPIC)

Female. [GG] Daebudo (Is.), Ansan-si, 12. X. 1997 (ex coll. Paek Munki-KPIC)

202 들신선나비 *Nymphalis xanthomelas* (Esper, 1781)

Deul-sin-seon-na-bi

한반도에서는 중북부지방을 중심으로 국지적 분포한다. 연 1회 발생하며, 새로 날개돋이를 한 개체는 6~8월, 어른벌레로 겨울을 난 개체는 3~5월에 볼 수 있다. 봄에는 산지 능선부에서 겨울을 난 개체를 쉽게 관찰할 수 있으나, 여름에 새로 날개돋이를 한 개체는 얼마 되지 않아 휴면에 들어가므로 짧은 기간 동안만 볼 수 있다. 1887년 Fixsen이 *Vanessa xanthomelas*로 처음 기록했으며, 현재의 국명은 석주명(1947: 5)에 의한 것이다.

Wingspan. ♂♀ 61~70㎜.
Distribution. Korea (N·C), Japan, China, C.Asia, Taiwan, N.Waziristan-Kumaon, Baluchistan, Europe.
North Korean name. Mes-na-bi (멧나비).

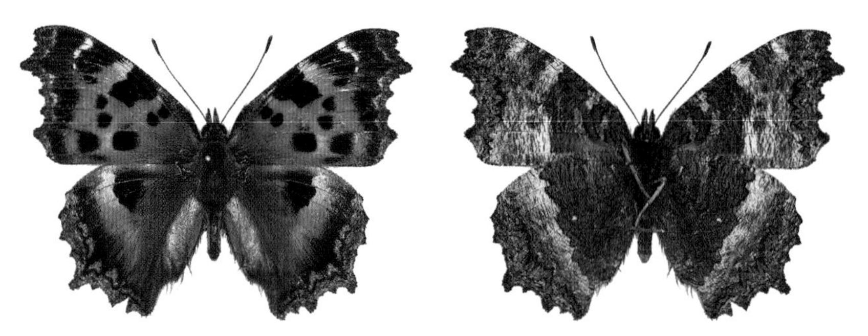

Male. [GW] Haesanryeong, Hwacheon-gun, 1. VII. 2011 (ex coll. Paek Munki-KPIC)

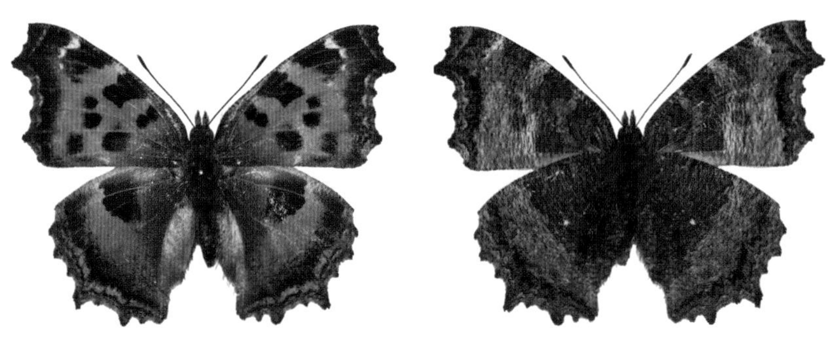

Female. [Incheon] Sindo (Is.), Ongjin-gun, 22. VII. 1988 (ex coll. Paek Munki-KPIC)

203 쐐기풀나비 *Nymphalis urticae* (Linnaeus, 1758)

Sswae-gi-pul-na-bi

한반도에서는 중북부의 산지 중심으로 국지적 분포한다. 연 1회 발생하며, 6월 말부터 8월까지 나타난다. 대부분 고산 지대의 능선과 정상 주변에서 활동한다. 남한에서 관찰된 개체수는 매우 적으며, 자생 여부는 불확실하다. 1919년 Nire가 *Vanessa urticae*로 처음 기록했으며, 현재의 국명은 석주명(1947: 2)에 의한 것이다. 국명이명으로는 조복성과 김창환(1956: 23)의 '쐬기풀나비'가 있다.

Wingspan. ♂♀ 47~49mm
Distribution. Korea (N·C), Siberia, Asia Minor, C.Asia, China, Mongolia, Europe.
North Korean name. Sswae-gi-pul-na-bi (쐐기풀나비).

Male. [France] Unknown (ex coll. Unknown-BCCK)

Female. [GW] Jaeansan (Mt.), Hwacheon-gun, 29. VI. 2005 (ex coll. Park Dongha-PDH)

204 신선나비 *Nymphalis antiopa* (Linnaeus, 1758)

Sin-seon-na-bi

한반도에서는 동북부의 높은 산지를 중심으로 분포한다. 연 1회 발생하며, 어른벌레로 겨울을 난다. 8월부터 9월까지 개체수가 많으며, 대부분 산지의 능선과 정상 주변에서 활동한다. 남한에서 관찰된 개체수는 매우 적다. 1919년 Matsumura가 *Vanessa antiopa*로 처음 기록했으며, 현재의 국명은 이승모(1982: 68)에 의한 것이다. 국명이명으로는 석주명(1947: 5), 조복성과 김창환(1956: 40), 김헌규와 미승우(1956: 398), 조복성(1959: 48), 김헌규(1960: 258), 고제호(1969) 그리고 이승모(1971: 12; 1973: 6)의 '신부나비'가 있다.

Wingspan. ♂♀ 57~70㎜.
Distribution. Korea (N·C), Temperate Eurasia, Chumbi Valley, Bhutan, Europe, Mexico.
North Korean name. No-rang-gis-su-du-na-bi (노랑깃수두나비).

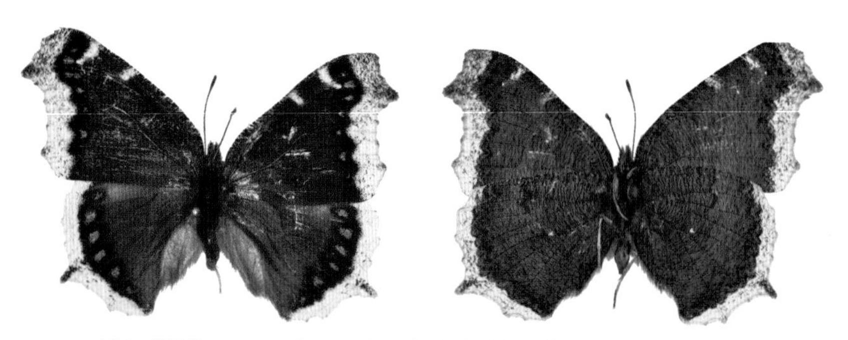

Male. [GG] Gwangreung, Namyangju-si, 6. VIII. 1961 (ex coll. Woo Jungsuk-KUNHM)

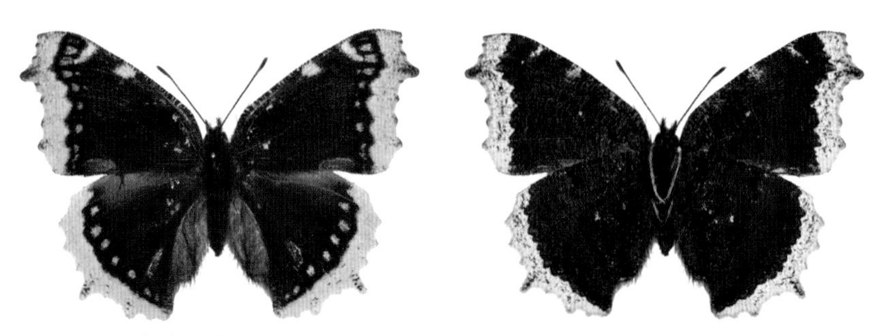

Female. [China] Changbaisan (Mt.) Jilin, 31. VII. 2000 (ex coll. Bae Yangseop et al.-UIB)

205 공작나비 *Nymphalis io* (Linnaeus, 1758)

Gong-jak-na-bi

한반도에서는 중북부지방 산지를 중심으로 분포한다. 북한에서는 연 2회 발생하며, 제1화는 6월 말~7월, 제2화는 8~9월에 걸쳐 나타난다. 햇볕이 잘 드는 숲길 가장자리에서 활동하며, 길가나 바위 위에 잘 앉는다. 엉겅퀴 같은 꽃뿐만 아니라 오물, 썩은 과일에도 모여든다. 최근 남한에서는 6월 말~7월 초 강원도 화천 일대에서 쉽게 관찰된다. 1887년 Leech가 *Vanessa io*로 처음 기록했으며, 현재의 국명은 석주명(1947: 5)에 의한 것이다.

Wingspan. ♂♀ 50~60㎜.
Distribution. Korea (N·C), Amur and Ussuri region, Japan, Temperate Asia, Europe.
North Korean name. Gong-jak-na-bi (공작나비).

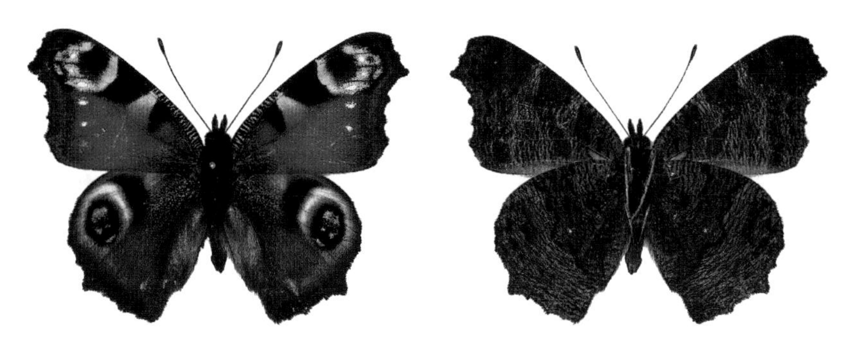

Male. [GW] Haesanryeong, Hwacheon-gun, 1. VII. 2011 (ex coll. Paek Munki-KPIC)

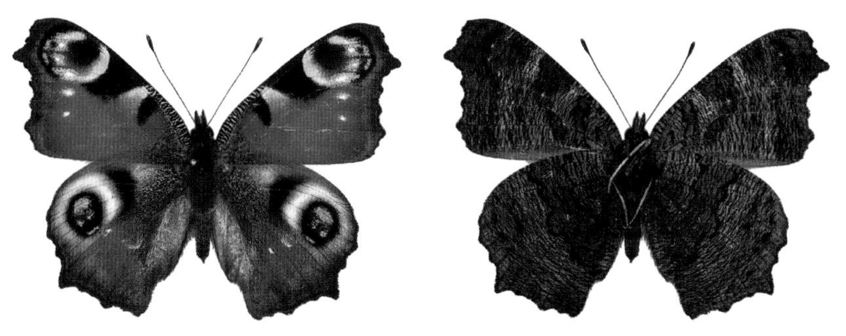

Female. [GW] Haesanryeong, Hwacheon-gun, 1. VII. 2011 (ex coll. Paek Munki-KPIC)

206 갈구리신선나비 *Nymphalis l-album* (Esper, 1785)

Gal-gu-ri-sin-seon-na-bi

한반도에서는 중북부지방의 높은 산지를 중심으로 분포한다. 남한에서는 강원도 일부 지역에서 적은 수가 관찰되며, 경기도에서는 대부도에서 홍상기(1999: 14)에 의해 채집된 바 있다. 북한에서는 연 1회 발생하며, 7월 중순부터 8월 중순에 걸쳐 나타난다. 1924년 Okamoto가 제주도 표본을 사용해 *Polygonia l-album samurai*로 처음 기록했다. 현재의 국명은 이승모(1982: 67)에 의한 것이다. 국명이명으로는 석주명(1947: 5), 조복성과 김창환(1956: 41), 김헌규와 미승우(1956: 385), 조복성 등(1968: 257), 김정환과 홍세선(1991)의 '엘알붐나비'가 있다.

Wingspan. ♂♀ 58~62㎜.
Distribution. Korea (N·C), Temperate Asia, China, Japan, Europe.
North Korean name. Bulk-eun-bam-saek-su-du-na-bi (붉은밤색수두나비).

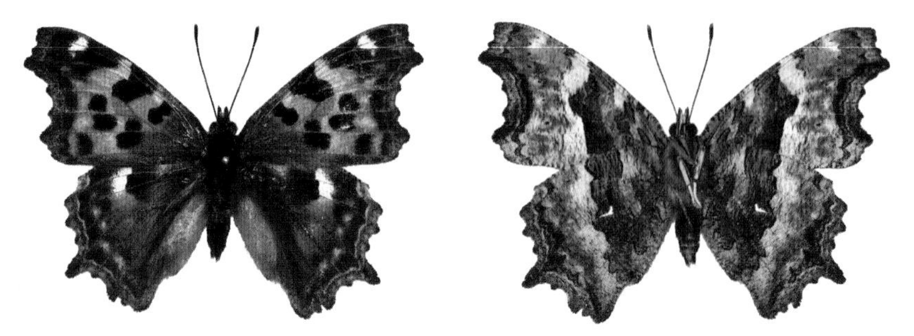

Male. [GW] Gyebangsan (Mt.), Pyeongchang-gun, 13. VII. 1991 (ex coll. Shin Yoohang-SYH)

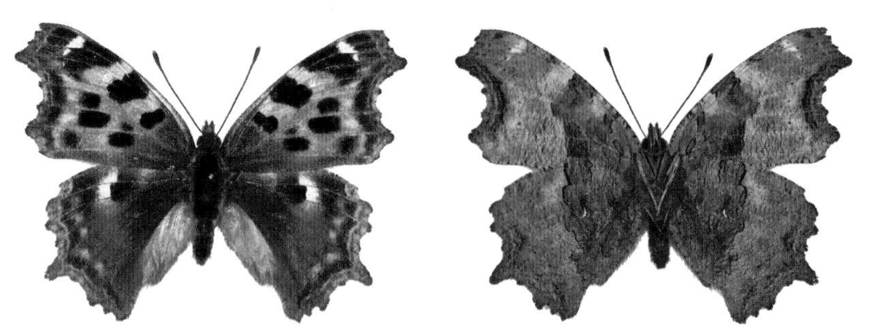

Female. [GW] Gwangdeoksan (Mt.), Hwacheon-gun, 10. VIII. 1989 (ex coll. Unknown-KUNHM)

207 청띠신선나비 *Nymphalis canace* (Linnaeus, 1763)

Cheong-tti-sin-seon-na-bi

한반도에서는 산지를 중심으로 폭넓게 분포하며, 개체수가 많다. 연 2~3회 발생한다. 겨울을 난 어른벌레를 3월 중순부터 볼 수 있으며, 새로 날개돋이 한 개체는 10월까지 볼 수 있다. 햇볕이 잘 드는 길가나 바위 위에 잘 앉으며, 참나무 진이나 썩은 과일에 잘 모인다. 1887년 Fixsen이 *Vanessa charonia*로 처음 기록했으며, 현재의 국명은 석주명(1947: 5)에 의한 것이다.

Wingspan. ♂♀ 55~64㎜.
Distribution. Korea (N·C·S), Himalayas-SE.Siberia, Japan, Taiwan, Burma, India, Sri Lanka.
North Korean name. Pa-ran-tti-su-du-na-bi (파란띠수두나비).

Male. [GN] Hwangseoksan (Mt.), Hamyang-gun, 15. IX. 2012 (ex coll. Paek Munki-KPIC)

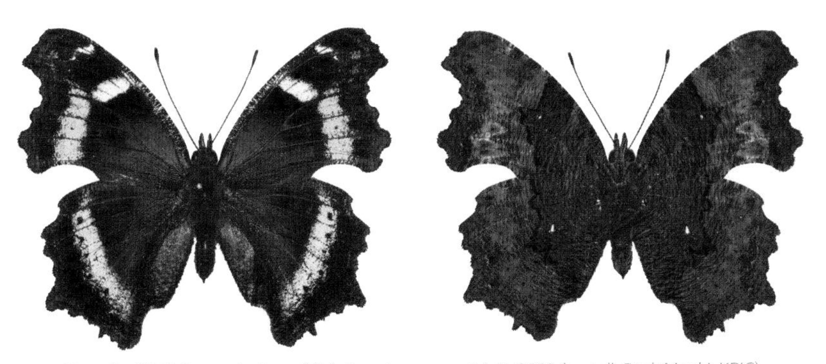

Female. [GW] Gwangdeoksan (Mt.), Hwacheon-gun, 14. X. 2010 (ex coll. Paek Munki-KPIC)

208 네발나비 *Polygonia c-aureum* (Linnaeus, 1758)

Ne-bal-na-bi

한반도에서는 폭넓게 분포하며, 개체수가 매우 많다. 연 2~4회 발생한다. 겨울을 난 어른벌레를 3월부터 볼 수 있으며, 새로 날개돋이 한 개체는 11월까지 낮은 산지와 숲 가장자리, 민가 주변, 수변지역 등 다양한 곳에서 쉽게 볼 수 있다. 1887년 Fixsen이 *Vanessa angelica*로 처음 기록했으며, 현재의 국명은 이승모(1982: 66)에 의한 것이다. 국명이명으로는 석주명(1947: 5), 조복성과 김창환(1956: 42), 김헌규(1956: 340; 1959: 96), 김헌규와 미승우(1956: 398), 조복성(1965: 182), 조복성 등(1968: 257), 이승모(1971: 12) 등의 '남방씨알붐나비'가 있다.

Wingspan. ♂♀ 41~55㎜.
Distribution. Korea (N·C·S), Amur region, Japan, NE.China, Taiwan.
North Korean name. No-rang-su-du-na-bi (노랑수두나비).

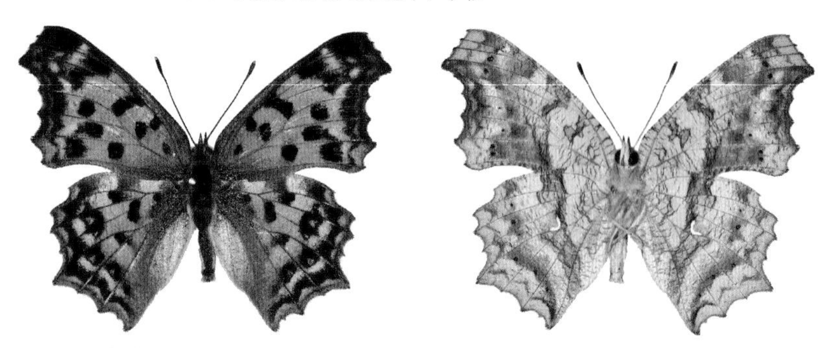

Male. [GN] Hwangseoksan (Mt.), Hamyang-gun, 9. VI. 2012 (ex coll. Paek Munki-KPIC)

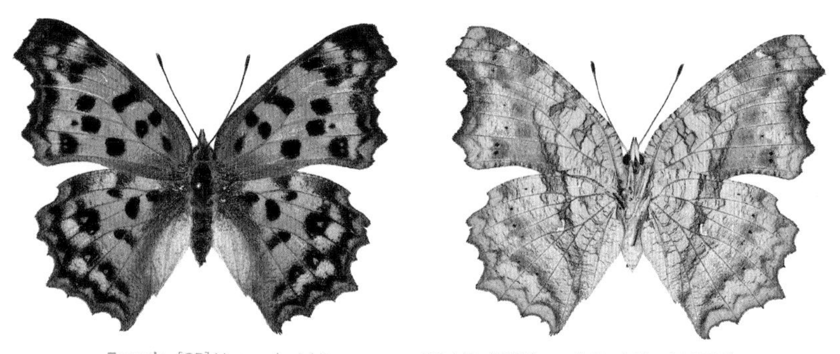

Female. [GB] Yonggok-ri, Uiseong-gun, 30. VIII. 2011 (ex coll. Paek Munki-KPIC)

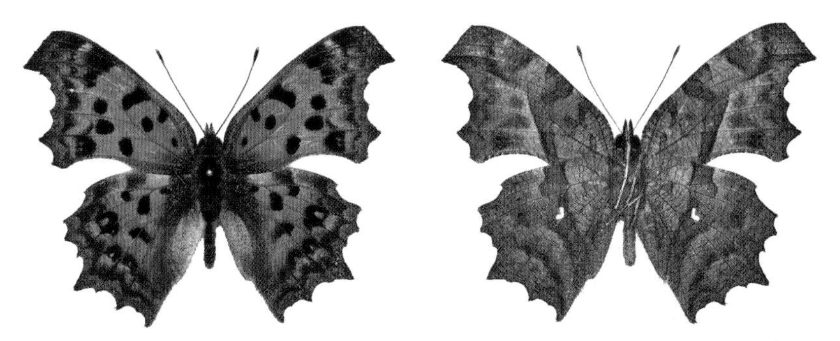

Male. [Incheon] Namhwangsando (Is.), Ganghwa-gun, 16. IX. 2010 (ex coll. Paek Munki-KPIC)

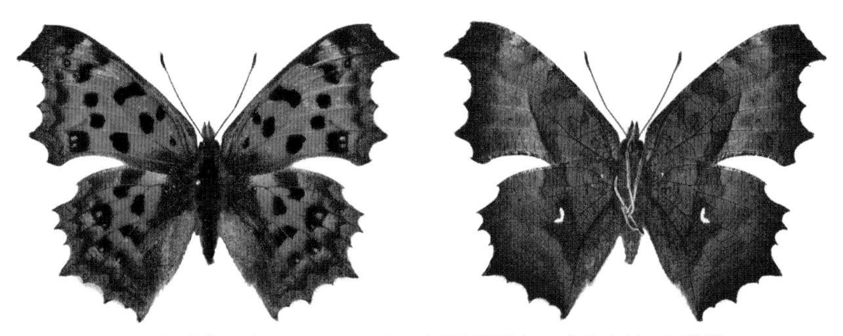

Female. [JJ] Sogil-ri, Aewol-eup, Jeju-si, 7. X. 2010 (ex coll. Paek Munki-KPIC)

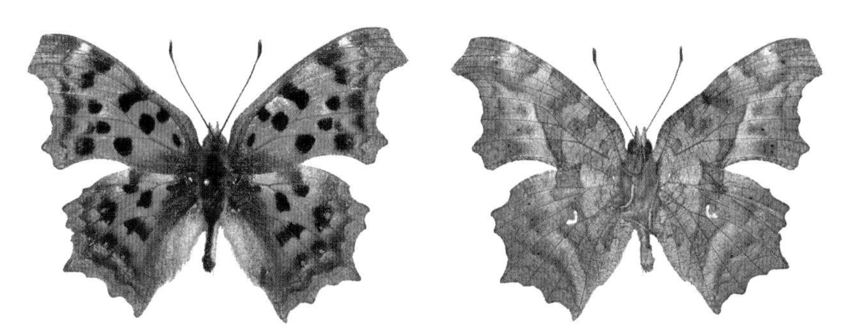

Male. [JN] Usan-ri, Naju-si, 18. III. 2010 (ex coll. Paek Munki-KPIC)

209 산네발나비 *Polygonia c-album* (Linnaeus, 1758)

San-ne-bal-na-bi

한반도에서는 내륙의 높은 산지를 중심으로 분포하며, 개체수는 보통이다. 연 2회 발생하며, 여름형은 6~7월, 가을형은 8월부터 관찰되고, 어른벌레로 겨울을 나고 이듬해 5월까지 나타난다. 1887년 Fixsen이 *Vanessa c-album*으로 처음 기록했으며, 현재의 국명은 이승모(1982: 67)에 의한 것이다. 국명이명으로는 석주명(1947: 5), 조복성과 김창환(1956: 42), 김헌규와 미승우(1956: 398), 이승모(1971: 12)의 '씨-알붐나비'가 있다.

Wingspan. ♂♀ 44~51㎜.
Distribution. Korea (N·C·S), Japan, China, Temperate Asia, Taiwan, Europe, N.Africa.
North Korean name. Bam-saek-no-rang-su-du-na-bi (밤색노랑수두나비).

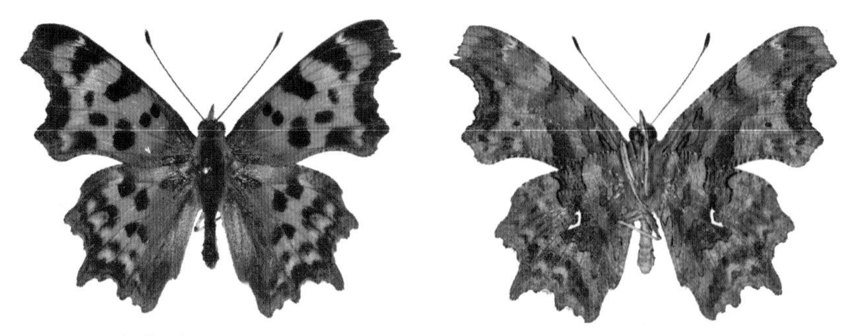

Male. [GW] Jaeansan (Mt.), Hwacheon-gun, 10. VII. 2009 (ex coll. Paek Munki-KPIC)

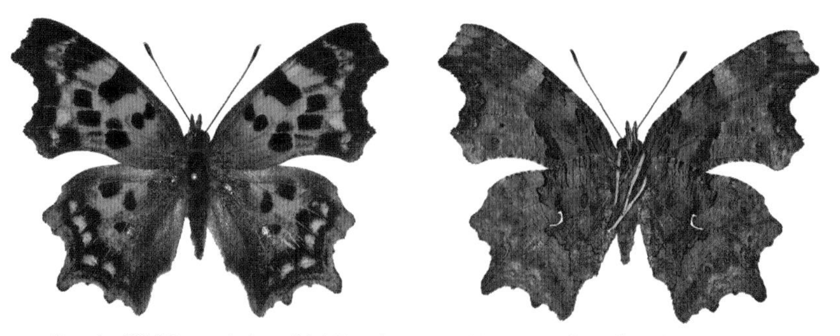

Female. [GW] Gwangdeoksan (Mt.), Hwacheon-gun, 24. VII. 2010 (ex coll. Paek Munki-KPIC)

210 남색남방공작나비 *Junonia orithya* (Linnaeus, 1758)

Nam-saek-nam-bang-gong-jak-na-bi

한반도에서는 길잃은나비(미접)로 취급되며, 1959년에 원병휘가 제주도에서 채집해 1959년에 처음 기록했다. 제주도, 홍도, 흑산도, 진도 등 남부지방 섬 및 해안가, 중부 서해안의 무의도, 대청도에서 관찰 기록이 있다. 현재의 국명은 김창환(1976: 160)에 의한 것이다. 국명이명으로는 원병휘(1959: 34)의 '남방푸른공작나비', 김헌규(1960: 276)의 '푸른남방공작나비'가 있다.

Wingspan. ♂♀ 48~50㎜.
Distribution. Korea (C·S: Immigrant species), Taiwan, N.Australia, New Guinea, Burma, Sri Lanka, Madagascar, India, Arabia, Tropical Africa.
North Korean name. Nam-saek-nam-bang-gong-jak-na-bi (남색남방공작나비).

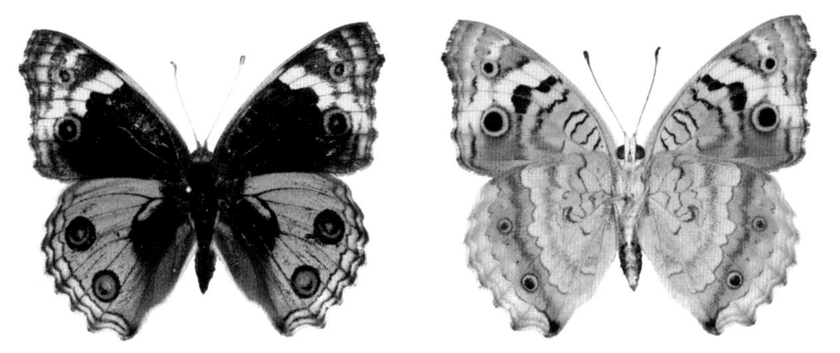

Male. [Incheon] Daecheongdo (Is.), Ongjin-gun, 26. VIII. 2004 (ex coll. Ha Sangkyo-UIB)

Female. [JJ] Jigwido (Is.), Seogwipo-si, 9. VIII. 1996 (ex coll. Shin Yoohang-SYH)

211 남방공작나비 *Junonia almana* (Linnaeus, 1758)

Nam-bang-gong-jak-na-bi

한반도에서는 길잃은나비(미접)로 취급되며, 1947년에 석주명이 제주도에서 채집해 1947년에 처음 기록했다. 그 외 관찰 기록으로는 홍도, 흑산도, 부산이 알려졌으며, 그간 채집된 개체수가 매우 적다. 현재의 국명은 석주명(1947: 5)에 의한 것이다.

Wingspan. ♂♀ 47~50㎜.
Distribution. Korea (S: Immigrant species), Taiwan, Hong Kong, Philippines, Sumatra, Java, Malaysia, Burma, India, Sri Lanka.
North Korean name. Nam-bang-gong-jak-na-bi (남방공작나비).

Male. [Indonesia] Bali (Is.), 10. X. 2002 (ex coll. Park Dongha-PDH)

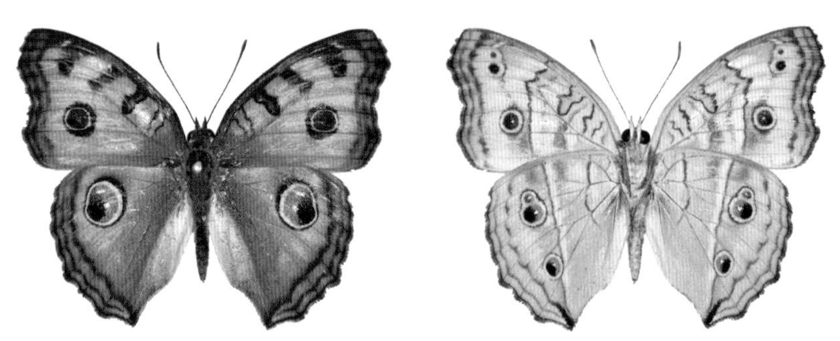

Female. [Malaysia] Cameron Highland, 15. VII. 2010 (ex coll. Unknown-KPIC)

212 남방오색나비 *Hypolimnas bolina* (Linnaeus, 1758)

Nam-bang-o-saek-na-bi

한반도에서는 길잃은나비(미접)로 취급되며, 1969년에 박세욱이 제주도에서 채집해 1969년에 처음 기록했다. 한반도에서는 제주도, 거제도 등 남부지방 섬과 남부 내륙인 광주 무등산, 중부 서해안의 덕적도에서 관찰 기록이 있으며, 그간 채집된 개체수가 매우 적다. 현재의 국명은 박세욱(1969)에 의한 것이다. 국명이명으로는 윤일병과 남상호(1985: 156)의 '큰암붉은오색나비'가 있다.

Wingspan. ♂♀ 84~87㎜.
Distribution. Korea (C·S: Immigrant species), Taiwan, Madagascar, S.Arabia, Australia, Burma, India.
North Korean name. Nam-bang-o-saek-na-bi (남방오색나비).

Male. [Malaysia] Kinabalu, Kota, 23. I. 2008 (ex coll. Park Dongha-PDH)

Female. [Incheon] Deokjeokdo (Is.), Ongjin-gun, 22. VIII. 1992 (ex coll. Han Yeongseok-UIB)

213 암붉은오색나비 *Hypolimnas misippus* Linnaeus, 1764

Am-bulk-eun-o-saek-na-bi

한반도에서는 길잃은나비(미접)로 취급되며, 1937년에 석주명이 제주도에서 채집해 1937년에 처음 기록했다. 제주도, 거문도, 추자군도(횡간도), 소흑산도, 홍도 등 남부지방 섬에서 관찰 기록이 있으며, 그간 채집된 개체수가 매우 적다. 현재의 국명은 석주명(1947: 4)에 의한 것이다.

Wingspan. ♂♀ 65~67㎜.
Distribution. Korea (S: Immigrant species), Taiwan, Burma, Sri Lanka, India, Australia, Africa, Caribbean, Florida, S.America.
North Korean name. Am-bulk-eun-o-saek-na-bi (암붉은오색나비).

Male. [Japan] Unknown (ex coll. Unknown-BCCK)

Female. [Japan] Unknown (ex coll. Unknown-BCCK)

214 함경어리표범나비 *Euphydryas ichnea* (Boisduval, 1833)

Ham-gyeong-eo-ri-pyo-beom-na-bi

한반도에서는 개마고원 등 동북부 산지를 중심으로 분포한다. 연 1회 발생하며, 6월 말부터 7월 말에 걸쳐 숲 가장자리의 공터나 풀밭에서 볼 수 있다. 1931년 Sugitani가 함경남도 대덕산 표본을 사용해 *Melitaea maturna*로 처음 기록했으며, 현재의 국명은 석주명(1947: 4)에 의한 것이다. 국명이명으로는 조복성과 김창환(1956: 37)의 '몽고어리표범나비'가 있다. 그간 연구자에 따라 함경어리표범나비의 종명으로 사용된 *Hypodryas intermedia*는 *E. intermedia ichnea*의 동물이명(synonym)이다(Savela, 2008; etc.).

Wingspan. ♂♀ 33~43㎜.
Distribution. Korea (N), S.Siberia, Transbaikal, Amur and Ussuri region.
North Korean name. Buk-bang-pyo-mun-beon-ti-gi (북방표문번티기).

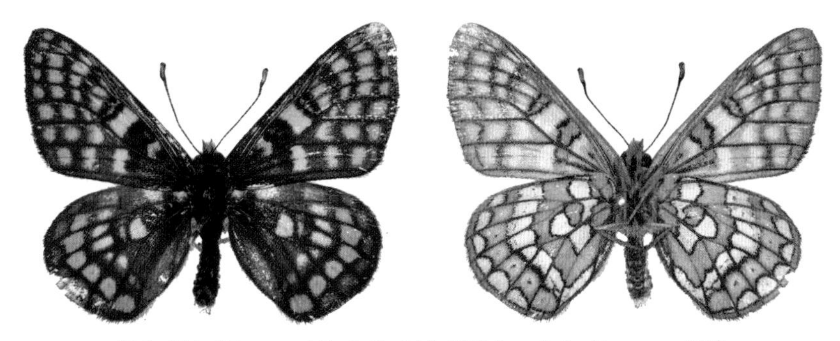

Male. [China] Duremaeul, Yanji, Jilin, 1. VII. 2009 (ex coll. Ahn Honggyun-AHG)

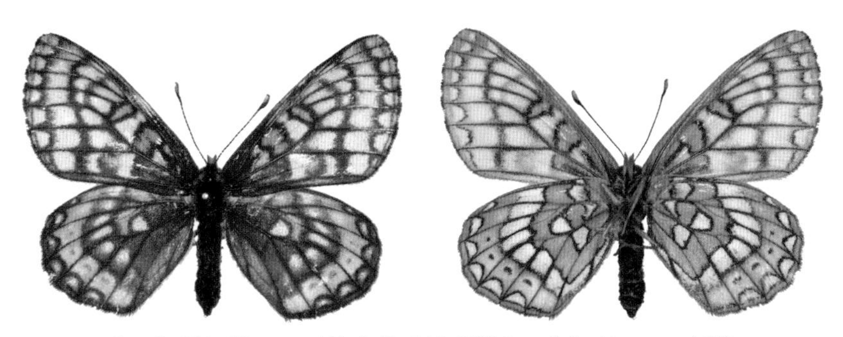

Female. [China] Duremaeul, Yanji, Jilin, 1. VII. 2009 (ex coll. Ahn Honggyun-AHG)

215 금빛어리표범나비 *Euphydryas sibirica* (Staudinger, 1861)

Geum-bich-eo-ri-pyo-beom-na-bi

한반도에서는 중북부지방의 산지 풀밭을 중심으로 국지적 분포한다. 강원도 일대의 자생지에서는 개체수가 많았으나 최근 적어지고 있다. 연 1회 발생한다. 남한에서는 5월부터 6월에 걸쳐 나타나며, 북한에서는 6월 중순부터 7월 중순에 걸쳐 나타난다. 1887년 Fixsen이 *Melitaea aurinia*로 처음 기록했으며, 현재의 국명은 석주명(1947: 4)에 의한 것이다. 근연종인 *E. aurinia* (Rottemburg, 1775)는 중국 북서부, 몽골 등에 분포하는 종으로 알려졌다(Savela, 2008: by Tuzov *et al*., 2000).

Wingspan. ♂♀ 38~49㎜.
Distribution. Korea (N·C), Transbaikal, Amur and Ussuri region.
North Korean name. Geum-bich-pyo-mun-beon-ti-gi (금빛표문번티기).

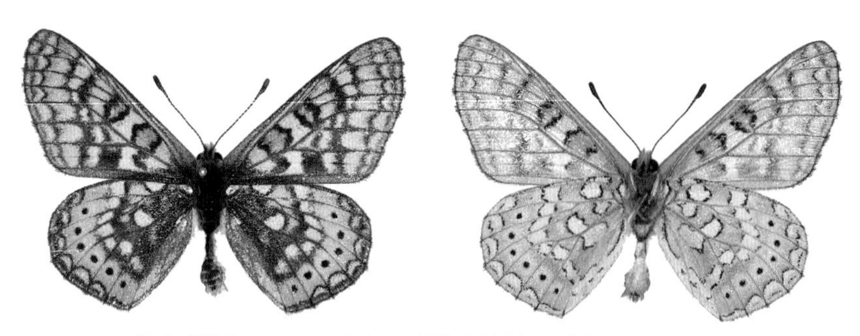

Male. [CB] Gomyeong-ri, Jecheon-si, 31. V. 2011 (ex coll. Paek Munki-KPIC)

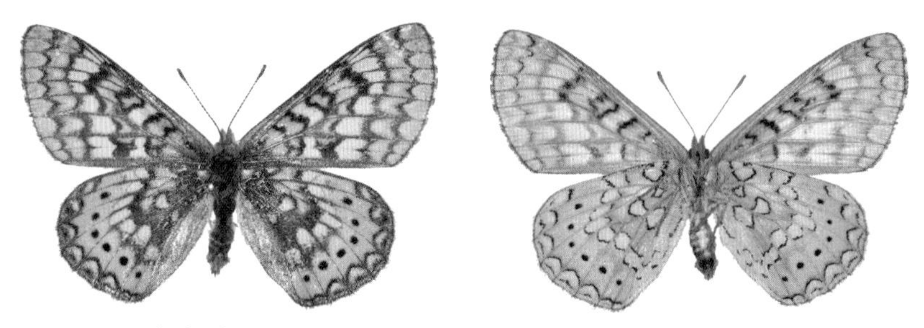

Female. [GW] Ssangryong-ri, Yeongwol-gun, 4. VI. 1990 (ex coll. Paek Munki-KPIC)

216 여름어리표범나비 *Mellicta ambigua* (Ménétriès, 1859)

Yeo-reum-eo-ri-pyo-beom-na-bi

한반도에서는 중북부지방에 국지적으로 분포한다. 최근 남한에서는 강원도 북부지역에서 간혹 관찰되나, 관찰되는 지역 및 개체수가 매우 적어 보호가 필요하다. 연 1회 발생하며, 산지의 풀밭에서 볼 수 있다. 남한에서는 6월부터 7월에 걸쳐 나타나며, 북한에서는 6월 말부터 9월 초에 걸쳐 나타난다. 1887년 Fixsen이 *Melitaea athalia*로 처음 기록했으며, 현재의 국명은 석주명(1947: 4)에 의한 것이다.

Wingspan. ♂♀ 38~50㎜.
Distribution. Korea (N·C), Amur and Ussuri region, N.Sakhalin, Transbaikal, Japan.
North Korean name. Yeo-reum-pyo-mun-beon-ti-gi (여름표문번티기).

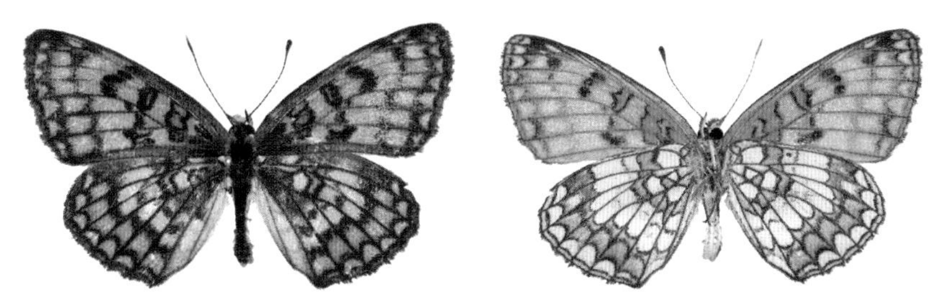

Male. [GW] Gyebangsan (Mt.), Pyeongchang-gun, 13. VII. 1991 (ex coll. Shin Yoohang-SYH)

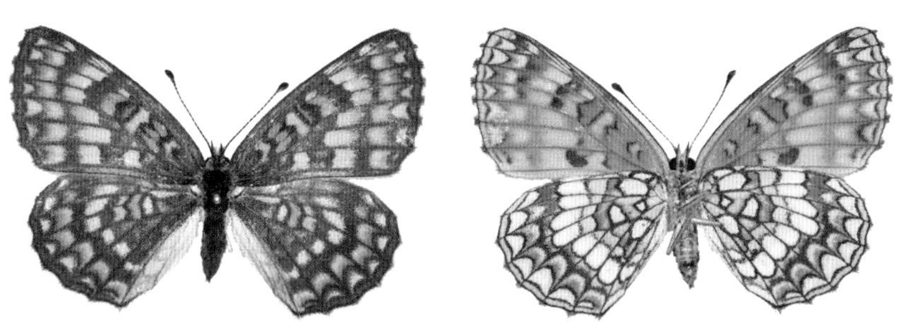

Female. [GW] Jeombongsan (Mt.), Inje-gun, 6. VI. 1994 (ex coll. Shin Yoohang-SYH)

217 봄어리표범나비 *Mellicta britomartis* (Assmann, 1847)

Bom-eo-ri-pyo-beom-na-bi

한반도에서는 국지적으로 분포하며, 남한에서는 최근 관찰되는 자생지 및 개체수가 매우 적어 보호가 필요하다. 연 1회 발생하며, 5월부터 6월 초에 걸쳐 나타난다. 1887년 Fixsen이 *Melitaea parthenie latefascia*로 처음 기록했으며, 현재의 국명은 석주명(1947: 4)에 의한 것이다.

Wingspan. ♂♀ 34~41㎜.
Distribution. Korea (N·C·S), NE.China, Europe.
North Korean name. Unknown.

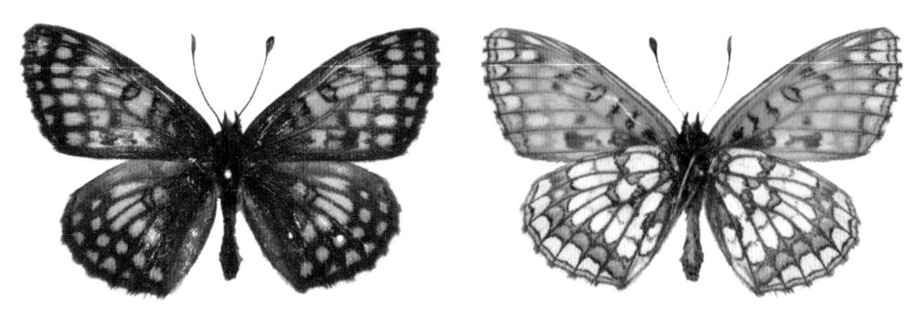

Male. [JN] Daeheungsa (Temp.) Haenam-gun, 11. V. 1990 (ex coll. Paek Munki-KPIC)

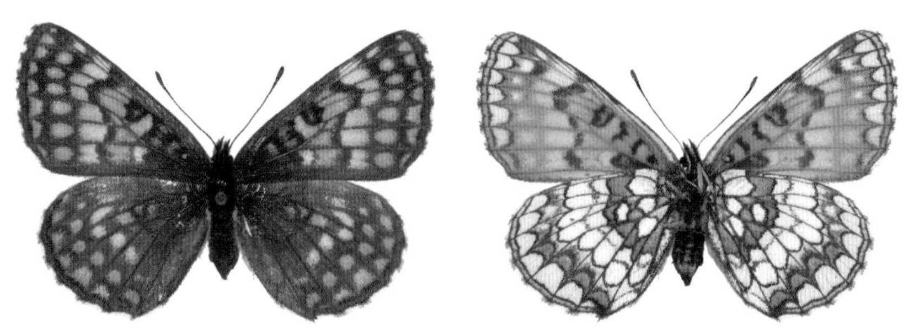

Female. [GW] Gangchon, Chuncheon-si, 15. V. 1971 (ex coll. Shin Yoohang-KUNHM)

218 경원어리표범나비 *Mellicta plotina* (Bremer, 1861)

Gyeong-won-eo-ri-pyo-beom-na-bi

한반도에서는 함경북도 경원 등 북부지방에 국지적으로 분포한다. 연 1회 발생하며, 7월 초부터 8월 중순에 걸쳐 산지의 습한 풀밭과 소나무 숲이 있는 습한 지역에서 관찰된다. 1936(b)년 석주명이 함경북도 개마고원 표본을 사용해 *Melitaea snyderi*로 처음 기록했으며, 현재의 국명은 김헌규와 미승우(1956: 397)에 의한 것이다. 국명이명으로는 석주명(1947: 4)과 조복성(1959: 44)의 '스나이더-어리표범나비'가 있다. 표본을 확인하지 못했으며, 아래는 *Mellicta plotina pacifica* (Verity, 1932)을 그린 것이다.

Wingspan. ♂ 30~32㎜.
Distribution. Korea (N), W.Siberia-NW. China.
North Korean name. Jak-eun-pyo-mun-beon-ti-gi (작은표문번티기).

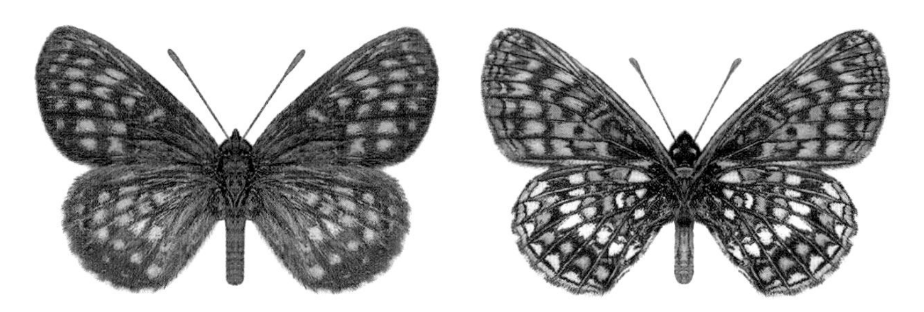

Male. [Russia] Loc. E.Siberia; illustrated by Kang Daehyun

219 산어리표범나비 *Melitaea didymoides* Eversmann, 1847

San-eo-ri-pyo-beom-na-bi

한반도에서는 북부지방의 높은 산지를 중심으로 분포한다. 연 1회 발생하며, 6월 중순부터 7월에 걸쳐 산지의 습한 풀밭에서 관찰된다. 1918년 Nire가 *Melitaea didyma mandchurica*로 처음 기록했으며, 현재의 국명은 석주명(1947: 4)에 의한 것이다. 국명이명으로는 석주명(1947: 4), 조복성과 김창환(1956: 36), 김헌규와 미승우(1956: 397), 조복성(1959: 42)의 '만주산어리표범나비'가 있다. 종명 적용은 이영준(2005)에 따랐으나, 아래 표본의 특징은 현재 유효종인 *Melitaea didyma* (Tuzov et al., 2000: pl. 38, figs. 1~12)와 매우 비슷하므로 한반도산 산어리표범나비의 종명 적용에 대한 재검토가 필요하다.

Wingspan. ♂♀ 35~42㎜.
Distribution. Korea (N), Amur region, S.Ussuri region, N.China. S.Mongolia.
North Korean name. Gis-pyo-mun-beon-ti-gi (깃표문번티기).

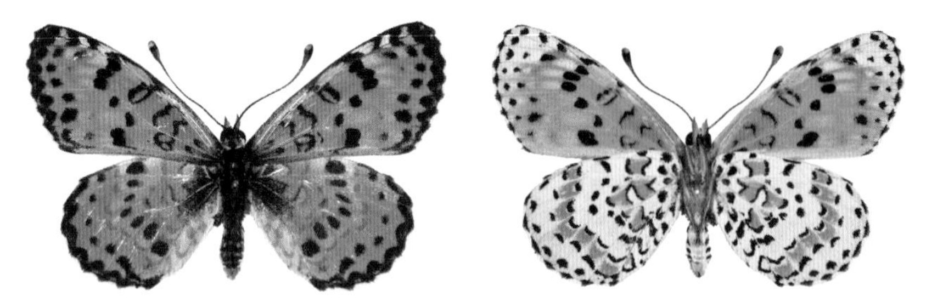

Male. [YG] Hyesan-si, 10~15. VII. 2003 (ex coll. Unknown-PDH)

Female. [YG] Hyesan-si, 10~15. VII. 2003 (ex coll. Unknown-PDH)

220 짙은산어리표범나비 *Melitaea sutschana* Staudinger, 1892

Jit-eun-san-eo-ri-pyo-beom-na-bi

2005년 이영준이 Korshunov & Gorbunov (1995)와 Tuzov *et al*. (2000)의 분포를 참조해 한반도산 나비류로 편입시킨 종으로서 한반도 내에서의 생태는 알려지지 않았으나, 러시아 극동지방에서는 연 1회 발생하며, 6월부터 8월에 걸쳐 습지 주변과 산 능선부에서 관찰된다. 현재의 국명은 이영준(2005: 28)에 의한 것이다.

Wingspan. ♂ 38㎜.
Distribution. Korea (N), Transbaikal-Amur and Ussuri region, Sakhalin, NE.China.
North Korean name. There is no North Korean name.

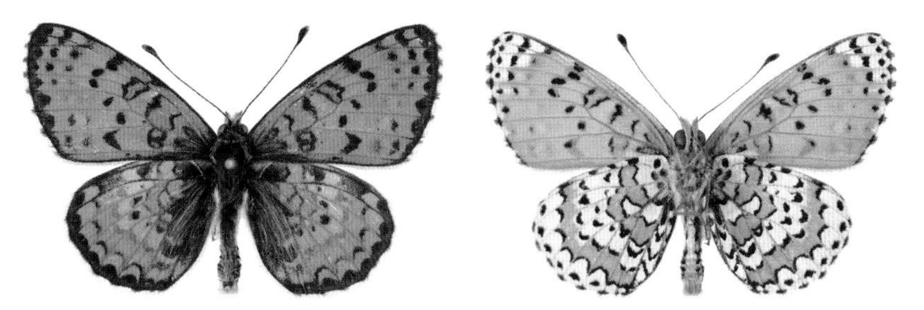

Male. [Mongolia] Terelj, Töv, 10. VI. 2000 (ex coll. Yoshimi Oshima-OY)

221 북방어리표범나비 *Melitaea arcesia* Bremer, 1861

Buk-bang-eo-ri-pyo-beom-na-bi

한반도에서는 북부지방의 높은 산지를 중심으로 분포하며, 생태는 잘 알려지지 않았다. 러시아에서는 연 1회 발생하며, 6월부터 8월에 걸쳐 높은 산지의 풀밭에서 관찰된다. 1932년 Nakayama가 *Melitaea prathenia nevadensis*로 처음 기록했으며, 현재의 국명은 이승모(1982: 46)에 의한 것이다.

Wingspan. ♂♀ 30~33㎜.
Distribution. Korea (N), S.Siberia, C.Yakutia, Magadan, Amur region, Primorye, Mongolia, N.China-C.China.
North Korean name. Nop-eun-san-pyo-mun-beon-ti-gi (높은산표문번티기).

Male. [YG] Hyesan-si, 10~15. VII. 2003 (ex coll. Unknown-PDH)

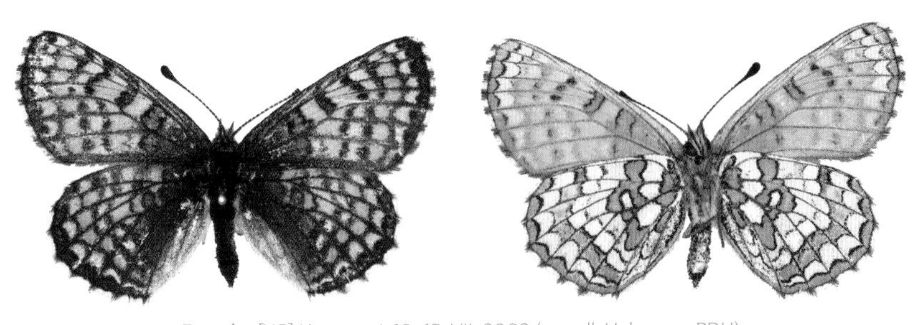

Female. [YG] Hyesan-si, 10~15. VII. 2003 (ex coll. Unknown-PDH)

222 은점어리표범나비 *Melitaea diamina* (Lang, 1789)

Eun-jeom-eo-ri-pyo-beom-na-bi

한반도에서는 개마고원 등 동북부 산지를 중심으로 국지적 분포한다. 연 1회 발생하며, 6월 중순부터 7월 초에 걸쳐 산지의 습한 풀밭에서 관찰된다. 1923년 Okamoto가 *Melitaea dictyna erycinides*로 처음 기록했으며, 현재의 국명은 석주명(1947: 4)에 의한 것이다.

Wingspan. ♂♀ 34~36㎜.
Distribution. Korea (N), S.Siberia, NE.China, S.Ussuri region, Japan, Europe.
North Korean name. Eun-jeom-pyo-mun-beon-ti-gi (은점표문번티기).

Male. [China] Duremaeul, Yanji, Jilin, 17. VII. 2010 (ex coll. Park Dongha-PDH)

Female. [China] Duremaeul, Yanji, Jilin, 17. VII. 2010 (ex coll. Park Dongha-PDH)

223 담색어리표범나비 *Melitaea protomedia* Ménétriès, 1859

Dam-saek-eo-ri-pyo-beom-na-bi

한반도에서는 중북부지방의 산지 풀밭을 중심으로 국지적 분포한다. 남한에서는 최근 관찰되는 지역 및 개체수가 매우 적어 보호가 필요하다. 연 1회 발생하며, 5월 말부터 7월에 걸쳐 나타난다. 1887년 Fixsen이 *Melitaea protomedia*로 처음 기록했으며, 현재의 국명은 석주명(1947: 4)에 의한 것이다.

Wingspan. ♂♀ 39~43㎜.
Distribution. Korea (N·C), Amur region, China, Japan.
North Korean name. Yeon-han-saek-pyo-mun-beon-ti-gi (연한색표문번티기).

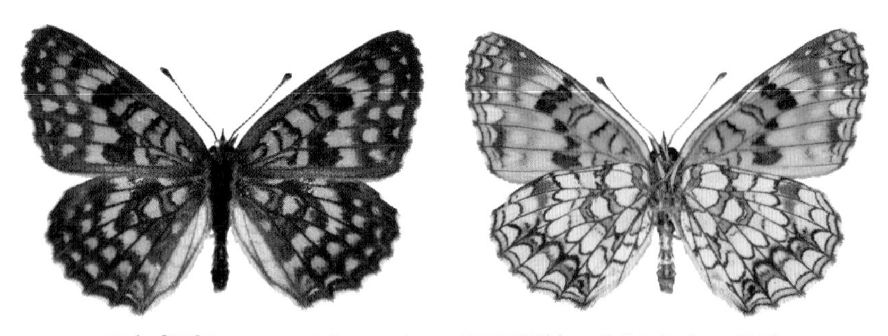

Male. [GW] Ssangryong-ri, Yeongwol-gun, 16. VI. 1996 (ex coll. Shin Yoohang-SYH)

Female. [GW] Gyebangsan (Mt.), Pyeongchang-gun, 25. V. 2001 (ex coll. Park Dongha-PDH)

224 암어리표범나비 *Melitaea scotosia* Butler, 1878

Am-eo-ri-pyo-beom-na-bi

한반도에서는 중북부지방에 국지적으로 분포한다. 연 1회 발생하며, 6월부터 7월에 걸쳐 나타난다. 남한에서는 강원도 중부지역의 습기가 많은 평지 및 산지 풀밭에서 국지적으로 관찰되나, 최근 자생지 및 개체수가 급감하고 있어 보호가 필요하다. 1887년 Fixsen이 *Melitaea phoebe*로 처음 기록했으며, 현재의 국명은 조복성(1959: 43)에 의한 것이다. 국명 이명으로는 석주명(1947: 4), 신유항(1975: 45), 김헌규와 미승우(1956: 397), 김정환·홍세선(1991)의 '암암어리표범나비' 그리고 조복성과 김창환(1956: 37)의 '어리표범나비'가 있다.

Wingspan. ♂♀ 51~57㎜.
Distribution. Korea (N·C), Ussuri region, NE.China, Japan.
North Korean name. Am-pyo-mun-beon-ti-gi (암표문번티기).

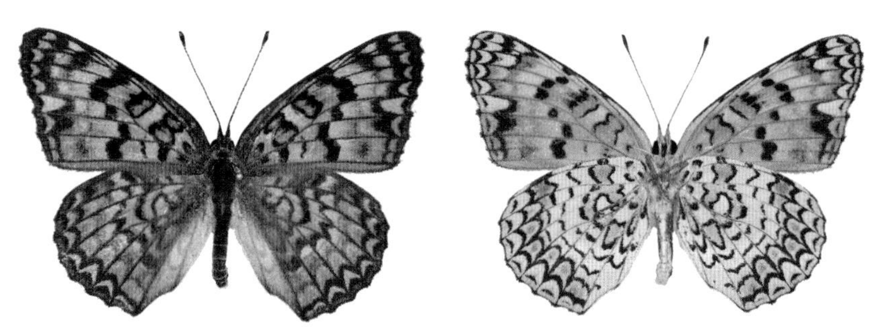

Male. [GW] Ssangryong-ri, Yeongwol-gun, 23. VI. 1996 (ex coll. Shin Yoohang-SYH)

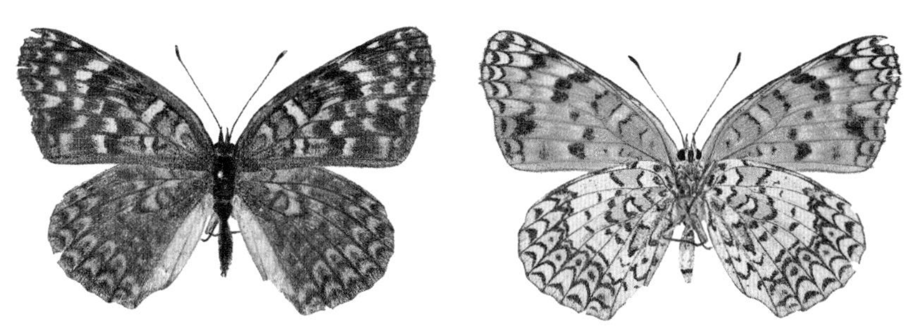

Female. [CB] Gomyeong-ri, Jecheon-si, 2. VII. 2011 (ex coll. Paek Munki-KPIC)

225 돌담무늬나비 *Cyrestis thyodamas* Boisduval, 1836

Dol-dam-mu-nui-na-bi

한반도에서는 길잃은나비(미접)로 취급되며, 2002년에 주홍재와 김성수가 제주도 비자림에서 암컷 1개체를 채집해 2002년에 처음 기록했다. 거제도 같은 남부지방 도서 및 해안가에서 가끔 관찰된다. 현재의 국명은 주홍재와 김성수(2002: 156)에 의한 것이다. Leech (1887)에 의한 한반도의 기록이 있지만, 석주명(1972 (Revised edition): 7)은 한반도에서 채집하지 못했다고 재정리한 바 있다.

Wingspan. ♂♀ 41~45㎜.
Distribution. Korea (S: Immigrant species), W.China, SW.China, Taiwan, Himalayas, Assam, Burma, W.Ghats (Konkan-Travancore), Coorg, Wynaad, Nilgiris.
North Korean name. There is no North Korean name.

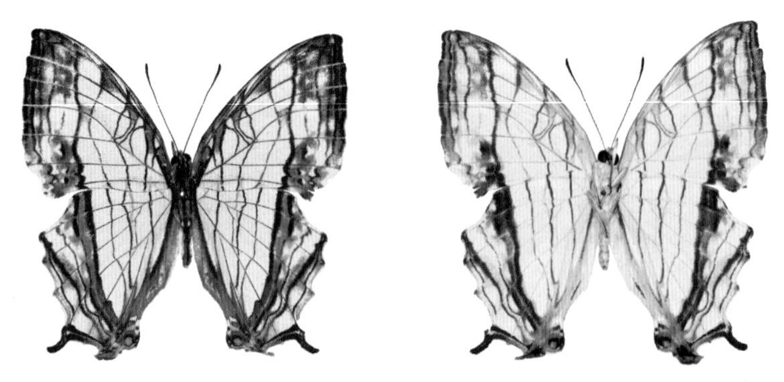

Male. [Busan] Haeundae (Bitch), Haeundae-gu, 6. VIII. 2007 (ex coll. Lee Gwanghun-PDH)

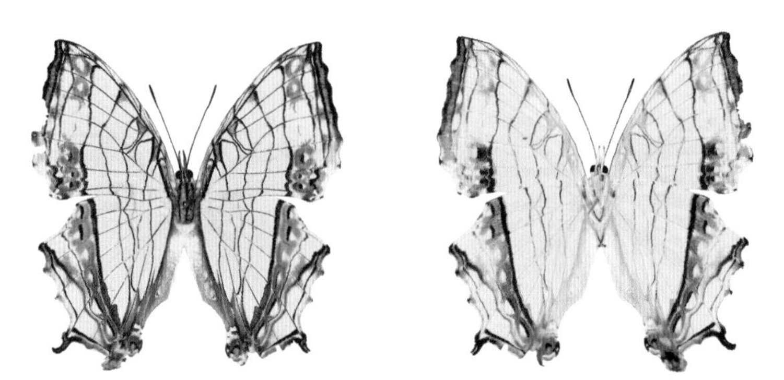

Female. [Japan] Okinawa (Is.), 22. II. 2008 (ex coll. Park Dongha-PDH)

226 먹그림나비 *Dichorragia nesimachus* Boisduval, 1836

Meok-geu-rim-na-bi

한반도에서는 남부지방에서는 폭넓게 분포하나, 중부지방에서는 서해안의 태안반도, 청양 칠갑산, 경기도 섬들에 국지적으로 분포한다. 중부 동해안 지역에서는 관찰되지 않는다. 연 2회 발생하며, 봄형은 5월 중순~6월 중순, 여름형은 7월 말~8월에 걸쳐 나타난다. 햇볕이 잘 드는 길가나 바위 위에 잘 앉으며, 썩은 과일이나 동물 배설물에 잘 모인다. 중부지방에서는 서해안을 중심으로 관찰지가 넓어지고 있다. 1919년 Doi가 전라북도 내장산 표본을 사용해 *Dichorragia nesimachus nesiotes*로 처음 기록했으며, 현재의 국명은 석주명(1947: 4)에 의한 것이다.

Wingspan. ♂♀ 47~71㎜.
Distribution. Korea (C·S), C.Europe, Kulu-Assam, Burma, Malaysia-Philippines, Taiwan, Japan.
North Korean name. Meok-geu-rim-na-bi (먹그림나비).

Male. [JN] Baekunsan (Mt.), Gwang-si, 19. VII. 1998 (ex coll. Paek Munki-KPIC)

Female. [GN] Sinjeon-ri, Tongyeong-si, 15. VII. 2011 (ex coll. Paek Munki-KPIC)

227 번개오색나비 *Apatura iris* (Linnaeus, 1758)

Beon-gae-o-saek-na-bi

한반도에서는 지리산 이북의 내륙 산지 중심으로 국지적 분포한다. 남한에서는 경기도 북부 및 강원도 산지가 주요 분포지다. 연 1회 발생하며, 6월부터 8월에 걸쳐 나타난다. 1901년 Staudinger와 Rebel이 *Apatura iris*로 처음 기록했으며, 현재의 국명은 석주명(1947: 3)에 의한 것이다. 국명이명으로는 조복성과 김창환(1956: 23)의 '번개왕색나비'가 있다.

Wingspan.♂♀ 68~76㎜.
Distribution. Korea (N·C·S), Temperate Asia, Europe (temperate belt).
North Korean name. San-o-saek-na-bi (산오색나비).

Male. [GW] Jaeansan (Mt.), Hwacheon-gun, 10. VII. 2009 (ex coll. Paek Munki-KPIC)

Female. [GW] Gachilbong, Inje-gun, 3. VIII. 2004 (ex coll. Park Dongha-PDH)

228 오색나비 *Apatura ilia* (Denis & Schiffermüller, 1775)

O-saek-na-bi

한반도에서는 중북부지방의 산지에 분포하며, 남한에서는 강원도 일대의 높은 산지를 중심으로 국지적 분포한다. 글쓴이들이 최근에 관찰한 최남단 지역은 정선 일대다. 연 1회 발생하고, 6월 중순부터 8월에 걸쳐 나타난다. 은판나비, 번개오색나비 등과 마찬가지로 바위에 앉아 무기염류를 빨아먹는다. 개체수는 적으며, 황색형과 흑색형이 있다. 1887년 Fixsen이 *Apatura ilia bunea*로 처음 기록했으며, 현재의 국명은 석주명(1947: 2)에 의한 것이다.

Wingspan. ♂♀ 66~69㎜.
Distribution. Korea (N·C), Japan, Temperate Asia, Europe.
North Korean name. O-saek-na-bi (오색나비).

Male. [GW] Odaesan (Mt.), Pyeongchang-gun, 12. VII. 2005 (ex coll. Park Dongha-PDH)

Male. [GW] Odaesan (Mt.), Pyeongchang-gun, 5. VII. 2012 (ex coll. Paek Munki-KPIC)

229 황오색나비 *Apatura metis* Freyer, 1829

Hwang-o-saek-na-bi

한반도에서는 제주도를 제외한 지역에 폭넓게 분포한다. 지역에 따라 연 1~3회 발생하며, 6월부터 10월에 걸쳐 나타난다. 산지와 평지, 수변지역뿐만 아니라 도심지에서도 종종 볼 수 있다. 참나무류 또는 벚나무류의 나무 진이나 동물 배설물에 잘 모인다. 1887년 Fixsen이 *Apatura ilia* var. *metis*로 처음 기록했으며, 현재의 국명은 이승모(1978: 40)에 의한 것이다.

Wingspan. ♂♀ 55~76㎜.
Distribution. Korea (N·C·S), SW.Siberia, Japan, NE.China, Taiwan, Kazakhstan, SE.Europe.
North Korean name. No-rang-o-saek-na-bi (노랑오색나비).

Male. [GW] Gyebangsan (Mt.), Pyeongchang-gun, 13. VII. 1991 (ex coll. Shin Yoohang-SYH)

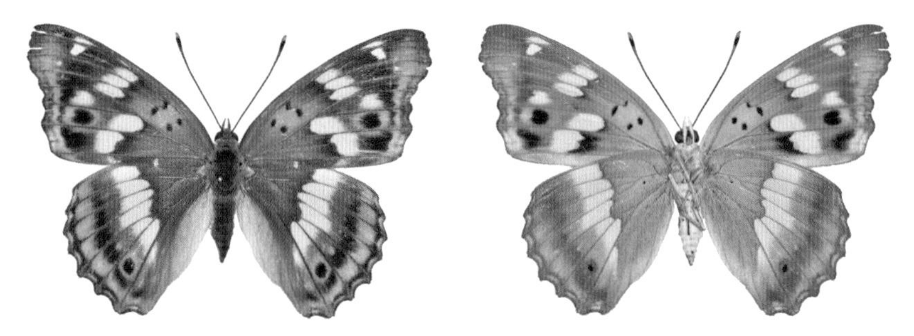

Female. [GG] Cheonmasan (Mt.), Namyangju-si, 12. IX. 1995 (ex coll. Paek Munki-KPIC)

Male. [GW] Gwangdeoksan (Mt.), Hwacheon-gun, 21. VII. 1996 (ex coll. Paek Munki-KPIC)

Female. [GW] Yongdae-ri, Inje-gun, 24. VI. 1999 (ex coll. Paek Munki-KPIC)

Male. [CN] Maam-ri, Gongju-si, 15. IX. 2010 (ex coll. Paek Munki-KPIC)

230 은판나비 *Mimathyma schrenckii* (Ménétriès, 1859)

Eun-pan-na-bi

한반도에서는 내륙 산지를 중심으로 국지적 분포한다. 제주도와 남해안 섬 지역에서는 관찰 기록이 없으나, 경기도 섬 지역에서는 신도와 대이작도에서 확인되었다. 연 1회 발생하며, 6월 중순부터 8월에 걸쳐 나타난다. 강원도의 산지에서는 6월 말~7월 초에 가장 많으며, 이 시기 축축한 땅에서 무리지어 물을 빠는 수컷들의 모습을 쉽게 볼 수 있다. 1887년 Fixsen이 *Apatura schrenckii*로 처음 기록했으며, 현재의 국명은 김헌규와 미승우(1956: 396)에 의한 것이다. 국명이명으로는 석주명(1947: 3)의 '은판대기'가 있다.

Wingspan. ♂♀ 71~89㎜.
Distribution. Korea (N·C·S), Amur and Ussuri region, NE.China.
North Korean name. Eun-o-saek-na-bi (은오색나비).

Male. [GW] Gwangdeoksan (Mt.), Hwacheon-gun, 9. VII. 1997 (ex coll. Paek Munki-KPIC)

Female. [GW] Gwangdeoksan (Mt.), Hwacheon-gun, 24. VII. 2010 (ex coll. Paek Munki-KPIC)

231 밤오색나비 *Mimathyma nycteis* (Ménétriès, 1859)

Bam-o-saek-na-bi

한반도에서는 중북부지방에 국지적으로 분포한다. 남한에서는 쌍용, 영월, 정선 및 양구 등 강원도가 주요 분포지역이나, 최근 개체수가 급감하고 있어 보호가 필요하다. 연 1회 발생하며, 6월 중순부터 8월에 걸쳐 나타난다. 수컷은 나대지 또는 산길의 습기가 많은 곳이나 동물의 배설물에 잘 앉으며, 강원도 영월지역에서는 퇴비에도 잘 모인다. 암컷은 나무 위쪽에 앉아 햇볕을 쬐거나, 천천히 날아다닌다. 1887년 Fixsen이 *Neptis nycteis*로 처음 기록했으며, 현재의 국명은 석주명(1947: 3)에 의한 것이다.

Wingspan. ♂♀ 73~85㎜.
Distribution. Korea (N·C), Amur and Ussuri region, NE.China.
North Korean name. Tti-o-saek-na-bi (띠오색나비).

Male. [GW] Gaojak-ri, Yanggu-gun, 28. VI. 2011 (ex coll. Paek Munki-KPIC)

Female. [GW] Changwon-ri, Yeongwol-gun, 18. VII. 2010 (ex coll. Paek Munki-KPIC)

232 수노랑나비 *Chitoria ulupi* (Doherty, 1889)

Su-no-rang-na-bi

한반도에서는 내륙 산지를 중심으로 국지적 분포하며, 제주도와 해안가 지역에서는 관찰 기록이 없다. 양평 같은 경기도 일부 지역에서는 발생 시기에 많은 개체가 관찰되기도 한다. 연 1회 발생하며, 6월 중순부터 8월에 걸쳐 나타난다. 참나무 진에 잘 모인다. 1931년 Doi가 경기도 소요산 표본을 사용해 *Apatura subcaerulea*로 처음 기록했으며, 현재의 국명은 김헌규와 미승우(1956: 396)에 의한 것이다. 국명이명으로는 석주명(1947: 3)의 '수노랭이'가 있다.

Wingspan. ♂♀ 57~70㎜.
Distribution. Korea (N·C·S), W.China, N.Burma, Assam, Nagas.
North Korean name. Su-no-rang-o-saek-na-bi (수노랑오색나비).

Male. [GG] Jijangsan (Mt.), Pocheon-si, 12. VI. 2006 (ex coll. Lee S.H.-KKW)

Female. [GW] Cheongpyeongsa, Chuncheon-si, 30. VII. 1994 (ex coll. Paek Munki-KPIC)

233 유리창나비 *Dilipa fenestra* (Leech, 1891)

Yu-ri-chang-na-bi

한반도에서는 산지 계곡을 중심으로 국지적 분포한다. 연 1회 발생하며, 4월 중순부터 6월 초에 걸쳐 나타난다. 수컷은 축축한 땅이나 햇볕이 드는 바위 위에 잘 앉으며, 때로는 동물 배설물에도 모인다. 암컷은 민첩하게 날아다니고, 잘 앉지 않아 관찰하기 힘들다. 1934(a)년 석주명이 경기도 개성(북한) 표본을 사용해 *Dilipa fenestra*로 처음 기록했으며, 현재의 국명은 석주명(1947: 4)에 의한 것이다.

Wingspan. ♂♀ 52~62㎜.
Distribution. Korea (N·C·S), NE.China, E.China.
North Korean name. Yu-ri-chang-na-bi (유리창나비).

Male. [CN] Sangsin-ri, Gongju-si, 23. IV. 2004 (ex coll. Paek Munki-KPIC)

Female. [GN] Hwangseoksan (Mt.), Hamyang-gun, 23. IV. 2012 (ex coll. Paek Munki-KPIC)

234 흑백알락나비 *Hestina japonica* (C. et R. Felder, 1862)

Heuk-baek-al-rak-na-bi

한반도에서는 중남부지방에 폭넓게 분포하며, 제주도에서는 관찰 기록이 없다. 연 2~3회 발생하며, 봄형은 5~6월, 여름형은 7~8월에 걸쳐 나타난다. 잡목림에 살며, 나무 위나 주변을 천천히 선회하면서 난다. 맑은 날에는 축축한 땅에 앉아 물을 빨거나, 나무 진 및 썩은 과일에 모인다. 1907년 Matsumura가 *Diagora japonica*로 처음 기록했으며, 현재의 국명은 석주명(1947: 4)에 의한 것이다. 근연종인 *H. persimilis* (Westwood, 1850)는 모식산지가 북 인도이며, Nepal, Sikkim, W.China, Kashmir, Simla-Assam, Orissa 등지에 분포한다 (Savela, 2008).

Wingspan. Spring form: ♂♀ 58~64㎜, Summer form: ♂♀ 65~71㎜.
Distribution. Korea (N·C·S), Japan, China, Taiwan.
North Korean name. Huin-jeom-al-rak-na-bi (흰점알락나비).

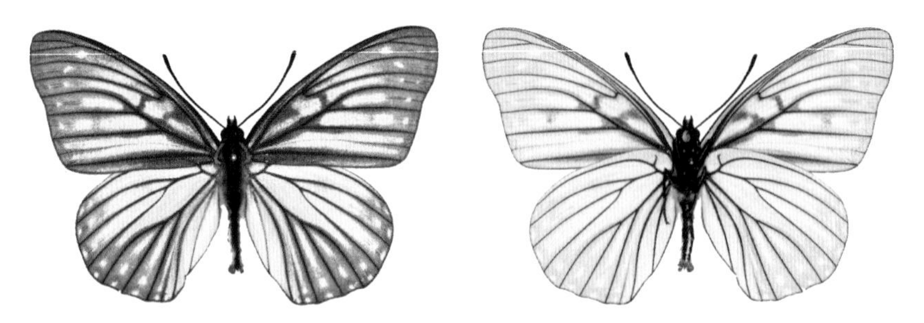

Male. [GG] Sinbok-ri, Yangpyeong-gun, 6. V. 2001 (ex coll. Shin Yoohang-SYH)

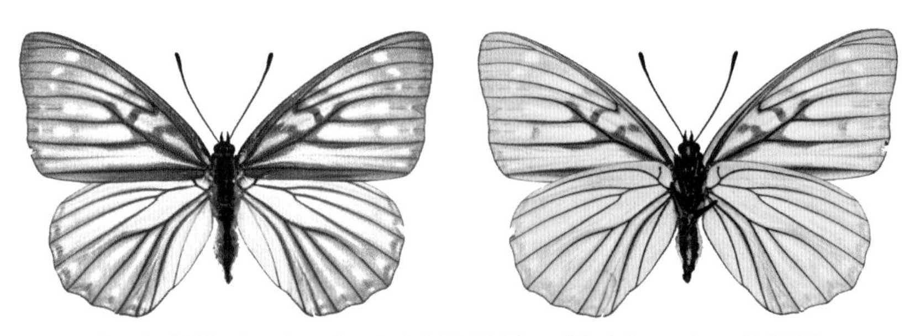

Female. [JB] Deokjin-dong, Jeonju-si, 9. VI. 1996 (ex coll. Park Gwangcheon-HUNHM)

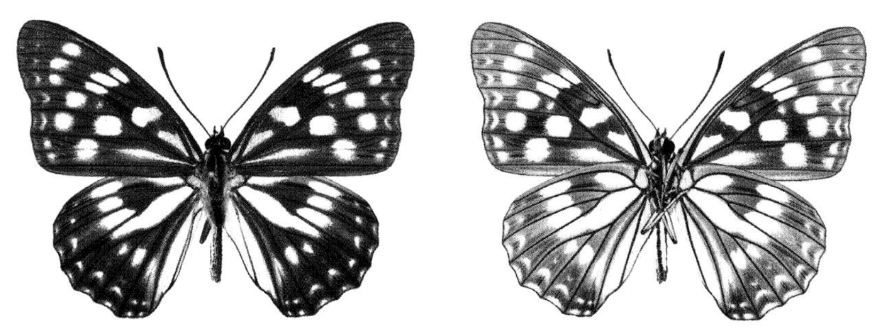

Male. [JN] Gwang-i-ri, Naju-si, 25. VIII. 2011 (ex coll. Paek Munki-KPIC)

Female. [Incheon] Soeopyeongdo (Is.), Ongjin-gun. 27. VIII. 2010 (ex coll. Paek Munki-KPIC)

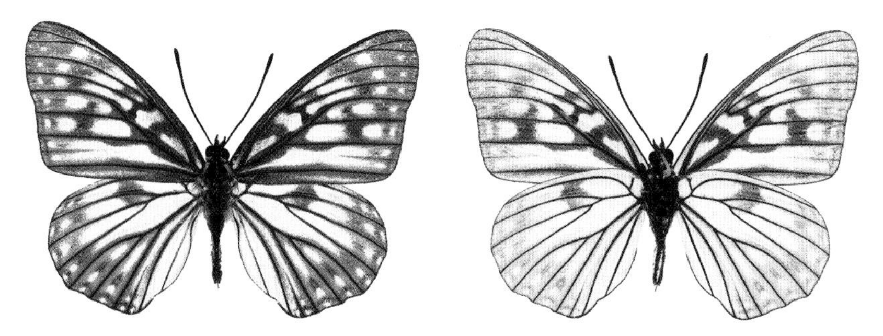

Male. [CN] Okryong-dong, Gongju-si, 15. VI. 2011 (ex coll. Paek Munki-KPIC)

235 홍점알락나비 *Hestina assimilis* (Linnaeus, 1758)

Hong-jeom-al-rak-na-bi

한반도 전역에 분포하며, 내륙보다는 섬 또는 해안가 지역에 개체밀도가 높다. 연 2~3회 발생하며, 5월 말부터 9월에 걸쳐 나타난다. 대부분 잡목림이나 숲 가장자리에서 활동하며, 썩은 과일이나 참나무 진에 잘 모인다. 1883년 Butler가 *Hestina assimilis*로 처음 기록했으며, 현재의 국명은 석주명(1947: 4)에 의한 것이다.

Wingspan. ♂♀ 69~92㎜
Distribution. Korea (N·C·S), Japan, Tibet, China, Hong Kong, Taiwan.
North Korean name. Bulk-eun-jeom-al-rak-na-bi (붉은점알락나비).

Male. [Incheon] Socheongdo (Is.), Ongjin-gun, 14. VIII. 2009 (ex coll. Paek Munki-KPIC)

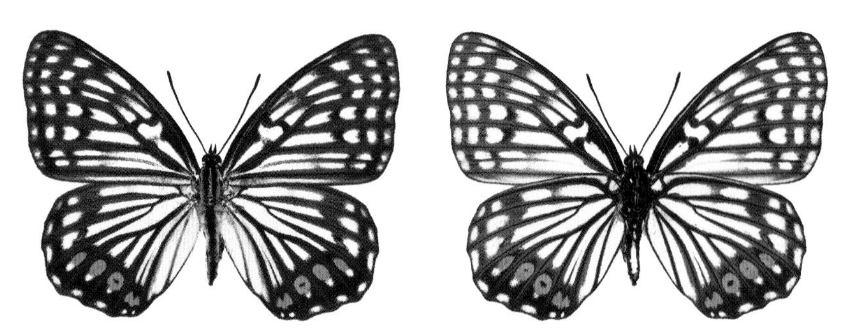

Female. [CN] Maam-ri, Gongju-si, 14. VI. 2011 (ex coll. Paek Munki-KPIC)

236 왕오색나비 *Sasakia charonda* (Hewitson, 1862)

Wang-o-saek-na-bi

한반도에서는 국지적으로 분포하며, 제주도 및 섬 지역에서도 볼 수 있다. 최근 도시 주변 산지에서는 개체수가 적어졌으나, 서해안 섬들에서는 무리지어 참나무 진을 빨거나 동물 배설물에 모인 모습을 종종 볼 수 있다. 연 1회 발생하며, 6월 중순부터 8월에 걸쳐 나타난다. 1887년 Leech가 강원도 원산 표본을 사용해 *Euripus coreanus*로 처음 기록했으며, 현재의 국명은 석주명(1947: 5)에 의한 것이다.

Wingspan. ♂♀ 71~101㎜.
Distribution. Korea (N·C·S), W.China, C.China, Taiwan, Japan.
North Korean name. Wang-o-saek-na-bi (왕오색나비).

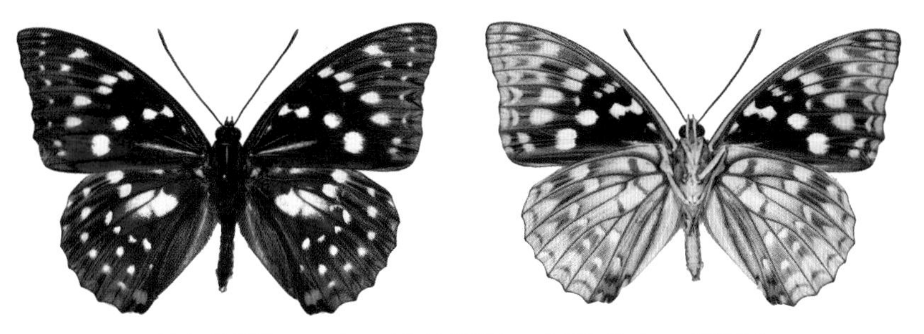

Male. [GW] Yeongwol-gun, 23. VI. 1987 (ex coll. Shin Yoohang-KUNHM)

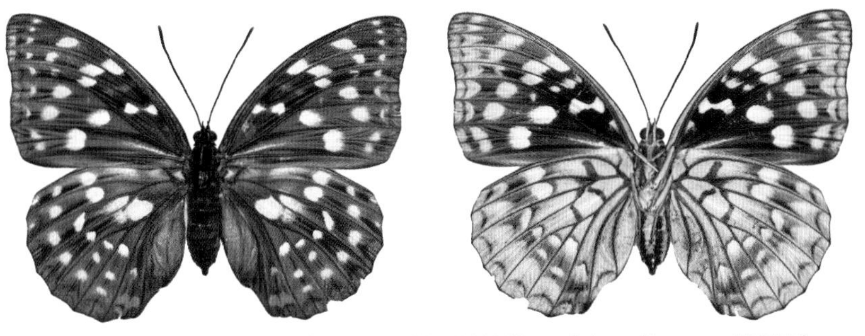

Female. [CN] Kyeryongsan (Mt.), Gongju-si, 23. VII. 1985 (ex. coll. Jeong Yeongwon-HUNHM)

237 대왕나비 *Sephisa princeps* (Fixsen, 1887)

Dae-wang-na-bi

한반도에서는 폭넓게 분포하나, 제주도에서는 관찰 기록이 없다. 연 1회 발생하며, 6월 말부터 8월에 걸쳐 나타난다. 수컷은 땅에 잘 앉아 쉽게 관찰할 수 있으나, 암컷은 대부분 잡목림 안쪽에서 활동하므로 관찰하기 쉽지 않다. 1887년 Fixsen이 강원도 김화 북점 표본을 사용해 *Apatura princeps*로 신종 기록했으며, 현재의 국명은 석주명(1947: 5)에 의한 것이다.

Wingspan. ♂♀ 63~75㎜.
Distribution. Korea (N·C·S), Amur region, NE.China.
North Korean name. Gam-saek-eol-ruk-na-bi (감색얼룩나비).

Male. [GW] Changwon-ri, Yeongwol-gun, 18. VII. 2010 (ex coll. Paek Munki-KPIC)

Female. [CB] Boseoksa (Temp.), Geumsan-gun, 1. VIII. 1996 (ex coll. Park Sangkyu-PSK)

238 산은점선표범나비 *Clossiana selene* (Denis & Schiffermüller, 1775)

San-eun-jeom-seon-pyo-beom-na-bi

한반도에서는 북부지방을 중심으로 분포한다. 남한에서는 이전에 *Clossiana selene*를 작은은점선표범나비(*C. perryi*)로 적용한 바 있어 한반도 분포 범위에 대한 재검토가 필요하다. 러시아 극동 남부지방에서는 연 1~2회 발생하며, 6월부터 8월에 걸쳐 나타난다. 1937년 Sugitani가 함경북도 개마고원 표본을 사용해 *Argynnis selene* subsp.로 처음 기록했으며, 현재의 국명은 주홍재 등(1997)에 의한 것이다. 국명이명으로는 석주명(1947: 3)의 '스기타니은점선표범나비', 김헌규와 미승우(1956: 381) 및 신유항(1996)의 '스기다니은점선표범나비' 등이 있다.

Wingspan. ♀ 41㎜.
Distribution. Korea (N), Temperate belt of the Palaearctic region, North America.
North Korean name. Nop-eun-san-eun-jeom-seon-pyo-beom-na-bi (높은산은점선표범나비).

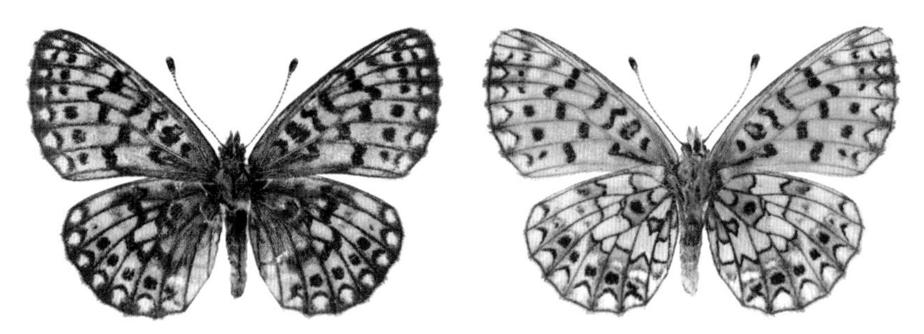

Female. [Mongolia] Bayanchandman, Töv, 11. VII. 2010 (ex coll. Yoshimi Oshima-OY)

239 작은은점선표범나비 *Clossiana perryi* (Butler, 1882)

Jak-eun-eun-jeom-seon-pyo-beom-na-bi

한반도에 폭넓게 분포하나, 남부 해안지방 및 도서지방에서는 관찰 기록이 없다. 연 3~4회 발생하며, 3월 말부터 10월에 걸쳐 나타난다. 산지 내 풀밭이나 숲 가장자리의 꽃 핀 식물에서 볼 수 있으나, 최근 관찰되는 지역이나 개체수가 줄고 있다. 1882년 Butler가 *Brenthis perryi*로 처음 기록했으며, 현재의 국명은 석주명(1947: 3=*Argynnis selene*)에 의한 것이다. 국명이명으로는 조복성(1959: 35, 140)의 '선진은점선표범나비, 성지은점표범나비', 김헌규와 미승우(1956: 381)의 '성지은점선표범나비' 그리고 이승모(1982: 50)의 '성지은점표범나비'가 있다.

Wingspan. ♂♀ 32~45㎜.
Distribution. Korea (N·C·S), S.Ussuri region, Amur region.
North Korean name. Jak-eun-eun-jeom-seon-pyo-beom-na-bi (작은은점선표범나비).

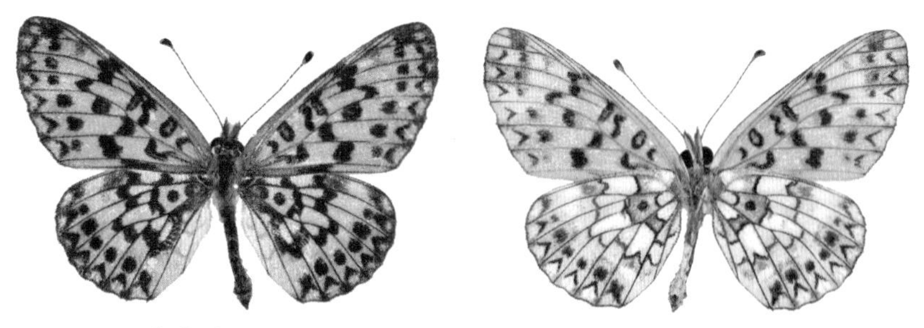

Male. [GG] Ujeong-ri, Yeoncheon-gun, 18. IX. 2008 (ex coll. Paek Munki-KPIC)

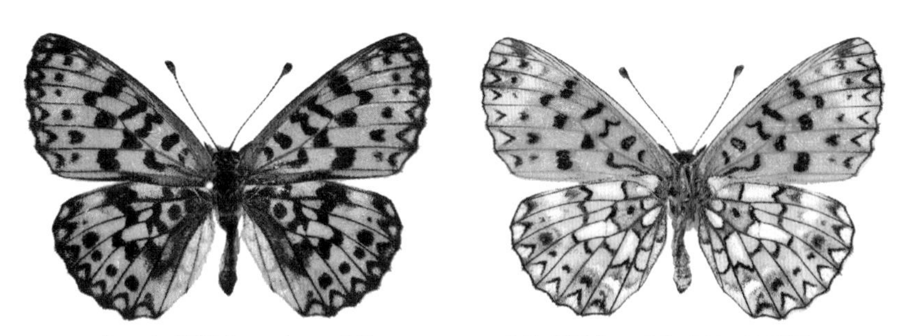

Female. [GW] Hyeoncheon-ri, Hoengseong-gun 1. VI. 2012 (ex coll. Paek Munki-KPIC)

240 꼬마표범나비 *Clossiana selenis* (Eversmann, 1837)

Kko-ma-pyo-beom-na-bi

한반도에서는 북부지방의 산지 풀밭을 중심으로 분포한다. 연 2회 발생하며, 제1화는 5월 말~7월, 제2화는 8월 초~9월 말에 걸쳐 나타난다. 러시아 극동지역에서는 숲 가장자리나 산지 내 풀밭 등에서 관찰된다. 1927년 Matsumura가 함경북도 주을 표본을 사용해 *Argynnis selenis chosensis*로 처음 기록했으며, 현재의 국명은 석주명(1947: 3)에 의한 것이다.

Wingspan. ♂♀ 31~33㎜.
Distribution. Korea (N), Siberia, Amur, Europe, China.
North Korean name. Kko-ma-pyo-beom-na-bi (꼬마표범나비).

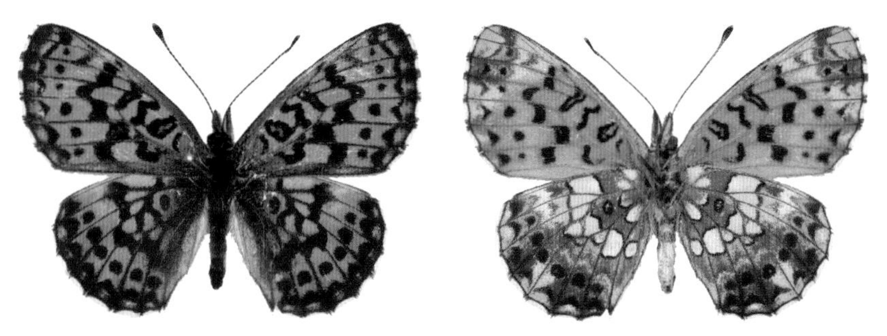

Male. [YG] Hyesan-si, 10~15. VII. 2003 (ex coll. Unknown-PDH)

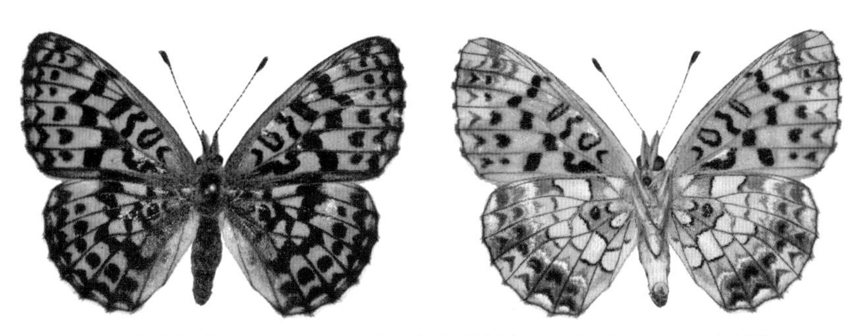

Female. [China] Changbaisan (Mt.) Jilin, 31. VII. 2000 (ex coll. Bae Yangseop et al.-UIB)

241 백두산표범나비 *Clossiana angarensis* (Erschoff, 1870)

Baek-du-san-pyo-beom-na-bi

한반도에서는 북부지방의 산지 풀밭에 국지적으로 분포한다. 연 1회 발생하며, 6월부터 8월에 걸쳐 나타난다. 한반도산 '백두산표범나비'의 학명적용에 대한 이견들이 있어 앞으로 분류학적 고찰이 필요하다(백과 신, 2010: 306). 1887년 Fixsen이 *Argynnis oscarus maxima*로 처음 기록했으며, 현재의 국명은 석주명(1947: 3)에 의한 것이다.

Wingspan. ♂♀ 36~39㎜.
Distribution. Korea (N), S.Siberia, Amur and Ussuri region, Transbaikal.
North Korean name. Baek-du-san-pyo-beom-na-bi (백두산표범나비).

Male. [YG] Hyesan-si, 10~15. VII. 2003 (ex coll. Unknown-PDH)

Female. [YG] Hyesan-si, 10~15. VII. 2003 (ex coll. Unknown-PDH)

242 큰은점선표범나비 *Clossiana oscarus* (Eversmann, 1844)

Keun-eun-jeom-seon-pyo-beom-na-bi

한반도에서는 내륙 산지를 중심으로 국지적 분포한다. 연 1회 발생하며, 5월부터 7월 중순에 걸쳐 나타난다. 남한에서는 강원도 중북부지역이 주요 분포지이며, 개체수가 적다. 숲 가장자리나 능선 주변 햇볕이 잘 드는 풀밭에서 활동한다. 1887년 Fixsen이 *Argynnis oscarus* var. *maxima*로 처음 기록했으며, 현재의 국명은 석주명(1947: 3)에 의한 것이다.

Wingspan. ♂♀ 41~45㎜.
Distribution. Korea (N·C·S), S.Siberia, E.Amur S.Amur and Ussuri region, Europe.
North Korean name. Keun-eun-jeom-seon-pyo-beom-na-bi (큰은점선표범나비).

Male. [GW] Simjeok-ri, Inje-gun, 18. VI. 2011 (ex coll. Paek Munki-KPIC)

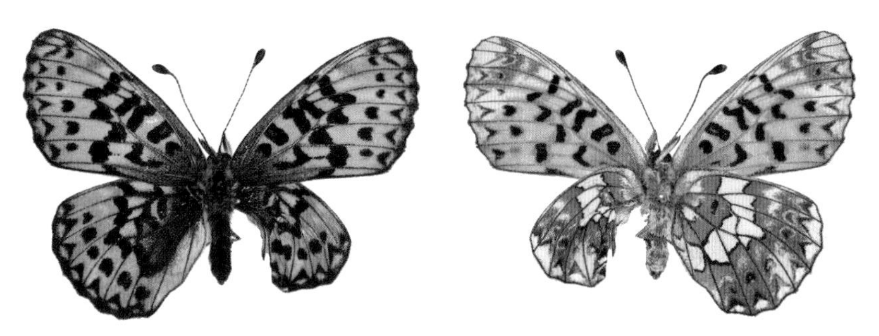

Female. [GW] Chiaksan (Mt.), Wonju-si, 3. VI. 2001 (ex coll. Bae Yangseop et al.-UIB)

243 산꼬마표범나비 *Clossiana thore* (Hübner, [1803~1804])

San-kko-ma-pyo-beom-na-bi

한반도에서는 중북부지방의 산지 중심으로 국지적 분포한다. 남한에서는 강원도 태백산맥 일부 지역에 국지적으로 분포했으나, 현재 관찰되는 지역이 없어 절멸되었을 가능성이 높다. 연 1회 발생하고, 5월 중순부터 7월에 걸쳐 나타난다. 1919년 Doi가 함경남도 함흥군 황초령 표본을 사용해 *Argynnis thore*로 처음 기록했으며, 현재의 국명은 석주명(1947: 3)에 의한 것이다.

Wingspan. ♂♀ 38~43㎜.
Distribution. Korea (N·C), Kamchatka, Amur and Ussuri region, N.Siberia, W.Siberia, N.China, Japan, Transbaikal, Altai, Ural, N.Scandinavia, Austria.
North Korean name. Ga-neun-nal-gae-pyo-beom-na-bi (가는날개표범나비).

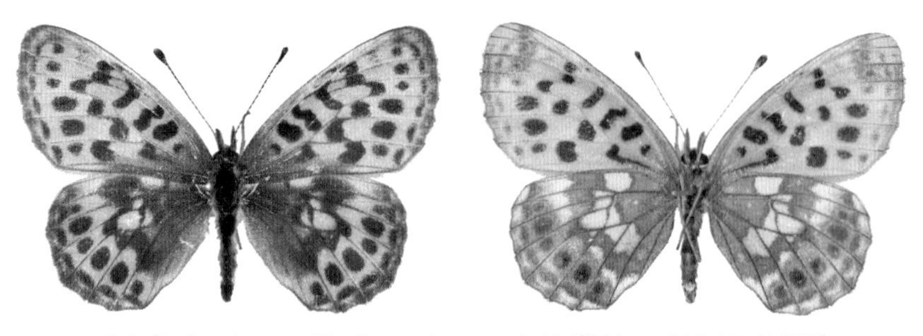

Male. [GW] Gyebangsan (Mt.), Pyeongchang-gun, 6. VI. 1989 (ex coll. Min Wanki-KPIC)

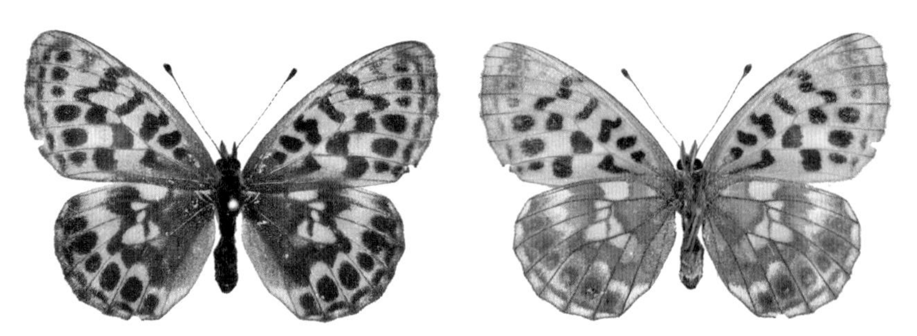

Female. [GW] Gyebangsan (Mt.), Pyeongchang-gun, 3. VI. 1989 (ex coll. Kim Yongsik-KYS)

244 높은산표범나비 *Clossiana titania* (Esper, 1790)

Nop-eun-san-pyo-beom-na-bi

한반도에서는 백두산 등 동북부지방의 높은 산지에 국지적으로 분포한다. 연 1회 발생하며, 7월 말부터 8월 초에 걸쳐 나타난다. 1934년 석주명이 백두산 표본을 사용해 *Argynnis amathusia sibirica*로 처음 기록했으며, 현재의 국명은 석주명(1947: 3)에 의한 것이다.

Wingspan. ♂ 40~42㎜.
Distribution. Korea (N), S.Siberia, Amur region, Transbaikal, Sayan, Altai, Europe.
North Korean name. op-eun-san-pyo-beom-na-bi (높은산표범나비).

Male. [HB] Namseolryeong, Gapsan-gun, 19. VII. 1934 (ex coll. Hironobu Doi-KSU)

245 은점선표범나비 *Clossiana euphrosyne* (Linnaeus, 1758)

Eun-jeom-seon-pyo-beom-na-bi

한반도에서는 북부지방에 국지적으로 분포한다. 연 1회 발생하며, 평지에서는 5월 말부터 6월 중순, 산지에서는 6월 말부터 7월에 걸쳐 나타난다. 숲 가장자리 풀밭이나 산지 내 빈터에서 관찰된다. 극동 러시아에서는 연 1~2회 발생하며, 5월 하순부터 8월 중순에 걸쳐 나타난다. 1931년 Sugitani가 함경남도 대덕산 표본을 사용해 *Argynnis euphrosyne*로 처음 기록했으며, 현재의 국명은 석주명(1947: 3)에 의한 것이다.

Wingspan. ♂ 36~38㎜.
Distribution. Korea (N), Temperate belt of the Palaearctic region except for Middle Asia
North Korean name. Eun-jeom-seon-pyo-beom-na-bi (은점선표범나비).

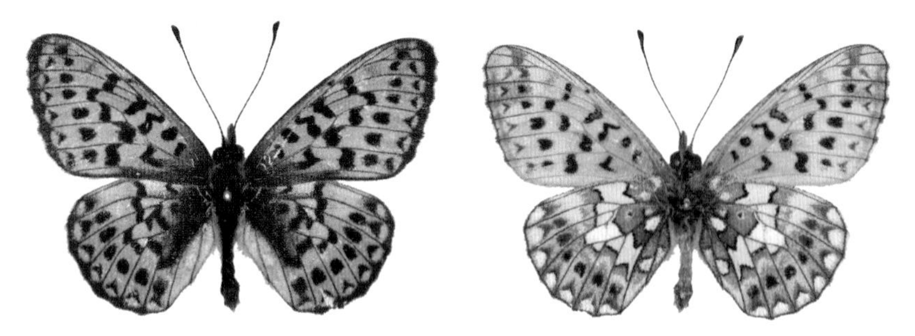

Male. [YG] Hyesan-si, 10~15. VII. 2003 (ex coll. Unknown-PDH)

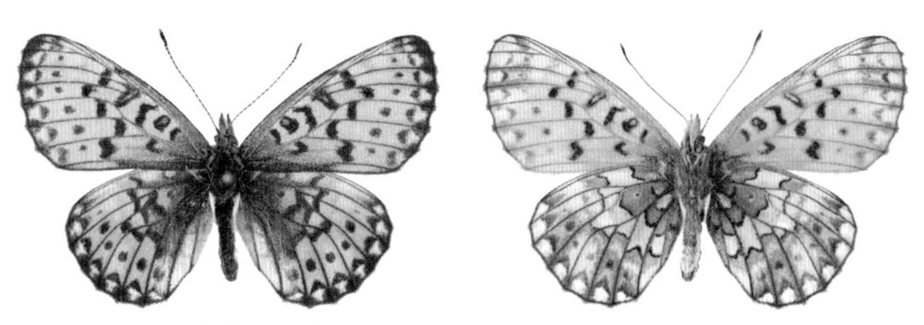

Female. [Mongolia] Terelj, Töv, 9. VI. 2000 (ex coll. Yoshimi Oshima-OY)

246 작은표범나비 *Brenthis ino* (Rottemburg, 1775)

Jak-eun-pyo-beom-na-bi

한반도에서는 중북부지방을 중심으로 분포한다. 남한에서는 대부분 강원도의 산지 능선 또는 정상 주변 풀밭에서 볼 수 있으며, 개체수가 적다. 연 1회 발생하며, 6월부터 8월에 걸쳐 나타난다. 1887년 Leech가 강원도 원산 표본을 사용해 *Argynnis ino*로 처음 기록했으며, 현재의 국명은 석주명(1947: 3)에 의한 것이다.

Wingspan. ♂♀ 41~49㎜.
Distribution. Korea (N·C), Russia, N.China, Japan, Temperate Asia, Europe.
North Korean name. Jak-eun-pyo-mun-na-bi (작은표문나비).

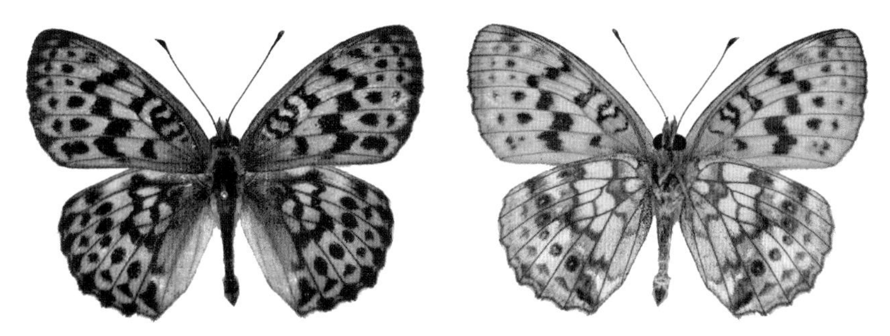

Male. [GW] Jabyeongsan (Mt.), Gangreung-si, 26. VI. 2007 (ex coll. Paek Munki-KPIC)

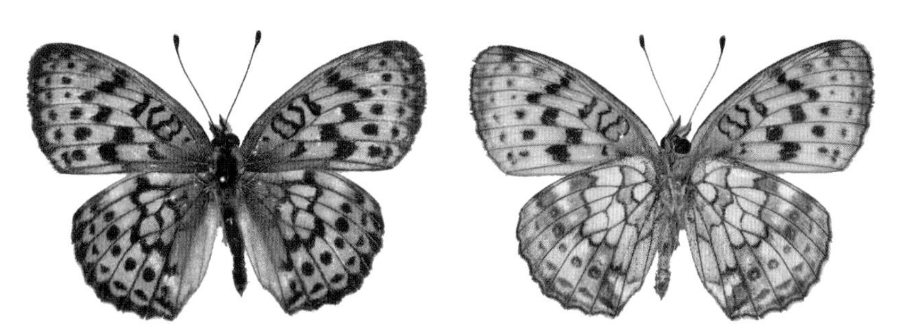

Female. [GW] Taebaeksan (Mt.), Taebaek-si, 29. VI. 1990 (ex coll. Paek Munki-KPIC)

247 큰표범나비 *Brenthis daphne* (Bergsträsser, 1780)

Keun-pyo-beom-na-bi

한반도에서는 중북부지방의 내륙 산지를 중심으로 국지적 분포한다. 남한에서는 대부분 산지의 능선 또는 정상 주변 풀밭에서 볼 수 있으며, 개체수가 적다. 연 1회 발생하며, 6월부터 8월에 걸쳐 나타난다. 1882년 Butler가 *Argynnis rabdia*로 처음 기록했으며, 현재의 국명은 석주명(1947: 3)에 의한 것이다.

Wingspan. ♂♀ 48~57㎜.
Distribution. Korea (N·C), Russia, Japan, Europe.
North Korean name. Keun-pyo-mun-na-bi (큰표문나비).

Male. [GW] Taebaeksan (Mt.), Taebaek-si, 29. VI. 1990 (ex coll. Paek Munki-KPIC)

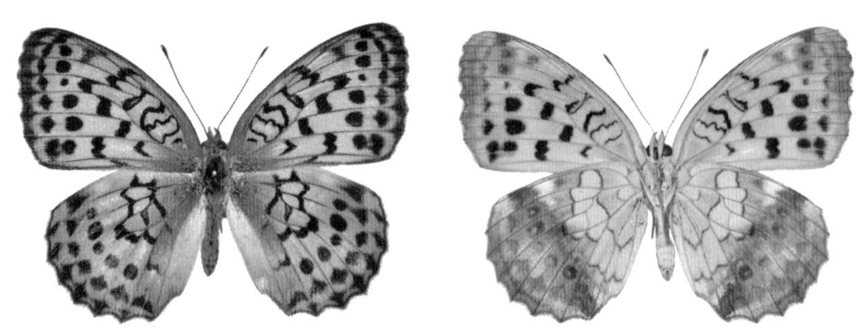

Female. [GG] Jugeumsan (Mt.), Gapyeong-gun, 4. VII. 1990 (ex coll. Paek Munki-KPIC)

248 은줄표범나비 *Argynnis paphia* (Linnaeus, 1758)

Eun-jul-pyo-beom-na-bi

한반도에서는 산지를 중심으로 폭넓게 분포하며, 개체수가 많다. 연 1회 발생하며, 5월 중순 이후에 나타나 6월 말까지 활동하다가 여름잠을 잔 뒤 8월부터 10월 초에 걸쳐 나타난다. 산지 내 꽃 핀 식물뿐만 아니라 축축한 땅바닥에서 수백 마리씩 무리지어 물을 빠는 모습을 종종 볼 수 있다. 1887년 Leech가 *Argynnis paphia*로 처음 기록했으며, 현재의 국명은 석주명(1947: 3)에 의한 것이다.

Wingspan. ♂♀ 58~68㎜.
Distribution. Korea (N·C·S), Japan, Temperate Asia, Taiwan, Algeria, Europe.
North Korean name. Eun-jul-pyo-mun-na-bi (은줄표문나비).

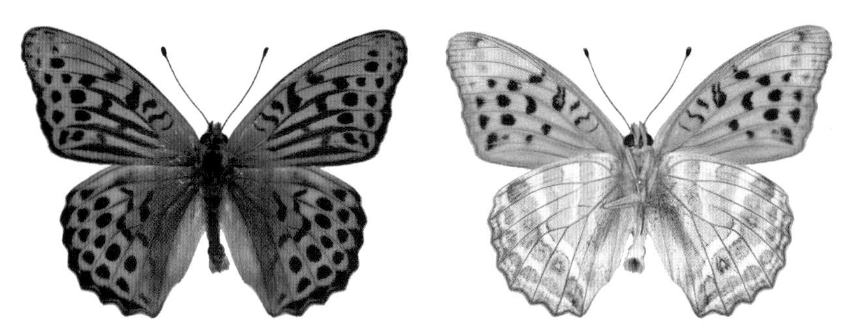

Male. [GW] Jaeansan (Mt.), Hwacheon-gun, 10. VII. 2009 (ex coll. Paek Munki-KPIC)

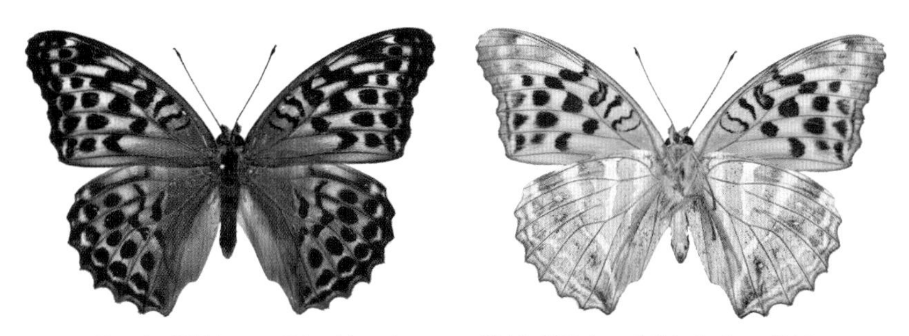

Female. [GW] Yongso Valley, Hongcheon-gun, 21. VII. 2010 (ex coll. Shin Yoohang-SYH)

249 구름표범나비 *Argynnis anadyomene* C. et R. Felder, 1862

Gu-reum-pyo-beom-na-bi

한반도에서는 산지를 중심으로 폭넓게 분포하나, 제주도와 울릉도에는 관찰 기록이 없다. 연 1회 발생하며, 5월 말 이후에 나타나 6월 말까지 활동하다가 여름잠을 잔 후 7월 말부터 9월에 걸쳐 나타난다. 개체수는 많지 않으며, 산지 내 풀밭 및 숲 가장자리의 꽃 핀 식물에서 볼 수 있다. 1887년 Fixsen이 *Argynnis anadiomene*로 처음 기록했으며, 현재의 국명은 석주명(1947: 3)에 의한 것이다. 국명이명으로는 이승모(1971: 9)의 '구룸표범나비'가 있다.

Wingspan. ♂♀ 62~70㎜.
Distribution. Korea (N·C·S), Amur and Ussuri region, Japan, China.
North Korean name. Gu-reum-pyo-mun-na-bi (구름표문나비).

Male. [GW] Taebaeksan (Mt.), Taebaek-si, 1. VII. 1996 (ex coll. Paek Munki-KPIC)

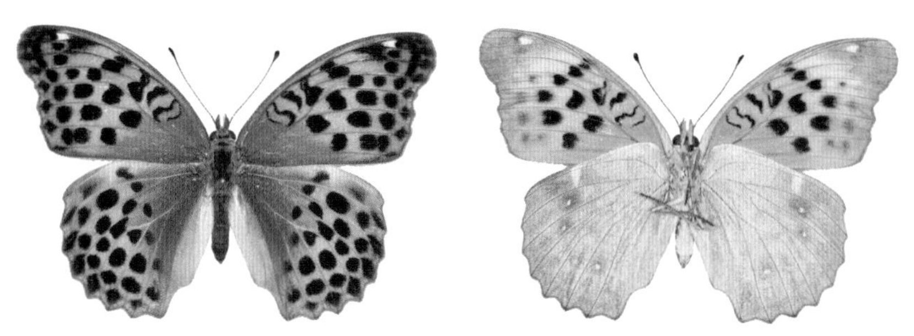

Female. [GB] Oknyeobong, Yeongju-si, 1. IX. 2010 (ex coll. Paek Munki-KPIC)

250 긴은점표범나비 *Argynnis vorax* Butler, 1871

Gin-eun-jeom-pyo-beom-na-bi

한반도 전역에 분포하며, 개체수가 많다. 연 1회 발생하며, 6월 중순부터 나타나 잠시 활동하다가 여름잠을 자고 난 뒤 9월에 다시 나타난다. 그간 학명의 변동이 많았던 종이며, 현재에도 연구자간 이견이 있어 앞으로 분류학적 고찰이 필요하다(백과 신, 2010: 316). 1883년 Butler가 *Argynnis vorax*로 처음 기록했으며, 현재의 국명은 석주명(1947: 4)에 의한 것이다.

Wingspan. ♂♀ 57~72㎜.
Distribution. Korea (N·C·S), Japan, Temperate Asia, Europe.
North Korean name. Gin-eun-jeom-pyo-mun-na-bi (긴은점표문나비).

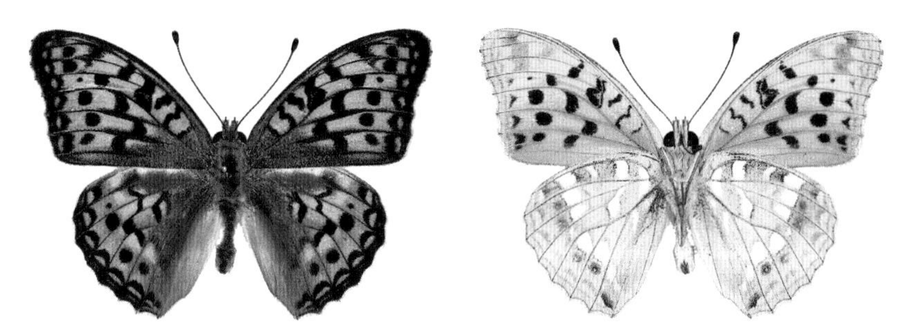

Male. [GW] Changwon-ri, Yeongwol-gun, 10. VI. 2011 (ex coll. Paek Munki-KPIC)

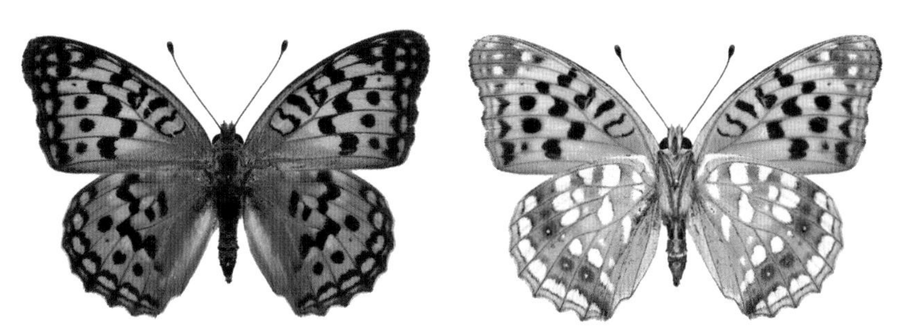

Female. [GW] Gwangdeoksan (Mt.), Hwacheon-gun, 9. VII. 1997 (ex coll. Paek Munki-KPIC)

251 은점표범나비 *Argynnis niobe* (Linnaeus, 1758)

Eun-jeom-pyo-beom-na-bi

한반도에서는 산지를 중심으로 폭넓게 분포하며, 개체수는 보통이다. 연 1회 발생하며, 5월부터 나타나기 시작해, 6~7월에 많으며, 여름잠을 자고 난 후 9월에 다시 나타난다. 1887년 Fixsen이 *Argynnis adippe* ab. *xanthodippe*로 처음 기록했으며, 현재의 국명은 석주명(1947: 3)에 의한 것이다. 그간 학명의 변동이 많았던 종이며, 현재에도 연구자간 이견이 있다. 한반도에 분포하는 은점표범나비의 종명 적용은 Tadokoro (2009: 9~17)에 따랐다.

Wingspan. ♂♀ 55~70㎜.
Distribution. Korea (N·C·S), Far East Russian, S.Siberia, Anterior and Central Asia, Mongolia, N.China, S.Ural, Europe.
North Korean name. Eun-jeom-pyo-mun-na-bi (은점표문나비).

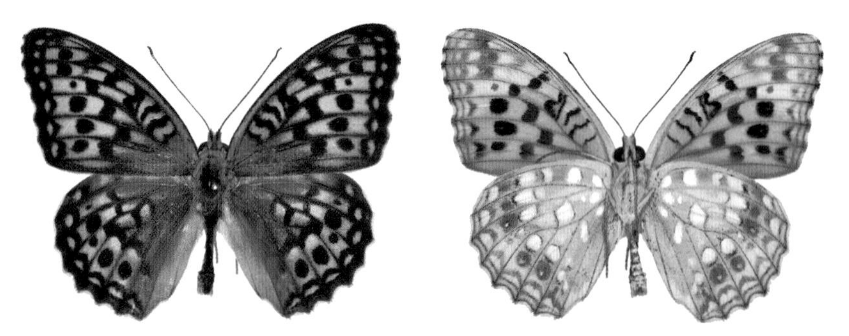

Male. [GW] Gyebangsan (Mt.), Pyeongchang-gun, 23. VI. 1996 (ex coll. Paek Munki-KPIC)

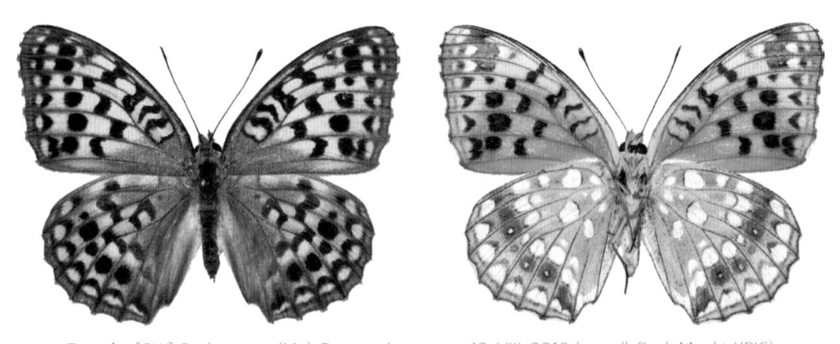

Female. [GW] Gyebangsan (Mt.), Pyeongchang-gun, 18. VIII. 2010 (ex coll. Paek Munki-KPIC)

252 왕은점표범나비 *Argynnis nerippe* C. et R. Felder, 1862
Wang-eun-jeom-pyo-beom-na-bi

한반도에서는 국지적으로 분포하며, 남한에서는 멸종위기야생생물 II급으로 지정된 보호종이다. 서해안 섬 또는 해안가 지역이 내륙에 비해 개체밀도가 높으며, 현재 굴업도(개머리초지 일대)가 남한지역의 최대 서식처이다. 연 1회 발생하며, 5월부터 나타나기 시작해 6~7월에 최성기를 이루며, 여름잠을 자고 난 후 9월에 다시 나타난다. 1882년 Butler가 *Argynnis coreana*로 처음 기록했으며, 현재의 국명은 석주명(1947: 3)에 의한 것이다.

Wingspan. ♂♀ 55~78㎜.
Distribution. Korea (N·C·S), Far East Russia, Japan, China, Tibet.
North Korean name. Wang-eun-jeom-pyo-mun-na-bi (왕은점표문나비).

Male. [GG] Daebudo (Is.), Ansan-si, 29. VI. 1997 (ex coll. Paek Munki-KPIC)

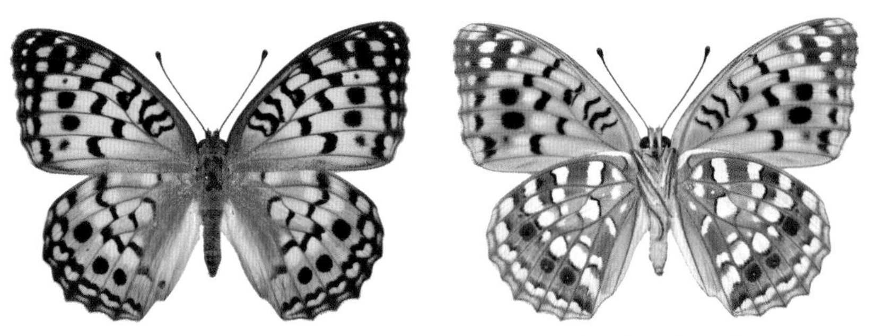

Female. [GG] Daebudo (Is.), Ansan-si, 29. VI. 1997 (ex coll. Paek Munki-KPIC)

253 암끝검은표범나비 *Argyreus hyperbius* (Linnaeus, 1763)

Am-kkeut-geom-eun-pyo-beom-na-bi

한반도에서는 제주도와 남해안 일대가 주요 서식지다. 연 3~4회 발생하며, 봄형은 3~5월까지, 여름형은 6~11월에 걸쳐 나타난다. 이동성이 강해 가을에는 서해안 섬 등을 포함해 중부지방까지 볼 수 있다. 1906년 Ichikawa가 제주도 표본을 사용해 *Argynnis niphe*로 처음 기록했으며, 현재의 국명은 석주명(1947: 3)에 의한 것이다. 국명이명으로는 조복성과 김창환(1956: 27)의 '끝검은표범나비'가 있다.

Wingspan. ♂♀ 64~80㎜.
Distribution. Korea (S), Japan, Himalayas-China, Taiwan, Australia, Nilgiris, Saurashtra, Baluchistan, Luchnow.
North Korean name. Am-kkeut-geom-jeong-pyo-mun-na-bi (암끝검정표문나비).

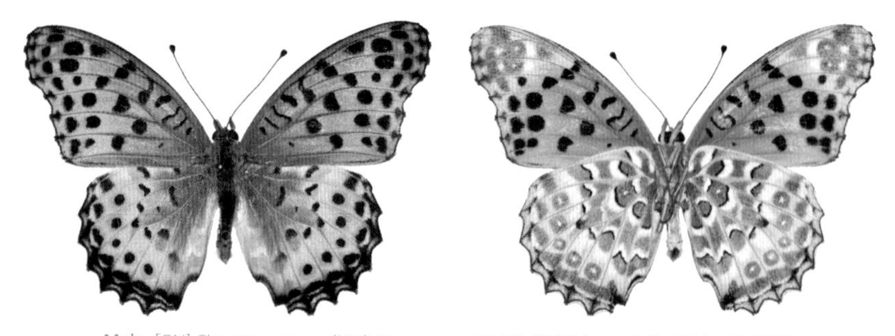

Male. [GN] Cheonseongsan (Mt.), Yangsan-si, 16. VII. 2008 (ex coll. Paek Munki-KPIC)

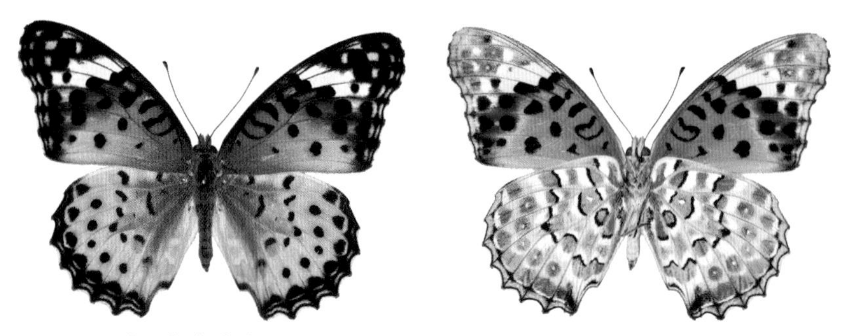

Female. [GB] Oknyeobong, Yeongju-si, 1. IX. 2010 (ex coll. Paek Munki-KPIC)

254 암검은표범나비 *Damora sagana* (Doubleday, [1847])

Am-geom-eun-pyo-beom-na-bi

한반도에서는 국지적으로 분포하며, 내륙보다는 섬 지역에 개체수가 많다. 일반적으로 섬 지역의 개체는 내륙지역 개체보다 크다. 연 1회 발생하며, 6월부터 9월에 걸쳐 나타난다. 1887년 Fixsen이 *Argynnis sagana*로 처음 기록했으며, 현재의 국명은 석주명(1947: 3)에 의한 것이다.

Wingspan. ♂♀ 64~79㎜.
Distribution. Korea (N·C·S), SE.Siberia, Amur and Ussuri region, Japan, China, Mongolia.
North Korean name. Am-geom-eun-pyo-mun-na-bi (암검은표문나비).

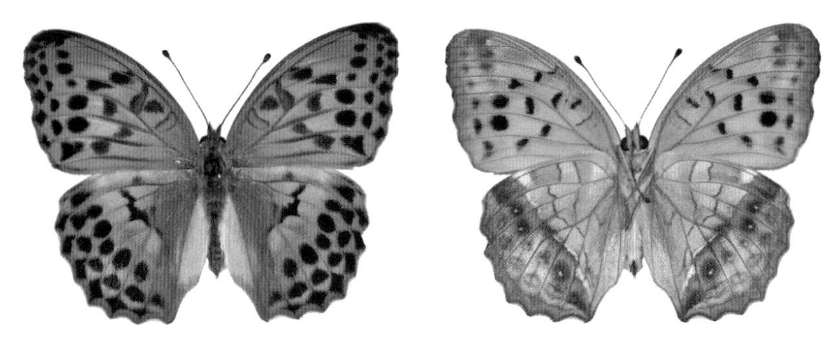

Male. [JJ] Gwaneumsa (Temp.) Jeju-si, 20. VI. 1999 (ex coll. Paek Munki-KPIC)

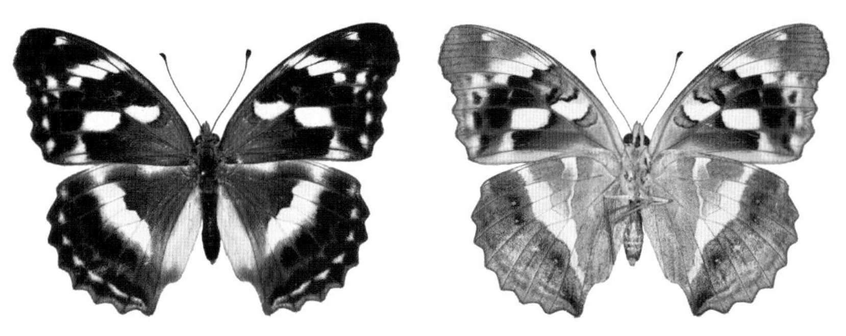

Female. [Incheon] Inhwa-ri, Ganghwa-gun, 20. VIII. 2007 (ex coll. Paek Munki-KPIC)

255 중국은줄표범나비 *Childrena childreni* (Gray, 1831)

Jung-guk-eun-jul-pyo-beom-na-bi

한반도에서는 길잃은나비(미접)로 취급되며, 1989년 박용길이 제주도 서귀포에서 채집해 1992년에 처음 기록했다. 그 후에 관찰 기록이 없다. 현재의 국명은 박용길(1992: 36)에 의한 것이다.

Wingspan. ♀ 82㎜.
Distribution. Korea (S: Immigrant species), NE.India (hills), Assam, Himalayas, N.Burma, W.China, C.China.
North Korean name. There is no North Korean name.

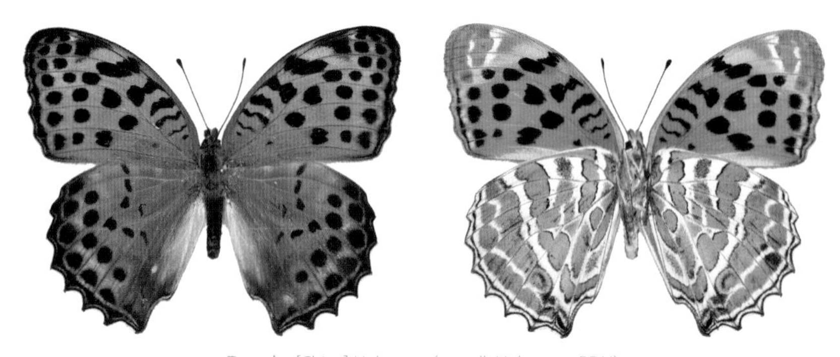

Female. [China] Unknown (ex coll. Unknown-PDH)

256 산은줄표범나비 *Childrena zenobia* (Leech, 1890)

San-eun-jul-pyo-beom-na-bi

한반도에서는 중북부지방에 국지적으로 분포하며, 개체수가 적은 편이다. 남한에서는 강원도의 높은 산지가 주요 분포지이며, 7월말에 많이 볼 수 있다. 연 1회 발생하며, 6월부터 9월에 걸쳐 나타난다. 1919년 Doi가 함경남도 산창령 표본을 사용해 *Argynnis zenobia penelope*로 처음 기록했으며, 현재의 국명은 석주명(1947: 4)에 의한 것이다.

Wingspan. ♂♀ 65~74㎜.
Distribution. Korea (N·C), S.Ussuri region, China, Tibet.
North Korean name. Keun-eun-jul-pyo-mun-na-bi (큰은줄표문나비).

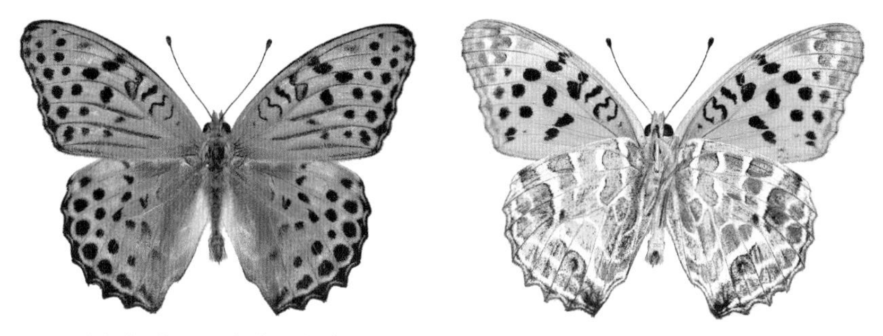

Male. [GW] Gwangdeoksan (Mt.), Hwacheon-gun, 24. VII. 2010 (ex coll. Paek Munki-KPIC)

Female. [CB] Wolaksan (Mt.), Jecheon-si, 21. VIII. 1997 (ex coll. Shin Yoohang-KUNHM)

257 풀표범나비 *Speyeria aglaja* (Linnaeus, 1758)

Pul-pyo-beom-na-bi

한반도에서는 중북부지방의 산지에 국지적으로 분포한다. 최근 남한에서는 강원도 북부 지역의 높은 산지 능선 및 정상부가 주요 분포지이나, 관찰되는 지역이나 개체수가 적어 보호가 필요하다. 연 1회 발생하며, 6월부터 9월에 걸쳐 나타난다. 1887년 Fixsen이 *Argynnis aglaja*로 처음 기록했으며, 현재의 국명은 석주명(1947: 3)에 의한 것이다. 국명이명으로는 현재선과 우건석(1970: 78)의 '줄표범나비'가 있다.

Wingspan. ♂♀ 54~65㎜.
Distribution. Korea (N·C), Iran-Siberia, China, Japan, Morocco, Europe.
North Korean name. Eun-byeol-pyo-mun-na-bi (은별표문나비).

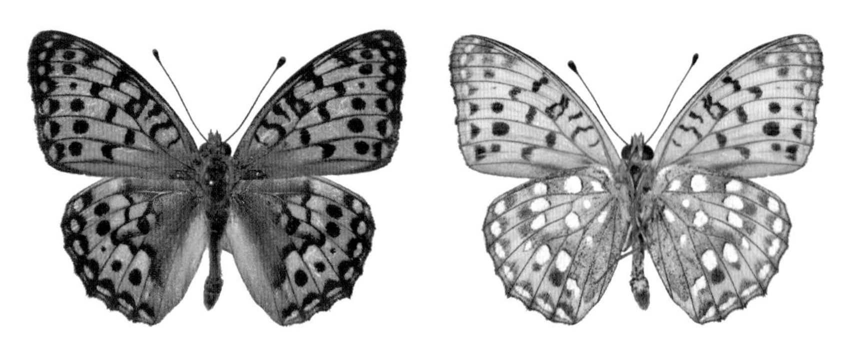

Male. [GW] Gwangdeoksan (Mt.), Hwacheon-gun, 7. VII. 1995 (ex coll. Paek Munki-KPIC)

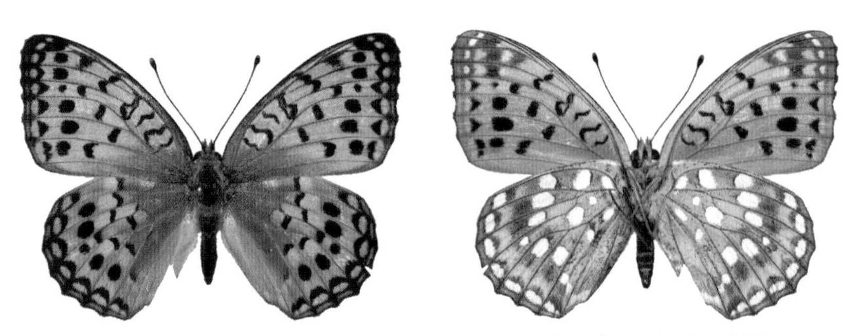

Female. [GW] Unduryeong, Hongcheon-gun, 9. VIII. 2009 (ex coll. Park Sangkyu-PSK)

258 흰줄표범나비 *Argyronome laodice* (Pallas, 1771)

Huin-jul-pyo-beom-na-bi

한반도 전역에 분포하며, 개체수가 많다. 연 1회 발생하며, 6월부터 10월에 걸쳐 나타난다. 낮은 산지와 숲 가장자리, 농경지 주변, 수변지역 등 다양한 지역에서 쉽게 볼 수 있다. 1882년 Butler가 *Argynnis japonica*로 처음 기록했으며, 현재의 국명은 석주명(1947: 3)에 의한 것이다.

Wingspan. ♂♀ 52~63㎜.
Distribution. Korea (N·C·S), Amur and Ussuri region, Japan, W.China, Assam-N.Burma, C-S.Europe.
North Korean name. Huin-jul-pyo-mun-na-bi (흰줄표문나비).

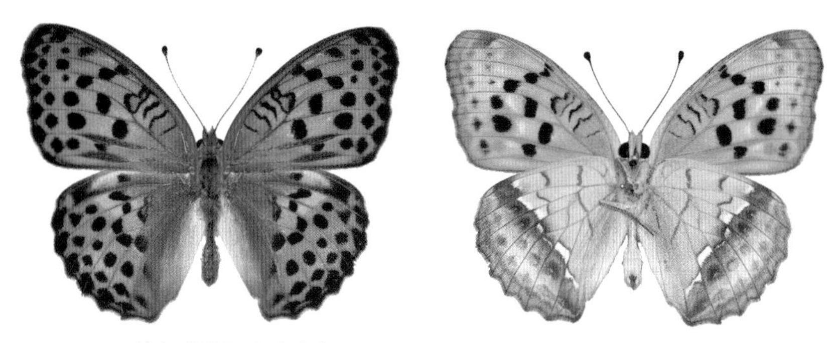

Male. [GG] Daebudo (Is.), Ansan-si, 29. VI. 1997 (ex coll. Paek Munki-KPIC)

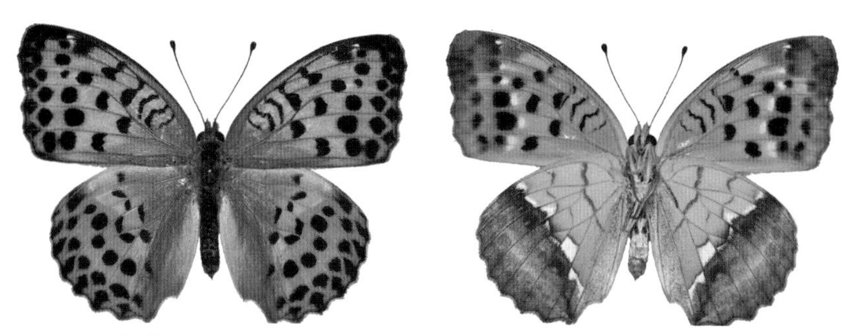

Female. [Incheon] Seokmodo (Is.), Ganghwa-gun, 8. VII. 2007 (ex coll. Paek Munki-KPIC)

259 큰흰줄표범나비 *Argyronome ruslana* (Motschulsky, 1866)

Keun-huin-jul-pyo-beom-na-bi

한반도에서는 비교적 높은 산지를 중심으로 국지적 분포한다. 연 1회 발생하며, 6월부터 나타나 잠시 활동하다가 여름잠을 자고 난 후 8월부터 다시 관찰된다. 남한에서는 7월 말에 강원도 산지를 가면 많이 볼 수 있다. 1906년 Ichikawa가 제주도 표본을 사용해 *Argynnis ruslana*로 처음 기록했으며, 현재의 국명은 석주명(1947: 3)에 의한 것이다.

Wingspan. ♂♀ 58~69㎜.
Distribution. Korea (N·C·S), Amur and Ussuri region, E.China, Japan.
North Korean name. Keun-huin-jul-pyo-mun-na-bi (큰흰줄표문나비).

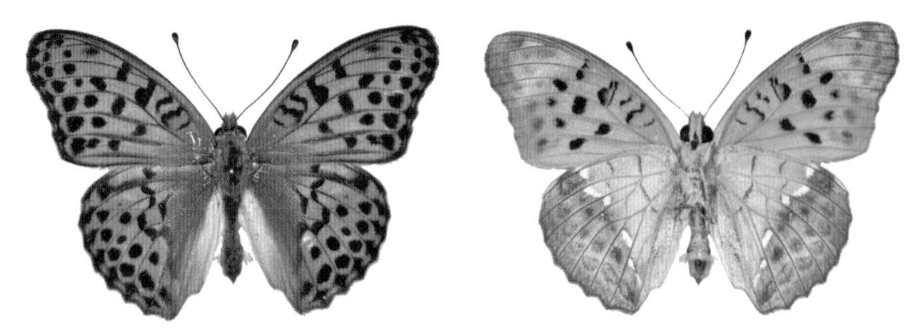

Male. [GW] Gwangdeoksan (Mt.), Hwacheon-gun, 9. VII. 1997 (ex coll. Paek Munki-KPIC)

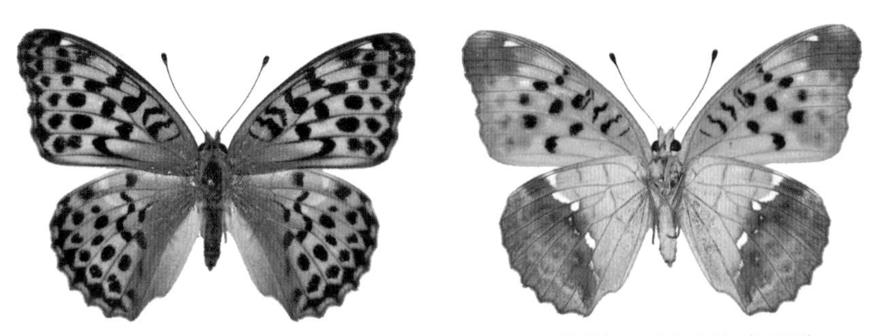

Female. [GW] Gwangdeoksan (Mt.), Hwacheon-gun, 24. VII. 2010 (ex coll. Paek Munki-KPIC)

260 왕줄나비 *Limenitis populi* (Linnaeus, 1758)

Wang-jul-na-bi

한반도에서는 중북부지방에 국지적으로 분포한다. 남한에서는 강원도 북동부의 높은 산지를 중심으로 국지적 분포하며, 개체수가 매우 적다. 연 1회 발생하며, 6월 중순부터 8월 초에 걸쳐 나타난다. 수컷은 길 위나 밝은 빈터에 종종 내려와 앉으며, 암컷은 대부분 나무 위쪽에서 활동한다. 1919년 Doi가 평안북도 낭림산 표본을 사용해 *Limenitis populi*로 처음 기록했으며, 현재의 국명은 석주명(1947: 4)에 의한 것이다.

Wingspan. ♂♀ 67~72㎜.
Distribution. Korea (N·C), Russia, Japan, Asia, Europe.
North Korean name. Keun-han-jul-na-bi (큰한줄나비).

Male. [GW] Gyebangsan (Mt.), Pyeongchang-gun, 19. VI. 1991 (ex coll. Shin Yoohang-SYH)

Female. [GW] Odaesan (Mt.), Pyeongchang-gun, 13. VII. 2008 (ex coll. Park Dongha-PDH)

261 줄나비 *Limenitis camilla* (Linnaeus, 1764)

Jul-na-bi

한반도 전역에 분포하며, 개체수는 보통이다. 연 2~3회 발생하며, 5월 말부터 8월 중순에 나타나고, 늦게 날개돋이한 개체는 10월에 관찰되기도 한다. 꽃뿐만 아니라 동물 배설물에도 잘 모인다. 1887년 Leech가 *Limenitis sibylla*로 처음 기록했으며, 현재의 국명은 석주명(1947: 4)에 의한 것이다.

Wingspan. ♂♀ 45~55㎜.
Distribution. Korea (N·C·S), Japan, China, C.Asia, Europe.
North Korean name. Han-jul-na-bi (한줄나비).

Male. [GW] Simjeok-ri, Inje-gun, 18. VI. 2011 (ex coll. Paek Munki-KPIC)

Female. [CN] Maam-ri, Gongju-si, 14. VI. 2011 (ex coll. Paek Munki-KPIC)

262 굵은줄나비 *Limenitis sydyi* Lederer, 1853

Gulk-eun-jul-na-bi

한반도에서는 내륙 산지 및 농촌 마을 주변 등에 폭넓게 분포하며, 개체수가 적은 편이다. 1회 발생하며, 6월부터 8월에 걸쳐 나타난다. 꽃뿐만 아니라 과일 즙에도 잘 모인다. 1887년 Fixsen이 *Limenitis sydyi* var. *latefasciata*로 처음 기록했으며, 현재의 국명은 석주명(1947: 4)에 의한 것이다.

Wingspan. ♂♀ 50~63㎜.
Distribution. Korea (N·C·S), Altai-Ussuri, NE.China, C.China.
North Korean name. Neolb-eun-han-jul-na-bi (넓은한줄나비).

Male. [GG] Gwangreung, Namyangju-si, 16. VI. 1963 (ex coll. Shin Yoohang-KUNHM)

Female. [GW] Gaojak-ri, Yanggu-gun, 1. VII. 2011 (ex coll. Paek Munki-KPIC)

263 참줄나비 *Limenitis moltrechti* Kardakov, 1928

Cham-jul-na-bi

한반도에서는 중북부지방의 산지를 중심으로 국지적 분포하며, 개체수가 적은 편이다. 연 1회 발생하며, 6월부터 8월 초에 걸쳐 나타난다. 햇볕이 잘 드는 숲길 가장자리에서 활동하며, 길가에 잘 앉는다. 1919년 Nire가 함경북도 무산령 표본을 사용해 *Limenitis amphyssa* 로 처음 기록했으며, 현재의 국명은 김헌규와 미승우(1956: 397)에 의한 것이다. 국명이명으로는 석주명(1947: 4)의 '조선줄나비'가 있다.

Wingspan. ♂♀ 51~65㎜.
Distribution. Korea (N·C), Amur and Ussuri region, NE.China.
North Korean name. San-han-jul-na-bi (산한줄나비).

Male. [GW] Taebaeksan (Mt.), Taebaek-si, 1. VII. 1996 (ex coll. Paek Munki-KPIC)

Female. [GW] Gwangdeoksan (Mt.), Hwacheon-gun, 24. VII. 2010 (ex coll. Paek Munki-KPIC)

264 참줄나비사촌 *Limenitis amphyssa* Ménétriès, 1859
Cham-jul-na-bi-sa-chon

한반도에서는 중북부지방의 산지에 국지적으로 분포한다. 참줄나비보다 분포 범위가 좁고, 개체수도 적다. 남한에서는 태백산맥 산지가 주요 분포지다. 연 1회 발생하며, 6월부터 8월 중순에 걸쳐 나타난다. 1887년 Fixsen이 *Limenitis amphyssa*로 처음 기록했으며, 현재의 국명은 김헌규와 미승우(1956: 397)에 의한 것이다. 국명이명으로는 석주명(1947: 4)의 '조선줄나비사촌', 조복성(1959: 140)의 '어리참줄나비', 김용식(2002)의 '참줄사촌나비'가 있다.

Wingspan. ♂♀ 52~57㎜.
Distribution. Korea (N·C), Amur and Ussuri region, China.
North Korean name. Nop-eun-san-han-jul-na-bi (높은산한줄나비).

Male. [GW] Taebaeksan (Mt.), Taebaek-si, 1. VII. 1996 (ex coll. Paek Munki-KPIC)

Female. [GW] Taebaeksan (Mt.), Taebaek-si, 1. VII. 1996 (ex coll. Paek Munki-KPIC)

265 제이줄나비 *Limenitis doerriesi* Staudinger, 1892

Je-i-jul-na-bi

한반도 전역에 분포한다. 남한에서는 개체수가 적지 않으나, 북한에서는 희귀한 나비로 취급된다. 남한에서는 높은 산지보다는 마을 주변이나 숲 가장자리에서 쉽게 볼 수 있다. 연 2~3회 발생하며, 5월 중순부터 9월에 걸쳐 나타난다. 1895년 Heyen이 *Limenitis helmanni duplicata*로 처음 기록했으며, 현재의 국명은 석주명(1947: 4)에 의한 것이다.

Wingspan. ♂♀ 40~60㎜.
Distribution. Korea (N·C·S), Ussuri region, NE.China.
North Korean name. Je-i-han-jul-na-bi (제이한줄나비).

Male. [GG] Daesongyeodo (Is.), Kimpo-si, 16. IX. 2010 (ex coll. Paek Munki-KPIC)

Female. [GW] Ganseong-eup, Goseong-gun, 24. VIII. 1998 (ex coll. Shin Yoohang-SYH)

266 제일줄나비 *Limenitis helmanni* Lederer, 1853

Je-il-jul-na-bi

한반도 전역에 분포하며, 개체수가 많다. 연 2회 발생하며, 5월 중순부터 9월에 걸쳐 나타난다. 남한에서는 높은 산지보다는 마을 주변이나 낮은 산지의 숲 가장자리에서 쉽게 볼 수 있다. 지역에 따라 흰 무늬가 작아진 개체를 종종 볼 수 있다. 1887년 Fixsen이 *Limenitis helmanni*로 처음 기록했으며, 현재의 국명은 석주명(1947: 4)에 의한 것이다.

Wingspan. ♂♀ 45~60㎜.
Distribution. Korea (N·C·S), Amur and Ussuri region, China, N.Tian-Shan, Altai.
North Korean name. Cham-han-jul-na-bi (참한줄나비).

Male. [GG] Jungang-dong, Gwacheon-si, 9. VI. 2008 (ex coll. Paek Munki-KPIC)

Female. [JN] Seokjeokmaksan (Mt.), Jindo-gun, 6. VI. 2010 (ex coll. Paek Munki-KPIC)

Male. [GW] Gaojak-ri, Yanggu-gun, 2. VII. 2011 (ex coll. Paek Munki-KPIC)

Male. [Incheon] Gijangdo (Is.), Ganghwa-gun, 29. VII. 2010 (ex coll. Paek Munki-KPIC)

Female. [Incheon] Geokjeokdo (Is.), Ongjin-gun, 22. VIII. 1992 (ex coll. Paek Munki-KPIC)

267 제삼줄나비 *Limenitis homeyeri* Tancré, 1881

Je-sam-jul-na-bi

한반도에서는 중북부지방에 국지적으로 분포한다. 남한에서는 강원도의 높은 산지에서 국지적으로 관찰되며, 개체수가 매우 적다. 연 1회 발생하며, 6월 중순부터 8월에 걸쳐 나타난다. 태백산 및 오대산 일대에서는 이른 아침에 축축한 땅에서 물을 빠는 모습을 종종 볼 수 있다. 1923년 Okamoto가 *Limenitis homeyeri*로 처음 기록했으며, 현재의 국명은 석주명(1947: 4)에 의한 것이다.

Wingspan. ♂♀ 49~58㎜.
Distribution. Korea (N·C), Amur and Ussuri region, central and NE.China.
North Korean name. Ga-neun-han-jul-na-bi (가는한줄나비).

Male. [GW] Gariwangsan (Mt.), Jeongseon-gun, 29. VII. 2001 (ex coll. Choi C.Y. & Choi W.H.-MC)

Female. [GW] Odaesan (Mt.), Pyeongchang-gun, 11. VII. 2008 (ex coll. Park Dongha-PDH)

268 애기세줄나비 *Neptis sappho* (Pallas, 1771)

Ae-gi-se-jul-na-bi

한반도 전역에 분포하며, 개체수가 많다. 연 2~3회 발생하며, 5월부터 9월에 걸쳐 나타난다. 마을 주변이나 낮은 산지의 숲 가장자리에서 햇볕을 쬐며, 쉬는 모습을 자주 볼 수 있다. 1887년 Fixsen이 *Neptis aceris*로 처음 기록했으며, 현재의 국명은 석주명(1947: 4)에 의한 것이다.

Wingspan. ♂♀ 42~55㎜.
Distribution. Korea (N·C·S), S.Russia, Japan, Temperate Asia, Taiwan, E.Europe.
North Korean name. Jak-eun-se-jul-na-bi (작은세줄나비).

Male. [CB] Hagoe-ri, Danyang-gun, 11. V. 2011 (ex coll. Paek Munki-KPIC)

Female. [GN] Chuseong-ri, Hamyang-gun, 8. V. 2010 (ex coll. Paek Munki-KPIC)

269 세줄나비 *Neptis philyra* Ménétriès, 1859
Se-jul-na-bi

한반도에서는 내륙 산지 중심으로 국지적 분포하며, 섬 지역에서는 관찰 기록이 없다. 연 1회 발생하며, 5월 말부터 7월에 걸쳐 나타난다. 산지 내 활엽수림 및 숲 가장자리에서 활동한다. 계곡변의 축축한 땅에서 무리지어 물을 빠는 모습을 종종 볼 수 있다. 1926년 Okamoto가 강원도 금강산 표본을 사용해 *Neptis philyra excellens*로 처음 기록했으며, 현재의 국명은 석주명(1947: 4)에 의한 것이다.

Wingspan. ♂♀ 54~65㎜.
Distribution. Korea (N·C·S), Amur and Ussuri region, NE.China, Japan, Taiwan.
North Korean name. Se-jul-na-bi (세줄나비).

Male. [GG] Gwangreung, Namyangju-si, 2. VI. 1963 (ex coll. Shin Yoohang-KUNHM)

Female. [GW] Gwangdeoksan (Mt.), Hwacheon-gun, 7. VII. 1995 (ex coll. Paek Munki-KPIC)

270 참세줄나비 *Neptis philyroides* Staudinger, 1887

Cham-se-jul-na-bi

한반도에서는 산지를 중심으로 국지적 분포하며, 개체수가 적은 편이다. 남해안 섬 지역에서는 관찰되지 않으나, 서해안 중부 섬들인 강화도, 장봉도, 신도, 교동도에서는 관찰된다. 산지 내 활엽수림 및 숲 가장자리에서 활동한다. 연 1회 발생하며, 5월 말부터 8월에 걸쳐 나타난다. 1887년 Fixsen이 *Neptis philyroides*로 처음 기록했으며, 현재의 국명은 김헌규와 미승우(1956: 398)에 의한 것이다. 국명이명으로는 석주명(1947: 4)의 '조선세줄나비'가 있다.

Wingspan. ♂♀ 57~63㎜.
Distribution. Korea (N·C·S), Amur and Ussuri region, E.China, Taiwan.
North Korean name. San-se-jul-na-bi (산세줄나비).

Male. [GW] Odaesan (Mt.), Pyeongchang-gun, 2. VI. 2004 (ex coll. Paek Munki-KPIC)

Female. [Incheon] Jangbongdo (Is.), Ongjin-gun, 6. VI. 2007 (ex coll. Paek Munki-KPIC)

271 두줄나비 *Neptis rivularis* (Scopoli, 1763)

Du-jul-na-bi

한반도에서는 산지를 중심으로 국지적 분포하나, 섬 지역과 남부지방에서는 관찰 기록이 드물다. 연 1회 발생하며, 6월부터 8월까지 볼 수 있으며, 6월 중순에 개체수가 가장 많다. 계곡변의 축축한 땅에서 무리지어 물을 빠는 모습을 종종 볼 수 있다. 최근 무늬 축소 및 소실, 흑화형 등 변이가 큰 개체들이 자주 관찰된다. 1887년 Fixsen이 *Neptis lucilla*로 처음 기록했으며, 현재의 국명은 석주명(1947: 4)에 의한 것이다.

Wingspan. ♂♀ 43~56㎜.
Distribution. Korea (N·C·S), S.Russia, S.Siberia, Japan, C.Asia, Taiwan, C.Europe, Turkey.
North Korean name. Du-jul-na-bi (두줄나비).

Male. [GW] Hoenggye-ri, Pyeongchang-gun, 8. VI. 2009 (ex coll. Paek Munki-KPIC)

Female. [GB] Sobaeksan (Mt.), Yeongju-si, 28. V. 2007 (ex coll. Paek Munki-KPIC)

Male. [GW] Hoenggye-ri, Pyeongchang-gun, 8. VI. 2009 (ex coll. Paek Munki-KPIC)

Male. [GB] Sobaeksan (Mt.), Yeongju-si, 28. V. 2007 (ex coll. Paek Munki-KPIC)

Male. [GW] Hoenggye-ri, Pyeongchang-gun, 8. VI. 2009 (ex coll. Paek Munki-KPIC)

272 별박이세줄나비 *Neptis pryeri* Butler, 1871

Byeol-bak-i-se-jul-na-bi

한반도 전역에 분포하나, 제주도에서는 관찰 기록이 없다. 연 2~3회 발생하며, 5월 중순부터 10월에 걸쳐 나타난다. 낮은 산지 및 숲 가장자리에서 활동하며, 개체수는 보통이다. 1887년 Fixsen이 *Neptis pryeri*로 처음 기록했으며, 현재의 국명은 석주명(1947: 5)에 의한 것이다. 국명이명으로는 조복성과 김창환(1956: 39)의 '별백이세줄나비'가 있다.

Wingspan. ♂♀ 50~62㎜.
Distribution. Korea (N·C·S), Amur and Ussuri region, Japan, China, Taiwan.
North Korean name. Byeol-se-jul-na-bi (별세줄나비).

Male. [Seoul] Sinjeongsan (Mt.), Yangcheon-gu, 16. VI. 1990 (ex coll. Paek Munki-KPIC)

Female. [GG] Sinbok-ri, Yangpyeong-gun, 6. VII. 2010 (ex coll. Shin Yoohang-SYH)

273 개마별박이세줄나비 *Neptis andetria* Fruhstorfer, 1912

Gae-ma-byeol-bak-i-se-jul-na-bi

한반도에서는 중북부지방에 국지적으로 분포하며, 개체수가 적다. 연 1회 발생하며, 6월 중순부터 8월 초에 걸쳐 나타난다. 낮은 지역보다는 산지 능선 또는 정상부에서 관찰된다. 1934년 석주명이 백두산 표본을 사용해 *Neptis pryeri pryeri*로 처음 기록했으며, 현재의 국명은 석주명(1947: 4)에 의한 것이다. Minotani & Fukuda (2009)에 의해 오대산에서 한반도 분포가 재확인됐다.

Wingspan. ♂ 46~48㎜.
Distribution. Korea (N·C), Far East Asia.
North Korean name. There is no North Korean name.

Male. [GW] Simjeok-ri, Inje-gun, 18. VI. 2011 (ex coll. Paek Munki-KPIC)

Male. [GW] Simjeok-ri, Inje-gun, 18. VI. 2011 (ex coll. Paek Munki-KPIC)

274 높은산세줄나비 *Neptis speyeri* Staudinger, 1887

Nop-eun-san-se-jul-na-bi

한반도에서는 백두대간 산지를 중심으로 국지적 분포한다. 연 1회 발생하며, 6월부터 8월 초에 걸쳐 나타난다. 6월 중순 계곡변의 축축한 땅에서 무리지어 물을 빠는 모습을 종종 볼 수 있다. 1932년 Sugitani가 함경북도 무산령 표본을 사용해 *Neptis speyeri*로 처음 기록했으며, 현재의 국명은 석주명(1947: 5)에 의한 것이다. 국명이명으로는 이승모(1971: 10; 1973: 7)의 '산세줄나비'가 있다.

Wingspan. ♂♀ 42~56㎜.
Distribution. Korea (N·C·S), Amur and Ussuri region, SE.China.
North Korean name. Nop-eun-san-se-jul-na-bi (높은산세줄나비).

Male. [GN] Hwangseoksan (Mt.), Hamyang-gun, 9. VI. 2012 (ex coll. Paek Munki-KPIC)

Female. [GW] Tonggosan (Mt.), Uljin-gun, 4. VII. 2012 (ex coll. Paek Munki-KPIC)

275 왕세줄나비 *Neptis alwina* Bremer et Grey, 1853

Wang-se-jul-na-bi

한반도 전역에 분포하나, 제주도에서는 관찰 기록이 없다. 연 1회 발생하며, 6월 중순부터 9월 초에 걸쳐 나타난다. 높은 산지보다는 낮은 산지의 숲 가장자리나 농촌 마을 주변에서 쉽게 볼 수 있다. 햇볕이 잘 드는 길가에 잘 앉는다. 1887년 Fixsen이 *Neptis alwina*로 처음 기록했으며, 현재의 국명은 석주명(1947: 4)에 의한 것이다.

Wingspan. ♂♀ 65~79㎜.
Distribution. Korea (N·C·S), S.Amur and Ussuri region, NE.China, C.China, Japan.
North Korean name. Keun-se-jul-na-bi (큰세줄나비).

Male. [GW] Gaojak-ri, Yanggu-gun, 28. VI. 2011 (ex coll. Paek Munki-KPIC)

Female. [GG] Sinbok-ri, Yangpyeong-gun, 17. VI. 2010 (ex coll. Shin Yoohang-SYH)

276 홍줄나비 *Seokia pratti* (Leech, 1890)

Hong-jul-na-bi

한반도에서는 중북부의 산지에 국지적으로 분포한다. 남한에서는 오대산 일대에서 지속적으로 관찰되고 있으나, 개체수가 매우 적다. 연 1회 발생하며, 남한에서는 7월 초~8월 초, 북한에서는 7월 말~8월 중순에 걸쳐 나타난다. 1927년 Matsumura가 강원도 석왕사 표본을 사용해 *Limentis pratti coreana*로 처음 기록했으며, 현재의 국명은 석주명(1947: 4)에 의한 것이다. 국명이명으로는 조복성과 김창환(1956: 34)의 '홍점줄나비'가 있다.

Wingspan. ♂♀ 57~59㎜.
Distribution. Korea (N·C), Ussuri region, C.China.
North Korean name. Bulk-eun-jeom-han-jul-na-bi (붉은점한줄나비).

Male. [GW] Odaesan (Mt.), Pyeongchang-gun, 6. VII. 2004 (ex coll. Park Dongha-PDH)

Female. [GW] Odaesan (Mt.), Pyeongchang-gun, 19. VII. 2005 (ex coll. Park Dongha-PDH)

277 어리세줄나비 *Aldania raddei* (Bremer, 1861)

Eo-ri-se-jul-na-bi

한반도에서는 내륙 산지를 중심으로 국지적 분포하며, 남한에서는 서식지 및 개체수가 적어지고 있어 관심이 필요하다. 연 1회 발생하며, 5~6월에 걸쳐 나타난다. 계곡 주변 활엽수림에서 관찰되며, 수컷은 동물 배설물에 잘 모인다. 1923년 Okamoto가 강원도 월정사 표본을 사용해 *Neptis raddei*로 처음 기록했으며, 현재의 국명은 석주명(1947: 5)에 의한 것이다.

Wingspan. ♂♀ 62~71㎜.
Distribution. Korea (N·C·S), Amur and Ussuri region, NE.China.
North Korean name. Geom-eun-se-jul-na-bi (검은세줄나비).

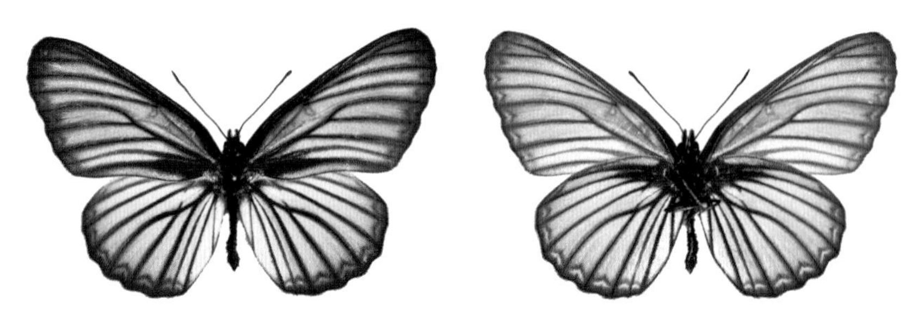

Male. [GW] Odaesan (Mt.), Pyeongchang-gun, 2. VI. 2004 (ex coll. Paek Munki-KPIC)

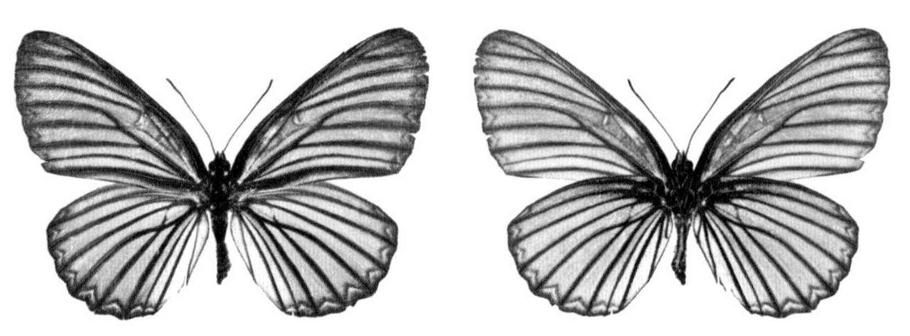

Female. [GG] Cheonmasan (Mt.), Namyangju-si, 8. VI. 1986 (ex coll. Min Wanki-MWK)

278 산황세줄나비 *Aldania themis* (Leech, 1890)

San-hwang-se-jul-na-bi

한반도에서는 백두대간 산지를 중심으로 국지적 분포한다. 연 1회 발생하며, 6월부터 7월에 걸쳐 나타난다. 계곡의 축축한 땅에 잘 앉는다. 1926년 Okamoto가 강원도 금강산 표본을 사용해 *Neptis themis*로 처음 기록했으며, 현재의 국명은 신유항(1989: 190, 250)에 의한 것이다. 국명이명으로는 이승모(1971: 11; 1973: 7; 1982: 65), 김창환(1976), 신유항과 한상철(1981: 144), 한국인시류동호인회편(1986: 13), 박규택과 한성식(1992: 132)의 '설악산황세줄나비'가 있다. 한반도에 분포하는 산황세줄나비의 학명 적용은 Savela (2008)의 정리에 따랐다.

Wingspan. ♂♀ 52~63㎜.
Distribution. Korea (N·C·S), Ussuri region, China.
North Korean name. Jak-eun-no-rang-se-jul-na-bi (작은노랑세줄나비).

Male. [GB] Sobaeksan (Mt.), Yeongju-si, 29. VII. 1995 (ex coll. Paek Munki-KPIC)

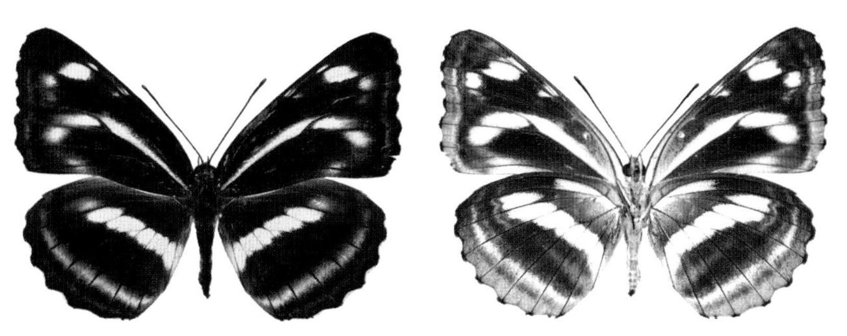

Female. [GW] Odaesan (Mt.), Pyeongchang-gun, 2. VII. 2003 (ex coll. Park Dongha-PDH)

279 황세줄나비 *Aldania thisbe* (Ménétriès, 1859)

Hwang-se-jul-na-bi

한반도에서는 백두대간 산지를 중심으로 분포하며, 개체수가 많다. 연 1회 발생하며, 6월부터 8월에 걸쳐 나타난다. 남한에서는 6월 중순에 산길이나 계곡의 축축한 땅에 무리지어 앉아 있거나, 물을 빠는 모습을 쉽게 볼 수 있다. 1901년 Staudinger와 Rebel이 *Neptis thisbe*로 처음 기록했으며, 현재의 국명은 석주명(1947: 5)에 의한 것이다.

Wingspan. ♂♀ 58~68㎜.
Distribution. Korea (N·C·S), Amur and Ussuri region, NE.China, C.China.
North Korean name. No-rang-se-jul-na-bi (노랑세줄나비).

Male. [GN] Hwangseoksan (Mt.), Hamyang-gun, 9. VI. 2012 (ex coll. Paek Munki-KPIC)

Female. [GG] Jugeumsan (Mt.), Gapyeong-gun, 25. VI. 1991 (ex coll. Shin Yoohang-SYH)

280 중국황세줄나비 *Aldania deliquata* (Stichel, 1908)

Jung-guk-hwang-se-jul-na-bi

한반도에서는 중북부의 동부지역 산지를 중심으로 국지적 분포한다. 남한에서는 강원도의 일부 산지에서만 관찰되며, 개체수가 아주 적다. 연 1회 발생하며, 6월부터 7월에 걸쳐 나타난다. 1935년 Nomura가 *Neptis thisbe* subsp.로 처음 기록했으며, 현재의 국명은 이승모(1982: 64)에 의한 것이다. 국명이명으로는 김헌규와 미승우(1956: 384), 조복성(1959: 48), 김헌규(1960: 258)의 '북방황세줄나비'가 있다. 한반도에 분포하는 중국황세줄나비의 학명 적용은 Wahlberg *et al.* (2013: The NSG's voucher specimen database of Nymphalidae butterflies)의 목록에 따랐다.

Wingspan. ♂♀ 60~67㎜.
Distribution. Korea (N·C), Transbaikal, Amur and Ussuri region, NE.China.
North Korean name. Buk-bang-no-rang-se-jul-na-bi (북방노랑세줄나비).

Male. [GW] Gyebangsan (Mt.), Pyeongchang-gun, 23. VI. 1996 (ex coll. Paek Munki-KPIC)

Female. [GW] Taebaeksan (Mt.), Taebaek-si, 29. VI. 1996 (ex coll. Lee Cheolmin-UIB)

고제호, 1969. 한국수목해충총목록. 임업시험 연구자료 제5호, pp. 187-210. [Ko, J.H., 1969. A list of forest insect pests in Korea. *Forest Reserch Ins*. Seoul, pp. 187-210. (in Korean)]

김성수·김용식, 1993. 부전나비과 한국미기록 2종과 1기지종. 한국나비학회지, 6: 1-3. [Kim, S.S. and Y.S. Kim, 1993. Two unrecorded and one little known species of Lycaenid butterflies from Korea. *J. Lepid. Soc. Korea*, 6: 1-3. (in Korean)]

김성수·김용식, 1994. 남한미기록 북방점박이푸른부전나비(신칭)의 기록. 한국나비학회지, 7: 1-3. [Kim, S.S. and Y.S. Kim, 1994. Record of *Maculinea kurentzovi* Sibatani, Saigusa & Hirowatari (Lycaenidae) from Korea. *J. Lepid. Soc. Korea*, 7: 1-3. (in Korean)]

김용식, 2002. 원색 한국나비도감. 교학사, 305pp. [Kim, Y.S., 2002. Illustrated book of Korean Butterflies in color. Kyo-Hak Pub. co, Ltd., 305pp. (in Korean)]

김용식, 2007. 미접 남색물결부전나비(신칭), *Jamides bochus* (Stoll, 1782)의 첫기록. 한국나비학회지, 17: 39-40. [Kim, Y.S., 2007. A new record of *Jamides bochus* (Stoll, 1782) from Korea. *J. Lepid. Soc. Korea*, 17: 39-40. (in Korean)]

김정환·홍세선, 1991. 한국산 나비의 역사와 일본 특산종 나비의 기원 (한국산 나비의 분포분석). 집현사, 433pp. [Kim, C.H. and S.S. Hong, 1991. History of Korean butterflies and Japanese endemic butterflies (An analysis of the geographical distribution of Korean butterflies). Jib-Hyeon Pub. co, Ltd., 433pp. (in Korean)]

김창환, 1976. 한국곤충분포도감-나비편. 고려대학교 출판부, 200pp. [Kim, C.H., 1976. Distribution atlas of insects of Korea. ser. 1. (Rhopalocera, Lepidoptera). KUP., 200pp. (in Korean)]

김헌규, 1960. 한국산 인시류의 분포분석 (제1보). 이대한문원논총, 2: 253-294. [Kim, H.K., 1960. An analysis of the geographic distributions of Korean butterflies (1). *Jour. Kor. Colt. Res. Inst.,* 2: 253-294. (in Korean)]

김헌규·미승우, 1956. 한국산 나비목록의 보정(한국산 나비 총목록). 이화여자대학교 창립70주년 기념논문집, pp. 377-405.

나명하, 2007. 남북한 천연기념물 관리정책의 비교연구. 한경대 산업대학원 석사청구논문, 156pp.

박경태, 1996. 한국미기록 한라푸른부전나비(신칭)에 관해. 한국나비학회지, 9: 42-43. [Park, K.T., 1996. One unrecorded species of Lycaenidae from Korea. *J. Lepid. Soc. Korea*, 9: 42-43. (in Korean)]

박규택·한성식, 1992. 발왕산의 곤충상. 한국자연보존협회조사보고서, 30: 121-139. [Park, K.T. and S.S. Han, 1992. Insect fauna of Mt. Palwang. *The Report on the KACN*, 30: 121-139. (in Korean)]

박동하, 2006. 미접 멤논제비나비(신칭)의 채집. 한국나비학회지, 16: 43-44. [Park, D.H., 2006. On *Papilio memnon* Linnaeus, 1758 (Lepidoptera, Papilionidae), hitherto unknown to Korea. *J. Lepid. Soc. Korea*, 16: 43-44. (in Korean)]

박세욱, 1969. 한라산 나비의 수직분포조사. 향상(동명여자 중·고등학교), 12: 82-93. [Pak, S.W., 1969. Butterflies of Mt. Hal-La-San, Je-Ju-Do Is.; Hyang-Sang (Pub. by Dong-Myeong Girl's School), 12: 82-93. (in Korean)]

박용길, 1992. 한국미기록 중국은줄표범나비(신칭)에 대해. 한국인시류동호인회지, 5: 36-37. [Park, Y.K., 1992. *Childrena childreni* (Gray) (Nymphalidae) new to Korea. *J. Amat. Lepid. Soc. Korea*, 5: 36-37. (in Korean)]

백문기·신유항, 2010. 한반도의 나비. 자연과 생태, 430pp. [Paek, M.K. and Y.H. Shin, 2010. Butterflies of the Korean peninsula. *In* Cho, Y.K.(eds):<Nature & Ecology> Academic series, Nature & Ecology, 430pp. (in Korean)]

백문기 등, 2010. 한국곤충총목록. 자연과 생태, 598pp. [Paek, M.K. *et al.*, 2010. Checklist of Korean Insects. *In* Paek, M.K. & Cho, Y.K.(eds): <Nature & Ecology> Academic Series 2, Nature & Ecology, 598pp. (in Korean)]

석주명, 1947. 조선산접류총목록. 국립과학박물관동물학부연구보고, 제2권 제1호, pp. 1-16. [Seok, J.M., 1947. A list of butterflies of Korea (Tyōsen). *Bulletin of The Zoological section of National Science museum*. Seoul, Korea, 2(1): 1-16. (in Korean)]

석주명, 1947a. 조선 나비 이름의 유래기. 백양당, 61pp.

석주명, 1972(보정판). 한국산 접류의 연구사. 보현재, 259pp+pls. 1-2. [Seok, J.M., 1972. The History of the Studies on the Butterflies of Korea (Revised editon), Bohyunjae, Pub. co, Ltd., Seoul, 259pp+pls. 1-2. (in Korean)]

신유항, 1975. 광릉의 접상(보정) 경희대학교 산업과학기술연구소 논문집 3: 41-47. [Shin, Y.H., 1975. Note on the butterflies of Kwangnung, Korea (Supplement). *J. Res. Insti. Sci. & Technol., Kyung Hee Univ.,* Seoul, Korea, 3: 41-47. (in Korean)]

신유항, 1983. 점봉산 일대의 하계 나비목 곤충상에 관해. 한국자연보존협회조사보고서, 22: 95-107. [Shin, Y.H., 1983. On the butterflies and moths of Mt. Chŏmbong in summer season. *The Report on the KACN*, 22: 95-107. (in Korean)]

신유항, 1991. 한국나비도감. 아카데미서적, 364pp. [Shin, Y.H., 1991. Coloured Butterflies of Korea. Academy Pub. co, Ltd., 364pp. (in Korean)]

신유항·구태회, 1974. 내장산 일대의 나비목 곤충상. 한국자연보존협회조사보고서, 8: 127-147. [Shin, Y.H. and T.W. Koo, 1974. The Lepidoptera from national park, Mt. Naejangsan. *The Report on the KACN*, 8: 127-147. (in Korean)]

신유항·한상철, 1981. 계방산 일대의 하계 나비목에 관해. 한국자연보존협회조사보고서, 20: 139-148. [Shin, Y.H. and S.C. Han, 1981. On the Lepidoptera of Mt. Gyebang in summer season. *The Report on the KACN*, 20: 139-148. (in Korean)]

오성환, 1996. 한국미기록 큰먹나비(신칭)에 관해. 한국나비학회지, 9: 44. [Oh, S.H., 1996. *Melanitis phedima* Cramer (Satyridae) new to Korea. *J. Lepid. Soc. Korea*, 9: 44. (in Korean)]

원병휘, 1959. 한국산 미기록종 남방푸른공작나비(신칭)에 대해. 동물학회지, 2(1): 34. [Weon, B.H., 1959. One unrecorded Nymphalid butterfly from Korea. *Kor. J. Zool.*, 2(1): 34. (in Korean)]

윤인호·김성수, 1992. 한국미기록 흰나비과 1종과 나방 2종에 대해. 한국인시류동호인회지, 5: 34-35. [Yoon, I.H. and S.S. Kim, 1992. Newly-recorded one species of the Pieridae and two of the moths from Korea. *J. Amat. Lepid. Soc. Korea*, 5: 34-35. (in Korean)]

윤일병·남상호, 1985. 추자군도의 곤충상. 자연실태종합조사보고서, 제5편, pp. 143-170, 한국자연보호중앙협의회. [Yoon, I.B. and S.H. Nam, 1985. Insect fauna fo Ch'uja Island. *Report on the Survey of Natural Environment in Korea*, ser. 5: 143-170. (in Korean)]

이승모, 1971. 설악산의 접류. 청호림연구소자료집(1). pp. 1-16. [Lee, S.M., 1971. The butterflies of Mt. Seol-Ak. *Cheong-Ho-Rim Entomol. Lab.,* 1: 1-16. (in Korean)]

이승모, 1973. 설악산의 접류목록. 청호림연구소자료집(4). pp. 1-10. [Lee, S.M., 1973. A list of butterflies from Mt. Seol-Ak, Korea. *Cheong-Ho-Rim Entomol. Lab.,* 4: 1-10. (in Korean)]

이승모, 1982. 한국접지. Insect Koreana 편집위원회, 125pp. [Lee, S.M., 1982. Butterflies of Korea. *Edi. Comm. Insecta Koreana,* Seoul, Korea, 125pp. (in Korean)]

이영준, 2005. 한국산 나비 목록. *Lucanus*, 5: 18-28. [Lee, Y.J., 2005. A list of butterflies from Korea with notes on some changes in scientific names. *Lucanus*, 5: 18-28. (in Korean)]

이창언·권용정, 1981. 울릉도 및 독도의 곤충상에 관해. 자연실태종합조사보고서, 제19호, pp. 139-178, 한국자연보호중앙협의회. [Lee, C.E. and Y.J. Kwon, 1981. On the Insect fauna of Ulreung Is. and Dogdo Is. in Korea. In: A report on the scientific survey of the Ulreung and Dogdo Islands. *Rep. Kor. Ass. Cons. Nat.*, 19: 139-178. (in Korean)]

임홍안, 1987. 조선낮나비목록. 생물학, 3: 38-44. [Im, H.A., 1987. A catalogue of Korean butterflies. *Biology,* 3: 38-44. (in Korean)]

임홍안, 1996. 조선특산아종나비류의 분화과정에 관해. 생물학 4: 25-29. [Im, H.A., 1996. Korea indigenous subspecies, butterfly. *Biology,* 4: 25-29. (in Korean)]

장용준, 2006. 한반도산 호개미성 부전나비과 내 사회적 기생종의 산란행동과 행동생태학적 특성. 한국나비학회지, 16: 21-31. [Jang, Y.J., 2006. Oviposition behavior and the ethological records on the social parasite of myrmecophilous Lycaenid butterflies (Lepidoptera) in Korean Peninsula. *J. Lepid. Soc. Korea*, 16: 21-31. (in Korean)]

조복성, 1959. 한국동물도감 (나비류). 문교부, 197pp. [Cho, B.S., 1959. Illustrated encyclopedia the fauna of Koara (I)- Insecta Rhopalocera, Ministry of Education, 197pp. (in Korean)]

조복성, 1963. 제주도의 곤충. 고려대학교 문리과대학, 문리논집 이학부편, 6: 159-242. [Cho, B.S., 1963. Insects of Quelpart Island (Cheju-do). 6: 159-242. (in Korean)]

조복성, 1965. 울릉도의 곤충상. 고려대학교 60주년 기념논문집, (자연과학편) (별쇄), pp. 158-183. [Cho, B.S., 1965. Beiträge zur kenntnis der Insekten-Fauna Insel Dagelet (Ulnung-do). pp. 158-183. (in Korean)]

조복성·김창환, 1956. 한국곤충도감(나비편). 장왕사(章旺社). 67pp.

조복성·김창환·노용택, 1968. 한라산의 동물. 천연보호구역 한라산 및 홍도 학술조사보고서, pp. 221-298, 367-369.

주동률·임홍안, 1987. 조선나비원색도감. 과학백과사전출판사, 평양, 248pp.

주동률·임홍안, 2001. 한국나비도감. 여강출판사 (Digital Book) (*http://www.krpia.co.kr/pcontent/?svcid=KR&proid=31*)

주재성, 2002. 한국미기록 검은테노랑나비(신칭)에 대해. *Lucanus*, 3: 13. [Ju, J.S., 2002. Newly recorded one species of the Pieridae from South Korea. *Lucanus*, 3: 13. (in Korean)]

주재성, 2007. 한국미기록 흰줄점팔랑나비(신칭)에 대해. 한국나비학회지, 17: 45-46. [Ju, J.S., 2007. A newly recorded species of Hesperiidae from Korea. *J. Lepid. Soc. Korea*, 17: 45-46. (in Korean)]

주재성, 2009. 흰줄점팔랑나비(*Pelopidas sinensis* Mabille)의 국내 서식 확인 및 생활사. 한국나비학회지, 19: 9-12. [Ju, J.S., 2009. Some notes on the life history and distribution of *Pelopidas sinensis* Mabill (Hesperiidae) from Korea. *J. Lepid. Soc. Korea*, 19: 9-12. (in Korean)]

주흥재, 2006. 미접 소철꼬리부전나비 (신칭), *Chilades pandava* (Horsfield)의 기록. 한국나비학회지, 16: 41-42. [Joo, H.J., 2006. A Lycaenid butterfly *Chilades pandava* (Horsfield) new to Korea. *J. Lepid. Soc. Korea*, 16: 41-42. (in Korean)]

주흥재·김성수·손정달, 1997. 한국의 나비. 교학사, 437pp. [Joo, H.J., S.S. Kim and J.D. Sohn, 1997. Butterflies of Korea in Color. Kyo-Hak Pub. co, Ltd., 437pp. (in Korean)]

주흥재·김성수, 2002. 제주의 나비. 정행사, 185pp. [Joo, H.J. and S.S. Kim, 2002. Butterflies of Jeju Island. Jeong-Haeng Pub. co, Ltd., 185pp. (in Korean)]

한국곤충학회·한국응용곤충학회, 1994. 한국곤충명집. 건국대학교 출판부, 744pp. [The Entomological Society of Korea and Korean Society of Applied Entomology, 1994. Checklist of insects from Korea. Kon-Kuk University Press, Seoul, 744pp. (in Korean)]

한국인시류동호인회편, 1986. 경기도 접류 목록. 한국인시류동회인회 회보 1: 1-20. [Joo (Ed.), 1986. A list of butterflies from Kyeong-gi-do, Korea. *J. Amat. Lepid. Soc. Korea*, 1: 1-20. (in Korean)]

현재선·우건석, 1969. 지리산의 곤충목록(제1보). 서울대학교 농과대학 연습림보고, 6: 157-202. [Hyun, J.S. and K.S. Woo, 1969. Insect fauna of Mt. Jiri (I). *Bull. Seoul Nat. Univ. Forests,* 6: 157-202. (in Korean)]

홍상기·김성수·백문기, 1999. 경기도 대부도의 나비목 곤충상. 한국나비학회지, 11: 7-18. [Hong, S.K., S.S. Kim and M.K. Paek, 1999. A faunistic study of the lepidopterous insects from Is. Daebu-do, Korea. *J. Lepid. Soc. Korea*, 11: 7-18. (in Korean)]

Ackery, P.R., de R. Jong, and R.I. Vane-Wright, 1999. The butterflies: Hedyloidea, Hesperioidea and Papilionoidea. *In* Kristensen, N.P. (ed.): Lepidoptera, Moths and Butterflies Vol. 1. Evolution, Systematics and Biogeography. Handbook of Zoology 4(35): 263-300. Walter de Gruyter, Berlin & New York.

Aoyama, T., 1917. On *Parnassius smintheus* and Takaba-ageha from Korea. *Ins. World*, 21: 461-463. (in Japanese)

Beccaloni *et al.*, 2005. LepIndex: The Global Lepidoptera Names Index. *(http:// www. nhm.ac.uk/research-curation/research/projects/lepindex/)*

Brower, A.V.Z., 2008. Lycaenidae [Leach] 1815. Gossamer-winged butterflies. (*http:// tolweb.org/Lycaenidae/12175/2008.04.25./in The Tree of Life Web Project, http:// tolweb.org/*)

Butler, A.G., 1882. On Lepidoptera collected in Japan and the Corea by Mr. W. Wykeham Petty. *Ann Mag. Nat. Hist.*, ser. 5, 9: 13-20.

Butler, A.G., 1883. On Lepidoptera from Manchuria and the *Corea. Ann Mag. Nat. Hist.*, ser. 5, 11: 109-117.

Cho. F.S., 1929. A list of Lepidoptera from Ooryongto (=Ulleungdo). *Chosen. Nat. Hist. Soc.*, 8: 8. (in Japanese)

Cho. F.S., 1934. Butterflies and beetles collected at Mt. Kwanboho and its vicinity. *Chosen. Nat. Hist. Soc.*, 17: 69-85. (in Japanese)

Corbet, A.S., H.M. Pendlebury, and J.N. Eliot, 1992. The butterflies of the Malay Peninsula (4th edn.). Malayan Nature Society, Kuala Lumpur. 597pp.

Chou Io (Ed.), 1994. Monographia Rhopalocerum Sinensium, 1-2. 854pp. (in Chinaese)

Doi, H., 1919. A list of butterflies from Korea. *Chosen Iho.*, 58: 115-118, 59: 90-92. (in Japanese)

Doi, H., 1931. A list of Rhopalocera from Mount Shouyou, Keiki-Do, Korea. *Chosen. Nat. Hist. Soc.*, 12: 42-47. (in Japanese)

Doi, H., 1932. Miscellaneous notes on the Insects. *Chosen Nat. Hist. Soc.*, 13: 49. (in Japanese)

Doi, H., 1933. Miscellaneous notes on the Insects. *Chosen Nat. Hist. Soc.*, 15: 85-86. (in Japanese)

Doi, H., 1935. New or unrecorded butterflies from Corea. *Zeph.*, 5: 15-19. (in Japanese)

Doi, H., 1936. An unrecorded species of Pamphila from Corea. *Zeph.*, 6: 180-183. (in Japanese)

Doi, H., 1937. An unrecorded butterflies from Corea. *Zeph.*, 7: 35-36. (in Japanese)

Doi, H. and F.S. Cho, 1931. A new subspecies of *Zephyrus betulae* from Korea. *Chosen. Nat. Hist. Soc.*, 12: 50-51. (in Japanese)

Doi, H. and F.S. Cho, 1934. A new species of *Erebia* and a new form of *Melitaea athalia latefascia* from Korea. *Chosen. Nat. Hist. Soc.*, 17: 34-35. (in Japanese)

Dubatolov, V.V. and A.L. Lvovsky, 1997. What is true *Ypthima motschulskyi* (Lepidoptera, Satyridae). *Trans. lepid. Soc. Japan*, 48(4): 191-198.

Eliot, J.N., 1973. The higher classification of the Lycaenidae (Lepidoptera): a tentative arrangement. *Bull. Br. Mus. Nat. Hist.*, (Ent.) 28: 371-505, 6 pls.

Elwes, H.J. and J. Edwards, 1893. A revision of the genus Ypthima, with especial reference to the characters afforded by the males genitalia. *Trans. Ent. Soc. London*, pp. 1-54, pls. 1-3.

Esaki, T., 1934. The genus *Zephyrus* of Japan, Corea and Formosa. *Zeph.,* 5: 194-212.

Esaki, T. and T. Shirozu, 1951. Butterflies of Japan. *Shinkonchu*, 4(9): 8.

Fixsen, C., 1887. Lepidoptera aus Korea- Mémoires sur les Lépidoptères rédigés par N. M. Romanoff, Tome 3, pp. 232-319, pls. 13-14.

Goltz, D.H., 1935. Einige Bemerkungen uber Erebien. *Dt. Ent. Z. Iris*, 49: 54-57.

Greg, P., G. Anweiler, C. Schmidt, and N. Kondla, 2010. An annotated list of the Lepidoptera of Alberta, Canada. *ZooKeys*, 38: 1-549 (Special issue).

Grieshuber, J. and G. Lamas, 2007. A synonymic list of the genus *Colias* Fabricius, 1807. *Mitt. Munch. Ent. Ges.*, 97: 131-171.

Haeuser, C., J. Holstein, and A. Steiner, 2006. Species 2000 & ITIS Catalogue of Life: 2009 Annual Checklist: by Haeuser *et al.*, 2006.

Heiner, Z., 2009. Pieridae of the Holarctic Region. (*www.pieris.ch.*)

Hoskins, A., 2012. Learn About Butterflies: the complete guide to the world of butterflies & moths. (*http://www.learnaboutbutterflies.com [page/section name].*)

Huang, H., 2001. Report of H. Huang's 2000 Expedition to SE. Tibet for Rhopalocera. *Neue ent. Nachr.*, 51: 65-152.

Ichikawa, A., 1906. Insects from the Is. Saisyūtō (=Jejudo). *Hakubutu no Tomo*, 6(33): 183-186. (in Japanese)

Jang, Y.J., 2007. Butterfly-Ant mutualism: New records of three myrmecophilous Lycaenidae (Lepidoptera) and the associated ants (Hymenoptera: Formicidae) from Korea. *J. Lepid. Soc. Korea*, 17: 5-18.

Johnson, K., 1992. The Palaearctic "Elfin" Butterflies (Lycaenidae, Theclinae). *Neue ent. Nachr.*, 29: 1-141, 99 figs.

Kato, Y., 2006. "*Eurema hecabe*" including two species. *Kontyu to Shizen*, 41(5): 7-8.

Kawahara, A.Y., 2006. Biology of the snout butterflies (Nymphalidae, Libytheinae), Part 1: *Libythea* Fabricius. *Trans. lepid. Soc. Japan*, 57(1): 13-33.

Korshunov, Y. and P. Gorbunov, 1995. Butterflies of the Asian part of Russia. A handbook (Dnevnye babochki aziatskoi chasti Rossii. Spravochnik). 202pp. Ural University Press, Ekaterinburg. (English translation by Oleg Kosterin)

Kim, S.S., 2006. A new species of the genus *Favonius* from Korea (Lepidoptera, Lycaenidae). *J. Lepid. Soc. Korea,* 16: 33-35.

Kishida, K. and Y. Nakamura, 1930. On the occurrence of a satyrid butterfly, *Triphysa nervosa* in Corea. *Lansania.*, 2(16): 4-7.

Lamas, G., 2004. Atlas of Neotropical Lepidoptera; Checklist: Part 4A; Hesperioidea - Papilionoidea. Scientific Pub., 439pp.

Lee, Y.J., 2005a. Review of the *Argynnis adippe* Species Group (Lepidoptera, Nymphalidae, Heliconiinae) in Korea. *Lucanus*, 5: 1-8.

Leech, J.H., 1887. On the Lepidoptera of Japan and Corea, part I. Rhopalocera. *Proc. zool. Soc. Lond.*, pp. 398-431.

Leech, J.H., 1892-1894. Butterflies from China, Japan, and Corea. London. 681pp. pls. 1-43.

Matsuda, Y., 1929. On the occurrence of *Aphnaeus takanonis. Zeph.*, 1: 165-167, fig. 4.

Matsuda, Y., 1930. Notes on Corean butterflies. *Zeph.*, 2: 35-41. (in Japanese)

Matsumura, S., 1905. Catalogus insectorum japonicum, Vol. 1, part 1. (in Japanese)

Matsumura, S., 1907. Thousand insects of Japan. Vol. 4. (in Japanese)

Matsumura, S., 1919. Thousand Insects of Japan. Additamenta, 3. (in Japanese)

Matsumura, S., 1927. A list of the butterflies of Corea, with description of new species, subspecies and aberrations. *Ins. Mats.*, 1: 159-170. pl. 5. (in Japanese)

Minotani, N. and H. Fukuda, 2009. Discovery of sympatric habitat of *Neptis pryeri* and *N. andetria.* 月刊むし, 1: 2-8. [韓国五台山山麓におけるホシミスジとウラグロホシミスジの混生地の発見] (in Japanese)

Mori, T., 1925. Freshwater fishes and Rhopalocera in the highland of south Kankyo-Do. *Chosen Nat. Hist. Soc.*, 3: 54-59. (in Japanese)

Mori, T., 1927. A list of Rhopalocera of Mt. Hakuto and Its vicinity, with notes of their distribution. *Chosen Nat. Hist. Soc.*, 4: 21-23. (in Japanese)

Mori, T. and B.S. Cho, 1935. Description of a new butterfly and two interesting butterflies from Korea. *Zeph*., 6: 11-14. pl. 2. (in Japanese)

Murayama, S., 1963. Remarks on some butterflies from Japan and Korea, with descriptions of 2 races, 1 form, 4 aberrant forms. *Tyo To Ga*, 14(2): 43-50. (in Japanese with English resume)

Nakayama, S., 1932. A guide to general information concerning Corean butterflies. *Suigen Kinen Rombun*, pp. 366-386. (in Japanese)

Nire, K., 1917. On the butterflies of Japan. *Zool. Mag. Japan*, 29: 339-340, 342-343. (in Japanese)

Nire, K., 1918. On the butterflies of Japan. *Zool. Mag. Japan*, 30: 353-359. (in Japanese)

Nire, K., 1919. On the butterflies of Japan. *Zool. Mag. Japan*, 31: 233-240, 269-273, 343-350, 369-376, pls. 3-4. (in Japanese)

Nomura, K., 1935. Note on some butterflies of the genus *Neptis* from Formosa and Corea. *Zeph.*, 6: 29-41. (in Japanese)

Okamoto, H., 1923. Korean butterflies. *Cat. Spec. Exh. Chos.*, pp. 61-70. (in Japanese)

Okamoto, H., 1924. The insect fauna of Quelpart Island. *Bull. Agr. Exp. Chos.*, 1: 72-95.

Okamoto, H., 1926. Butterflies collected on Mt. Kongo, Korea. *Zool. Mag.*, 38: 173-181. (in Japanese)

Opler, P., H. Pavulaan, R. Stanford, and M. Pogue, 2013. Butterflies and Moths of North America. (*http://www.butterfliesandmoths.org/*)

Pelham, J., 2008. Catalogue of the Butterflies of the United States and Canada. *J. of Research on the Lepidoptera*, 40: xiv + 658pp. (*http://butterfliesofamerica.com / US-Can-Cat-1-30-2011.htm/Revised, 2012*)

Penz, C.M. and D. Peggie, 2003. Phylogenetic relationships among Heliconiiae genera based on morphology (Lepidoptera: Nymphalidae). *Systematic Entomology*, 28: 451-479.

Rühl, F. and A. Heyen, 1895. Die palaearktisschen Grossschmetterlinge und ihre Naturgeschichte. *Leipzig*, 189pp.

Savela, M., 2008. Lepidoptera and some other life forms. - All (in this database) Lepidoptera list (Scientific names). (*http://www.nic.funet.fi/pub/sci/bio/life/intro.html*)

Seitz, A., 1909. The macrolepidoptera of the World, Sec. 1, The Palaearctic Butterflies. 379pp.

Seok, J.M., 1934. Butterflies collected in the Paiktusan Region, Corea. *Zeph*., 5: 259-281. (in Japanese)

Seok, J.M., 1934a. Papilioj en Koreujo, *Bull. Kagoshima Coll. 25 Anniv*., 1: 730-731, pl. 10, figs. 204-205. (in Japanese)

Seok, J.M., 1936. Papilij en la Monto Ziisan. *Bot. Zool. Tokyo*, 4(12): 53-58. (in Japanese)

Seok, J.M., 1936a. Pri la du novaj specoj de papilioj, *Neptis okazimai* kaj *Zephyrus ginzii*. Zool. Mag. 48: 60-62, pl. 2, fig. 1-4. (in Japanese)

Seok, J.M., 1936b. On a new species *Melitaea snyderi* Seok. Zeok., 6: 178-179, pls. 18-19. (in Japanese)

Seok, J.M., 1937. On the butterflies collected in Is. Quelpart, with the description of a new subspecies. *Zeph*., 7: 150-174. (in Japanese)

Seok, J.M., 1939. A synonymic list of butterflies of Korea (Tyōsen). Seoul, 391pp.

Seok, J.M., 1941. On the butterflies collected in the Mountain ridge of Kambo. *Zeph.*, 9; 103-111. (in Japanese)

Shirôzu, T., 2006. The standard of Butterflies in Japan. Gakken, Tokyo, 336pp. (in Japanese)

Sibatani, A., T. Saigusa, and T. Hirowatari, 1994. The genus *Maculinea* van Eecke, 1915 (Lepidoptera: Lycaenidae) from the east Palaearctic region. *Tyō to Ga*, 44: 157-220.

Sohn, S.K., 2012. S.K. with Butterflies. S.K. Butterfly Research Center, *ser., no. 1*. 53pp.

Staudinger, O. and H. Rebel, 1901. Katalog der Lepidopteren des Palaearctischen Faunengebietes 1 Theil, 98pp.

Sugitani, I., 1930. Some butterflies from Kainei (=Hoereong), Corea. *Zeph.*, 2: 188. (in Japanese)

Sugitani, I., 1931. Some rare butterflies from Mt. Daitoku-San, Korea. *Zeph.*, 2: 290. (in Japanese)

Sugitani, I., 1932. Some butterflies from N.E. Corea, new to the fauna of the Japanese Empire. *Zeph.*, 4: 15-30. (in Japanese)

Sugitani, I., 1933. On some butterflies of Nymphalidae and Lycaenidae. *Zeph.*, 5: 15. (in Japanese)

Sugitani, I., 1936. Corean butterflies (5). *Zeph.*, 6: 157-158. (in Japanese)

Sugitani, I., 1937. Corean butterflies (6). *Zeph.*, 7: 14. (in Japanese)

Sugitani, I., 1938. Corean butterflies (7). *Zeph.*, 8: 1-16, pl. 1. (in Japanese)

Tadokoro, T., 2009. A mistery of *Argynnis coredippe. Yadoriga*, 221: 9-17.

Takano, T., 1907. A list of Japanese butterflies. *Tyō Moku.*, pp. 48-49.

Tree of Life Web Project, 2003. Lepidoptera. Moths and Butterflies. Version 01 January 2003. (*http://tolweb.org/Lepidoptera/8231/2003.01.01. in The Tree of Life Web Project, http://tolweb.org/*)

Tuzov *et al.*, 1997. Guide to the butterflies of Russia and adjacent territories. Vol. 1: Hesperiidae, Papilionidae, Pieridae, Satyridae. Pensoft, Sofia - Moscow. 480pp.

Tuzov *et al.*, 2000. Guide to the butterflies of Russia and adjacent territories. Vol. 2: Libytheidae, Danaidae, Nymphalidae, Riodinidae, Lycaenidae. Pensoft, Sofia - Moscow. 580pp.

Tuzov, V.K., 2003. Guide to the butterflies of the Palearctic Region, Nymphalidae, part 1. Tribe Argynnini. Omnes Artes, Milano. 64pp.

Vane-Wright, R.I. and de R. Jong, 2003. The butterflies of Sulawesi: annotated checklist for a critical island fauna. *Zool. Verh. Leiden*, 343: 3-267.

Wahlberg, N., M.F. Braby, A.V.Z. Brower, de R. Jong, M.M. Lee, S. Nylin, N.E. Pierce, F.A.H. Sperling, R. Vila, A.D. Warren, and E. Zakharov, 2005. Synergistic effects of combining morphological and molecular data in resolving the phylogeny of butterflies and skippers. *Proc. R. Soc. Lond. B.,* 272: 1577-1586.

Wahlberg, N., A.V.Z. Brower, and S. Nylin, 2005a. Phylogenetic relationships and historical biogeography of tribes and genera in the subfamily Nymphalinae (Lepidoptera: Nymphalidae). *Biol. J. Linn. Soc.*, 86: 227-251.

Wahlberg, N. and A.V.Z. Brower, 2009. Pseudergolinae Jordan 1898. (*http:// tolweb.org/ seudergolinae/69948/2009.11.18./in The Tree of Life Web Project, http://tolweb. org/*)

Wahlberg, N. and A.V.Z. Brower, 2013. Cyrestinae Guenée 1865. (*http://tolweb.org/ Cyrestinae/69949/2013.02.20./in The Tree of Life Web Project, http://tolweb.org/*)

Wahlberg *et al.*, 2013. Nymphalidae Systematics Group: The NSG's voucher specimen database of Nymphalidae butterflies. Ver.1.0.15. (*http://nymphalidae.utu.fi*)

Wakabayashi, M. and Y. Fukuda, 1985. A new *Favonius* species from the Korean Peninsula (Lepidoptera: Lycaenidae). *Nature and Life* (Kyungpook J. of Biological Sciences), 15(2): 33-46.

Wang, Z.C., 1999. Monographia of original colored & size butterflies of China's northeast. Jilin Scientific and Technological Pub. House. 316pp. (in Chinese)

Williams, M.C., 2008. Checklist of Afrotropical Papilionoidea and Hesperoidea; Compiled by Mark C. Williams, 7th ed.

Yago, M., N. Hirai, M. Kondo, T. Tanikawa, M. Ishii, M. Wang, M. Willians and R. Ueshima, 2008. Molecular systematics and biogeography of the genus *Zizina* (Lepidoptera: Lycaenidae). *Zootaxa*, 1746: 15-38.

Zhanga, M., Y. Zhongb, T. Caoc, Y. Gengb, Y. Zhangb, K. Jinb, Z. Rena, R. Zhanga, Y. Guoa, and E. Maa, 2008. Phylogenetic relationship and morphological evolution in the subfamily Limenitidinae (Lepidoptera: Nymphalidae). *Natural Science*, 18(11): 1357-1364.

국명 찾아보기

학명 찾아보기